식품안전 기사 실기 필답형

예문사

PREFACE

농업기술의 발달과 함께 단순히 식재료를 생산하는 것을 넘어 이를 가공하고 고부가가치화하는 방향으로 농식품 산업이 발전함에 따라 다양한 가공식품, 가정 간편식, 즉석식품이 높은 성장세를 보이고 있습니다.

또한 바쁜 현대 사회에서 느리고 건강하게 노후를 준비하는 'Well-Aging'과 개인 맞춤 영양 관리에 대한 관심이 증가하면서 기능성 식품에 대한 수요도 커지고 있습니다.

그러나 이러한 소비 증가에 따라 식품첨가물의 남용과 식품의 부적절한 취급으로 인한 식중독 발생이 증가하고 있습니다. 이에 따라 식품가공기술과 위생 안전을 고려한 연구 개발, 그리고 식품위생관리기술에 대한 전문 지식을 갖춘 기술 인력의 수요가 증가하고 있습니다.

식품안전기사는 HACCP(위해요소 중점관리기준) 인증 의무 적용 대상 업종이 지속적으로 증가함에 따라 전문지식을 바탕으로 식품산업에서 필수적으로 요구되는 원료의 규격 검증, 원료 선정, 신제품 기획 및 개발, 제품성분 검사, 안전성 검사, 그리고 품질관리 및 안전관리 · 감독 업무를 담당합니다.

지속적으로 개정되는 법규에 대한 이해를 바탕으로 HACCP의 효율적인 운영 관리를 위한 전문 인력으로서 위생적으로 안전한 식품 공급과 위해요인의 발생 요건을 사전에 차단하여 선제적인 안전 환경을 조성하고, 안전관리시스템을 구축 및 운영하는 업무를 수행하기 위해 식품과 관련된 전반적인 필수 내용을 습득해야 할 것입니다.

본 교재는 식품안전기사 자격증 취득을 위한 마지막 단계인 필답형 시험 준비서로, 실시기관인 한국산업인력공단의 출제기준과 2025년부터 개편되는 NCS(국가직무능력표준) 출제기준에 맞추어 식품안전관리인증기준(HACCP) 적용을 비롯한 실무 지침 및 식품의 기획, 연구개발, 시험 · 검사 등의 업무를 수행하는 실무 이론을 포함하여 수험생들이 식품 안전 및 품질관리의 핵심 역량을 키울 수 있도록 정리하였습니다.

본 식품안전기사 실기 필답형 교재는 식품안전기사 자격증 취득을 희망하는 모든 수험생들에게 실질적인 도움이 될 수 있도록 구성되었습니다. 최근 10개년 이상 축적된 다양한 기출문제를 폭넓게 반영하고, 최신 출제 경향을 고려한 새로운 범위의 내용을 포함하여 수험생들이 효과적으로 출제경향을 파악할 수 있도록 하였습니다.
앞으로도 본 교재가 식품안전기사 시험을 준비하는 수험생들에게 최고의 길잡이가 될 수 있도록 최선을 다하여 지속적으로 보완·개정해 나가겠습니다.

마지막으로, 이 책이 원활하게 완성될 수 있도록 아낌없는 지원과 도움을 주신 예문사와 주경야독 임직원 여러분께 깊이 감사드립니다.

저자 일동

출제기준

직무 분야	식품 · 가공	중직무 분야	식품	자격 종목	식품안전기사	적용 기간	2025.1.1～2027.12.31

○ **직무내용** : 식품의 기획, 연구개발, 시험 · 검사 등의 업무를 담당하며, 식품의 제조 · 가공, 보존 · 저장 공정에 대한 품질관리 및 안전관리 업무를 수행하는 직무이다.

○ **직무내용** : 1. 식품안전관리를 위하여 사용하는 원료 및 제조공정의 위해요소를 확인 · 평가하고 식품의 안전성을 확보할 수 있는 중요한 단계 · 과정 또는 공정을 결정하여 식품안전관리인증기준을 적용할 수 있다.
2. 제품을 개발하기 위하여 개선점을 파악하고, 실험 설계, 배합비 · 공정 · 포장 등의 개발을 할 수 있다.
3. 공장의 모든 활동을 총괄적으로 관리하는 활동으로 공정관리를 계획하고, 적합 여부를 평가할 수 있다.
4. 식품의 품질 및 성분이 일정조건에 맞는지 확인하고 검사 계획, 샘플 준비, 검사, 분석 · 평가, 결과에 대한 조치를 할 수 있다.
5. 안전관리 계획을 수립하고, 매뉴얼을 작성, 위기관리 대응 훈련을 실시하며, 그 결과를 평가하고 개선 조치할 수 있다.

실기검정방법	필답형	시험시간	2시간

실기 과목명	주요항목	세부항목	세세항목
식품안전관리 실무	1. 식품안전관리인증 기준(HACCP)	1. HACCP 준비단계하기	1. HACCP팀을 구성할 수 있다. 2. 제품설명서를 작성하고 용도를 확인할 수 있다. 3. 공정흐름도를 작성할 수 있다. 4. 공정흐름도를 현장에서 확인할 수 있다.
		2. 식품안전 위해요소 이해하기	1. 위해요소를 이해할 수 있다. 2. 위해요소의 종류를 파악할 수 있다. 3. 위해요소의 원인물질을 조사할 수 있다. 4. 위해요소별 예방조치방법을 조사할 수 있다. 5. 위해요소 분석절차를 수립할 수 있다.
		3. 위해 분석 · 평가하기	1. 잠재적 위해요소를 도출할 수 있다. 2. 위해요소 발생원인을 분석할 수 있다. 3. 위해요소를 평가할 수 있다. 4. 예방조치 및 관리방법을 수립할 수 있다. 5. 위해요소 분석 목록을 작성할 수 있다.
		4. 중요관리점 결정 · 한계기준 설정하기	1. 중요관리점을 결정할 수 있다. 2. 중요관리점 한계기준을 설정할 수 있다. 3. 중요관리점 한계기준을 평가할 수 있다.

실기 과목명	주요항목	세부항목	세세항목
식품안전관리 실무	1. 식품안전관리인증 기준(HACCP)	5. 모니터링 · 개선조치 수립하기	1. 모니터링 방법을 설정할 수 있다. 2. 모니터링을 할 수 있다. 3. 개선조치 방법을 결정할 수 있다. 4. 개선조치 결과를 확인할 수 있다.
		6. 검증 · 문서화 관리하기	1. 유효성 평가를 할 수 있다. 2. 실행성 검증을 할 수 있다.
	2. 제품개발	1. 시제품 개발하기	1. 공정 개발을 할 수 있다.
		2. 시제품 생산하기	1. 시제품 생산을 할 수 있다.
		3. 시제품 평가하기	1. 관능평가를 할 수 있다.
		4. 제품 응용 연구하기	1. 식품 트렌드를 분석할 수 있다.
	3. 생산관리	1. 공정 설정하기	1. 생산조건을 설정할 수 있다.
		2. 규격 설정하기	1. 원료 · 부자재 · 최종제품 규격을 설정할 수 있다.
		3. 상품성 평가하기	1. 평가 실시 · 평가결과를 분석할 수 있다.
	4. 품질관리	1. 상품성 평가하기	1. 물리적 · 화학적 · 생물학적 분석을 할 수 있다.
		2. 입고검사하기	1. 기준규격을 확인할 수 있다. 2. 원 · 부재료를 검사할 수 있다.
		3. 공정 관리하기	1. 공정제품을 검사할 수 있다.
		4. 공정설비 조건 관리하기	1. 설비상태를 점검할 수 있다.
		5. 샘플 및 제품검사 관리하기	1. 샘플링을 할 수 있다. 2. 제품을 검사할 수 있다.
		6. 관능검사하기	1. 관능검사를 할 수 있다.
		7. 협력업체 관리 및 평가하기	1. 협력업체 관리 및 평가를 할 수 있다.
		8. 식품 품질 개선하기	1. 품질 개선을 할 수 있다.
	5. 안전관리	1. 식품가공연구개발 안전 및 위생관리하기	1. 안전 및 위생관리를 할 수 있다.
		2. 재료 안전성 검사하기	1. 재료 적법성을 확인할 수 있다.
		3. 식품 관련 법규 관리하기	1. 법규 모니터링을 할 수 있다.

이 책의 특징

핵심이론

핵심이론 요약정리와 함께 표, 그림 등 시각자료를 활용하여 이해를 돕도록 하였습니다.

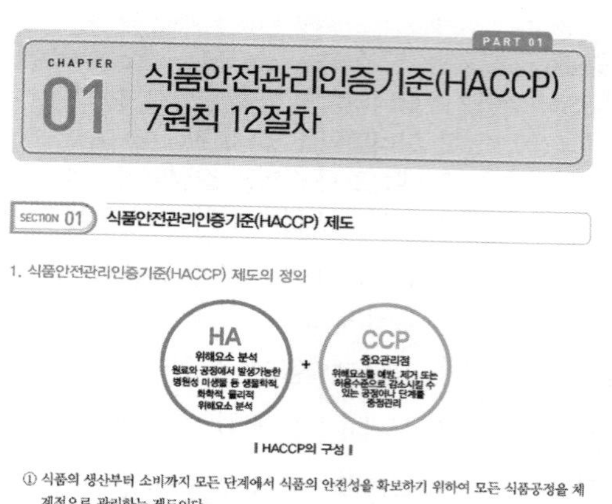

PART 01

CHAPTER 01 식품안전관리인증기준(HACCP) 7원칙 12절차

SECTION 01 식품안전관리인증기준(HACCP) 제도

1. 식품안전관리인증기준(HACCP) 제도의 정의

Ⅰ HACCP의 구성 Ⅰ

① 식품의 생산부터 소비까지 모든 단계에서 식품의 안전성을 확보하기 위하여 모든 식품공정을 체계적으로 관리하는 제도이다.

② 미국의 NASA(미항공우주국)에서 시작되었으며 1973년 FDA에서 저장성 통조림 식품에 GMP(Good Manufacturing Practice, 우수제조기준) 방법을 적용한 것을 바탕으로 발전하였다.

구분	내용
위해요소(Hazard)	「식품위생법」 제4조(위해식품 등의 판매 등 금지), 「건강기능식품에 관한 법률」 제23조(위해 건강기능식품 등의 판매 등의 금지) 및 「축산물 위생관리법」 제33조(판매 등의 금지)의 규정에서 정하고 있는 인체의 건강을 해할 우려가 있는 생물학적, 화학적 또는 물리적 인자나 조건
위해요소 분석(HA : Hazard Analysis)	식품 · 축산물 안전에 영향을 줄 수 있는 위해요소와 이를 유발할 수 있는 조건이 존재하는지 여부를 판별하기 위하여 필요한 정보를 수집하고 평가하는 일련의 과정
중요관리점(CCP : Critical Control Point)	안전관리인증기준(HACCP)을 적용하여 식품 · 축산물의 위해요소를 예방 · 제어하거나 허용 수준 이하로 감소시켜 당해 식품 · 축산물의 안전성을 확보할 수 있는 중요한 단계 · 과정 또는 공정
한계기준(Critical Limit)	중요관리점에서의 위해요소 관리가 허용범위 이내로 충분히 이루어지고 있는지 여부를 판단할 수 있는 기준이나 기준치
모니터링(Monitoring)	중요관리점에 설정된 한계기준을 적절히 관리하고 있는지 여부를 확인하기 위하여 수행하는 일련의 계획된 관찰이나 측정하는 행위 등
개선조치(Corrective Action)	모니터링 결과 중요관리점의 한계기준을 이탈할 경우에 취하는 일련의 조치
선행요건(Pre-requisite Program)	「식품위생법」, 「건강기능식품에 관한 법률」, 「축산물 위생관리법」에 따라 안전관리인증기준(HACCP)을 적용하기 위한 위생관리프로그램
안전관리인증기준 관리계획(HACCP Plan)	식품 · 축산물의 원료 구입에서부터 최종 판매에 이르는 전 과정에서 위해가 발생할 우려가 있는 요소를 사전에 확인하여 허용 수준 이하로 감소시키거나 제어 또는 예방할 목적으로 안전관리인증기준(HACCP)에 따라 작성한 제조 · 가공 · 조리 · 선별 · 처리 · 포장 · 소분 · 보관 · 유통 · 판매 공정 관리문서나 도표 또는 계획
검증(Verification)	안전관리인증기준(HACCP) 관리계획의 유효성(Validation)과 실행(Implementation) 여부를 정기적으로 평가하는 일련의 활동(적용 방법과 절차, 확인 및 기타 평가 등을 수행하는 행위를 포함한다)
안전관리인증기준(HACCP) 적용업소	「식품위생법」, 「건강기능식품에 관한 법률」에 따라 안전관리인증기준(HACCP)을 적용 · 준수하여 식품을 제조 · 가공 · 조리 · 소분 · 유통 · 판매하는 업소와 「축산물 위생관리법」에 따라 안전관리인증기준(HACCP)을 적용 · 준수하고 있는 안전관리인증작업장 · 안전관리인증업소 · 안전관리인증농장 또는 축산물안전관리통합인증업체 등

실전예상문제

실전예상문제를 통해 학습한 내용을 점검하여 효율적인 학습이 되도록 하였습니다.

실전예상문제

01 김치 제조 시 배추 원료 10kg을 세척하였더니 배추의 폐기율이 20%(w/w)였다. 전처리된 배추를 일정 조건하에 절임한 다음 세척 · 탈수하여 얻은 절임배추의 무게는 6kg였고, 이때 절임배추의 염도는 1.5%(w/w)였다. 절임공정 중 절임수율과 배추 원료의 수득률을 계산하시오. (단, 절임수율 : 절임공정에서 투입된 배추 원료에 대한 절임배추의 비율, 배추 원료의 수득률 : 다듬기 전 원료에서 세척 · 탈수된 절임배추까지의 순수한 배추 변화율)

해답

- 절임수율
  전처리된 배추의 양 : 10kg×80%=8kg
  ∴ 절임수율 : $\frac{6kg}{8kg}\times100=75\%$
- 배추 원료의 수득률
  순수한 배추 : 10kg
  절임배추 : 6kg×98.5%=5.91kg

- 두부 제조 시 첨가하는 응고제
  염화마그네슘($MgCl_2$), 황산칼슘($CaSO_4$), 염화칼슘($CaCl_2$), 글루코노 델타락톤(Glucono−δ−lactone)

TIP 두부 응고제별 장단점

응고제	장점	단점
염화마그네슘	반응이 빠르고 보수력이 좋으며 맛이 뛰어나다.	압착 시 물배출이 어렵다.
황산칼슘	• 색상이 좋으며 조직이 연한 두부 생산에 좋고 수율이 좋다. • 가격이 저렴하다.	난용성이므로 물에 잘 녹지 않아 사용이 불편하고 맛 기호도가 낮다.
염화칼슘	응고 시간이 빠르고 압착 시 물 배출에 용이하다.	수율이 낮고 두부가 단단해지며 조직감이 거칠다.
글루코노 델타락톤	응고력이 우수하며 수율이 높다.	조직이 연하고 신맛이 잔존한다.

03 투입 원재료 대비 실제 생산량의 백분율을 생산 수율이라고 하는데, 생산 수율이 이론값보다 저조할 경우 실행할 수 있는 개선책 3가지에 대해 쓰시오.

해답

Tip

실전예상문제 및 기출복원문제에서 이해가 어려운 부분은 추가 설명을 통해 이해를 도와 수험자들이 시험을 준비함에 있어서 효율적으로 중요한 요소만을 습득하도록 하였습니다.

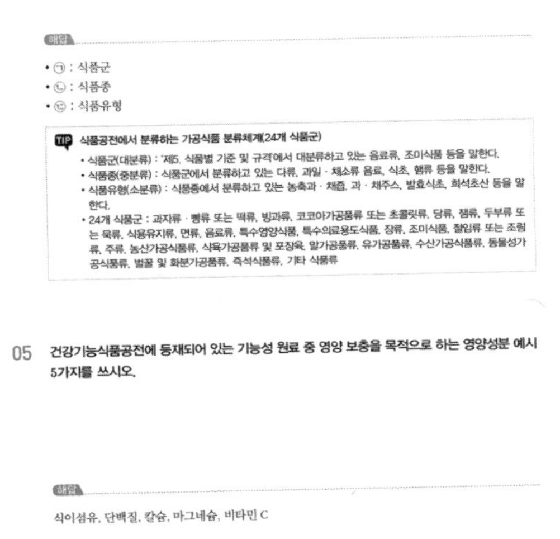

해답

- ㉠ : 식품군
- ㉡ : 식품종
- ㉢ : 식품유형

TIP 식품공전에서 분류하는 가공식품 분류체계(24개 식품군)

- 식품군(대분류) : '제5. 식품별 기준 및 규격'에서 대분류하고 있는 음료류, 조미식품 등을 말한다.
- 식품종(중분류) : 식품군에서 분류하고 있는 다류, 과일 · 채소류 음료, 식초, 햄류 등을 말한다.
- 식품유형(소분류) : 식품종에서 분류하고 있는 농축과 · 채즙, 과 · 채주스, 발효식초, 희석초산 등을 말한다.
- 24개 식품군 : 과자류 · 빵류 또는 떡류, 빙과류, 코코아가공품류 또는 초콜릿류, 당류, 잼류, 두부류 또는 묵류, 식용유지류, 면류, 음료류, 특수영양식품, 특수의료용도식품, 장류, 조미식품, 절임류 또는 조림류, 주류, 농산가공식품류, 식육가공품류 및 포장육, 알가공품류, 유가공품류, 수산가공식품류, 동물성가공식품류, 벌꿀 및 화분가공품류, 즉석식품류, 기타 식품류

05 건강기능식품공전에 등재되어 있는 기능성 원료 중 영양 보충을 목적으로 하는 영양성분 예시 5가지를 쓰시오.

해답

식이섬유, 단백질, 칼슘, 마그네슘, 비타민 C

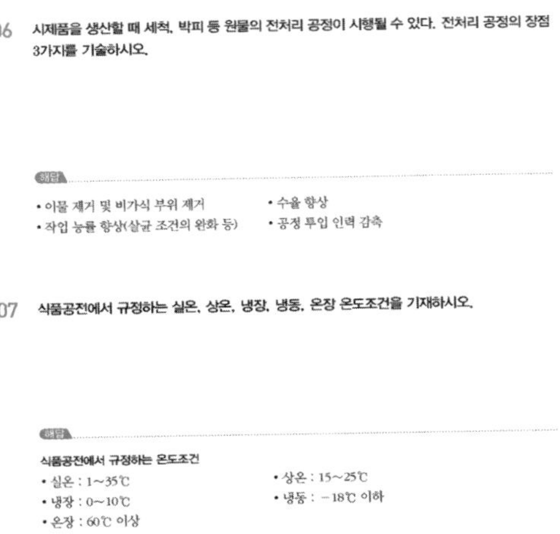

06 시제품을 생산할 때 세척, 박피 등 원물의 전처리 공정이 시행될 수 있다. 전처리 공정의 장점 3가지를 기술하시오.

해답

- 이물 제거 및 비가식 부위 제거
- 작업 능률 향상(살균 조건의 완화 등)
- 수율 향상
- 공정 투입 인력 감축

07 식품공전에서 규정하는 실온, 상온, 냉장, 냉동, 온장 온도조건을 기재하시오.

해답

식품공전에서 규정하는 온도조건

- 실온 : 1~35℃
- 냉장 : 0~10℃
- 온장 : 60℃ 이상
- 상온 : 15~25℃
- 냉동 : −18℃ 이하

과년도 기출복원문제

출제경향을 이해하고, 직접 풀어보면서 실력을 다질 수 있도록 과년도 기출복원문제와 함께 쉽게 정리한 해설을 수록하였습니다.

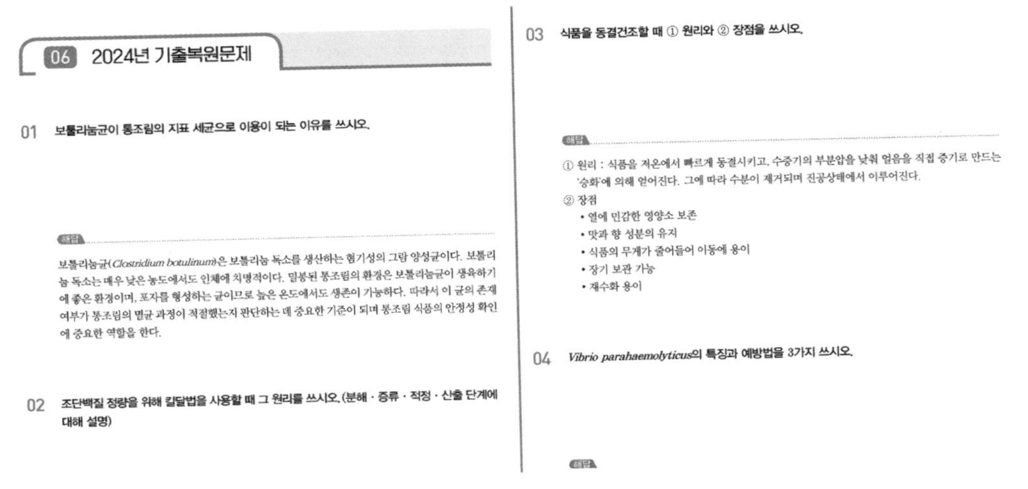

06 2024년 기출복원문제

01 보툴리눔균이 통조림의 지표 세균으로 이용이 되는 이유를 쓰시오.

해답

보툴리눔균(*Clostridium botulinum*)은 보툴리눔 독소를 생산하는 혐기성의 그람 양성균이다. 보툴리눔 독소는 매우 낮은 농도에서도 인체에 치명적이다. 밀봉된 통조림의 환경은 보툴리눔균이 생육하기에 좋은 환경이며, 포자를 형성하는 균이므로 높은 온도에서도 생존이 가능하다. 따라서 이 균의 존재 여부가 통조림의 멸균 과정이 적절했는지 판단하는 데 중요한 기준이 되며 통조림 식품의 안정성 확인에 중요한 역할을 한다.

02 조단백질 정량을 위해 킬달법을 사용할 때 그 원리를 쓰시오.(분해 · 증류 · 적정 · 산출 단계에 대해 설명)

03 식품을 동결건조할 때 ① 원리와 ② 장점을 쓰시오.

해답

① 원리 : 식품을 저온에서 빠르게 동결시키고, 수증기의 부분압을 낮춰 얼음을 직접 증기로 만드는 '승화'에 의해 얻어진다. 그에 따라 수분이 제거되며 진공상태에서 이루어진다.

② 장점
- 열에 민감한 영양소 보존
- 맛과 향 성분의 유지
- 식품의 무게가 줄어들어 이동에 용이
- 장기 보관 가능
- 재수화 용이

04 *Vibrio parahaemolyticus*의 특징과 예방법을 3가지 쓰시오.

해답

이 책의 차례

PART 01 식품안전관리인증기준(HACCP)

PART 02 제품개발

PART 03 생산관리

PART 04 품질관리

이 책의 차례

PART 06 기출복원문제

PART

01

식품안전관리 인증기준 (HACCP)

CHAPTER 01 | 식품안전관리인증기준 (HACCP) 7원칙 12절차

PART 01

CHAPTER 01

식품안전관리인증기준(HACCP) 7원칙 12절차

SECTION 01 식품안전관리인증기준(HACCP) 제도

1. 식품안전관리인증기준(HACCP) 제도의 정의

HA
위해요소 분석
원료와 공정에서 발생가능한 병원성 미생물 등 생물학적, 화학적, 물리적 위해요소 분석
+
CCP
중요관리점
위해요소를 예방, 제거 또는 허용수준으로 감소시킬 수 있는 공정이나 단계를 중점관리

Ⅰ HACCP의 구성 Ⅰ

① 식품의 생산부터 소비까지 모든 단계에서 식품의 안전성을 확보하기 위하여 모든 식품공정을 체계적으로 관리하는 제도이다.

② 미국의 NASA(미항공우주국)에서 시작되었으며 1973년 FDA에서 저장성 통조림 식품에 GMP(Good Manufacturing Practice, 우수제조기준) 방법을 적용한 것을 바탕으로 발전하였다.
※ 우리나라는 1995년 「식품위생법」에 HACCP 규정 신설

③ 위해요소 분석을 뜻하는 HA(Hazard Analysis)와 중요관리점을 뜻하는 CCP(Critical Control Point)를 뜻하며 해썹 또는 식품안전관리인증기준이라 한다.

④ 7원칙 12절차로 구성되며 12절차는 준비의 5절차, 실행의 7절차로 이루어져 있다.

▼ HACCP 제도의 용어 정의(식품 및 축산물 안전관리인증기준 제2조 정의 관련)

구분	내용
식품 및 축산물 안전관리인증기준(HACCP : Hazard Analysis and Critical Control Point)	「식품위생법」 및 「건강기능식품에 관한 법률」에 따른 「식품안전관리인증기준」과 「축산물 위생관리법」에 따른 「축산물안전관리인증기준」으로서, 식품(건강기능식품을 포함한다. 이하 같다) · 축산물의 원료 관리, 제조 · 가공 · 조리 · 선별 · 처리 · 포장 · 소분 · 보관 · 유통 · 판매의 모든 과정에서 위해한 물질이 식품 또는 축산물에 섞이거나 식품 또는 축산물이 오염되는 것을 방지하기 위하여 각 과정의 위해요소를 확인 · 평가하여 중점적으로 관리하는 기준

구분	내용
위해요소 (Hazard)	「식품위생법」 제4조(위해식품 등의 판매 등 금지), 「건강기능식품에 관한 법률」 제23조(위해 건강기능식품 등의 판매 등의 금지) 및 「축산물 위생관리법」 제33조(판매 등의 금지)의 규정에서 정하고 있는 인체의 건강을 해할 우려가 있는 생물학적, 화학적 또는 물리적 인자나 조건
위해요소 분석 (HA : Hazard Analysis)	식품 · 축산물 안전에 영향을 줄 수 있는 위해요소와 이를 유발할 수 있는 조건이 존재하는지 여부를 판별하기 위하여 필요한 정보를 수집하고 평가하는 일련의 과정
중요관리점 (CCP : Critical Control Point)	안전관리인증기준(HACCP)을 적용하여 식품 · 축산물의 위해요소를 예방 · 제어하거나 허용 수준 이하로 감소시켜 당해 식품 · 축산물의 안전성을 확보할 수 있는 중요한 단계 · 과정 또는 공정
한계기준 (Critical Limit)	중요관리점에서의 위해요소 관리가 허용범위 이내로 충분히 이루어지고 있는지 여부를 판단할 수 있는 기준이나 기준치
모니터링 (Monitoring)	중요관리점에 설정된 한계기준을 적절히 관리하고 있는지 여부를 확인하기 위하여 수행하는 일련의 계획된 관찰이나 측정하는 행위 등
개선조치(Corrective Action)	모니터링 결과 중요관리점의 한계기준을 이탈할 경우에 취하는 일련의 조치
선행요건 (Pre-requisite Program)	「식품위생법」, 「건강기능식품에 관한 법률」, 「축산물 위생관리법」에 따라 안전관리인증기준(HACCP)을 적용하기 위한 위생관리프로그램
안전관리인증기준 관리계획 (HACCP Plan)	식품 · 축산물의 원료 구입에서부터 최종 판매에 이르는 전 과정에서 위해가 발생할 우려가 있는 요소를 사전에 확인하여 허용 수준 이하로 감소시키거나 제어 또는 예방할 목적으로 안전관리인증기준(HACCP)에 따라 작성한 제조 · 가공 · 조리 · 선별 · 처리 · 포장 · 소분 · 보관 · 유통 · 판매 공정 관리문서나 도표 또는 계획
검증 (Verification)	안전관리인증기준(HACCP) 관리계획의 유효성(Validation)과 실행(Implementation) 여부를 정기적으로 평가하는 일련의 활동(적용 방법과 절차, 확인 및 기타 평가 등을 수행하는 행위를 포함한다)
안전관리인증기준(HACCP) 적용업소	「식품위생법」, 「건강기능식품에 관한 법률」에 따라 안전관리인증기준(HACCP)을 적용 · 준수하여 식품을 제조 · 가공 · 조리 · 소분 · 유통 · 판매하는 업소와 「축산물 위생관리법」에 따라 안전관리인증기준(HACCP)을 적용 · 준수하고 있는 안전관리인증작업장 · 안전관리인증업소 · 안전관리인증농장 또는 축산물안전관리통합인증업체 등

▼ 식품안전관리인증의 적용 업종 및 대상 식품

적용 업종	세부 적용 업종 및 대상 식품(식품위생법 시행규칙 제62조 제1항)
식품 제조 · 가공업소	1. 수산가공식품류의 어육가공품류 중 어묵 · 어육소시지 2. 기타 수산물가공품 중 냉동 어류 · 연체류 · 조미가공품 3. 냉동식품 중 피자류 · 만두류 · 면류 4. 과자류, 빵류 또는 떡류 중 과자 · 캔디류 · 빵류 · 떡류 5. 빙과류 중 빙과 6. 음료류[다류(茶類) 및 커피류는 제외한다] 7. 레토르트 식품 8. 절임류 또는 조림류의 김치류 중 김치(배추를 주원료로 하여 절임, 양념 혼합과정 등을 거쳐 이를 발효시킨 것이거나 발효시키지 아니한 것 또는 이를 가공한 것에 한한다) 9. 코코아가공품 또는 초콜릿류 중 초콜릿류 10. 면류 중 유탕면 또는 곡분, 전분, 전분질원료 등을 주원료로 반죽하여 손이나 기계 따위로 면을 뽑아내거나 자른 국수로서 생면 · 숙면 · 건면 11. 특수용도식품

적용 업종	세부 적용 업종 및 대상 식품(식품위생법 시행규칙 제62조 제1항)
식품 제조 · 가공업소	12. 즉석섭취 · 편의식품류 중 즉석섭취식품 12의 2. 즉석섭취 · 편의식품류의 즉석조리식품 중 순대 13. 식품제조 · 가공업의 영업소 중 전년도 총 매출액이 100억 원 이상인 영업소에서 제조 · 가공하는 식품
건강기능식품제조업소	영양소, 기능성 원료
식품첨가물 제조업소	식품첨가물, 혼합제제류
식품접객업소	위탁급식영업, 일반음식점영업, 휴게음식점영업, 제과점영업

※ 이 외 적용 업종 : 즉석판매제조 · 가공업, 식품소분판매업(식품소분업, 기타 식품판매업), 집단급식소식품판매업소, 집단급식소, 식품제조 · 가공업[(주류제조, 운반급식(개별 또는 벌크 포장)], 식품냉동 · 냉장업이 해당

※ 축산물 HACCP 의무적용 유형 : 도축업, 집유업(농식품부 위탁), 축산물가공업(식육 · 유가공 · 알가공업), 식용란선별포장업[축산물 위생관리법 제9조(안전관리인증기준) 제2~3항]

[선행요건 프로그램]

HACCP 제도를 효율적으로 관리, 운영하기 위해서는 시설, 설비, 기구, 작업방법, 기본적인 환경 및 작업활동을 보장하기 위한 구체적인 선행요건 프로그램(Pre-requisite Program)이 제대로 가동되어야 한다. 선행요건 프로그램이란 식품을 위생적으로 생산할 수 있는 시설, 설비, 즉 우수제조기준(GMP ; Good Manufacturing Practice)과 위생관리기준(SSOP ; Sanitation Standard Operation Procedure)으로 구성되어 있다. 이들이 선행되지 않고서는 HACCP 시스템이 효과적으로 가동될 수 없으므로 GMP와 SSOP는 HACCP 적용을 위하여 관리기준에 대하여 반드시 준수할 필요가 있다.

HACCP Plan(HACCP 관리계획)
전 생산공정에 대해 직접적이고 치명적인 위해요소 분석, 집중관리 필요한 중요관리점 결정, 한계기준 설정, 모니터링 체계 확립, 개선조치방법 수립, 검증 절차 및 방법 수립, 문서화 · 기록 유지에 관한 관리 계획

SSOP(표준위생관리기준)
일반적인 위생관리 운영기준, 영업장 관리, 종업원 관리, 용수관리, 보관 및 운송관리, 검사관리, 회수관리 등의 운영절차

GMP(우수제조기준)
위생적인 식품 생산을 위한 시설 · 설비 요건 및 기준, 건물의 위치, 시설 · 설비의 구조, 재질요건 등에 관한 기준

▎HACCP과 선행요건 ▎

→ 「식품 및 축산물 안전관리인증기준」 제4조 '적용품목 및 시기' 등에 대하여 해당하는 HACCP 적용 업소는 제5조 '선행요건'에 따라 준수하여야 하며, 필요한 관리계획 등을 포함하는 선행요건 관리기준서를 작성하여 비치하여야 한다고 규정하고 있다.

다음은 제5조 선행요건 관련 [별표 1]의 선행요건 프로그램의 내용을 일부 발췌하였다.

※ 영업장 주변, 작업장 등의 부분은 식품제조 가공업소와 집단급식소의 내용과 일부 차이가 있으나 대다수 항목은 거의 동일하다.

선행요건(제5조 관련) – 「식품 및 축산물 안전관리인증기준」 [별표 1]
식품(식품첨가물 포함)제조 · 가공업소, 건강기능식품제조업소 및 집단급식소식품판매업소, 축산물작업장 · 업소

1. 영업장 관리
   1) 작업장
      ① 작업장은 독립된 건물이거나 식품취급 외의 용도로 사용되는 시설과 분리(벽 · 층 등에 의하여 별도의 방 또는 공간으로 구별되는 경우를 말한다. 이하 같다)되어야 한다.
      ② 작업장(출입문, 창문, 벽, 천장 등)은 누수, 외부의 오염물질이나 해충 · 설치류 등의 유입을 차단할 수 있도록 밀폐 가능한 구조이어야 한다.
      ③ 작업장은 청결구역(식품의 특성에 따라 청결구역은 청결구역과 준청결구역으로 구별할 수 있다)과 일반구역으로 분리하고, 제품의 특성과 공정에 따라 분리, 구획 또는 구분할 수 있다.
   2) 건물 바닥, 벽, 천장
      원료처리실, 제조 · 가공실 및 내포장실의 바닥, 벽, 천장, 출입문, 창문 등은 제조 · 가공하는 식품의 특성에 따라 내수성 또는 내열성 등의 재질을 사용하거나 이러한 처리를 하여야 하고, 바닥은 파여 있거나 갈라진 틈이 없어야 하며, 작업 특성상 필요한 경우를 제외하고는 마른 상태를 유지하여야 한다. 이 경우 바닥, 벽, 천장 등에 타일 등과 같이 홈이 있는 재질을 사용한 때에는 홈에 먼지, 곰팡이, 이물 등이 끼지 아니하도록 청결하게 관리하여야 한다.
   3) 배수 및 배관
      작업장은 배수가 잘 되어야 하고 배수로에 퇴적물이 쌓이지 아니하여야 하며, 배수구, 배수관 등은 역류가 되지 아니하도록 관리하여야 한다.
   4) 출입구
      작업장의 출입구에는 구역별 복장 착용 방법을 게시하여야 하고, 개인위생관리를 위한 세척, 건조, 소독 설비 등을 구비하여야 하며, 작업자는 세척 또는 소독 등을 통해 오염가능성 물질 등을 제거한 후 작업에 임하여야 한다.
   5) 통로
      작업장 내부에는 종업원의 이동경로를 표시하여야 하고 이동경로에는 물건을 적재하거나 다른 용도로 사용하지 아니하여야 한다.
   6) 창
      창의 유리는 파손 시 유리조각이 작업장 내로 흩어지거나 원 · 부자재 등으로 혼입되지 아니하도록 하여야 한다.
   7) 채광 및 조명
      ① 작업실 안은 작업이 용이하도록 자연채광 또는 인공조명장치를 이용하여 밝기는 220lux 이상을 유지하여야 하고, 특히 선별 및 검사구역 작업장 등은 육안확인이 필요한 조도(540lux 이상)를 유지하여야 한다.
      ② 채광 및 조명시설은 내부식성 재질을 사용하여야 하며, 식품이 노출되거나 내포장 작업을 하는 작업장에는 파손이나 이물 낙하 등에 의한 오염을 방지하기 위한 보호장치를 하여야 한다.
   8) 부대시설(화장실, 탈의실 등)
      ① 화장실, 탈의실 등은 내부 공기를 외부로 배출할 수 있는 별도의 환기시설을 갖추어야 하며, 화장실 등의 벽과 바닥, 천장, 문은 내수성, 내부식성의 재질을 사용하여야 한다. 또한, 화장실의 출입구에는 세척, 건조, 소독 설비 등을 구비하여야 한다.

② 탈의실은 외출복장(신발 포함)과 위생복장(신발 포함) 간의 교차오염이 발생하지 아니하도록 분리 또는 구분 · 보관하여야 한다.

2. 위생관리

1) 작업 환경 관리

(1) 동선 계획 및 공정 간 오염방지

① 원 · 부자재의 입고에서부터 출고까지 물류 및 종업원의 이동 동선을 설정하고 이를 준수하여야 한다.

② 원료의 입고에서부터 제조 · 가공, 보관, 운송에 이르기까지 모든 단계에서 혼입될 수 있는 이물에 대한 관리계획을 수립하고 이를 준수하여야 하며, 필요한 경우 이를 관리할 수 있는 시설 · 장비를 설치하여야 한다.

③ 청결구역과 일반구역별로 각각 출입, 복장, 세척 · 소독 기준 등을 포함하는 위생 수칙을 설정하여 관리하여야 한다.

(2) 온도 · 습도 관리

제조 · 가공 · 포장 · 보관 등 공정별로 온도 관리계획을 수립하고 이를 측정할 수 있는 온도계를 설치하여 관리하여야 한다. 필요한 경우 제품의 안전성 및 적합성을 확보하기 위한 습도관리계획을 수립 · 운영하여야 한다.

(3) 환기시설 관리

작업장 내에서 발생하는 악취나 이취, 유해가스, 매연, 증기 등을 배출할 수 있는 환기시설을 설치하여야 한다.

(4) 방충 · 방서 관리

① 외부로 개방된 흡 · 배기구 등에는 여과망이나 방충망 등을 부착하여야 한다.

② 작업장은 방충 · 방서관리를 위하여 해충이나 설치류 등의 유입이나 번식을 방지할 수 있도록 관리하여야 하고, 유입 여부를 정기적으로 확인하여야 한다.

③ 작업장 내에서 해충이나 설치류 등의 구제를 실시할 경우에는 정해진 위생 수칙에 따라 공정이나 식품의 안전성에 영향을 주지 아니하는 범위 내에서 적절한 보호 조치를 취한 후 실시하며, 작업 종료 후 식품취급시설 또는 식품에 직 · 간접적으로 접촉한 부분은 세척 등을 통해 오염물질을 제거하여야 한다.

2) 개인위생 관리

작업장 내에서 작업 중인 종업원 등은 위생복 · 위생모 · 위생화 등을 항시 착용하여야 하며, 개인용 장신구 등을 착용하여서는 아니 된다.

작업위생관리(집단급식소만 해당)

① 교차오염의 방지

- 칼과 도마 등의 조리 기구나 용기, 앞치마, 고무장갑 등은 원료나 조리과정에서의 교차오염을 방지하기 위하여 식재료 특성 또는 구역별로 구분하여 사용하여야 한다.
- 식품 취급 등의 작업은 바닥으로부터 60cm 이상의 높이에서 실시하여 바닥으로부터의 오염을 방지하여야 한다.

② 전처리

- 해동은 냉장해동(10℃ 이하), 전자레인지 해동, 또는 흐르는 물에서 실시한다.
- 해동된 식품은 즉시 사용하고 즉시 사용하지 못할 경우 조리 시까지 냉장 보관하여야 하며, 사용 후 남은 부분을 재동결하여서는 아니 된다.

구분	관리기준	개선조치
해동 방법 및 시간	• 해동방법은 냉동제품(육류, 어류 등) 해동 사용 시 기록하되 반드시 해동시간을 기록 • 냉장해동 : 10℃ 이하 냉장고에서 100g 기준 12시간 이내, 300g 기준 24시간 이내 해동 • 유수해동 : 21℃ 이하의 흐르는 찬물에서 100g 기준 1시간 이내, 300g 기준 2시간 이내 해동 • 전자레인지 해동 : 자동해동을 이용하며 100g 기준 1분 30초 이내, 300g 기준 8분 30초 이내 해동	• 해동시간 및 온도 초과 시 → 폐기 • 해동식재 재동결 → 금지

③ 조리

- 가열 조리 후 냉각이 필요한 식품은 냉각 중 오염이 일어나지 아니하도록 신속히 냉각하여야 하며, 냉각온도 및 시간기준을 설정 · 관리하여야 한다.
- 냉장 식품을 절단 소분 등의 처리를 할 때에는 식품의 온도가 가능한 한 15℃를 넘지 아니하도록 한 번에 소량씩 취급하고 처리 후 냉장고에 보관하는 등의 온도 관리를 하여야 한다.

④ 완제품 관리 : 조리된 음식은 배식 전까지의 보관온도 및 조리 후 섭취 완료 시까지의 소요시간 기준을 설정 · 관리하여야 하며, 유통제품의 경우에는 적정한 소비기한 및 보존 조건을 설정 · 관리하여야 한다.

- 28℃ 이하의 경우 : 조리 후 2~3시간 이내 섭취 완료
- 보온(60℃ 이상) 유지 시 : 조리 후 5시간 이내 섭취 완료
- 제품의 품온을 5℃ 이하 유지 시 : 조리 후 24시간 이내 섭취 완료

⑤ 배식

- 냉장식품과 온장식품에 대한 배식 온도관리기준을 설정 · 관리하여야 한다.
  - 냉장보관 : 냉장식품 10℃ 이하(다만, 신선편의식품, 훈제연어는 5℃ 이하 보관 등 보관온도 기준이 별도로 정해져 있는 식품의 경우에는 그 기준을 따른다.)
  - 온장보관 : 온장식품 60℃ 이상
- 위생장갑 및 청결한 도구(집게, 국자 등)를 사용하여야 하며, 배식 중인 음식과 조리 완료된 음식을 혼합하여 배식하여서는 아니 된다.

⑥ 검식 : 영양사는 조리된 식품에 대하여 배식하기 직전에 음식의 맛, 온도, 이물, 이취, 조리 상태 등을 확인하기 위한 검식을 실시하여야 한다. 다만, 영양사가 없는 경우 조리사가 검식을 대신할 수 있다.

⑦ 보존식 : 조리한 식품은 소독된 보존식 전용용기 또는 멸균 비닐봉지에 매회 1인분 분량을 −18℃ 이하에서 144시간 이상 보관하여야 한다.

3) 폐기물 관리

폐기물 · 폐수처리시설은 작업장과 격리된 일정장소에 설치 · 운영하며, 폐기물 등의 처리용기는 밀폐 가능한 구조로 침출수 및 냄새가 누출되지 아니하여야 하고, 관리계획에 따라 폐기물 등을 처리 · 반출하고, 그 관리기록을 유지하여야 한다.

4) 세척 또는 소독

① 영업장에는 기계 · 설비, 기구 · 용기 등을 충분히 세척하거나 소독할 수 있는 시설이나 장비를 갖추어야 한다.

② 세척 · 소독 시설에는 종업원에게 잘 보이는 곳에 올바른 손 세척 방법 등에 대한 지침이나 기준을 게시하여야 한다.

③ 영업자는 다음의 사항에 대한 세척 또는 소독 기준을 정하여야 한다.

- 종업원
- 작업장 주변
- 식품제조시설(이송배관 포함)
- 용수저장시설
- 운송차량, 운반도구 및 용기
- 환기시설(필터, 방충망 등 포함)
- 세척, 소독도구
- 위생복, 위생모, 위생화 등
- 작업실별 내부
- 냉장 · 냉동설비
- 보관 · 운반시설
- 모니터링 및 검사 장비
- 폐기물 처리용기
- 기타 필요사항

④ 세척 또는 소독 기준은 다음의 사항을 포함하여야 한다.

- 세척 · 소독 대상별 세척 · 소독 부위
- 세척 · 소독 방법 및 주기
- 세척 · 소독 책임자
- 세척 · 소독 기구의 올바른 사용 방법
- 세제 및 소독제(일반명칭 및 통용명칭)의 구체적인 사용 방법

⑤ 세척 및 소독용 기구나 용기는 정해진 장소에 보관 · 관리되어야 한다.

⑥ 세척 및 소독의 효과를 확인하고, 정해진 관리계획에 따라 세척 또는 소독을 실시하여야 한다.

3. 제조 · 가공 시설 · 설비 관리

1) 제조시설 및 기계 · 기구류 등 설비관리

① 제조 · 가공 · 선별 · 처리 시설 및 설비 등은 공정 간 또는 취급시설 · 설비 간 오염이 발생되지 아니하도록 공정의 흐름에 따라 적절히 배치되어야 하며, 이 경우 제조가공에 사용하는 압축공기, 윤활제 등은 제품에 직접 영향을 주거나 영향을 줄 우려가 있는 경우 관리대책을 마련하여 청결하게 관리하여 위해요인에 의한 오염이 발생하지 아니하여야 한다.

② 식품과 접촉하는 취급시설 · 설비는 인체에 무해한 내수성 · 내부식성 재질로 열탕 · 증기 · 살균제 등으로 소독 · 살균이 가능하여야 하며, 기구 및 용기류는 용도별로 구분하여 사용 · 보관하여야 한다.

③ 온도를 높이거나 낮추는 처리시설에는 온도변화를 측정 · 기록하는 장치를 설치 · 구비하거나 일정한 주기를 정하여 온도를 측정하고, 그 기록을 유지하여야 하며 관리계획에 따른 온도가 유지되어야 한다.

④ 식품취급시설 · 설비는 정기적으로 점검 · 정비를 하여야 하고 그 결과를 보관하여야 한다.

4. 냉장 · 냉동시설 · 설비 관리

냉장시설은 내부의 온도를 10℃ 이하(다만, 신선편의식품, 훈제연어, 가금육은 5℃ 이하 보관 등 보관온도 기준이 별도로 정해져 있는 식품의 경우에는 그 기준을 따른다), 냉동시설은 −18℃ 이하로 유지하고, 외부에서 온도변화를 관찰할 수 있어야 하며, 온도 감응 장치의 센서는 온도가 가장 높게 측정되는 곳에 위치하도록 한다.

5. 용수관리

① 식품 제조 · 가공에 사용되거나, 식품에 접촉할 수 있는 시설 · 설비, 기구 · 용기, 종업원 등의 세척에 사용되는 용수는 수돗물이나 「먹는물관리법」 제5조의 규정에 의한 먹는물 수질기준에 적합한 지하수이어야 하며, 지하수를 사용하는 경우, 취수원은 화장실, 폐기물 · 폐수처리시설, 동물사육장 등 기타 지하수가 오염될 우려가 없도록 관리하여야 하며, 필요한 경우 살균 또는 소독장치를 갖추어야 한다.

② 식품 제조 · 가공에 사용되거나, 식품에 접촉할 수 있는 시설 · 설비, 기구 · 용기, 종업원 등의 세척에 사용되는 용수는 다음에 따른 검사를 실시하여야 한다.

- 지하수를 사용하는 경우에는 먹는물 수질기준 전 항목에 대하여 연 1회 이상(음료류 등 직접 마시는 용도의 경우는 반기 1회 이상) 검사를 실시하여야 한다.
- 먹는물 수질기준에 정해진 미생물학적 항목에 대한 검사를 월 1회 이상(지하수를 사용하거나 상수도의 경우는 비가열식품의 원료 세척수 또는 제품 배합수로 사용하는 경우에 한한다) 실시하여야 하며, 미생물학적 항목에 대한 검사는 간이검사키트를 이용하여 자체적으로 실시할 수 있다.

③ 저수조, 배관 등은 인체에 유해하지 아니한 재질을 사용하여야 하며, 외부로부터의 오염물질 유입을 방지하는 잠금장치를 설치하여야 하고, 누수 및 오염 여부를 정기적으로 점검하여야 한다.

④ 저수조는 반기별 1회 이상 청소와 소독을 자체적으로 실시하거나, 저수조청소업자에게 대행하여 실시하여야 하며 그 결과를 기록 · 유지하여야 한다.

⑤ 비음용수 배관은 음용수 배관과 구별되도록 표시하고 교차되거나 합류되지 아니하여야 한다.

6. 보관 · 운송관리

1) 구입 및 입고

검사성적서로 확인하거나 자체적으로 정한 입고기준 및 규격에 적합한 원 · 부자재만을 구입하여야 한다.

2) 협력업소 관리

영업자는 원 · 부자재 공급업소 등 협력업소의 위생관리 상태 등을 점검하고 그 결과를 기록하여야 한다. 다만, 공급업소가 「식품위생법」이나 「축산물위생관리법」에 따른 HACCP 적용업소일 경우에는 이를 생략할 수 있다.

3) 운송

① 운반 중인 식품 · 축산물은 비식품 · 축산물 등과 구분하여 교차오염을 방지하여야 하며, 운송차량(지게차 등 포함)으로 인하여 운송제품이 오염되어서는 아니 된다.

② 운송차량은 냉장의 경우 10℃ 이하(단, 가금육 −2~5℃ 운반과 같이 별도로 정해진 경우에는 그 기준을 따른다), 냉동의 경우 −18℃ 이하를 유지할 수 있어야 하며, 외부에서 온도변화를 확인할 수 있도록 온도 기록 장치를 부착하여야 한다.

4) 보관

① 원료 및 완제품은 선입선출 원칙에 따라 입고 · 출고상황을 관리 · 기록하여야 한다.

② 원 · 부자재, 반제품 및 완제품은 구분 관리하고, 바닥이나 벽에 밀착되지 아니하도록 적재 · 관리하여야 한다.

③ 부적합한 원 · 부자재, 반제품 및 완제품은 별도의 지정된 장소에 보관하고 명확하게 식별되는 표식을 하여 반송, 폐기 등의 조치를 취한 후 그 결과를 기록 · 유지하여야 한다.

④ 유독성 물질, 인화성 물질 및 비식용 화학물질은 식품취급 구역으로부터 격리되고, 환기가 잘 되는 지정 장소에서 구분하여 보관 · 취급하여야 한다.

7. 검사 관리

1) 제품검사

① 제품검사는 자체 실험실에서 검사계획에 따라 실시하거나 검사기관과의 협약에 의하여 실시하여야 한다.

② 검사결과에는 다음 내용이 구체적으로 기록되어야 한다.

- 검체명

• 제조 연월일 또는 소비기한(품질유지기한)
• 검사 연월일
• 검사항목, 검사기준 및 검사결과
• 판정결과 및 판정연월일
• 검사자 및 판정자의 서명날인
• 기타 필요한 사항

2) 시설 설비 기구 등 검사

① 냉장 · 냉동 및 가열처리 시설 등의 온도측정 장치는 연 1회 이상, 검사용 장비 및 기구는 정기적으로 교정하여야 한다. 이 경우 자체적으로 교정검사를 하는 때에는 그 결과를 기록 · 유지하여야 하고, 외부 공인 국가교정기관에 의뢰하여 교정하는 경우에는 그 결과를 보관하여야 한다.

② 작업장의 청정도 유지를 위하여 공중낙하세균 등을 관리계획에 따라 측정 · 관리하여야 한다. 다만, 제조공정의 자동화, 시설 · 제품의 특수성, 식품이 노출되지 아니하거나, 식품을 포장된 상태로 취급하는 등 작업장의 청정도가 식품에 영향을 줄 가능성이 없는 작업장은 그러하지 아니할 수 있다.

8. 회수 프로그램 관리

① 부적합품이나 반품된 제품의 회수를 위한 구체적인 회수절차나 방법을 기술한 회수프로그램을 수립 · 운영하여야 한다.

② 부적합품의 원인규명이나 확인을 위한 제품별 생산장소, 일시, 제조라인 등 해당 시설 내의 필요한 정보를 기록 · 보관하고 제품추적을 위한 코드표시 또는 로트관리 등의 적절한 확인 방법을 강구하여야 한다.

2. 식품안전관리인증기준(HACCP) 7원칙 12절차

HACCP은 1993년 FAO/WHO의 합동 국제식품규격위원회(CODEX)가 제시한 지침에 의거하여 실시되고 있다. CODEX 지침은 다음 표에서 보는 바와 같이 12단계(절차)로 구성되어 있다.

▼ HACCP 7원칙 12절차

구분	적용 순서	HACCP 12절차	HACCP 7원칙
준비단계 (5단계)	HACCP팀 구성	절차 1	
	제품 및 제품의 유통방법 기술	절차 2	
	의도된 제품의 용도 확인	절차 3	
	공정흐름도 작성	절차 4	
	공정흐름도 현장 확인(검증)	절차 5	
적용단계 (7원칙)	위해요소 분석 • 잠재적 위해요소 도출 • 위해요소 발생원인 분석 및 평가 • 예방조치 및 관리방법 수립 • 위해요소분석표 작성	절차 6	원칙 1

구분	적용 순서	HACCP 12절차	HACCP 7원칙
적용단계 (7원칙)	중요관리점(CCP) 결정	절차 7	원칙 2
	한계기준 설정	절차 8	원칙 3
	모니터링 체계 확립	절차 9	원칙 4
	개선조치방법 수립	절차 10	원칙 5
	검증 절차 및 방법 수립	절차 11	원칙 6
	문서화 · 기록 유지	절차 12	원칙 7

SECTION 02 HACCP 제도의 준비단계(5절차)

1. HACCP팀 구성(절차 1)

HACCP을 기획하고 운영할 수 있는 전문가로 구성된 HACCP팀을 구성한다. HACCP은 식품의 안전성을 확보하기 위한 팀 활동이기 때문에 제품생산에 따르는 전 공정에 대한 이해와 전문적인 지식과 기술을 가지고 있는 공정 관리자 및 품질 관리자, 생산 및 위생 담당자, 화학적 · 미생물적 안전관리자로 구성되어야 한다. 이때, 자체 내에 필요한 전문가가 없을 경우 외부 전문가지원을 받을 수 있다. 팀이 구성되면 회사 내 선임적 위치에 있는 사람을 팀장(공장장 이상)으로 선임하고 HACCP의 범위와 목적을 결정한다. 이렇게 구성된 HACCP 팀원은 HACCP 계획의 수립과 발전, SSOP 작성, 시스템 검증, HACCP의 이행에 대한 책임이 수반되며 팀원은 반드시 HACCP 교육 훈련을 받아야 한다.

▼ **HACCP팀 구성 요건**

- 전체 인력(또는 핵심관리인력)으로 팀 구성
- 모니터링 담당자는 해당 공정 작업자로 구성
- HACCP팀장은 대표자 또는 공장장으로 구성
- 팀 구성원 책임과 권한 부여 필요
- 팀별 및 팀원별 교대 시 인수인계 방법 수립 필요

2. 제품 및 제품의 유통방법 기술(절차 2)

제품에 대한 이해와 위해요소(Hazard)를 정확히 파악하기 위한 단계로, 개발하려는 제품의 특성 및 포장 · 유통방법, 완제품의 특성 등을 자세히 기술한다.

제품설명서에는 다음의 내용을 기술하여야 한다.

① 제품명 · 제품유형 및 성상

② 품목제조보고 연월일(해당 제품에 한한다)

③ 작성자 및 작성 연월일

④ 성분(또는 식자재) 배합비율

⑤ 제조(포장)단위(해당 제품에 한한다)
⑥ 완제품 규격
⑦ 보관 · 유통상(또는 배식상) 주의사항
⑧ 소비기한(또는 배식시간)
⑨ 포장방법 및 재질(해당 제품에 한한다)
⑩ 기타 필요한 사항

▼ 제품설명서 작성 예시

<table>
<tr><td>1. 제품명</td><td colspan="3">○○주스(실제 제품명을 기재)</td></tr>
<tr><td>2. 제품 유형</td><td colspan="3">과 · 채주스</td></tr>
<tr><td>3. 품목제조보고 연월일</td><td colspan="3">2024. 1. 1.</td></tr>
<tr><td>4. 작성자 및 작성 연월일</td><td colspan="3">홍길동, 2024. 1. 1.</td></tr>
<tr><td>5. 성분배합비율</td><td colspan="3">○○농축과즙 00%, 천연착향료(○○향) 00%, 정제수 00%</td></tr>
<tr><td>6. 제조(포장)단위</td><td colspan="3">00mL</td></tr>
<tr><td rowspan="7">7. 완제품 규격
(식품공전상 규격)</td><td>구분</td><td>법적 규격</td><td>사내규격</td></tr>
<tr><td>성상</td><td colspan="2">고유의 색택과 향미를 가지고 이미 · 이취가 없어야 한다.</td></tr>
<tr><td rowspan="2">생물학적
항목</td><td colspan="2">• 세균수 : 1mL당 100 이하(다만, 가열하지 아니한 제품 또는 가열하지 아니한 원료가 함유된 제품은 100,000 이하)
• 대장균군 : 음성(다만, 가열하지 아니한 제품 또는 가열하지 아니한 원료가 함유된 제품은 제외)
• 장출혈성 대장균 : 음성(가열하지 아니한 제품 또는 가열하지 아니한 원료 함유제품에 한한다)</td></tr>
<tr><td>–</td><td>Listeria. monocytogenes : 음성</td></tr>
<tr><td rowspan="2">화학적
항목</td><td colspan="2">• 납(mg/kg) : 0.05 이하
• 카드뮴(mg/kg) : 0.1 이하
• 주석(mg/kg) : 150 이하(알루미늄 캔 이외의 캔 제품에 한한다)
• 보존료(g/kg) : 다음에서 정하는 것 이외의 보존료 불검출</td></tr>
<tr><td>안식향산
안식향산나트륨
안식향산칼륨
안식향산칼슘</td><td>0.6 이하
(안식향산으로서, 다만, 가열하지 아니한 제품은 검출되어서는 아니 된다.)</td></tr>
<tr><td>물리적
항목</td><td colspan="2">이물 불검출</td></tr>
<tr><td>8. 보관 · 유통상 주의사항</td><td colspan="3">• 직사광선을 피하며 건냉한 곳에 보관
• 개봉 후 가급적 빠르게 섭취</td></tr>
<tr><td>9. 포장방법 및 재질</td><td colspan="3">• 포장방법 : 내포장, 외포장(테이프)
• 포장재질 : 내포장(병), 외포장(골판지)</td></tr>
<tr><td>10. 표시사항</td><td colspan="3">• 제품명, 식품유형, 포장재질, 품목보고번호, 소비기한, 업소명 및 소재지, 원재료명, 알레르기 유발물질, 보관방법, 포장재질, 반품 및 교환장소, 고객상담팀 전화번호, 환경계도문, 소비자피해 보상규정, 분리배출표시, 바코드
• 외포장지 : 제품명, 수량, 가격, 기타 주의사항 등</td></tr>
</table>

11. 제품의 용도	일반인의 간식용(전 소비계층)
12. 섭취방법	그대로 섭취
13. 소비기한	제조일로부터 00일

3. 의도된 제품의 용도 확인(절차 3)

개발하려는 제품의 타깃 소비층 및 사용 용도를 확인하는 단계로, 타깃 소비층에 따라 위험률 및 위해요소의 허용한계치가 달라질 수 있다.

① 소비 대상(영유아, 노인, 임산부 및 병약자, 특이체질자 등)을 파악하고 제품의 사용의도 확인

② 소비자에 사용되는 형태 확인 : 즉석 섭취인지, 가열조리 후 섭취할 것인지, 타 식품의 원료로 사용되는지 확인

4. 공정흐름도 작성(절차 4)

원료의 입고부터 완제품의 보관 및 출고까지의 전 공정을 한눈에 확인할 수 있도록 흐름도를 작성한다. 이때, 제조공정에 필요한 설비배치도 및 작업자 이동경로 등 공정운영 시 필요한 도면을 모두 작성하여 비치한다. 이를 통해 제품의 공정상 교차오염 및 2차 오염 가능성을 판단할 수 있다. 「식품안전관리인증기준」 제6조 안전관리인증기준 관리에 따른 공정흐름도 작성에는 다음과 같은 항목이 있으며 작성, 비치하도록 한다.

① 제조 · 가공 · 조리 공정도(공정별 가공방법)

② 작업장 평면도(작업특성별 분리, 시설 · 설비 등의 배치, 제품의 흐름과정, 세척 · 소독조의 위치, 작업자의 이동경로, 출입문 및 창문 등을 표시한 평면도면)

③ 급기 및 배기 등 환기 또는 공조시설 계통도

④ 급수 및 배수처리 계통도

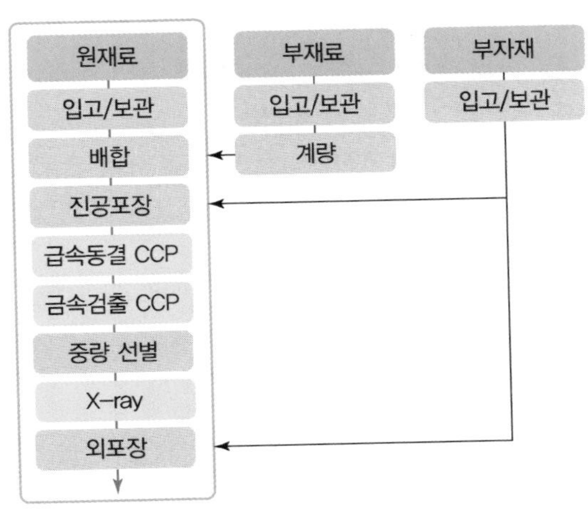

▌양념육 제조공정흐름도 작성 예시▐

PART 01 식품안전관리인증기준(HACCP)

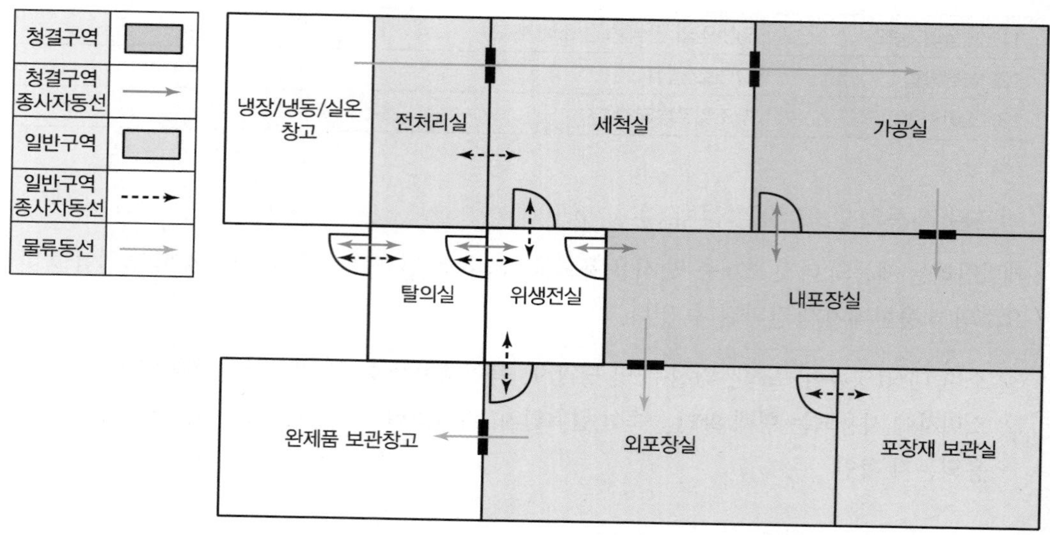

▌작업장 평면도▐

5. 공정흐름도 현장 확인(절차 5)

작성된 공정도가 정확한지 확인하기 위해 현장에서 직접 공정흐름도가 제대로 작성됐는지 검증한다. 이를 통해 위해가 발생할 수 있는 조건과 지점을 판단한다.

SECTION 03 HACCP 제도의 적용(실행)단계(HACCP 7원칙)

1. 위해요소 분석(원칙 1)

식품공정의 단계별(생산 및 제조, 가공공정을 포함하여 유통, 판매, 소비까지 이르는 모든 단계)로 위해의 발생 가능성, 심각성을 고려하여 생물학적 · 화학적 · 물리적 위해요소를 분석한다. 이를 판단하여 관리할 수 있는 예방조치를 강구하는 과정이다.
「식품안전관리인증기준」 제6조 안전관리인증기준 관리에 따른 위해요소 분석에는 다음과 같은 항목이 있다.

① 원 · 부자재별 · 공정별 생물학적 · 화학적 · 물리적 위해요소 목록 및 발생원인
② 위해평가(원 · 부자재별, 공정별 각 위해요소에 대한 심각성과 위해발생 가능성 평가)
③ 위해평가 결과 및 예방조치 · 관리 방법

▼ **위해의 정의**

식품위생법 제2조(정의)에서 규정하고 있는 "위해"란 식품, 식품첨가물, 기구 또는 용기 · 포장에 존재하는 위험요소로서 인체의 건강을 해치거나 해칠 우려가 있는 것을 말한다.

위해요소의 분석은 다음 단계 순으로 진행된다.

1) 잠재적 위해요소 도출

위해요소는 인체의 건강을 해할 우려가 있는 생물학적, 화학적 또는 물리적 인자나 조건으로 위해요소 평가 시에는 각 단위 위해요소별로 도출하여야 하며, 제품에 사용하는 모든 원 · 부재료(포장재 포함)를 포함하여야 한다.

▼ **식품의 잠재적 위해요소**

생물학적 위해요소	화학적 위해요소	물리적 위해요소
• 병원성 미생물(세균, Bacteria) • 효모(Yeast) • 곰팡이(Fungi) • 바이러스(Virus) • GMO(유전자변형식품)	• 잔류농약 • 자연독소 • 식품첨가물(착색제, 보존료 등) • 중금속, 잔류농약 • 환경호르몬 • 멜라민, 아크릴아마이드 등	• 뼈, 돌, 유리이물 • 금속물질 • 플라스틱 • 기타
주로 가열공정 중 사멸하나 내열성 포자는 위해가 발생할 수 있다.	–	–

2) 위해요소 발생원인 분석 및 평가

심각성과 발생 가능성을 종합적으로 평가하여 HACCP 계획에 포함되어야 할 사항을 결정한다.

※ 심각성 평가 기준 작성 시 유의점 : 일반적으로 사용하는 CODEX, FAO, NACMCF 중 하나의 기준을 선택하여 원 · 부재료 및 공정 중 유래할 수 있는 모든 위해요소들에 대한 심각성을 평가한다.

▼ **CODEX 기준 심각성 평가 기준**

• CODEX 기준 심각성 평가 기준	
높음(3) : 사망을 포함하여 건강에 중대한 영향을 미침	
B	*Clostridium botulinum* toxin, *Salmonealla(typhi)*, *Shigella dysenteriae*, *Vibrio cholerae*, *Vibrio vulnificus*, hepatitis A, E virus, *Listeria monocytogenes*(일부), *Escherichia coli* O157:H7
C	화학오염물질, 식품첨가물, 중금속 등에 의한 직접적인 오염
P	금속, 유리조각 등 소비자에게 직접적인 해 또는 상처를 입힐 수 있는 물질
보통(2) : 잠재적으로 넓은 전염성이 있는 것으로 입원	
B	장내병원성 *Escherichia coli*, *Salmonella* spp., *Shigella* spp., *Vibrio parahaemolyticus*, *Listeria monocytogenes*, Rotavirus, Norwalk virus
C	타르색소, 잔류농약, 잔류용제(톨루엔, 프탈레이트 등), 잔류훈증 약제 등
P	돌, 나무조각, 플라스틱 등 경질이물
낮음(1) : 제한적인 전염성이 있는 것으로 개인에 제한된 질병	
B	*Bacillus cereus*, *Clostridium perfringenes*, *Campylobacter jejuni*, *Yersinia enterocolitica*, *Staphylococcus aureus* toxin
C	Somnolence, transitory allergies 등의 증상을 수반하는 화학오염 물질 등
P	머리카락, 비닐 등 연질이물

• 발생 가능성 평가

구분	발생 가능성
높음	해당 위해요소가 지속적으로 자주 발생하였거나 가능성이 높음(3건/월 이상 발생)
보통	해당 위해요소가 빈번하게 발생하였거나 가능성이 있음(1~2건/월 발생)
낮음	해당 위해요소의 발생 가능성이 거의 없음(0건/월)

위해요소의 발생 빈도 및 발생 가능성을 모두 포함하여 평가한다.
– 발생 빈도 : 원 · 부재료 및 공정의 잠재 클레임 · 제품 클레임을 참조한다.
– 발생 가능성 : 유사제품 또는 관련 이슈화 사항을 참조한다.

위해요소별로 심각성 및 발생 가능성 평가 결과를 바탕으로 다음의 표를 이용하여 위해를 평가한다.
→ 3점 이상에 해당하는 위해요소에 대하여는 중요관리점 결정도에 적용하여 CCP와 CP로 구분한다.

- 3점 이상 : CCP
- 3점 미만 : CP

발생 가능성	높음(3)	3	6	9
	보통(2)	2	4	6
	낮음(1)	1	2	3
		낮음(1)	보통(2)	높음(3)
	심각성			

▼ **원 · 부재료 위해요소에 대한 발생원인 작성 예시**

원료명	구분	위해요소	
		명칭	발생원인
콩나물	B	대장균군	• 원료자체 오염 • 협력업체 관리 미흡으로 교차오염 및 증식 • 운반관리(차량 위생, 포장재 훼손, 온도) 부족으로 교차오염
		황색포도상구균	
		살모넬라	
		바실루스 세레우스	
		리스테리아	
		장출혈성 대장균	
		클로스트리디움 퍼프린젠스	
		진균류(효모, 곰팡이)	
	C	납	• 원료 재배과정에서 오염 • 비의도적 혼입
		카드뮴	
		잔류농약	
	P	연질이물 (머리카락, 실, 벌레)	• 협력업체 작업자 관리 미흡으로 혼입 • 운송차량 관리 부족으로 혼입 • 협력업체 교육 및 관리 부족
		경질이물(돌, 플라스틱)	
		금속조각	

원료명	구분	위해요소	
		명칭	발생원인
내포장재	B	대장균	• 협력업체의 생산과정에서 교차오염 • 운반관리(차량위생, 포장재 훼손, 온도) 부족으로 교차오염
		황색포도상구균	
	C	납	• 원료 유래 • 협력업체 관리 부족으로 기준 규격 초과 사용에 의한 오염 • 비의도적 혼입
		카드뮴	
		수은	
		6가 크롬	
		1–헥센	
		1–옥텐	
		잔류용제(톨루엔)	
	P	연질이물 (머리카락, 실, 벌레)	• 협력업체 작업자 관리 미흡으로 혼입 • 운송차량 관리 부족으로 혼입

▼ **제조공정별 위해요소에 대한 발생원인 작성 예시**

공정명	구분	위해요소	
		명칭	발생원인
입고	B	대장균	• 원료 자체의 오염 • 작업자 세척 · 소독 관리 미흡 • 작업자, 제조시설 · 설비, 기구 · 용기 등에 대한 세척 · 소독 관리 미흡으로 교차오염
		황색포도상구균	
		살모넬라	
		바실루스 세레우스	
		리스테리아	
		장출혈성 대장균	
		클로스트리디움 퍼프린젠스	
		진균류(효모, 곰팡이)	
	C	납	• 원료 재배과정에서 오염 • 비의도적 혼입
		카드뮴	
		잔류농약	
	P	연질이물 (머리카락, 실, 벌레)	• 원료 혼입 • 작업자 위생교육 부족 • 작업장 입실 시 이물 제거 미흡 • 방충 · 방서 관리 미흡 • 원 · 부재료 유래 • 협력업체 작업자 관리 미흡으로 혼입 • 작업자, 제조시설 · 설비, 기구 · 용기 등에 대한 파손 등 관리 미흡
		경질이물 (돌, 플라스틱)	
		금속조각	

공정명	구분	위해요소	
		명칭	발생원인
선별/비가식부 제거	B	대장균	• 원료 자체의 오염 • 작업자, 제조시설 · 설비, 기구 · 용기 등에 대한 세척 · 소독 관리 미흡으로 교차오염 • 작업자 위생교육 부족
		황색포도상구균	
		살모넬라	
		바실루스 세레우스	
		리스테리아	
		장출혈성 대장균	
		클로스트리디움 퍼프린젠스	
		진균류(효모, 곰팡이)	
	P	연질이물 (머리카락, 실, 벌레)	• 원료 혼입 • 작업자 위생교육 부족 • 작업장 입실 시 이물 제거 미흡 • 방충 · 방서 관리 미흡 • 원 · 부재료 유래 • 협력업체 작업자 관리 미흡으로 혼입 • 작업자, 제조시설 · 설비, 기구 · 용기 등에 대한 파손 등 관리 미흡
		경질이물 (돌, 플라스틱)	
		금속조각	

3) 예방조치 및 관리방법 수립

도출된 위해요소를 완전히 제거하거나 허용 가능한 수준까지 감소시킬 수 있는 예방방법을 기재한다.

▼ 단위 공정별 위해요소 예방조치 예시

공정명	구분	명칭	예방조치
입고	B	대장균	• 입고검사 기준 준수 • 시험성적서 확인 • 운반차량 세척 · 소독 • 입고차량 온도관리(0~5℃)
		황색포도상구균	
		살모넬라	
		바실루스 세레우스	
		리스테리아	
		장출혈성 대장균	
		클로스트리디움 퍼프린젠스	
		진균류(효모, 곰팡이)	
	C	납	• 시험성적서 확인 • 원료 재배 · 수확 과정관리 • 협력업체 점검
		카드뮴	
		잔류농약	
	P	연질이물(머리카락, 실, 벌레)	• 입고검사 및 시험성적서 확인 • 작업자 위생교육 • 방충 · 방서 관리
		경질이물(돌, 플라스틱)	
		금속조각	

공정명	구분	명칭	예방조치
선별/ 비가식부 제거	B	대장균	• 입고검사 및 시험성적서 확인 • 제조시설 · 설비, 기구 · 용기 등에 대한 주기적인 세척 · 소독관리 • 작업자 위생교육
		황색포도상구균	
		살모넬라	
		바실루스 세레우스	
		리스테리아	
		장출혈성 대장균	
		클로스트리디움 퍼프린젠스	
		진균류(효모, 곰팡이)	
	P	연질이물(머리카락, 실, 벌레)	• 입고검사 및 시험성적서 확인 • 작업자 위생교육 • 방충 · 방서 관리
		경질이물(돌, 플라스틱)	
		금속조각	

4) 위해요소분석표 작성

모든 공정별로 위해 발생 가능성이 있는 원재료, 조리공정, 발생요인, 원인물질을 위주로 위해요소 분석표를 작성한다.

▼ 원 · 부재료 위해요소분석표 작성 예시

원료명	구분	위해요소		위해평가			예방조치 및 관리방법
		명칭	발생원인	심각성	발생 가능성	종합 평가	
콩나물	B	대장균군	• 원료자체 오염 • 협력업체 관리 미흡으로 교차오염 및 증식 • 운반관리(차량 위생, 포장재 훼손) 부족으로 교차오염	3	1	3	• 입고검사 기준 준수 • 시험성적서 확인 • 운반차량 세척 · 소독 • 입고차량 온도 관리
		황색포도상구균		1	1	1	
		살모넬라		2	1	2	
		바실루스 세레우스		1	1	1	
		리스테리아		2	2	4	
		장출혈성 대장균		3	1	3	
		클로스트리디움 퍼프린젠스		1	1	1	
		진균류(효모, 곰팡이)		2	1	2	
	C	납	원료 재배과정에서 오염	1	1	1	• 시험성적서 확인 • 원료 재배 · 수확 과정 관리 • 협력업체 점검
		카드뮴		1	2	2	
		잔류농약		2	1	2	
	P	연질이물 (머리카락, 실, 벌레)	• 협력업체 작업자 관리 미흡으로 혼입 • 운송차량 관리 부족으로 혼입 • 협력업체 교육 및 관리 부족	1	2	2	• 입고검사 및 시험성적서 확인 • 작업자 위생교육 • 방충 · 방서 관리
		경질이물 (돌, 플라스틱)		2	1	2	
		금속조각		2	2	4	

원료명	구분	위해요소		위해평가			예방조치 및 관리방법
		명칭	발생원인	심각성	발생 가능성	종합 평가	
내포 장재 (PE)	B	대장균	• 협력업체의 생산과정에서 교차오염 • 운반관리(차량 위생, 포장재 훼손) 부족으로 교차오염	2	1	2	• 입고검사 기준 준수 • 시험성적서 확인
		황색포도상구균		1	1	1	
	C	납	• 원료 유래 • 협력업체 관리 부족으로 기준규격 초과 사용에 의한 오염	2	1	2	• 입고검사 기준 준수 • 시험성적서 확인
		카드뮴		2	1	2	
		수은		2	1	2	
		6가 크롬		2	1	2	
		1-헥센		2	1	2	
		1-옥텐		2	1	2	
		잔류용제(톨루엔)		2	1	2	
	P	연질이물 (머리카락, 실, 벌레)	• 협력업체 작업자 관리 미흡으로 혼입 • 운송차량 관리 부족으로 혼입	1	2	2	• 입고검사 기준 준수 • 시험성적서 확인 • 작업자 위생교육 • 방충 · 방서 관리

▼ 위해요소별 예방조치방법 예시

구분	내용
물리적 위해요소	• 시설 개 · 보수 • 원 · 부재료 협력업체 시험성적서 확인 • 입고되는 원 · 부재료 검사 • 육안 선별, 금속 검출기 관리 • 종업원 교육 · 훈련 등
화학적 위해요소	• 원 · 부재료 협력업체 시험성적서 확인 • 입고되는 원 · 부재료 검사 • 승인된 화학물질 사용 • 화학물질의 적절한 식별 표시 · 보관 • 화학물질의 사용기준 준수 • 화학물질을 취급하는 종업원의 적절한 교육 · 훈련 • 제조 시설 · 설비 등 발생할 수 있는 화학물질(누유 등)에 대한 주기적인 점검 관리 • 원료로부터 유래 또는 비의도적 혼입 등 화학물질(알레르기 유발 물질 등)에 대한 반제품, 종사자 등 교차오염 예방 관리
생물학적 위해요소	• 시설 개 · 보수 • 원 · 부재료 협력업체 시험성적서 확인 • 입고되는 원 · 부재료 검사 • 보관, 가열, 포장 등의 가공조건(온도, 시간 등) 준수 • 시설 · 설비, 종업원 등에 대한 적절한 세척 · 소독 실시 • 공기 중에 식품 노출 최소화 • 종업원에 대한 위생교육 등

2. 중요관리점(CCP) 결정(원칙 2)

확인된 위해요소를 예방, 제거하거나 또는 허용 수준 이하로 감소시키는 단계, 과정 또는 공정 결정이다. 중요관리점은 공정 흐름도에서 규명된 위해 요소에 대해 효율적으로 관리할 수 있는 지점으로 설정하여 결정하도록 하며, 실행이 용이하도록 너무 많은 CCP를 결정하지 않도록 한다.

※ 중요관리점이 될 수 있는 사례
냉각공정, 가열공정, 세척 · 소독 공정, 충진공정, 금속 검출 공정, 냉장고 보관 온도 등

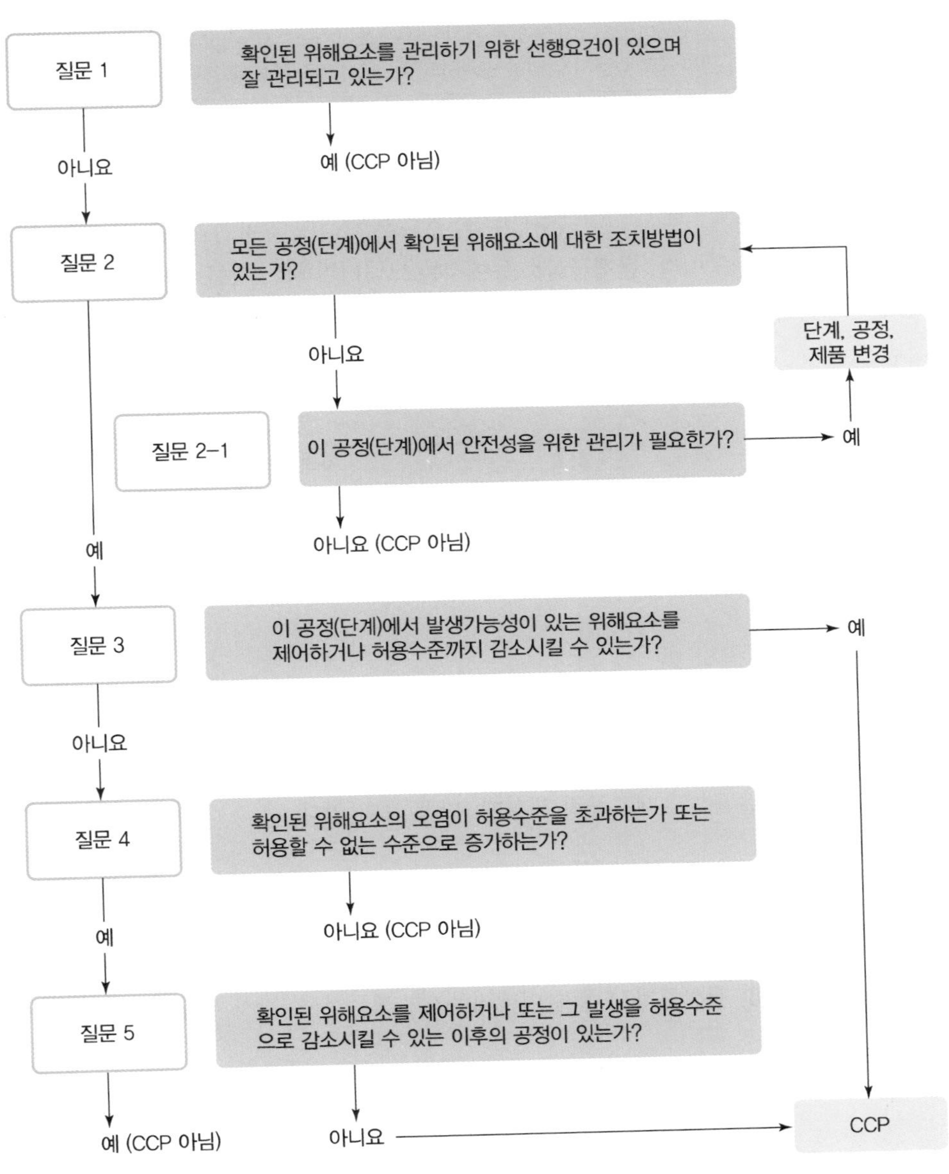

▌CCP 중요관리점 결정도 예시▐

3. 한계기준 설정(원칙 3)

중요관리점에서의 위해요소 관리가 허용범위 이내로 충분히 이루어지고 있는지 여부를 판단할 수 있는 기준이나 기준치로 온도, 시간, 염도, pH, 색 등 간단히 확인할 수 있는 기준을 설정한다.
한계기준의 이탈은 안전성을 보증할 수 없는 조건하에서 제품이 생산되고 있음을 의미한다.

▼ **HACCP 인증업체 사후관리**

- 평가결과 60% 미만 또는 주요 안전조항 위반 시 즉시 인증취소
  ※ 주요 안전조항 : ① 원 · 부재료 검사 검수 미흡, ② 지하수 살균소독 미흡, ③ 작업장 세척소독 미흡, ④ CCP 공정 관리 미흡, ⑤ 위해요소 분석 미실시(인증 이후 추가 생산 제품 또는 공정에 한함)
- HACCP 원칙이 적절히 관리되고 있는지 엄격히 평가하고, 위반 시 인증취소 등 관련 규정에 따라 조치

4. 모니터링 체계 확립(원칙 4)

모니터링의 절차는 한계기준에 이탈되지 않는 수준으로 적절히 관리되고 있는지 주기적으로 측정하고 확인하는 일련의 활동이다. 단체급식소 등에서는 모니터링 하는 자를 조리원 중에서 선정하며, 식품가공업체에서는 실제 작업하는 작업자를 선정하여 기록할 수 있도록 한다.

▼ **모니터링 방법 설정 예시**

생산 공정	위해 번호	위해 종류	모니터링					
			항목	방법	한계기준	주기	담당	기록
가열	CCP-1B	가열 불충분으로 인한 병원성 미생물	온도	온도, 시간 측정	• 가열 온도 : 90℃ 이상 • 가열 시간 : 5분 이상 • 품온 : 85℃ 이상	로트별	홍길동	작업 시작 시

5. 개선조치방법 수립(원칙 5)

모니터링 결과 한계기준을 벗어났을 때 즉각적으로 대응하는 조치로 한계기준을 벗어난 제품을 식별하고, 분리하는 즉시적 조치와 동일 사고 방지를 위해 정비, 교체, 교육 등을 하는 예방적 조치가 있다. 개선조치는 방법은 폐기, 제조공정 재실행, 반품 등이 있다.

6. 검증 절차 및 방법 수립(원칙 6)

HACCP 계획이 효과적으로 시행되는지를 검증하는 것으로 HACCP 계획 검증(Validation), 중요관리점 검증(모니터링 및 개선조치가 실제 이행되는지), 제품검사, 감사 등으로 구성된다.

▼ **검증의 종류**

분류	검증 방법	내용
검증 주체에 따라	내부 검증	–
	외부 검증	HACCP 사후 조사

분류	검증 방법	내용
검증 시기에 따라	최초검증	HACCP 인증 시 유효성 검증
	일상검증	일상적으로 발생되는 기록이나 문서
	정기검증	정기적인 HACCP 시스템 적절성 평가 • HACCP 실시상황 평가표를 이용한 종합적 검증 • CCP 한계기준에 대한 유효성 검증
	특별검증	위해정보의 발생, 제품 특성 변경, 제조공정 변경 시
검증 내용에 따라	유효성 검증	HACCP 관리계획의 운영 결과가 과학적 타당성이나 효과성이 있는지 평가
	실행성 평가	HACCP 시스템의 이행 여부(모니터링, 개선조치, 검 · 교정 수행) 확인

1) 유효성(Validation) 검증

① 수립된 HACCP 관리계획의 운영 결과가 과학적 타당성이나 효과성이 있는지 평가하는 것이다.

② 중요관리점(CCP) 및 한계기준의 적절성이나 효과성을 확인하기 위하여 미생물 검사나 잔류 물질 검사 등의 방법을 활용한다.

▼ 유효성 검증 점검 사항

- 발생 가능한 잠재 위해요소의 분석 여부
- 제품설명서 및 공정흐름도와 현장 상황과의 일치 여부
- CCP 결정도를 활용한 CP, CCP의 적절성 여부
- CCP 한계기준의 안전성 확보 여부
- 올바른 모니터링 체계의 설정 여부(한계기준, 주기, 실행방법, 설정근거)

2) 실행성(Implementation) 평가

계획된 HACCP 시스템이 제대로 이행되는지를 점검하고, 현장의 CCP 공정 작업자가 정해진 주기로 모니터링과 적절한 개선조치와 모니터링 장비에 대한 검 · 교정 등을 수행하고 있는지 확인하는 것이다.

▼ 실행성 평가 점검 사항

- CCP 공정 모니터링 확인 : CCP 공정이 한계기준을 이탈하지 않도록 모니터링 체계가 구축되어 있는지 확인
- 한계기준 이탈 시 개선조치 검토 : 모니터링 결과 중요관리점의 한계기준을 벗어나는 경우 신속하게 대응할 수 있도록 사전에 개선조치 방법 검토
- 개선조치의 적절성 확인 : 개선조치의 실제 실행 여부와 적절성 여부를 확인
- 검 · 교정 여부 확인 : 모니터링에 사용되는 모든 검사 장비는 주기를 정하고 일정 주기에 따라 검 · 교정을 실시

7. 문서화 · 기록 유지(원칙 7)

HACCP 시스템을 문서화하기 위한 효과적인 기록 유지 절차를 정한다.

1) 문서화의 목적

① 문서의 작성 및 처리, 보관 및 보존, 열람 및 폐기 등에 관한 기준을 정함으로써 문서의 작성 및 취급에 있어서의 능률을 높인다.

② 사용 목적에 따라 제목, 작성자, 발행일, 부서, 페이지 표시 등을 포함하여 규정된 형식에 맞추어 작성한다.

2) 문서화 종류

종류	내용
원료별	시험증명서, 시험성적서를 검증한 업체의 감독 기록, 원료 보관온도 및 기간기록
공정별	CCP와 관련된 모든 모니터링 기록, 식품취급과정이 적절하게 운영되는지 검증한 기록
완제품별	안전한 생산을 보장할 수 있는 기록, 소비기한을 입증할 수 있는 자료 및 기록, HACCP 계획의 적합성을 인정한 문서
보관 및 유통별	보관 및 유통온도 기록, 소비기한 경과제품이 출고되지 않음을 보여주는 기록
한계기준 이탈 및 개선조치	한계기준 이탈 시 취해진 조치나 제품에 대한 모든 개선조치 기록
검증기록	HACCP계획의 설정, 변경 및 재평가 기록
교육기록	식품위생 및 HACCP 수행에 관한 교육훈련 기록

▼ 기록관리(식품 및 축산물 안전관리인증기준 제8조)

① 「식품위생법」 및 「건강기능식품에 관한 법률」, 「축산물 위생관리법」에 따른 안전관리인증기준(HACCP) 적용업소는 관계 법령에 특별히 규정된 것을 제외하고는 이 기준에 따라 관리되는 사항에 대한 기록을 2년간 보관하여야 한다.
② 제1항에 따른 기록을 할 때에 작성자는 작성일자, 시간 및 이름을 적고 서명하여야 한다.
③ 제1항에 따른 기록이 작성일자, 시간, 이름 및 서명 등의 동일함을 보증할 수 있을 때에는 전산으로 유지할 수 있다.
④ 안전관리인증기준(HACCP) 적용업소의 출입 · 검사업무 등을 수행하는 안전관리인증기준(HACCP) 지도관 또는 시 · 도 검사관(이하 "검사관"이라 한다), 식품(축산물)위생감시원은 제1항에 따른 기록을 열람할 수 있다.

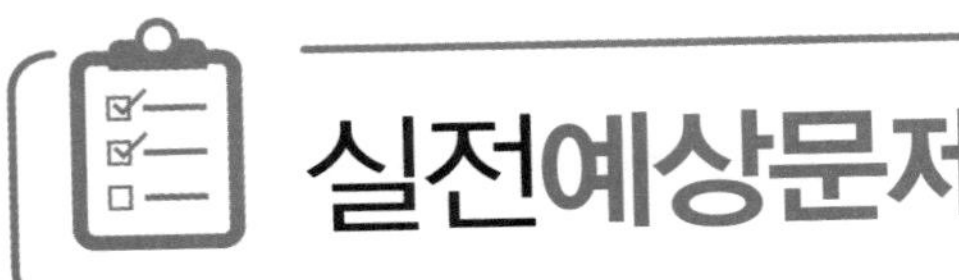

실전예상문제

01 **해썹의 정의와 해썹 절차 1에 대하여 간단히 설명하시오.**

해답

- 해썹의 정의 : 해썹은 HA(위해요소 분석)와 CCP(중요관리점)으로 이루어져 있고 식품의 생산부터 소비까지 모든 단계에서 식품의 안전성을 확보하기 위하여 모든 식품공정을 체계적으로 관리하는 제도이다.

  ※ 식품 및 축산물 안전관리인증기준 제2조 정의

  식품(건강기능식품을 포함)・축산물의 원료 관리, 제조・가공・조리・선별・처리・포장・소분・보관・유통・판매의 모든 과정에서 위해한 물질이 식품 또는 축산물에 섞이거나 식품 또는 축산물이 오염되는 것을 방지하기 위하여 각 과정의 위해요소를 확인・평가하여 중점적으로 관리하는 기준
- 해썹 절차 1 : HACCP팀을 구성하는 단계로, 식품의 안전성을 확보하기 위한 팀 활동이기 때문에 HACCP을 기획하고 운영할 수 있는 전문가로 구성된 HACCP팀을 구성한다.

> **TIP HACCP팀 구성 요건**
> - 전체 인력(또는 핵심관리인력)으로 팀 구성
> - 모니터링 담당자는 해당 공정 작업자로 구성
> - HACCP팀장은 대표자 또는 공장장으로 구성
> - 팀 구성원 책임과 권한 부여 필요
> - 팀별 및 팀원별 교대 시 인수인계 방법 수립 필요

02 HACCP 의무적용 대상 5가지를 쓰시오.

해답

- 수산가공식품류의 어육가공품류 중 어묵 · 어육소시지
- 기타 수산물가공품 중 냉동 어류 · 연체류 · 조미가공품
- 냉동식품 중 피자류 · 만두류 · 면류
- 과자류, 빵류 또는 떡류 중 과자 · 캔디류 · 빵류 · 떡류
- 빙과류 중 빙과

TIP HACCP 의무적용 대상

- 수산가공식품류의 어육가공품류 중 어묵 · 어육소시지
- 기타 수산물가공품 중 냉동 어류 · 연체류 · 조미가공품
- 냉동식품 중 피자류 · 만두류 · 면류
- 과자류, 빵류 또는 떡류 중 과자 · 캔디류 · 빵류 · 떡류
- 빙과류 중 빙과
- 음료류[다류(茶類) 및 커피류는 제외한다]
- 레토르트 식품
- 절임류 또는 조림류의 김치류 중 김치(배추를 주원료로 하여 절임, 양념 혼합과정 등을 거쳐 이를 발효시킨 것이거나 발효시키지 아니한 것 또는 이를 가공한 것에 한한다)
- 코코아가공품 또는 초콜릿류 중 초콜릿류
- 면류 중 유탕면 또는 곡분, 전분, 전분질원료 등을 주원료로 반죽하여 손이나 기계 따위로 면을 뽑아내거나 자른 국수로서 생면 · 숙면 · 건면
- 특수용도식품
- 즉석섭취 · 편의식품류 중 즉석섭취식품
- 즉석섭취 · 편의식품류의 즉석조리식품 중 순대
- 식품제조 · 가공업의 영업소 중 전년도 총 매출액이 100억 원 이상인 영업소에서 제조 · 가공하는 식품

03 HACCP 준비단계를 쓰시오.

해답

HACCP은 7원칙 12절차로 구성되며 12절차는 준비의 5절차, 실행의 7원칙으로 이루어져 있다.

- 절차 1 : HACCP팀 구성
- 절차 2 : 제품 및 제품의 유통방법 기술
- 절차 3 : 의도된 제품의 용도 확인
- 절차 4 : 공정흐름도 작성
- 절차 5 : 공정흐름도 현장 확인(검증)

04 HACCP 준비단계에서 제품설명서를 작성하는 목적과 기술하여야 하는 항목 3가지를 쓰시오.

해답

효과적인 CCP 결정이 가능하도록 제품에 대한 이해와 위해요소를 정확히 파악하기 위한 단계로, 다음의 내용을 기술하여야 한다.

- 제품명 · 제품유형 및 성상
- 품목제조보고 연월일(해당 제품에 한한다)
- 작성자 및 작성 연월일
- 성분(또는 식자재) 배합비율
- 제조(포장)단위(해당 제품에 한한다)
- 완제품 규격
- 보관 · 유통상(또는 배식상) 주의사항
- 소비기한(또는 배식시간)
- 포장방법 및 재질(해당 제품에 한한다)

05 HACCP 준비단계에서 공정흐름도를 작성하는 목적과 기술하여야 하는 항목 3가지를 쓰시오.

해답

원료의 입고부터 완제품의 보관 및 출고까지의 전 공정을 한눈에 확인할 수 있도록 흐름도를 작성, 제품의 공정상 교차오염 및 2차 오염 가능성을 판단할 수 있다. 공정흐름도 작성에는 다음과 같은 항목이 있다.

- 제조 · 가공 · 조리 공정도(공정별 가공방법)
- 작업장 평면도(작업특성별 분리, 시설 · 설비 등의 배치, 제품의 흐름과정, 세척 · 소독조의 위치, 작업자의 이동경로, 출입문 및 창문 등을 표시한 평면도면)
- 급기 및 배기 등 환기 또는 공조시설 계통도
- 급수 및 배수처리 계통도

06 HACCP의 7원칙을 기술하시오.

- 원칙 1 :
- 원칙 2 :
- 원칙 3 :
- 원칙 4 :
- 원칙 5 :
- 원칙 6 :
- 원칙 7 :

해답

- 원칙 1 : 위해요소 분석
- 원칙 2 : 중요관리점 결정
- 원칙 3 : 한계기준 설정
- 원칙 4 : 모니터링 체계 확립
- 원칙 5 : 개선조치방법 수립
- 원칙 6 : 검증 절차 및 방법 수립
- 원칙 7 : 문서화 · 기록 유지

07 **HACCP에서 검증절차에 대한 정의를 쓰고, 검증 시기에 따라 정기적 또는 비정기적 검증으로 분류되는데, 각 검증 내용에 대해 설명하시오.**

해답

- 검증절차 : HACCP Plan이 적절하게 수행되는지의 여부를 평가하는 활동을 뜻한다. 정기적 검증과 비정기적 검증이 있다.
- 정기적 검증과 비정기적 검증

정기적 검증	비정기적 검증
• 일상검증 : 점검표검증, 현장검증 • 정기검증 : 외부 정기검증, 내부 정기검증	• 식품안전이슈 발생 • 식품안전사고 발생 • 원료, 제조공정, CCP의 변경 • HACCP Plan 변경 • 신제품 개발 시

08 **중요관리점과 한계기준의 정의를 쓰시오.**

- 중요관리점 :

- 한계기준 :

해답

- 중요관리점 : 안전관리인증기준(HACCP)을 적용하여 식품 · 축산물의 위해요소를 예방 · 제어하거나 허용 수준 이하로 감소시켜 당해 식품 · 축산물의 안전성을 확보할 수 있는 중요한 단계 · 과정 또는 공정
- 한계기준 : 중요관리점에서의 위해요소 관리가 허용범위 이내로 충분히 이루어지고 있는지 여부를 판단할 수 있는 기준이나 기준치

09 **HACCP 7원칙 중 중요관리점(CCP)을 결정할 때 결정도를 이용한다. 다음 그림에서 위해평가 결과 CCP에 알맞게 결정된 번호를 모두 고르시오.**

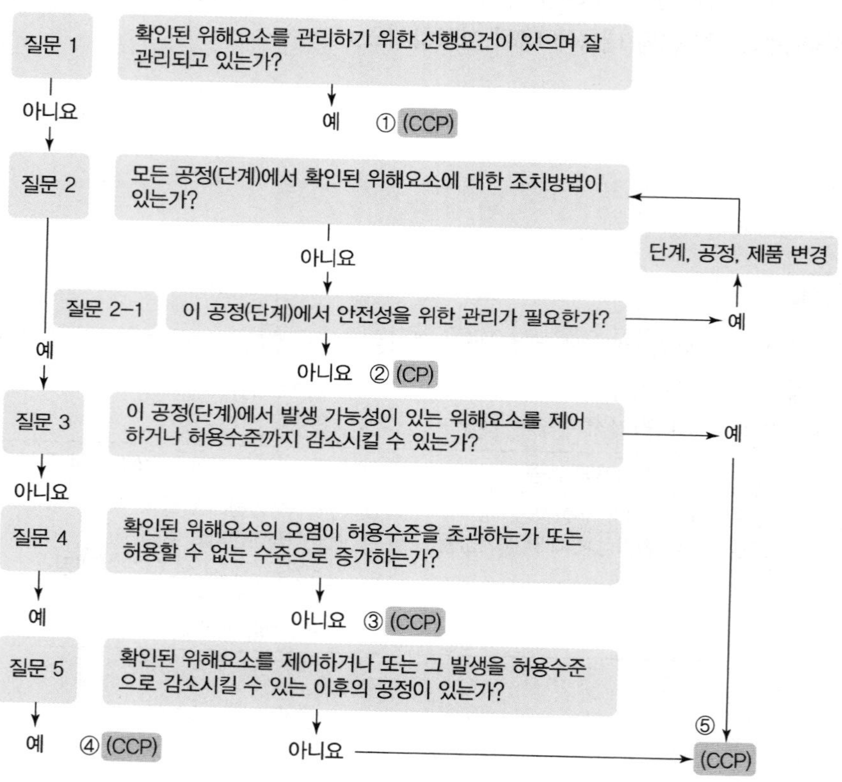

해답

②, ⑤

10 **HACCP의 실행단계 중 원칙 1은 위해요소 분석 단계로 잠재적 위해요소를 도출하여 평가한다. 이때 위해요소의 정의와 생물학적 · 화학적 · 물리적 위해요소를 예시를 들어 기술하시오.**

해답

- 위해요소의 정의 : 인체의 건강을 해할 우려가 있는 생물학적, 화학적 또는 물리적 인자나 조건
- 생물학적 · 화학적 · 물리적 위해요소 예시

생물학적 위해요소	화학적 위해요소	물리적 위해요소
• 병원성 미생물(세균, Bacteria) • 효모(Yeast) • 곰팡이(Fungi) • 바이러스(Virus) • GMO(유전자변형식품)	• 잔류농약 • 자연독소 • 식품첨가물(착색제, 보존료 등) • 중금속, 잔류농약 • 환경호르몬 • 멜라민, 아크릴아마이드 등	• 뼈, 돌, 유리이물 • 금속물질 • 플라스틱 • 기타

11 **HACCP 7원칙 12절차 관련하여 다음 빈칸을 채우시오.**

- (㉠) : 식품 · 축산물 안전에 영향을 줄 수 있는 위해요소와 이를 유발할 수 있는 조건이 존재하는지 여부를 판별하기 위하여 필요한 정보를 수집하고 평가하는 일련의 과정
- (㉡) : 확인된 위해요소를 예방 · 제거하거나 또는 허용 수준 이하로 감소시키는 단계, 과정 또는 공정 결정
- (㉢) : 한계기준에 이탈되지 않는 수준으로 적절히 관리되고 있는지 주기적으로 측정하고 확인하는 일련의 활동

해답

- ㉠ : 위해요소 분석
- ㉡ : 중요관리점 결정
- ㉢ : 모니터링

12 HACCP의 실행단계 중 원칙 1은 위해요소 분석 단계이다. 위해요소 분석 4단계를 기술하시오.

해답

- 1단계 : 잠재적 위해요소 도출
- 2단계 : 위해요소 발생원인 분석 및 평가
- 3단계 : 예방조치 및 관리방법 수립
- 4단계 : 위해요소분석표 작성

13 다음 보기의 생물학적 · 화학적 · 물리적 위해요소의 대표적인 인자를 빈칸에 알맞게 작성하시오.

바실루스 세레우스, 돌, 곰팡이, 실, 6가 크롬, *Escherichia coli*, 수은, 멜라민, HCN

생물학적 위해요소	화학적 위해요소	물리적 위해요소

해답

생물학적 위해요소	화학적 위해요소	물리적 위해요소
• 바실루스 세레우스 • 곰팡이 • *Escherichia coli*	• 6가 크롬 • 수은 • 멜라민 • HCN	• 돌 • 실

14 생물학적 위해요소가 될 수 있는 미생물 중 살모넬라 식중독 예방법 3가지를 작성하시오.

해답

- 가금류, 계란을 조리하는 경우 충분한 가열조리(중심온도 75℃에서 1분 이상)
- 사용된 조리기구는 세척 후 열탕소독
- 신선한 계란, 가금류, 육류를 구입하고 보관 시 냉장보관

TIP 살모넬라

- 그람음성 통성혐기성 간균으로 고온다습한 여름에 많이 발생한다.
- 난류, 육류에 오염된 음식이나 오염된 물에서 감염되며 잠복기는 12~36시간이다.
- 주로 발열, 두통, 오심, 복통, 설사 등의 위장증상을 보인다.

15 HACCP 제도를 효율적으로 관리, 운영하기 위해서는 선행요건 프로그램(Pre-requisite Program)이 제대로 가동되어야 한다. 선행요건 관리기준에 해당되는 8가지를 쓰시오.

해답

영업장 관리, 위생관리, 제조 · 가공 시설 · 설비 관리, 냉장 · 냉동 시설 · 설비 관리, 용수관리, 보관 · 운송 관리, 회수 프로그램 관리, 검사관리

16 물리적 위해요소의 대표적인 예시 2가지와 이를 예방할 수 있는 조치방법 2가지를 쓰시오.

해답

- 물리적 위해요소 : 플라스틱, 머리카락
- 조치방법 : 시설 개보수, 선별 강화, 종업원 교육 등

17 다음 중요관리점(CCP)이 될 수 있는 사례를 판단하여 빈칸에 알맞게 ○, ×를 쓰시오.

① 금속 검출기로 금속 이물을 검출한다. ( )
② 병원성 미생물을 사멸시키기 위하여 가열처리한다. ( )
③ 채소 입고 시 병원성 미생물을 관리하기 위하여 세척공정을 실시한다(다만, 이후 공정에 미생물 제어를 위한 가열공정이 있음). ( )
④ 식육을 1차로 끓는 물에 데친 후, 중심온도가 80℃가 도달할 때까지 오븐에 굽는다. 이때 끓는 물에 데치는 공정은 CCP이다. ( )
⑤ 미생물의 성장을 최소화하기 위하여 냉장 보관한다. ( )

해답

① ○, ② ○, ③ ×, ④ ×, ⑤ ○
③, ④의 경우 1차 공정 이후 2차 공정에서 확인된 위해를 제어하거나 발생 가능성을 허용 수준까지 감소시킬 수 있다면 이전 공정을 CP로 결정할 수 있다.

> **TIP 중요관리점이 될 수 있는 사례**
> 냉각공정, 가열공정, 세척 · 소독 공정, 충진공정, 금속 검출 공정, 냉장고 보관 온도 등

18 다음 빈칸을 채우시오.

(㉠)은 안전관리인증기준(HACCP) 관리계획의 (㉡)과 (㉢) 여부를 정기적으로 평가하는 일련의 활동이다. HACCP 시스템이 올바르게 수립되어 효과가 있는지 확인하는 (㉣)와 효과적으로 이행되고 있는지 여부를 확인하는 (㉤)로 나뉠 수 있다.

㉣	㉤
• 발생 가능한 잠재위해요소의 분석 여부 • CCP 한계기준의 안전성 확보 여부 • CCP 결정도를 활용한 CP, CCP의 적절성 여부	• CCP 공정 모니터링 확인 • 개선조치의 적절성 확인 • 검 · 교정 여부 확인

해답

- ㉠ : 검증(Verification)
- ㉡ : 유효성(Validation)
- ㉢ : 실행(Implementation)
- ㉣ : 유효성 검증
- ㉤ : 실행성 평가

19 중요관리점을 결정할 때 CCP별로 번호를 부여하게 된다. 다음 보기의 CCP 숫자와 명칭이 의미하는 것을 쓰시오.

CCP-2BC

해답

중요관리점 번호는 공정 순서를 의미하고, 숫자 뒤에 나타내는 것은 위해요인을 표시한 것이다. CCP-2BC라면 공정상 중요관리점 순서가 2번째임을 의미하고, BC는 각각 생물학적 · 화학적 위해요인을 나타낸 것이다.

20 **식품 및 축산물 안전관리인증기준에서 냉장시설과 냉동시설의 규정 온도는 무엇이며, 온도 감응 장치 센서의 올바른 위치를 쓰시오.**

해답

- 냉장시설과 냉동시설의 규정 온도
  - 냉장 온도 : 10℃ 이하
  - 냉동 온도 : −18℃ 이하
- 온도 감응 장치 센서의 올바른 위치 : 온도 감응 장치의 센서는 온도가 가장 높게 측정되는 곳에 위치한다.

21 **다음 빈칸을 채우시오.**

> 중요관리점(CCP ; Critical Control Point)이란 안전관리인증기준(HACCP)을 적용하여 식품 · 축산물의 위해요소를 (㉠) · (㉡)하거나 허용 수준 이하로 (㉢)시켜 당해 식품 · 축산물의 안전성을 확보할 수 있는 중요한 단계 · 과정 또는 공정을 말한다.

해답

- ㉠ : 예방
- ㉡ : 제어
- ㉢ : 감소

PART

02

제품개발

CHAPTER 01 시제품 개발

SECTION 01 식품의 가공

식품가공은 식품원료를 처리하여 가공식품을 제조하는 일련의 과정을 뜻하는 것으로, 가공식품의 취급 · 가공 · 저장 · 조리 등의 전 과정이 포함된다.

▼ 식품가공의 목적

사회적	식품학적
• 계획적 생산과 분배 • 경제적인 유통과 적재 • 식품의 손실 방지 • 가격 안정 도모	• 소화, 흡수를 도와 영양소 이용률 증대 • 맛과 풍미의 개선 • 독성물질 및 위해물질 제거 • 안전성 증대

SECTION 02 식품의 단위 제조공정

시제품을 개발할 때는 식품 제조 및 가공에 대한 적합한 단위 공정을 단독 또는 여러 공정을 조합하여 선정한다.

1. 선별

수확한 원료를 크기, 무게, 모양, 비중, 색깔 등에 따라 분리하고 이물질 제거하는 공정으로 가공 시 조작공정(살균, 탈수, 냉동)을 표준화, 작업능률 향상, 원가 절감 효과를 준다.

1) 무게에 의한 선별

과일(사과, 배, 오렌지 등), 채소(무, 당근, 감자 등), 달걀, 육류, 생선 등 선별

2) 크기에 의한 선별

① 체(Sieve) 분리 : 크기 선별에 많이 이용, 체의 단위인 1mesh는 가로, 세로 1인치(2.54cm)에 들어 있는 눈금의 수로 나타내며 mesh가 클수록 가는 체(평판체 : 곡류, 밀가루, 소금 선별)

② 회전원통체, 롤러선별기 등(과일, 채소 선별)

③ 사별 공정

㉠ 정선, 조질된 원료를 가루와 기울로 분리하는 공정

㉡ 원료의 공급속도, 입자의 크기, 수분 등에 의해 효율 결정

3) 모양에 의한 선별

① 작업의 효율을 위해 폭과 길이에 따라 선별(감자, 오이, 곡류)

② 디스크형, 실린더형

2. 세척

1) 건식 세척

① 크기가 작고 기계적 강도가 있으며 수분함량이 적은 곡류, 견과류 세척에 이용

② 시설비, 운영비가 적고 폐기물처리가 간단하지만, 재오염 가능성이 크다.

③ 송풍분류기(Air Classifier) : 송풍 속에 원료를 넣어 부력과 공기 마찰로 세척

④ 마찰세척(Abrasion Cleaning) : 식품 재료 간 상호 마찰에 의해 분리

⑤ 자석세척(Magnetic Cleaning) : 원료를 강한 자기장에 통과시켜 금속 이물질 제거

⑥ 정전기적 세척(Electrostatic Cleaning) : 원료를 함유한 미세먼지를 방전시켜 음전하로 만든 후 제거, 차세척(Tea Cleaning)에 이용

2) 습식 세척

① 원료의 토양, 농약 제거에 이용

② 건식 세척보다 효과적이며 손상은 감소하나 비용이 많이 들고 수분으로 인한 부패 용이

③ 침지세척(Soaking Cleaning) : 물에 담가 오염물질 제거, 분무세척 전처리로 이용

④ 분무세척(Spray Cleaning) : 컨베이어 위 원료에 물을 뿌려 세척

⑤ 부유세척(Flotation Cleaning) : 밀도와 부력 차이로 세척, 상승류에 밀려 이물질 제거(완두콩, 강낭콩 등)

⑥ 초음파세척(Ultrasonic Cleaning) : 수중에 초음파를 사용하여 세척(달걀, 과일, 채소류)

3. 분쇄

고체 원료를 충격력, 압축력, 전단력을 이용해 작게 만드는 공정이다.

① 절단 : 과채류 · 육류 등을 일정 크기로 자르는 것(절단기)

② 파쇄 : 충격에 의해 작은 크기로 부수는 조작(파쇄기)

③ 마쇄 : 전단력에 의해 파쇄보다 더 작은 상태로 만드는 것(미트초퍼, 마쇄기)

1) 분쇄의 목적

① 유효 성분의 추출효율 증대
② 건조, 추출, 용해력 향상
③ 혼합능력과 가공효율 증대
④ 원료의 경도와 마모성, 열에 대한 안정성, 원료의 구조, 수분함량 등을 고려하여 분쇄기 선정

2) 분쇄비율

① 분쇄기의 성능, 분쇄비율이 클수록 분쇄능력이 크다.
② 분쇄비율 $= \dfrac{\text{원료입자 평균 크기}}{\text{분쇄입자 평균 크기}}$
③ 조분쇄기(Coarse Crusher)는 8 이하, 미분쇄기(Fine Grinder)는 100 이상

3) 분쇄기의 종류

① 해머밀(Hammer Mill) : 회전축에 해머가 장착되어 분쇄(막대, 칼날, T자형 해머 등, 임팩트밀 · 다목적밀, 설탕 · 식염 · 곡류 · 마른 채소 · 옥수수 전분 등에 사용)
② 볼밀(Ball Mill) : 회전 원통 속에 금속, 돌 등과 원료를 함께 회전하여 분쇄(곡류, 향신료 등 수분 3~4% 이하 재료에 적당)
③ 핀밀(Pin Mill) : 고정판과 회전원판 사이에 막대모양 핀이 있어 고속 회전으로 분쇄(설탕, 전분, 곡류 등 건식과 콩, 감자, 고구마의 습식이 있음)
④ 롤밀(Roll Mill) : 2개의 회전 금속롤 사이에 원료를 넣어 분쇄(밀가루 제분, 옥수수, 쌀가루 제분에 이용)
⑤ 디스크밀(Disc Mill) : 홈이 파인 2개의 원판 사이에 원료를 넣어 분쇄(옥수수, 쌀의 분쇄에 이용)
⑥ 습식 분쇄 : 고구마 · 감자의 녹말 제조, 과일 · 채소의 분쇄, 생선이나 육류 가공 시 이용(맷돌, 절구나 고기를 가는 Chopper 등)

▼ 입자 크기에 의한 분쇄기의 분류

구분	종류	구분	종류
조분쇄기	조분쇄기, 선동분쇄기, 롤분쇄기 등	미분쇄기	볼밀, 로드밀, 롤밀, 진동밀, 터보밀, 버밀, 핀밀 등
중분쇄기	원판분쇄기, 해머밀 등	초미분쇄기	제트밀, 원심형 분쇄기 등

▼ 힘에 의한 분쇄기의 분류

구분	종류	구분	종류
충격형 분쇄기	해머밀, 볼밀, 핀밀 등	압축형 분쇄기	롤밀 등
전단형 분쇄기	디스크밀, 버밀 등	절단형 분쇄기	절단분쇄기

4. 혼합

2가지 이상의 다른 원료가 화학적인 결합을 하지 않고 섞여 균일한 물질을 얻는 공정으로 혼합, 교반, 유화, 반죽 등이 있다.

1) 혼합의 종류

① 고체 혼합

㉠ 유사한 크기, 밀도, 모양을 가진 것이 잘 혼합됨

㉡ 크기 차이가 75μm 이상이면 혼합이 안 되고 쉽게 분리, 10μm 이하이면 잘 혼합됨

② 액체 혼합

㉠ 교반은 액체 간, 액체와 고체 간, 액체와 기체 간 혼합, 유화는 섞이지 않는 두 액체의 혼합

㉡ 점도가 큰 액체의 혼합에는 큰 동력 필요

㉢ 밀가루 반죽, 음료 · 초콜릿 · 아이스크림 제조 등에 교반기 이용

2) 혼합기의 종류

① 고체 – 고체 혼합기

㉠ 고체 간 혼합에는 회전이나 뒤집기 이용

㉡ 텀블러(곡류), 리본 혼합기(라면수프), 스크루 혼합기 등

② 고체 – 액체 혼합기(반죽 교반기)

㉠ S자형 반죽기 : 제과제빵용 밀가루 반죽에 이용

㉡ 페달형 팬 혼합기 : 달걀, 크림, 쇼트닝 등 과자 원료 혼합에 이용

③ 액체 – 액체 혼합기

㉠ 용기 속 임펠러로 액체 혼합(패들 교반기, 터빈 교반기, 프로펠러 교반기 등)

㉡ 혼합효과를 높이기 위해 방해판 설치, 경사 · 원심력 · 상승류 등 이용

④ 유화기

㉠ 교반형 유화기(균질기) : 액체에 강한 전단력을 작용하여 혼합 균질화

㉡ 가압형 유화기 : 좁은 구멍을 높은 압력으로 통과 시 분쇄 혼합

㉢ 고압 균질기

- 지방구를 0.1～2μm로 작게 형성한다.
- 크림층 생성 방지, 점도 향상, 조직 연성화, 소화 향상 효과
- 믹스의 기포성을 좋게 하여 Overrun 증가
- 아이스크림의 조직을 부드럽게 한다.
- 숙성(Aging)시간을 단축한다.

5. 성형

원료에 물을 넣거나 가열하여 물렁물렁하게 만든 것을 적당한 물리적 과정을 거쳐 일정한 모양으로 만드는 공정으로, 주로 제과, 제빵, 과자류에 이용한다.

1) 성형의 종류

① 주조성형 : 일정한 모양의 틀에 원료를 넣고 가열 또는 냉각하여 성형(빙과, 빵, 쿠키 등)
② 압연성형 : 반죽을 회전 롤 사이로 통과시켜 면대를 만들어 세절하거나 압절 성형(국수, 비스킷 등)
③ 압출성형 : 반죽 등 반고체 원료를 노즐 또는 die를 통해 강한 압력으로 밀어내어 성형(스낵, 마카로니 등)
※ 압출면 : 반죽을 압출기의 작은 구멍으로 뽑아낸 국수(당면, 마카로니 등)
④ 응괴성형 : 건조분말을 수증기로 뭉치게 하고 건조하여 응괴성형, 물에 쉽게 용해(인스턴트 커피, 분말주스, 조제분유 등)
⑤ 과립성형 : 젖은 상태의 분체 원료를 회전 틀에서 당액이나 코팅제를 뿌려 과립성형(초콜릿 볼, 과립형 껌 등)

6. 원심분리

혼합물을 튜브에 넣고 빠른 속도로 회전시키면 원심력에 의해 침전이 더 빠르게 일어나는데, 이와 같은 방법으로 혼합물을 분리하는 공정이다.

1) 분리공정의 종류

① 침강분리 : 밀도차가 클 때 중력에 의해 자연 침강으로 분리(전분, 과즙, 양조 등)
② 원심분리 : 밀도차가 비슷할 때 원심력을 이용하여 분리(우유 크림층, 주스 등)

2) 액체-액체 원심분리기

① 2가지 이상의 밀도가 다른 액체를 원심력을 이용하여 분리
② 수직축을 회전시켜 밀도가 무거운 물질은 바깥쪽, 가벼운 물질은 안쪽으로 이동 분리
③ 원심침강기, 원심탈수기, 원심여과기
④ 회전수는 rpm(rotation per minute, 분당 회전수)으로 표시, 시료를 넣을 때는 대칭이 되도록 넣고, 고속원심분리기는 냉각장치 · 진공장치 필요
⑤ 디스크형 원심 분리기(Disc-bowl Centrifuge) : 우유의 크림 분리, 유지 정제 시 비누 물질 제거, 과일주스의 청징 및 효소의 분리 등에 널리 이용된다.
⑥ 교동(Churning)기 : 우유의 크림을 교반하여 기계적 충격으로 지방구가 뭉쳐 버터입자가 형성되고 버터밀크와 분리된다.

7. 여과

액체 속에 들어 있는 침전물이나 입자를 분리시키는 공정이다(유체로부터 고체입자를 분리).

1) 여과기의 종류

① 중력여과기 : 중력을 이용한 일반 여과
② 감압여과기 : 감압장치(모터, Aspirator)를 이용하여 빠르게 여과, 막여과에 이용
③ 가압여과기 : 압력을 가해 대량의 여과에 이용(필터프레스 등)
④ 스펀지 여과기 : 스펀지 등의 흡착성이 있는 여과재를 이용한 여과
※ 여과조제 : 여과속도를 개선하기 위해 첨가하는 흡착성의 물질로 규조토, 활성탄, 실리카겔, 셀룰로오스 등이 사용된다.

2) 막여과

여과하는 물질의 크기에 따라 막을 이용하여 분리하는 여과의 한 종류이다.

① 정밀여과 : 세균이나 색소 제거에 이용, 바이러스나 단백질은 통과
② 한외여과 : 바이러스나 단백질 같은 고분자 물질 제거, 당과 같은 저분자 물질 통과
③ 역삼투
㉠ 반투막을 이용하여 물 같은 용매에서 당이나 염 같은 용질 분리
㉡ 아세트산 셀룰로오스, 폴리설폰 등 이용
㉢ 자연스런 삼투압에 대해 반대로 용질을 남기고 이동해야 하므로 농도가 짙은 쪽에 압력을 가한다.
㉣ 바닷물의 담수화 등에 이용
㉤ 염과 같은 저분자 물질의 분리에 이용
④ 투석법 : 염이나 당 같은 저분자는 통과하지만 단백질 같은 고분자는 통과하지 못하는 반투막을 이용하여 분리

8. 추출

고체 또는 액체 혼합물 속의 어떤 물질을 뽑아내는 공정이다.

1) 기계적 추출

① 고체에 압력을 가해 고체 중 액체를 분리
② 식물성유지 분리, 치즈 제조, 주스 착즙에 이용
③ 스크루식 압착기, 롤러압착기, 엑스펠러, 케이지프레스 등

2) 용매 추출

고체 또는 액체의 혼합물에 용매(溶媒)를 가하여 혼합물 속의 어떤 물질을 용매에 녹여 뽑아내는 일

① 특정 용매를 이용하여 용해도 차이에 의해 용해된 물질을 분리
② 농도차가 클수록, 온도가 높을수록, 표면적이 클수록 잘 된다.
③ 추출제 : 물, benzene, n−hexane, 에탄올 등
④ 대두 · 옥수수 등에서 식물 유지 추출, 사탕수수 · 사탕무 등에서 설탕 추출
⑤ 용출 : 동물성유지를 가열하여 분리하는 것

3) 초임계 유체 추출

① 유기용매 대신 초임계 가스를 용매로 사용
② 초임계 유체는 기체상과 액체상이 공존하는 임계 부근의 유체
③ 기체 성질로 침투율과 추출효율이 높고 액체 밀도가 높아 용해도 증가
④ 에탄, 프로판, 에틸렌, 이산화탄소 등 이용
⑤ 카페인, 참기름의 추출 등에 사용

▼ **초임계**

물질의 온도와 압력이 임계점(Supercritical Point)을 넘어 액체와 기체를 구분할 수 없는 상태가 된 유체

(1) 장점
- 낮은 온도 조작으로 고온 변성, 분해가 없다.
- 추출유체는 기체가 되어 잔류하지 않는다.
- 용매의 순환 재이용 가능
- 온도와 압력을 조절해서 특정 성분만 선택해서 추출 가능

(2) 단점
- 300kgf/cm^2 이상의 고압을 사용하므로 장치나 구조에 제약, 연속조작 불가
- 무카페인 커피 · 향신료 추출, EPA 등 고도 불포화 지방산 추출 등 특정 고부가가치 상품에만 적용
- 초기 비용이 높음

9. 건조

1) 건조의 특징

① 수분을 감소시켜 수분활성도 감소, 미생물이나 효소작용 억제
② 성분 농축에 따른 새로운 풍미, 색 향상
③ 중량 감소에 따른 수송과 포장 간편성
④ 탈수식품 : 특성은 손상하지 않고 수분만 제거, 복원 가능(인스턴트 커피 등)
⑤ 건조식품 : 수분 제거로 농축되어 새로운 특성 생성(건조오징어, 곶감, 육포 등)
⑥ 표면 피막 경화 현상 : 두께가 두껍고 내부 확산이 느린 식품을 급격히 건조 시 발생(겉은 딱딱, 속은 촉촉)

2) 건조장치

① 열풍건조기
   ㉠ 트레이에 제품을 올려서 가열된 공기의 대류나 강제 순환에 의해 건조
   ㉡ 회분식 : 빈(Bin) 건조기, 캐비닛 건조기 등
   ㉢ 연속식 : 터널 건조기, 컨베이어 건조기, 유동층 건조기, 분무건조기 등
   ㉣ 병행식 : 공기 흐름과 식품 이동이 같은 방향, 초기 건조가 좋으나 최종 건조가 좋지 않아 내부 건조가 잘 되지 않거나 미생물이 번식할 수 있다.
   ㉤ 향류식 : 공기 흐름과 식품 이동이 반대 방향, 초기 건조는 좋지 않으나 최종 건조가 높아 과열 우려가 있다.

② 분무건조기
   ㉠ 열에 약한 제품에 이용(분유, 주스분말, 커피, 차 등)
   ㉡ 액상 식품을 분무장치로 열풍에 분무하여 건조
   ㉢ 대부분 건조가 항률건조
   ㉣ 원심 분무건조기 : 액체 속의 고형분 마모의 위험성이 가장 낮고 원료 유량을 독립적으로 변화시킬 수 있는 분무장치

③ 드럼 건조기
   ㉠ 가열된 회전 원통 표면에 건조할 제품을 묻혀 전도에 의한 건조
   ㉡ 긁기용 칼날로 연속식 제품 회수

④ 동결건조기
   ㉠ 수분을 얼려 승화시켜 건조, 고비용 제품에 이용
   ㉡ 냉각기 온도 −40℃, 압력 0.098mmHg
   ㉢ 형태가 유지되고 다공성이므로 복원력이 좋다.
   ㉣ 향미 보존, 식품 성분 변화가 적다.

10. 농축

1) 농축의 목적

① 식품 중 수분을 제거하여 용액의 농도를 높이는 조작
② 결정, 건조 제품을 만들기 위한 예비 단계로 이용
③ 잼과 같이 농축에 의한 새로운 풍미 제공
④ 저장성 · 보존성 향상, 수송비 절약 효과
⑤ 잼, 엿, 캔디, 천일염, 연유 등
⑥ 점도 상승, 거품 발생, 비점 상승, 관석 발생

2) 농축의 종류

① 증발 농축

㉠ 식품을 가열하여 용매를 증발시켜 농축

㉡ 이중솥, 표준 증발관, 진공 감압증발관 등

㉢ 고열에 의한 착색을 방지하기 위해 저압, 저온을 이용한 감압농축법을 주로 이용

㉣ 판형 열교환기 : 과일주스나 연유처럼 열에 민감하고 점도가 낮은 식품을 가열할 때 사용하며, 식품공업에서 가장 널리 사용되고 있다.

㉤ 진공 증발기 : 열에 의한 영양소 파괴를 최소화하기 위해 가능한 한 낮은 온도에서 농축하기 위한 장치

② 냉동 농축 : 수용액의 수분을 얼리고 얼음결정을 제거하여 농축하는 방법, 열에 민감한 제품에 이용

③ 막농축 : 한외여과나 역삼투압을 이용하여 농축, 열을 가하지 않으므로 에너지 절약, 성분의 농축 및 분리

11. 가공설비

1) 이송기

① 벨트 컨베이어(Belt Conveyer) : 벨트 위에서 제품 운반

② 스크루 컨베이어(Screw Conveyer, 나선형 컨베이어) : 스크루의 회전운동으로 분체, 입체, 습기가 있는 재료나 화학적 활성을 지니고 있는 고온물질을 트로프(Trough) 또는 파이프(Pipe) 내에서 회전시켜 운반

③ 버킷 엘리베이터(Bucket Elevator) : 버킷에 제품을 실어 위아래로 연결된 컨베이어로 운반

④ 드로우어(Thrower) : 단단한 고체 제품을 높은 곳에서 드로우어를 이용해 굴려서 운반

2) 이음쇠

① 티 : 유체의 흐름을 두 방향으로 분리

② 엘보 : 유체의 흐름을 직각으로 바꾸어 줌

③ 크로스 : 유체의 흐름을 세 방향으로 분리

④ 유니온 : 관을 연결할 때 사용

3) 밸브

① 체크 밸브 : 유체가 한 방향으로만 흐르도록 하여 역류방지를 목적으로 하는 밸브

② 안전 밸브 : 유체의 압력이 임계점 이상 올라갈 시 유체를 배출하여 기기를 보호하는 밸브

③ 슬루스 밸브 : 상하로 미끄러지는 유체를 조절하는 밸브

④ 글로브 밸브 : 유체의 흐름을 바꾸거나 유량을 조절할 때 사용하는 밸브

⑤ 플러시 밸브 : 한 번 밸브를 누르면 일정량의 유체가 나온 후 자동적으로 잠기는 밸브

▼ **식품제조기기를 만들 때 사용하는 소재**

식품제조기기는 식품이랑 직접 접촉하는 표면이기에, 금속이 식품으로 용출되지 않아야 하며, 부식되지 않는 특징을 가져야 한다. 이때 사용하는 것이 18-8 스테인리스강이다. 18-8 스테인리스강은 크롬 18%, 니켈 8%를 철에 가하여 만든 스테인리스강으로 부식되지 않는 특징을 가지고 있어 식품가공기기를 만들 때 주로 사용한다.

SECTION 03 제품 개발 순서

1. 식품 유형 검토

제품 개발 시에는 「식품공전」의 식품의 기준 및 규격에 관한 내용을 참고한다. 「식품공전」은 식품의약품안전처장의 고시로써, 판매를 목적으로 하거나 영업상 사용하는 식품, 식품첨가물, 기구 및 용기 · 포장의 제조 · 가공 · 사용 · 조리 및 보존 방법에 관한 기준, 성분에 관한 규격 및 시험법, 유전자변형식품 등의 기준, 축산물 위생관리법 제4조 제2항의 규정에 따른 축산물의 가공 · 포장 · 보존 및 유통의 방법에 관한 기준, 축산물의 성분에 관한 규격, 축산물의 위생등급에 관한 기준 등을 수록하고 있다. 이를 기준으로 규격을 설정한다.

▼ **식품공전의 주요 내용**

No.	구성	내용
제1.	총칙	1. 일반원칙 2. 기준 및 규격의 적용 3. 용어의 풀이 4. 식품원료 분류
제2.	식품일반에 대한 공통기준 및 규격	1. 식품원료 기준(원료 등의 구비요건, 식품원료 판단기준) 2. 제조 · 가공기준 3. 식품일반의 기준 및 규격 4. 보존 및 유통기준
제3.	영 · 유아용, 고령자용 또는 대체식품으로 표시하여 판매하는 식품의 기준 및 규격	1. 영 · 유아용으로 표시하여 판매하는 식품 2. 고령자용으로 표시하여 판매하는 식품 3. 대체식품으로 표시하여 판매하는 식품
제4.	장기보존식품의 기준 및 규격	1. 통 · 병조림 식품 2. 레토르트 식품 3. 냉동식품
제5.	식품별 기준 및 규격	과자류 · 빵류 또는 떡류, 빙과류, 코코아가공품류 또는 초콜릿류, 당류, 잼류, 두부류 또는 묵류, 식용유지류, 면류, 음료류, 특수영양식품, 특수의료용도식품, 장류, 조미식품, 절임류 또는 조림류, 주류, 농산가공식품류, 식육가공품류 및 포장육, 알가공품류, 유가공품류, 수산가공식품류, 동물성가공식품류, 벌꿀 및 화분가공품류, 즉석식품류, 기타 식품류
제6.	식품접객업소(집단급식소 포함)의 조리식품 등에 대한 기준 및 규격	정의, 기준 및 규격의 적용, 원료기준, 조리 및 관리기준, 규격, 시험방법

No.	구성	내용
제7.	검체의 채취 및 취급방법	검체 채취의 의의, 용어의 정의, 검체 채취의 일반원칙, 검체의 채취 및 취급요령, 검체 채취 기구 및 용기, 개별 검체 채취 및 취급방법
제8.	일반시험법	식품일반시험법, 식품성분시험법, 식품 중 식품첨가물 시험법, 미생물시험법, 원유 · 식육 · 식용란의 시험법, 식품별 규격 확인 시험법, 식품 중 잔류농약 시험법, 식품 중 잔류동물용 의약품 시험법, 식품 중 유해물질 시험법, 식품표시 관련 시험법, 시약 · 시액 · 표준용액 및 용량분석용 규정용액, 부표
제9.	재검토기한	–
	[별표]	[별표 1] 식품에 사용할 수 있는 원료의 목록 [별표 2] 식품에 제한적으로 사용할 수 있는 원료의 목록 [별표 3] 한시적 기준규격에서 전환된 원료의 목록 [별표 4] 식품 중 농약 잔류허용기준 [별표 5] 식품 중 동물용 의약품의 잔류허용기준 [별표 6] 식품 중 농약 및 동물용 의약품의 잔류허용기준 면제물질

1) 가공식품

가공식품은 식품군(대분류), 식품종(중분류), 식품유형(소분류)으로 분류한다. 식품유형은 과자류, 빵류 또는 떡류부터 기타 식품류까지 있다.
개별 기준은 가공식품의 기준 및 규격을 참조하여 식품유형을 검토한다.

▼ 식품공전에서 분류하는 가공식품 분류체계(24개 식품군)

- 식품군(대분류) : '제5. 식품별 기준 및 규격'에서 대분류하고 있는 음료류, 조미식품 등을 말한다.
- 식품종(중분류) : 식품군에서 분류하고 있는 다류, 과일 · 채소류음료, 식초, 햄류 등을 말한다.
- 식품유형(소분류) : 식품종에서 분류하고 있는 농축과 · 채즙, 과 · 채주스, 발효식초, 희석초산 등을 말한다.
- 24개 식품군 : 과자류 · 빵류 또는 떡류, 빙과류, 코코아가공품류 또는 초콜릿류, 당류, 잼류, 두부류 또는 묵류, 식용유지류, 면류, 음료류, 특수영양식품, 특수의료용도식품, 장류, 조미식품, 절임류 또는 조림류, 주류, 농산가공식품류, 식육가공품류 및 포장육, 알가공품류, 유가공품류, 수산가공식품류, 동물성가공식품류, 벌꿀 및 화분가공품류, 즉석식품류, 기타 식품류

▼ (예시) 과자류, 빵류 또는 떡류의 식품공전 규격

- 산가 : 유탕 · 유처리한 과자에 한하며, 한과류는 3.0 이하
- 허용 외 타르색소 : 검출되어서는 아니 된다(캔디류, 추잉껌, 빵류에 한한다).
- 산화방지제(g/kg) : 부틸하이드록시아니솔, 디부틸하이드록시톨루엔, 터셔리부틸히드로퀴논 이외에 산화방지제가 검출되어서는 아니 된다(추잉껌에 한한다).
- 보존료(g/kg) : 프로피온산, 프로피온산나트륨, 프로피온산칼슘 이외의 보존료가 검출되어서는 아니 된다.
- 세균수 : $n=5$, $c=2$, $m=10{,}000$, $M=50{,}000$ (과자, 캔디류 밀봉제품에 한하며, 발효제품 또는 유산균 함유제품은 제외한다.)
- 황색포도상구균 : $n=5$, $c=0$, $m=0/10\text{g}$ [다만, 크림(우유, 달걀, 유크림, 식용유지를 주원료로 이에 식품이나 식품첨가물을 가하여 혼합 또는 공기혼입 등의 가공공정을 거친 것을 말한다)을 도포 또는 충전 후 가열살균하지 않고 그대로 섭취하는 빵류에 한한다.]

- 살모넬라 : $n=5$, $c=0$, $m=0/10g$ [다만, 크림(우유, 달걀, 유크림, 식용유지를 주원료로 이에 식품이나 식품첨가물을 가하여 혼합 또는 공기혼입 등의 가공공정을 거친 것을 말한다)을 도포 또는 충전 후 가열살균하지 않고 그대로 섭취하는 빵류에 한한다.]
- 대장균 : $n=5$, $c=1$, $m=0$, $M=10$ (떡류에 한한다.)
- 유산균수 : 표시량 이상(유산균함유 과자, 캔디류에 한한다.)
- 압착강도(Newton) : 5 이하(컵모양, 막대형 등 젤리에 한한다.)
- 총산(구연산으로서, w/w%) : 6.0 미만(캔디류에 한하며, 표면에 신맛 물질이 도포되어 있는 경우는 4.5 미만)
- 총 아플라톡신(μg/kg) : 15.0 이하(B_1, B_2, G_1 및 G_2의 합으로서, 단 B_1은 10.0μg/kg 이하이어야 한다.)
- 푸모니신(mg/kg) : 1 이하(B_1 및 B_2의 합으로서. 단, 옥수수 50% 이상 함유 과자, 캔디류, 추잉껌에 한한다.)
- 납(mg/kg) : 0.2 이하(캔디류에 한한다.)

▼ **식품공전에서 규정하는 각 식품별 규격**

분류	식품군	식품종	식품유형	규격
영·유아용, 고령자용 또는 대체식품으로 표시하여 판매하는 식품	영·유아용으로 표시하여 판매하는 식품	–	–	위생지표균 및 식중독균(세균수, 대장균군, 바실루스 세레우스, 크로노박터), 나트륨
	고령자용으로 표시하여 판매하는 식품	–	–	대장균군, 대장균, 경도, 점도
	대체식품으로 표시하여 판매하는 식품	–	–	산가, 과산화물가, 세균수, 대장균군, 대장균
장기보존식품	통·병조림 식품	–	–	성상, 주석, 세균 발육
	레토르트 식품	–	–	성상, 세균 발육, 타르색소
	냉동식품	–	–	• 가열하지 않고 섭취하는 냉동식품 : 세균수, 대장균군, 대장균, 유산균수(유산균 첨가 제품) • 가열하여 섭취하는 냉동식품 : 세균수, 대장균군, 대장균, 유산균수(유산균 첨가 제품)
식품별 기준 및 규격	과자류, 빵류 또는 떡류	–	과자, 캔디류, 추잉껌, 빵류, 떡류	산가, 허용 외 타르색소, 산화방지제, 보존료, 세균수, 황색포도상구균, 살모넬라, 대장균, 유산균수, 압착강도, 총산, 총 아플라톡신, 푸모니신, 납
	빙과류	아이스크림류 (*축산물가공품)	아이스크림, 저지방 아이스크림, 아이스밀크, 샤베트, 비유지방 아이스크림	유지방, 조지방, 세균수, 대장균군, 유산균수, 리스테리아 모노사이토제네스
		아이스크림믹스류 (*축산물가공품)	아이스크림믹스, 저지방 아이스크림믹스, 아이스밀크믹스, 샤베트믹스, 비유지방 아이스크림믹스	유지방, 조지방, 세균수, 대장균군, 유산균수, 수분, 살모넬라, 리스테리아 모노사이토제네스
		빙과	–	세균수, 대장균군, 유산균수
		얼음류	식용얼음, 어업용 얼음	염소이온, 질산성 질소, 암모니아성 질소, 과망간산칼륨 소비량, pH, 증발잔류물, 세균수, 대장균군

분류	식품군	식품종	식품유형	규격
식품별 기준 및 규격	코코아가공품류 또는 초콜릿류	코코아가공품류	코코아메스, 코코아버터, 코코아분말, 기타 코코아가공품	납, 요오드가, 살모넬라
		초콜릿류	초콜릿, 밀크초콜릿, 화이트초콜릿, 준초콜릿, 초콜릿가공품	허용 외 타르색소, 세균수, 유산균수, 살모넬라
	당류	설탕류	설탕, 기타 설탕	성상, 당도, 사카린나트륨, 납, 이산화황
		당시럽류	–	총당, 납, 사카린나트륨
		올리고당류	올리고당, 올리고당가공품	올리고당 함량(프락토올리고당, 이소말토올리고당, 갈락토올리고당, 자일로올리고당, 겐티오올리고당, 말토올리고당, 올리고당가공품), 납
		포도당	–	포도당 당량, 사카린나트륨, 덱스트린분, 납
		과당류	과당, 기타 과당	과당, 비선광도, 사카린나트륨, 납
		엿류	물엿, 기타 엿, 덱스트린	포도당 당량, 사카린나트륨, 납
		당류가공품	–	대장균군, 세균수, 대장균
	잼류	–	잼, 기타 잼	타르색소, 보존료, 납
	두부류 또는 묵류	–	두부, 유바, 가공두부, 묵류	대장균군, 타르색소
	식용유지류	식물성유지류	콩기름, 옥수수기름, 채종유, 미강유, 참기름, 추출참깨유, 들기름, 추출들깨유, 홍화유, 해바라기유, 목화씨기름, 땅콩기름, 올리브유, 팜유류, 야자유, 고추씨기름, 기타 식물성유지	산가, 요오드가, 산화방지제, 리놀렌산, 에루스산, 냉각시험, 과산화물가
		동물성유지류 (*축산물가공품, 어유, 기타 동물성유지 제외)	식용우지, 식용돈지, 원료우지, 원료돈지, 어유, 기타 동물성유지	비중, 굴절률, 수분, 비비누화물, 산가, 과산화물가, 비누화가, 요오드가, 산화방지제, 리놀레산
		식용유지가공품	혼합식용유, 향미유, 가공유지, 쇼트닝, 마가린, 모조치즈, 식물성크림, 기타 식용유지가공품	산가, 과산화물가, 요오드가, 타르색소, 산화방지제, 조지방, 산가, 보존료, 수분, 대장균군, 허용 외 타르색소, 대장균, 세균수
	면류	–	생면, 숙면, 건면, 유탕면	타르색소, 보존료, 대장균, 대장균군
	음료류	다류	침출차, 액상차, 고형차	타르색소, 납, 카드뮴, 주석, 세균수, 대장균군
		커피	–	납, 주석, 허용 외 타르색소, 세균수, 대장균군

분류	식품군	식품종	식품유형	규격
식품별 기준 및 규격	음료류	과일 · 채소류 음료	농축과채즙, 과채주스, 과채음료	납, 카드뮴, 주석, 세균수, 대장균군, 대장균, 보존료
		탄산음료류	탄산음료, 탄산수	탄산가스압, 납, 카드뮴, 주석, 세균수, 대장균군, 보존료
		두유류	원액두유, 가공두유	세균수, 대장균군
		발효음료류	유산균음료, 효모음료, 기타 발효음료	유산균수 또는 효모수, 세균수, 대장균군, 보존료
		인삼 · 홍삼음료	–	인삼 · 홍삼성분, 타르색소, 납, 주석, 세균수, 대장균군, 보존료
		기타 음료	혼합음료, 음료베이스	산소량, 납, 카드뮴, 주석, 세균수, 대장균군, 유산균수, 보존료
	특수영양식품	조제유류 (*축산물가공품)	영아용 조제유, 성장기용 조제유	열량, 수분, 조단백질, 조지방, 리놀레산, α－리놀렌산, 리놀레산과 α－리놀렌산의 비율, 탄수화물, 유성분, 비타민 A 외 35종
		영아용 조제식	–	수분, 열량, 조단백질, 조지방, 리놀레산 외 36종
		성장기용 조제식	–	수분, 열량, 조단백질, 조지방, 리놀레산 외 29종
		영 · 유아용 이유식	–	수분, 열량, 나트륨, 사카린나트륨, 타르색소, 대장균군, 세균수, 크로노박터, 바실루스 세레우스
		체중조절용 조제식품	–	수분, 조단백질, 비타민류, 무기질류, 대장균군, 바실루스 세레우스
		임산 · 수유부용 식품	–	수분, 영양성분, 대장균군, 세균수, 타르색소
		고령자용 영양조제식품	–	수분, 열량, 조단백질, 조지방, 비타민, 무기질, 세균수, 대장균군, 바실루스 세레우스
	특수의료용도식품	표준형 영양조제식품	일반 환자용 균형영양조제식품 (균형영양조제식품), 당뇨환자용 영양조제식품, 신장질환자용 영양조제식품, 장질환자용 단백가수분해 영양조제식품, 암환자용 영양조제식품, 고혈압환자용 영양조제식품, 폐질환자용 영양조제식품, 열량 및 영양공급용 식품, 연하곤란자용 점도조절식품, 수분 및 전해질보충용 조제식품	수분, 열량, 조단백질, 조지방, 비타민, 무기질, 포도당, 타르색소, 세균수, 대장균군, 바실루스 세레우스

분류	식품군	식품종	식품유형	규격
식품별 기준 및 규격	특수의료용도식품	맞춤형 영양조제식품	선천성 대사질환자용 조제식품, 영 · 유아용 특수조제식품, 기타 환자용 영양조제식품	수분, 열량, 조단백질, 조지방, 비타민, 무기질, 탄화물, 불소, 타르색소, 세균수, 대장균군, 바실루스 세레우스, 크로노박터
		식단형 식사관리제품	당뇨환자용 식단형 식품, 신장질환자용 식단형 식품, 암환자용 식단형 식품, 고혈압환자용 식단형 식품	열량, 조단백질, 조지방, 비타민, 무기질, 불소, 타르색소, 세균수, 대장균군, 대장균, 황색포도상구균, 살모넬라, 장염비브리오, 장출혈성 대장균, 바실루스 세레우스, 클로스트리디움 퍼프린젠스
	장류	–	한식메주, 개량메주, 한식간장, 양조간장, 산분해간장, 효소분해간장, 혼합간장, 한식된장, 된장, 고추장, 춘장, 청국장, 혼합장, 기타 장류	총질소, 타르색소, 대장균군, 보존료
	조미식품	식초류	발효식초, 희석초산	총산, 타르색소, 보존료
		소스류	복합조미식품, 마요네즈, 토마토케첩, 소스	대장균군, 대장균, 세균수, 허용 외 타르색소, 보존료
		카레(커리)	카레(커리)분, 카레(커리)	타르색소, 세균수, 대장균군, 대장균
		고춧가루 또는 실고추	고춧가루, 실고추	수분, 회분, 산불용성 회분, 위화물, 곰팡이수, 타르색소, 대장균
		향신료가공품	천연향신료, 향신료조제품	위화물, 타르색소, 대장균군, 대장균, 곰팡이수
		식염	천일염, 재제소금(재제조소금), 태움 · 용융소금, 정제소금, 기타 소금, 가공소금	염화나트륨, 수분, 불용분, 비소, 납, 카드뮴, 수은, 페로시안화이온
	절임류 또는 조림류	김치류	김칫속, 김치	납, 카드뮴, 타르색소, 보존료, 대장균군
		절임류	절임식품, 당절임	세균수, 대장균군, 대장균, 타르색소, 보존료
		조림류	–	세균수, 대장균군, 타르색소, 보존료
	주류	발효주류	탁주, 약주, 청주, 맥주, 과실주	에탄올, 메탄올, 보존료, 납, 대장균군, 대장균
		증류주류	소주, 위스키, 브랜디, 일반증류주, 리큐르	에탄올, 메탄올, 알데하이드
		기타 주류	–	에탄올, 메탄올
		주정	–	성상, 에탄올, 증발잔류물, 총산, 알데하이드, 메탄올, 퓨젤유, 구리, 과망간산 환원성 물질, 황산정색물, 염화물
	농산가공식품류	전분류	전분, 전분가공품	성상, 이물, 수분, 회분, 산도, 대장균군, 세균수, 대장균
		밀가루류	밀가루, 영양 강화 밀가루	수분, 회분, 사분, 납, 카드뮴

<table>
<tr><th>분류</th><th>식품군</th><th>식품종</th><th>식품유형</th><th>규격</th></tr>
<tr><td rowspan="17">식품별 기준 및 규격</td><td rowspan="5">농산가공식품류</td><td>땅콩 또는 견과류가공품류</td><td>땅콩버터, 땅콩 또는 견과류가공품</td><td>총 아플라톡신, 살모넬라</td></tr>
<tr><td>시리얼류</td><td>–</td><td>비타민류, 무기질류, 대장균군</td></tr>
<tr><td>찐쌀</td><td>–</td><td>총 아플라톡신, 이산화황, 납, 카드뮴</td></tr>
<tr><td>효소식품</td><td>–</td><td>수분, 조단백질, α–아밀라아제, 프로테아제, 대장균</td></tr>
<tr><td>기타 농산가공품류</td><td>과채가공품, 곡류가공품, 두류가공품, 서류가공품, 기타 농산가공품</td><td>성상, 이물, 산가, 과산화물가, 타르색소, 대장균군, 세균수, 대장균, 총 아플라톡신</td></tr>
<tr><td rowspan="10">식육가공품류 및 포장육</td><td>햄류 (*축산물가공품)</td><td>햄, 생햄, 프레스햄</td><td>아질산 이온, 타르색소, 보존료, 세균수, 대장균, 대장균군, 살모넬라, 리스테리아 모노사이토제네스, 황색포도상구균</td></tr>
<tr><td>소시지류 (*축산물가공품)</td><td>소시지, 발효소시지, 혼합소시지</td><td>아질산 이온, 보존료, 세균수, 대장균, 대장균군, 장출혈성 대장균, 살모넬라, 리스테리아 모노사이토제네스, 황색포도상구균</td></tr>
<tr><td>베이컨류 (*축산물가공품)</td><td>–</td><td>아질산 이온, 타르색소, 보존료, 세균수, 대장균군, 살모넬라, 리스테리아 모노사이토제네스</td></tr>
<tr><td>건조저장육류 (*축산물가공품)</td><td>–</td><td>아질산 이온, 타르색소, 보존료, 세균수, 대장균군, 살모넬라, 리스테리아 모노사이토제네스</td></tr>
<tr><td>양념육류 (*축산물가공품)</td><td>양념육, 분쇄가공육제품, 갈비가공품, 식육케이싱</td><td>아질산 이온, 타르색소, 보존료, 세균수, 대장균군, 살모넬라, 리스테리아 모노사이토제네스, 장출혈성 대장균</td></tr>
<tr><td>식육추출가공품 (*축산물가공품)</td><td>–</td><td>수분, 타르색소, 세균수, 대장균군, 대장균, 살모넬라, 리스테리아 모노사이토제네스</td></tr>
<tr><td>식육간편조리세트 (*축산물가공품)</td><td>–</td><td>대장균, 황색포도상구균, 살모넬라, 장염비브리오, 장출혈성 대장균</td></tr>
<tr><td>식육함유가공품</td><td>–</td><td>아질산이온, 타르색소, 대장균군, 세균수, 살모넬라, 보존료</td></tr>
<tr><td>포장육 (*축산물)</td><td>–</td><td>성상, 타르색소, 휘발성 염기질소, 보존료, 장출혈성 대장균</td></tr>
<tr><td colspan="3"></td></tr>
<tr><td rowspan="2">알가공품류</td><td>알가공품 (*축산물가공품)</td><td>전란액, 난황액, 난백액, 전란분, 난황분, 난백분, 알가열제품, 피단</td><td>수분, 세균수, 대장균군, 살모넬라, 리스테리아 모노사이토제네스</td></tr>
<tr><td>알함유가공품</td><td>–</td><td>대장균군, 세균수, 살모넬라</td></tr>
</table>

분류	식품군	식품종	식품유형	규격
식품별 기준 및 규격	유가공품류	우유류 (*축산물가공품)	우유, 환원유	산도, 유지방, 세균수, 대장균군, 포스파타제, 살모넬라, 리스테리아 모노사이토제네스, 황색포도상구균
		가공유류 (*축산물가공품)	강화우유, 유산균첨가우유, 유당분해우유, 가공유	산도, 무지유고형분, 유지방, 조지방, 유당, 세균수, 대장균군, 포스파타제, 유산균수, 살모넬라, 리스테리아 모노사이토제네스, 황색포도상구균
		산양유 (*축산물가공품)	–	비중, 산도, 무지유고형분, 유지방, 세균수, 대장균군, 포스파타제, 살모넬라, 리스테리아 모노사이토제네스, 황색포도상구균
		발효유류 (*축산물가공품)	발효유, 농후발효유, 크림발효유, 농후크림발효유, 발효버터유, 발효유분말	수분, 유고형분, 무지유고형분, 유지방, 유산균수 또는 효모수, 대장균군, 살모넬라, 리스테리아 모노사이토제네스, 황색포도상구균
		버터유 (*축산물가공품)	–	수분, 유고형분, 세균수, 대장균군, 살모넬라, 리스테리아 모노사이토제네스, 황색포도상구균
		농축유류 (*축산물가공품)	농축우유, 탈지농축우유, 가당연유, 가당탈지연유, 가공연유	수분, 유고형분, 유지방, 산도, 당분, 세균수, 대장균군, 살모넬라, 리스테리아 모노사이토제네스, 황색포도상구균
		유크림류 (*축산물가공품)	유크림, 가공유크림	성상, 수분, 산도, 유지방, 세균수, 대장균군, 살모넬라, 리스테리아 모노사이토제네스, 황색포도상구균
		버터류 (*축산물가공품)	버터, 가공버터, 버터오일	수분, 유지방, 산가, 지방의 낙산가, 타르색소, 대장균군, 살모넬라, 리스테리아 모노사이토제네스, 황색포도상구균, 산화방지제, 보존료
		치즈류 (*축산물가공품)	치즈, 가공치즈	대장균, 대장균군, 살모넬라, 리스테리아 모노사이토제네스, 황색포도상구균, 클로스트리디움 퍼프린젠스, 장출혈성 대장균, 보존료
		분유류 (*축산물가공품)	전지분유, 탈지분유, 가당분유, 혼합분유	수분, 유고형분, 유지방, 당분, 세균수, 대장균군, 살모넬라, 리스테리아 모노사이토제네스
		유청류 (*축산물가공품)	유청, 농축유청, 유청단백분말	유고형분, 세균수, 대장균군, 살모넬라, 리스테리아 모노사이토제네스
		유당 (*축산물가공품)	–	수분, 유당, 세균수, 대장균군, 살모넬라, 리스테리아 모노사이토제네스
		유단백 가수분해식품 (*축산물가공품)	–	수분, 조단백질, 아미노산질소, 카제인포스포펩타이드, 세균수, 대장균군, 살모넬라, 리스테리아 모노사이토제네스
		유함유가공품	–	성상, 이물, 세균수, 대장균, 대장균군, 살모넬라, 리스테리아 모노사이토제네스, 황색포도상구균

분류	식품군	식품종	식품유형	규격
식품별 기준 및 규격	수산가공식품류	어육가공품류	어육살, 연육, 어육반제품, 어묵, 어육소시지, 기타 어육가공품	아질산이온, 타르색소, 대장균군, 세균수, 보존료
		젓갈류	젓갈, 양념젓갈, 액젓, 조미액젓	총질소, 대장균군, 타르색소, 보존료
		건포류	조미건어포, 건어포, 기타 건포류	이산화황, 대장균, 황색포도상구균, 보존료
		조미김	–	산가, 과산화물가, 타르색소
		한천	–	성상, 수분, 조단백질, 조회분, 열탕불용해잔사물, 붕산
		기타 수산물가공품	–	성상, 이물, 산가, 과산화물가, 대장균군, 세균수, 대장균
	동물성가공식품류	기타 식육 또는 기타 알제품	기타 식육 또는 기타 알, 기타 동물성가공식품	아질산이온, 휘발성 염기질소, 타르색소, 대장균군, 세균수, 살모넬라, 장출혈성 대장균, 보존료
		곤충가공식품	–	산가, 과산화물가, 대장균군, 세균수, 대장균
		자라가공식품	자라분말, 자라분말제품, 자라유제품	수분, 회분, 조단백질, 하이드록시프롤린, 조지방, 산가, 과산화물가, 팔믿올레산, 아라키돈산+에이코사펜타엔산, 대장균군
		추출가공식품	–	타르색소, 세균수, 대장균군, 대장균
	벌꿀 및 화분가공품류	벌꿀류	벌집꿀, 벌꿀, 사양벌집꿀, 사양벌꿀	수분, 물불용물, 산도, 전화당, 자당, 하이드록시메틸푸르푸랄, 타르색소, 사카린나트륨, 이성화당, 탄소동위원소비율
		로열젤리류	로열젤리, 로열젤리제품	10－하이드록시－2－데센산, 수분, 조단백질, 산도, 대장균
		화분가공식품	가공화분, 화분함유제품	수분, 조단백질, 타르색소, 대장균
	즉석식품류	생식류	생식제품, 생식함유제품	수분, 클로스트리디움 퍼프린젠스, 바실루스 세레우스, 대장균
		즉석섭취 · 편의식품류	신선편의식품, 즉석섭취식품, 즉석조리식품, 간편조리세트	세균수, 대장균군, 대장균, 황색포도상구균, 살모넬라, 장염비브리오, 장출혈성대장균, 바실루스 세레우스, 클로스트리디움 퍼프린젠스
		만두류	만두, 만두피	사카린나트륨, 허용 외 타르색소, 보존료, 대장균, 대장균군
	기타 식품류	효모식품	–	수분, 대장균
		기타 가공품	–	성상, 이물, 산가, 과산화물가, 대장균군, 세균수, 대장균

2) 건강기능식품

건강기능식품의 개별 기준 및 규격은 기능성 표시의 구분에 따라 대분류와 기능성 원료별 소분류로 구분한다. 대분류는 영양 성분 보충을 목적으로 하는 영양 성분과 기능성 원료로 구분한다. 소분류는 대분류에서 정하는 원료로서 비타민 및 무기질, 감마리놀렌산 함유 유지, 글루코사민 등으로 구분한다. 개별 기준은 건강기능식품의 기준 및 규격을 참조하여 식품유형을 검토한다.

① 영양 성분

㉠ 비타민 14종 : 비타민 A, 베타카로틴, 비타민 D, 비타민 E, 비타민 K, 비타민 B_1, 비타민 B_2, 나이아신, 판토텐산, 비타민 B_6, 엽산, 비타민 B_{12}, 비오틴, 비타민 C

㉡ 무기질(미네랄) 11종 : 칼슘, 마그네슘, 철, 아연, 구리, 셀레늄(또는 셀렌), 요오드, 망간, 몰리브덴, 칼륨, 크롬

㉢ 식이섬유, 단백질, 필수 지방산

② 기능성 원료 : 인삼에서 홍삼, 밀크씨슬, 콜레우스포스콜리 추출물 등에 이르기까지 69개 유형이 있다.

③ 개별인정형 원료

2. 개발 계획 작성

신제품 개발에 관한 상세 계획서를 작성한다.

항목	내용
1. 과제명	–
2. 과제 개요	개발 필요성, 제품 용도, 개발 방법
3. 개발 목표	–
4. 시장 상황	국내외 수요, 생산업체 및 점유율
5. 기술 상황	국내외 경쟁사, 핵심기술, 특허, 원료 확보
6. 개발 효과	매출액, 이익 등 경제적 · 기술적 효과
7. 개발 인력	팀 구성원, 연구책임자
8. 개발 일정	개발 기간, 업무 내용별 일정
9. 개발비	인건비, 설비, 원재료비, 자료조사비
10. 제품화 계획	설비 투자, 허가, 상품화, 출시
11. 예상 문제점 및 대책	–

3. 예상 제조공정도 작성

원료의 입고에서부터 완제품의 출하까지 모든 공정 단계들을 파악하여 공정흐름도(Flow Diagram)를 작성하고, 각 공정별 주요 가공 조건을 기재한다.

농산식품가공	
쌀 가공 (도정)	원료 → 건조 → 정선 및 선별 → 도정 → 선별 → 검사 및 포장
쌀 가공 (호화)	원료 → 조분쇄 → 가수 → 압출 및 호화 → 분쇄 → 검사 및 포장
밀 제분	원료 → 정선 → 조질 → 원료 배합 → 조쇄(파쇄) → 순화(체질) → 분쇄 → 사별(체 고르기) → 밀가루 → 숙성 → 영양 강화 → 검사 및 포장
옥수수 가루	원료 → 정선 및 석발 → 수분함량 조절(가수) → 파쇄 및 건조 → 사별 → 분쇄 및 건조 → 선별 및 최종사멸 → 검사 및 포장
고구마 전분	원료 → 마쇄 → 사별(체질, Sieving) → 전분(전분유) 분리 및 정제(토육 분리) → 탈수 및 건조 → 검사 및 포장
두류 가공	
두부 가공	비지 응고제 ↑ ↓ 콩 → 수침 → 마쇄 → 두미 → 증자 → 여과 → 두유 → 응고 → 탈수 → 성형 → 절단 → 두부
된장	대두 → 증자 → 파쇄 → 성형 → 발효 → (소금물 첨가) → 담금 → 숙성 → 거르기 → 간장액 생성 → (소금 첨가) → 된장
고추장	쌀가루 → 호화(α－화) → 냉각 → 당화 → 담기 → 숙성 → 개량식 고추장 (+물) (+코지) (+고춧가루, 소금)
양조 간장	대두, 탈지대두, 맥류 혼합 → 제국 → (소금물 첨가) → 발효 → 여과 → 유지 분리 → 생간장 → 배합(당, 색소, 식염) → 살균 → 양조간장
과채류 가공	
과채류 주스	원료 → 전처리 → 착즙 → 청징 → 도정 → 원 · 부재료 배합 → 살균 및 냉각 → 충전 및 밀봉 → 검사 및 포장
통조림	원료 → 조리 → 담기 → 주입액 넣기 → 탈기 → 밀봉 → 살균 → 냉각 → 제품 ※ pH 4.5 이하인 산성에서는 대부분의 병원성 미생물이나 식품 변질을 일으키는 미생물(클로스트리디움 보툴리눔)이 생육을 할 수 없다. 이에 pH 4.5 이하인 식품에서 생육 가능한 곰팡이나 효모류의 살균을 목적으로 하기에 100℃ 이하의 저온 살균이 가능하다.
잼류	원료 → 조제 → 가열 → 착즙 → 청징 → 산조정 → 가당 → 농축 → 담기 → 살균 → 제품
축산식품가공	
우유	원유 → 원유 검사 → 청징 및 표준화 → 원료 혼합 → 균질 → 살균 및 냉각 → 충전 및 포장
버터	원료 → 크림 분리 → 크림 중화 → 살균 → 냉각 → 숙성 → 색소 첨가 → 교동 → 버터밀크 배출 → 가염 및 연압 → 포장 → 저장
아이스 크림	원료 → 배합 · 혼합 → 여과 → 균질 → 살균 → 냉각 → 숙성 → 1차 냉각(Soft ice cream) → 담기 · 포장 → 동결(−15℃ 이하, Hard ice cream)
자연 치즈	원유 → 유산균 스타터 접종 → 응유효소 첨가 및 응고 → 커드 절단 → 가온 및 교반 → 유청 배출 → 성형 및 가압 → 가염 및 건조 → 숙성
가공 치즈	자연치즈 선택 → 세척 → 분쇄(Chopper, Roller) → 유화염(용융제, 인산염, 구연산염) → 균질화 → 충전 및 포장 → 냉각 → 포장(알루미늄박, 왁스, 셀로판)
발효유	원료 → 혼합 → 균질화 → 살균 → 냉각 → 스타터 첨가 → 배양 → 냉각 → 제품
식육가공	
햄	원 · 부재료 배합 → 염지 → 텀블링 → 충전 → 열처리 → 냉각 → 발효 및 숙성 → 검사 및 포장
소시지류	원 · 부재료 배합 → 분쇄 → 세절 및 유화 → 충전 → 열처리 → 냉각 → 발효 및 숙성 → 검사 및 포장

수산식품가공	
젓갈류	어패류 + 식염 → 발효 및 숙성 → 젓갈
어육 연제품	냉동고기풀/어육 + 가염 및 마쇄 → 고기풀 → 성형 → 가열 → 냉각 → 제품 ↑ 어육 → 수세 → 비가식 부위 제거 → 변성방지제 첨가 및 혼합 → 냉동
유지가공	
식용 유지	원료 → 전처리 → 추출 → 정제 → (경화) → 혼합 → 탈취 → 저장 → 포장

4. 공정별 제조 표준안 작성

각 공정 단계별 작업 표준은 최대한 알기 쉽고, 수행하기 용이한 수준으로 작성한다. 구체적인 제조 공정별 가공조건에 대해서는 도표(p59 그림 참고)로 정리한다.

▼ 냉장 취나물 제조공정(예시)

공정 단계	세부 공정 작업 표준
원료	• 마늘 : 갈은 마늘은 해동고에서 해동(해동 후 1일 이내 사용) • 취나물 : 국내산, 이물 선별 • 참기름 : 상온 보관 • 식염 : 상온 보관, 천일염 사용
원료 세척	취나물 : 투입량 50kg 이하, Batch당 15분 이상, 세척수 120L, 세척시간 3분 이상
정선 및 절단	취나물 : 5cm 이하로 절단하여 사용한다.
탈수	자연 탈수한다.
양념 투입, 혼합	식염과 마늘, 참기름을 배합 비율대로 계량하여 무침 양념을 투입하여 혼합한다.
금속 검출	Fe 4.0mmØ, SUS 6.0mmØ 이상 불검출, 금속성 이물 불검출
포장	내포장 후 밀봉한다.
X-ray	Fe 2.0mmØ, SUS 3.0mmØ 이상 불검출, 금속성 이물 불검출
박스 포장	지박스 포장
보관, 출하	• 박스 포장 후 냉장 보관고 이송 • 포장 상태 점검 : 생산 일자, 날인, 성상

5. 공정별 세부 규격 설정

① 개발 품목의 단계별 공정 관리 규격을 설정한다.

식품의 유형별 규격 기준을 참고하여 설정하며 공통 규격 및 개별 규격, CCP로 관리되는 항목에 해당하는 관리 항목을 검토하여 설정한다(병원성 미생물).

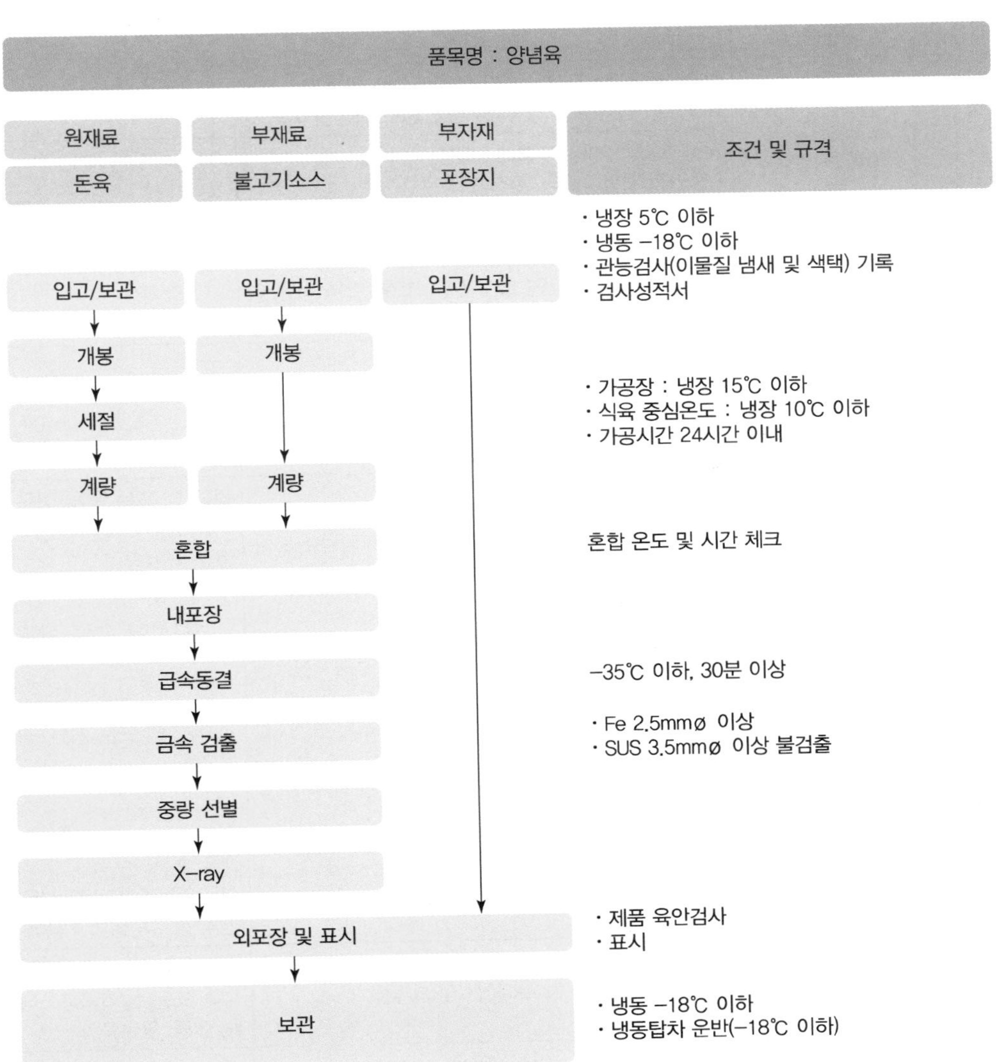

▌양념육 제조공정도 예시▐

② 식품 성분, 식품 중 식품첨가물, 미생물, 식품 중 유해물질 시험법 등을 사용하여 공정별 공정관리 규격을 설정한다.

▼ 식품 공정관리 규격 설정

식품시험법	시험대상	시험항목	적용 식품
식품 성분 시험법	일반시험법	수분[건조 감량법, 증류법, 칼피셔(Karl–Fisher)법에 따라 정량]	–
		회분	고춧가루, 실고추, 전분, 밀가루, 수산물 식품에 적용
		질소 화합물(총질소 및 조단백질, 아미노산 질소, 아미노산, 단백질 분자량 분석)	총질소 및 조단백질 : 장류, 수산물, 젓갈류 적용

식품시험법	시험대상	시험항목	적용 식품
식품 성분 시험법	일반시험법	탄수화물(당질, 조섬유, 식이섬유) ※ 당질 : 단당류, 이당류, 환원당, 당도 측정법 이용	–
		지질(조지방, 지방산, 콜레스테롤) • 물리적 시험 : 비중, 굴절률 • 화학적 시험 : 산가, 비누화가, 요오드가, 비누화물, 과산화물가	–
	미량 영양성분 시험법	무기성분 분석(칼슘, 인, 철, 식염, 나트륨, 칼륨, 아연, 아이오딘, 셀레늄, 크롬, 몰리브덴, 플루오린 분석)	–
		비타민 분석 • 지용성 비타민 : 비타민 A, D, E, K • 수용성 비타민 : 비타민 B_1, B_2, B_6(피리독신), B_{12}, C, 나이아신, 판토텐산, 엽산, 콜린, 비오틴	–
식품 중 식품첨가물 시험법	보존료	안식향산 및 그 염류, 소르브산, 데히드로아세트산, 파라옥시안식향산에스테르류, 프로피온산 및 그 염류 분석	잼류, 빵 또는 떡류, 어육가공품, 식육 또는 알가공품, 식용유지류, 면류, 음료류
	인공감미료	아세설팜칼륨, 사카린나트륨, 아스파탐	과자류, 빵 또는 떡류, 포도당, 과당, 당시럽류, 엿류, 설탕, 벌꿀
	산화방지제	부틸하이드록시아니졸(BHA), 디부틸하이드록시톨루엔(BHT), EDTA2나트륨(Disodium Ethylenediamine tetra-acetate), 2,3,4-부틸하이드록시아니졸(BHA), EDTA칼슘2나트륨(Calcium Disodium Ethylenediamine tetraa-cetate), 터셔리부틸히드로퀴논(TBHQ) 및 몰식자산프로필(PG)	과자류, 빵 또는 떡류, 식용유지류 적용
	착색료	타르색소(산성 색소)	잼류, 빵 또는 떡류, 어육가공품, 식육 또는 알가공품, 식용유지류, 면류, 음료류 등의 식품에 적용
	표백제	아황산, 하이포황산 및 그 염류	잼류, 빵 또는 떡류, 어육가공품, 식육 또는 알가공품, 식용유지류, 면류, 음료류
	발색제	아질산이온	식육 또는 알가공품, 어육가공품
미생물 시험법	세균수	일반 세균수, 저온 세균수, 내열성 세균수(세균 아포수), 총균수 시험법	–
	세균 발육 시험	–	통 · 병조림, 레토르트 등 멸균 제품에서 세균의 발육 유무를 확인
	대장균군	–	–
	대장균	–	즉석식품
	유산균수	–	유산균 함유식품
	진균수 (효모 및 사상균수)	–	–

식품시험법	시험대상	시험항목	적용 식품
미생물 시험법	병원성 미생물	• 살모넬라(*Salmonella* spp.) • 장염 비브리오(*Vibrio parahaemolyticus*) • 클로스트리디움 퍼프린젠스(*Clostridium perfringens*) • 리스테리아 모노사이토제네스(*Listeria monocytogenes*) • 장출혈성 대장균 • 여시니아 엔테로콜리티카(*Yersinia enterocolitica*) • 바실루스 세레우스(*Bacillus cereus*) • 캠필로박터 제주니/콜리(*Campylobacter jejuni/coli*) • 클로스트리디움 보툴리눔(*Clostridium botulinum*) • 엔테로박터 사카자키 [*Enterobacter sakazakii*(*Cronobacter* spp.)] • 탄저균(*Cacillus anthracis*) • 결핵균 • 브루셀라(*Brucella*) • 식품 용수 등의 노로바이러스	즉석식품
잔류농약 시험법	–	–	농산물, 인삼류, 축산물 기준 규격이 설정되어 있다.
잔류 동물용 의약품 시험법	–	항생제, 합성 항균제	–
자연 독소 시험법	곰팡이 독소	아플라톡신	땅콩, 견과류 및 그 가공품, 곡류, 두류, 고춧가루, 된장, 고추장
		아플라톡신 M1	원유, 우유 및 분유
		파툴린	사과 주스 및 사과 주스 농축액
		푸모니신	옥수수 및 옥수수가공식품
		오크라톡신 A	곡류, 메주, 고춧가루, 커피류, 포도주, 포도 주스, 포도 주스 농축액, 건포도 등
		데옥시니발레놀	곡류 및 그 단순 가공품
		제랄레놀	곡류 및 그 단순 가공품
	복어독	–	복어와 복어 염장품 및 건조 가공품에 적용
	패독	마비성 패독	패류, 피낭류, 패류 및 피낭류 염장품, 패류 및 피낭류 통조림, 패류 및 피낭류 건조 가공품에 적용한다.
		설사성 패독	이매패류
	그레이아노톡신(Grayanotoxin) Ⅲ	–	벌꿀
식품 중 유해물질 시험법	중금속	납(Pb), 비소(As), 카드뮴(Cd), 수은(Hg), 구리(Cu), 주석(Sn), 메틸수은(Methylmercury), 기타 금속(Zn, Mn, Ni, Be, V, Fe, Se, Cr, Sb 등)	농산물 등
	방사능	–	식품 중 감마선 방출 방사성 핵종 확인 및 방사능 시험에 적용

식품시험법	시험대상	시험항목		적용 식품
식품 중 유해물질 시험법	다이옥신	–		식육(소고기, 돼지고기, 닭고기)
	발기 부전 치료제 및 그 유사 물질	–		모든 식품
	비만 치료제 및 그 유사물질	–		모든 식품
	당뇨병 치료제	–		모든 식품
	기타 의약품 성분	–		모든 식품
	3–MCPD (3–Monochloropropane–1, 2–diol)	–		산분해간장, 혼합 간장(산분해간장 또는 산분해간장 원액을 혼합하여 가공한 것에 한한다.) 그리고 식물성 단백 가수 분해물(HVP ; Hydrolyzed Vegetable Protein)에 적용
	벤조피렌	–		식용유
	멜라민	–		불검출 기준 적용대상 식품(영유아용/성장기용 조제식, 영유아 이유식, 특수의료용도식품)
	폴리염화바이페닐(PCBs)	–		어류 중 폴리염화비페닐 7종 정량에 적용
	테트라하이드로 칸나비놀 (δ–9–Tetrahydro cannabinol)	–		대마, 씨앗, 대마씨유에 적용
식품 표시 관련 시험법	유전자변형 식품의 시험법	–		콩, 옥수수, 감자
	방사선 조사 식품 확인 시험	–		건조 향신료(단 후추, 육두구, 정향 제외), 마늘, 양파, 고춧가루
	한우 확인 시험	–		한판별 마커(Marker)를 사용하여 비한우(젖소, 육우, 수입산을 포함한다)와 한우 판별
	카페인 시험법	–		녹차, 액상커피, 음료 등 카페인 함유 액상 식품
	고형분	–		하나의 원료로 추출 또는 농축된 원료 중 고형분 함량 표시 대상 식품 적용
일반 시험법	성상(관능시험)	–		성상을 검사하고자 하는 모든 식품
	이물	일반 이물	체분별법	검체가 미세한 분말일 경우 적용
			여과법	검체가 액체 또는 용액으로 할 수 있을 경우 적용

식품시험법	시험대상	시험항목		적용 식품
일반 시험법	이물	일반 이물	와일드만플라스크법	동물 및 곤충의 털 등과 같이 물에 잘 젖지 않는 가벼운 이물 검출 시 적용
			침강법	토사, 쥐똥 등과 같이 비교적 무거운 이물의 검사 시 적용
			금속성 이물(쇳가루)	액상 및 페이스트 제품, 환 제품, 분말 제품, 코코아 가공품류 및 초콜릿류 중 혼입된 쇳가루 검출에 적용한다(분쇄 공정을 거친 제품을 사용하거나 분쇄 공정을 거친 원료에 한한다.).
			김치 중 기생충(란)	검체가 액체 또는 용액으로 할 수 있을 경우 적용
		식품별 이물		식빵, 라면, 국수, 두부, 건과, 유과, 건빵, 도넛, 전분 및 이유식에 적용
	식품 중 내용량	–		통 · 병조림 식품 등에 적용
	진공도	–		통 · 병조림 식품의 진공도 측정 시 적용
	젤리의 물성 시험	–		컵 모양 등 젤리의 압착 강도 시험 시 적용
	붕해 시험	–		설탕 또는 기타 적당한 제피제(Coating agent)로 제피를 한 정제, 환제, 캡슐제(Capsules), 과립제 및 장용성의 제제는 각각 붕해 시험에 적합해야 함
	곰팡이 수 (Howard mold counting assay)	–		고추가루, 천연 향신료, 향신료 조제품

6. 생산 수율 계산

수율이란 원재료 투입량에 대한 제품의 생산량의 비율을 의미한다. 수율은 제품 원가에 영향을 미치기 때문에 수율이 저조할 시에 공정 변경이나 배합비 변경, 작업 방법 등의 변경의 조치를 취할 수 있다. 수율이 높을수록 생산성은 향상된다.

1) 원재료 생산 수율

생산 설비, 배관 등에 잔존하는 손실량과 충전 · 포장 공정에서 발생하는 손실량에 의해 좌우된다. 생산 수율 계산 시에는 손실률, 불량률 등의 개념도 함께 파악한다.

① 손실률 : 제품을 생산하는 데 필요한 투입 원재료의 중량과 실제 생산된 제품의 단위 중량과의 차이를 투입 원재료의 중량으로 나눈 값이다.

$$손실률(\%)=\frac{손실량}{투입\ 원재료\ 중량}\times 100$$

※ 손실량

=투입 원재료 중량-(공정 손실량, 보관검체 등의 손실량을 뺀) 실제 생산된 제품의 단위 중량

예 사과 100kg을 기계에 투입해서 사과즙 90kg을 얻었다고 하면, 손실률은 $\frac{100kg-90kg}{100kg}\times 100$ =10%이다.

② 불량률 : 총생산량 대비 제조·가공 과정이나 충전·포장 과정에서 발생하는 불량품 수량의 비율을 나타낸 값이다.

$$불량률(\%)=\frac{불량품\ 수량}{총생산량}\times 100$$

③ 생산 수율 : 실제 생산된 제품의 단위 중량을 투입 원재료의 중량으로 나눈 값이다.

$$생산\ 수율(\%)=\frac{실제\ 생산량}{투입\ 원재료\ 중량}\times 100$$

2) 부자재 생산 수율

부자재 생산 수율은 용기 자체의 불량, 충전·포장기의 가동 상태 불량, 작업자 취급 미흡 등으로 인한 포장 용기의 손실이 원인이다.

$$생산\ 수율(\%)=\frac{실제\ 생산\ 수량}{투입\ 부자재\ 수량}\times 100$$

※ $손실률(\%)=\frac{투입\ 부자재\ 수량-실제\ 생산\ 수량}{투입\ 부자재\ 수량}\times 100$

7. 제품 개선책

1) 생산 수율 저조 시 개선책

생산 수율이 이론값보다 저조할 경우에는 가공품의 물성, 가공의 난이도, 작업자의 숙련도, 설비의 부적합 등과 관계된다.

① 가공 기술 : 개발자는 생산 기술자가 가공 작업 시 어려움이 없도록 가능한 한 공정을 단순화하고, 원재료도 가공이 용이한 것으로 배합비를 작성하여야 한다. 현장에 적용 시 기술상 문제점이 도출되면 다음과 같은 조치를 취한다.

㉠ 배합비를 재조정한다.

㉡ 공정을 수정한다.

㉢ 작업자에게 작업 기술을 반복 교육한다.

② 생산 설비 : 개발자는 생산 현장의 생산 설비 특성을 충분히 파악하고 제조 방법을 수립하여야 한다. 하지만 현장에 적용 시 기술상 문제점이 발생할 경우에는 다음과 같은 조치를 취한다.
㉠ 설비 관리 기준서에 따라 부적합 설비를 구분한다.
㉡ 설비 관리 기준서에 따라 부적합 설비는 가동 중지, 수리 등으로 조치한다.
㉢ 설비 관리 기준서에 따라 부적합 설비를 식별 표시해 별도 관리한다.

2) 공정 검사 규격 부적합 시 개선책

개발자가 설정한 공정 검사 규격에 부적합할 경우에는 실험실과 생산 현장의 환경 또는 설비 차이에 기인할 수 있으므로 다음과 같은 조치를 취한다.

① 작업 방법을 개선한다.
② 공정 규격을 재검토한다.

3) 부적합품 발생 시 개선책

부적합품 발생 시에는 다음과 같이 제품 검사 기준을 준수한다.

① 제품 검사 기준에 따라 적합품과 부적합품을 구분할 수 있다.
② 제품 검사 기준에 따라 부적합품은 폐기, 재가공 등으로 조치할 수 있다.
③ 제품 검사 기준에 따라 부적합품은 식별 표시해 별도로 보관할 수 있다.

8. 최종제품 규격 설정하기

본격적인 생산 단계로 이행할 때에 필요한 것은 공정품 규격 및 공정 검사 기준 등을 설정하는 것과, 이러한 규격 기준에 따라 제품의 품질 관리가 이루어지도록 하는 것이다. 이 단계에서는 양산 시작(量産試作)의 전 단계로서, 이러한 규격 기준안을 작성하고 그에 따라서 다양한 테스트를 통해 미비점을 도출 · 개정하면서 양산 시점에 최종적인 규격 기준으로 확립되어 가도록 한다.

1) 원료 규격안

제품의 설계 품질을 만족시킬 수 있는 품질 특성값을 규정한다. 품질 특성값은 무한히 많기 때문에 제품의 품질에 영향을 주는 중점 품질 특성만을 선정하여 규정한다(예 크기, 색택, 당도, 수분함량 등). 식품원료로 등재되어 있는 원료를 사용한다.

2) 제조 표준안

원료 투입 순서, 혼합, 반응, 가열 시간 등의 여러 조건과 그 밖에 필요한 제조 공정의 표준안을 작성하여 확정한다.
※ SECTION 03 제품 개발 순서 → 4. 공정별 제조 표준안 참고

3) 공정 시험 기준안

제조공정이 표준대로(제조 표준안대로) 진행되고 있는가를 확인하기 위한 특성값을 설정한다. 이때의 측정법은 특히 간편, 신속해야 한다(예 온도, 조리시간, 교반시간 등).

4) 반제품 규격

제품의 설계 품질을 만족시킬 수 있는 특성값을 잡아서 규격을 설정한다.

5) 포장재 검사안

포장재의 강도, 용량, 재질, 기타(재질별 용출규격 등)에 대하여 허용 범위를 정하고 수치화되지 않은 것은 한도 견본을 작성한다.

6) 최종제품 규격

품목 제조 보고서에 기재할 식품 유형이 결정되면, 이에 해당하는 규격 기준을 식품공전에서 규정하는 식품의 기준 및 규격, 건강기능식품의 기준 및 규격 또는 축산물의 가공 기준 및 성분 규격에 준하여 설정하여 관리한다.

CHAPTER 02 시제품 생산

SECTION 01 시제품 생산

시제품 생산은 목적하는 품질의 제품이 생산 가능함을 검증하기 위하여 생산 설비를 사용해서 제조를 행하는 것이다. 그리고 문제가 생기면 제조공정 표준안을 수정한다.
시제품 생산은 연구 개발 부문의 담당(책임 소재)이지만, 생산 담당 부문(공장, 제조 위탁 회사)이 참가하여 공동으로 실시하는 경우가 일반적이다.

1. 원료 및 설비 발주

식품에 사용 가능한 원료가 선정되면 생산을 위한 원료를 발주한다.

1) 사용 가능 원료의 분류

① '식품원료 분류'에 등재되어 있는 원료
　㉠ 식물성 원료 : 곡류, 서류, 두류, 과일류, 버섯류 등
　㉡ 동물성 원료 : 축산물, 수산물, 기타 동물(자라, 달팽이, 곤충류 등)
② 식품별 기준 및 규격의 식품 유형
③ 식품에 제한적으로 사용할 수 있는 원료[식물성, 동물성, 미생물, 기타(난각, 산호, 식물스테롤 등)]
④ 식품첨가물
※ 원료의 전처리가 필요한 경우 전처리가 시행될 수 있다.

2) 전처리의 필요성

① 이물 및 비가식 부위 제거, 수율 조정
② 배합기에 투입하기 전에 부위별 · 특성별 · 용도별 구분
③ 배합 공정의 효율화
④ 공정의 효율화
⑤ 작업 능률이 향상(살균 조건 완화 등)
⑥ 공정 투입 인력 감축

전처리 단위조작		분류	목적
세척	습식 세척법	침지세척, 분무세척, 부유세척, 초음파 세척	이물, 오염 물질, 협잡물 제거
	건식 세척법	체분리, 마찰세척, 기송식 분리	
	이물 제거	마찰, 풍력, 자석, X선 이용	
선별	무게에 의해	무게 선별	제품 균일성 확보
	모양에 의해	회전 원통체	
	광학에 의해	색채 선별기	
	크기에 의해	디스크 선별	
박피		연삭식 박피	비가식 부위 또는 껍질 제거
		알칼리 박피	
		화염박피	
		순간증기박피	
데치기		스팀 및 열탕	표면 미생물 감소, 효소 불활성화

2. 시제품 생산 순서

① 제품사양서(원료, 포장재료, 제조공정, 공정 관리 기준)에 따라 시제품을 생산

② 양산 전 단계에서 각 공정의 완성도 및 투입 인력, 작업 조건(제조 조건, 시간)을 점검 및 문제점을 도출하기 위해 진행

③ 작업 단위별로 점검하여 매뉴얼을 수립

※ 생산량 : Batch단위 또는 연속식 공정의 경우 한나절 정도 진행한다.

④ 시제품 생산 과정을 모니터링하여 양산 제품의 최종 데이터로 적용하는 근거가 된다.

㉠ 이물 모니터링

㉡ 공정 또는 제품의 품질 규격

㉢ 원 · 부재료 및 포장재료의 사용량

㉣ 생산성 등 품질에 관한 사항

㉤ 원가 계산에 필요한 사항

3. 시제품의 평가

① 시제품의 외관, 물성, 완성도, 규격에 대하여 표준 샘플과 비교하여 평가하며 개선점을 도출하여 수정한다.

② 평가 결과에 근거하여 제품 사양서, 검사 규격을 결정하고 교차오염에 대한 제어, 제조 조건, 안전 관리에 대한 기준 등을 수립 · 정비한다.

4. 제조공정도 확인

적용할 제조공정도 내용을 확인한다. 공정별 중요관리점, 한계기준을 표시한다.

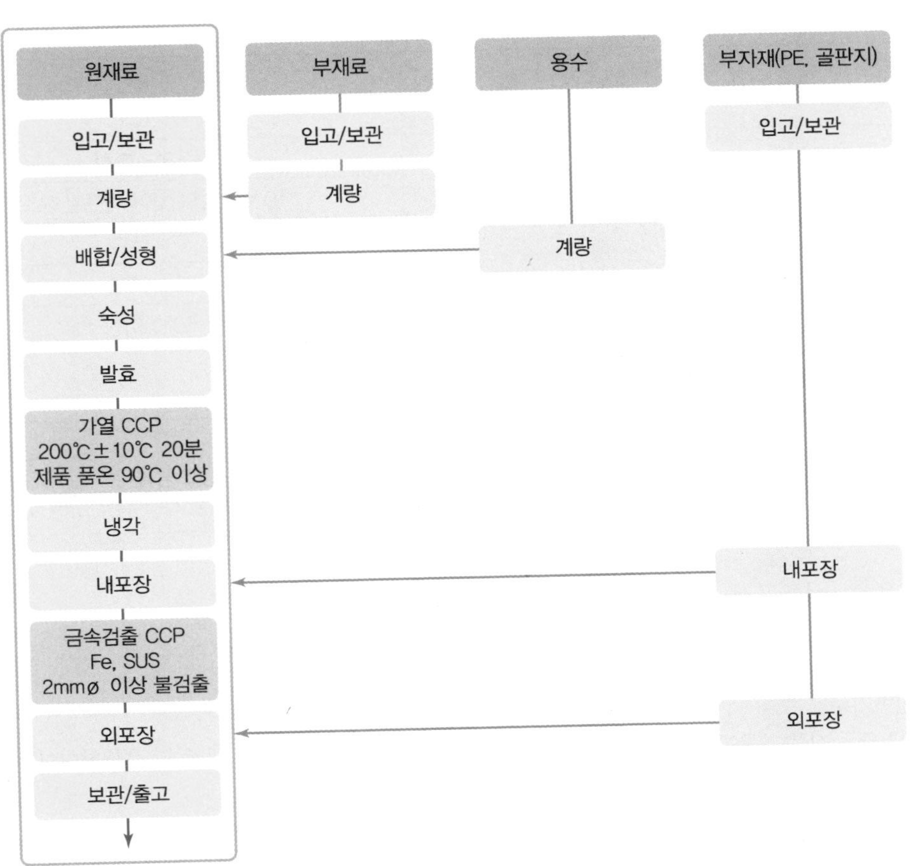

▎제조공정도 작성 예시(빵류)▎

5. 생산 설비 · 인력 점검

공운전, 사전 테스트 등을 통해 시제품을 정상적으로 생산하는 데 문제가 없는지 사용될 기계류 등 설비 투입인원 등을 점검한다.

※ 점검 항목 : 생산 설비, 기계, 작업도구, 원 · 부재료 보관 상태, 공정별 투입 인원, 배합비 확인, 작업가동기간

SECTION 02 시제품 보관

① 외포장이 완료된 완제품은 제품 출고 전 보관기준을 설정하여 보관한다.

예 팔레트에 5단 이하로 적재하여 실온창고에 보관한다.

▼ 식품공전 온도 관련 용어의 정의

구분	내용
냉장	0~10℃
냉동	-18℃ 이하
차고 어두운 곳 또는 냉암소	0~15℃의 빛이 차단된 장소
실온	1~35℃
상온	15~25℃
온장	60℃ 이상

▼ 제품 보관 시 고려 사항

- 제품별, 분류별, 선입 · 선출 기준별로 적재 관리한다.
- 제품 파손, 과도한 하중에 의한 넘어지거나 무너지는 것, 흡습, 보관 온도, 청결 상태 등을 관리한다.
- 반품, 폐기, 부적합품과 같이 같은 장소에 보관하는 경우 사이를 벌려 놓거나, 구분, 식별 등을 하여 보관 관리한다.

② 다음은 「식품공전」에 규정된 보존 및 유통방법이다.

[보존 및 유통 기준]

1) 일반기준

(1) 모든 식품(식품제조에 사용되는 원료 포함)은 위생적으로 취급하여 보존 및 유통하여야 하며, 그 보존 및 유통 장소가 불결한 곳에 위치하여서는 아니 된다.

(2) 식품을 보존 및 유통하는 장소는 방서 및 방충관리를 철저히 하여야 한다.

(3) 식품은 직사광선이나 비 · 눈 등으로부터 보호될 수 있고, 외부로부터의 오염을 방지할 수 있는 취급장소에서 유해물질, 협잡물, 이물(곰팡이 등 포함) 등이 혼입 또는 오염되지 않도록 적절한 관리를 하여야 한다.

(4) 식품은 인체에 유해한 화공약품, 농약, 독극물 등과 함께 보존 및 유통하지 말아야 한다.

(5) 식품은 제품의 풍미에 영향을 줄 수 있는 다른 식품 또는 식품첨가물이나 식품을 오염시키거나 품질에 영향을 미칠 수 있는 물품 등과는 분리하여 보존 및 유통하여야 한다.

2) 보존 및 유통 온도

(1) 식품은 정해진 보존 및 유통 온도를 준수하여야 하며, 따로 보존 및 유통 온도를 정하고 있지 않은 경우 직사광선을 피한 실온에서 보존 및 유통하여야 한다.

(2) 상온에서 7일 이상 보존성이 없는 식품은 가능한 한 냉장 또는 냉동시설에서 보존 및 유통하여야 한다.

(3) 이 고시에서 별도로 보존 및 유통 온도를 정하고 있지 않은 경우, 실온제품은 1~35℃, 상온제품은 15~25℃, 냉장제품은 0~10℃, 냉동제품은 -18℃ 이하, 온장제품은 60℃ 이상에서 보존 및 유통하여야 한다. 다만 아래의 경우 그러하지 않을 수 있다.

① 냉동제품을 소비자(영업을 목적으로 해당 제품을 사용하기 위한 경우는 제외한다)에게 운반하는 경우 -18℃를 초과할 수 있으나 이 경우라도 냉동제품은 어느 일부라도 녹아있는 부분이 없어야 한다.

② 염수로 냉동된 통조림제조용 어류에 한해서는 -9℃ 이하에서 운반할 수 있으나, 운반 시에는 위생적인 운반용기, 운반덮개 등을 사용하여 -9℃ 이하의 온도를 유지하여야 한다.

(4) 아래에서 보존 및 유통 온도를 규정하고 있는 제품은 규정된 온도에서 보존 및 유통하여야 한다.

구분	식품의 종류	보존 및 유통 온도
①	㉮ 원유 ㉯ 우유류 · 가공유류 · 산양유 · 버터유 · 농축유류 · 유청류의 살균제품 ㉰ 두부 및 묵류(밀봉 포장한 두부, 묵류는 제외) ㉱ 물로 세척한 달걀	냉장
②	㉮ 양념젓갈류 ㉯ 가공두부(멸균제품 또는 수분함량이 15% 이하인 제품 제외) ㉰ 두유류 중 살균제품(pH 4.6 이하의 살균제품 제외) ㉱ 어육가공품류(멸균제품 또는 기타 어육가공품 중 굽거나 튀겨 수분함량이 15% 이하인 제품 제외) ㉲ 알가공품(액란제품 제외) ㉳ 발효유류 ㉴ 치즈류 ㉵ 버터류 ㉶ 생식용 굴 ㉷ 원료육 및 제품 원료로 사용되는 동물성 수산물 ㉸ 신선편의식품(샐러드 제품 제외) ㉹ 간편조리세트(특수의료용도식품 중 간편조리세트형 제품 포함) 중 식육, 기타 식육 또는 수산물을 구성재료로 포함하는 제품	냉장 또는 냉동
③	㉮ 식육(분쇄육, 가금육 제외) ㉯ 포장육(분쇄육 또는 가금육의 포장육 제외) ㉰ 식육가공품(분쇄가공육제품 제외) ㉱ 기타 식육	냉장(−2~10℃) 또는 냉동
④	㉮ 식육(분쇄육, 가금육에 한함) ㉯ 포장육(분쇄육 또는 가금육의 포장에 한함) ㉰ 분쇄가공육제품	냉장(−2~5℃) 또는 냉동
⑤	㉮ 신선편의식품(샐러드 제품에 한함) ㉯ 훈제연어 ㉰ 알가공품(액란제품에 한함)	냉장(0~5℃) 또는 냉동
⑥	㉮ 압착올리브유용 올리브과육 등 변질되기 쉬운 원료 ㉯ 얼음류	−10℃ 이하

(5) (4)의 ①~⑤에도 불구하고 멸균되거나 수분 제거, 당분 첨가, 당장, 염장 등 부패를 막을 수 있도록 가공된 식육가공품, 우유류, 가공유류, 산양유, 버터유, 농축유류, 유청류, 발효유류, 치즈류, 버터류, 알가공품은 냉장 또는 냉동하지 않을 수 있으며, 두부 및 묵류(밀봉 포장한 두부, 묵류는 제외)는 제품운반 소요시간이 4시간 이내인 경우 먹는물 수질기준에 적합한 물로 가능한 한 환수하면서 보존 및 유통할 수 있다.

(6) 식용란은 가능한 0~15℃에서 보존 및 유통하여야 하며, 냉장된 달걀은 지속적으로 냉장으로 보존 및 유통하여야 한다.

3) 보존 및 유통 방법

(1) 냉장제품, 냉동제품 또는 온장제품을 보존 및 유통할 때에는 일정한 온도 관리를 위하여 냉장 또는 냉동차량 등 규정된 온도로 유지가 가능한 설비를 이용하거나 또는 이와 동등 이상의 효력이 있는 방법으로 하여야 한다.

(2) 흡습의 우려가 있는 제품은 흡습되지 않도록 주의하여야 한다.

(3) 냉장제품을 실온에서 보존 및 유통하거나 실온제품 또는 냉장제품을 냉동에서 보존 및 유통하여서는 아니 된다. 다만, 아래에 해당되는 경우 실온제품 또는 냉장제품의 소비기한 이내에서 냉동으로 보존 및 유통할 수 있다.

① 건포류나 건조수산물

② 수분 흡습이 방지되도록 포장된 수분 15% 이하의 제품으로서 당해 제품의 제조 · 가공업자가 제품에 냉동할 수 있도록 표시한 경우

③ 1회에 사용하는 용량으로 포장된 소스류, 장류, 식용유지류, 향신료가공품이 냉동식품을 보조하기 위해 냉동식품과 함께 포장되는 경우

④ 살균 또는 멸균 처리된 음료류와 발효유류 중 해당 제품의 제조 · 가공업자가 제품에 냉동하여 판매가 가능하도록 표시한 제품(다만, 유리병 용기 제품과 탄산음료류는 제외)

⑤ 간편조리세트, 식육간편조리세트, 즉석조리식품, 식단형 식사관리식품의 냉동제품에 구성 재료로 사용되는 경우

⑥ ③~⑤에 따라 냉동된 실온제품 또는 냉장제품은 해동하여 보존 및 유통할 수 없다(다만, 상기 ①~②의 요건에 해당하는 제품은 제외한다)

(4) 냉장식육은 세절 등 절단 작업을 위해 일시적으로 냉동 보관할 수 있다.

(5) 냉동제품을 해동하여 실온제품 또는 냉장제품으로 보존 및 유통할 수 없다. 다만, 아래에 해당되는 경우로서 해당 냉동제품의 제조자가 해동하여 보존 및 유통할 수 없도록 표시한 제품이 아니라면 제품에 냉동포장완료일자(또는 냉동제품의 제조일자), 해동한 업체의 명칭(해당 냉동제품을 제조한 업체와 해동한 업체가 다른 경우), 해동일자, 해동일로부터 유통조건에서의 소비기한(냉동제품으로서의 소비기한 이내)을 별도로 표시하고 냉동제품을 해동하여 보존 및 유통할 수 있다.

① 식품제조 · 가공업 영업자가 냉동 가공식품(축산물가공품 제외)을 해동하여 보존 및 유통하는 경우

② 식육가공업 영업자가 냉동 식육가공품을, 유가공업 영업자가 냉동 유가공품을, 알가공업 영업자가 냉동 알가공품을 해동하여 보존 및 유통하는 경우

③ 냉동수산물을 해동하여 미생물의 번식을 억제 하고 품질이 유지되도록 기체치환포장(MAP ; Modified Atmosphere Packaging) 후 냉장으로 보존 및 유통하는 경우

(6) 제조 · 가공업 영업자가 냉동제품을 단순해동하거나 해동 후 분할포장하여 간편조리세트, 식육간편조리세트, 즉석조리식품, 식단형 식사관리식품의 냉장제품에 구성재료로 사용하는 경우로서 해당 재료가 냉동제품을 해동한 것임을 표시한 경우에는 냉동제품을 해동하여 냉장제품의 구성 재료로 사용할 수 있다(다만, 식육간편조리세트의 주재료로 구성되는 냉동식육은 제외).

(7) 냉동수산물을 해동 후 24시간 이내에 한하여 냉장으로 보존 및 유통할 수 있다. 이때 해동된 냉동수산물은 재냉동하여서는 아니 된다.

(8) 해동된 냉동제품을 재냉동하여서는 아니 된다. 다만, 아래의 작업을 하는 경우에는 그러하지 아니할 수 있으나, 작업 후 즉시 냉동하여야 한다.

① 냉동수산물의 내장 등 비가식부위 및 혼입된 이물을 제거하거나, 선별, 절단, 소분 등을 하기 위해 해동하는 경우

② 냉동식육의 절단 또는 뼈 등의 제거를 위해 해동하는 경우

③ 냉동식품을 분할하기 위해 해동하는 경우

(9) 생식용 굴은 덮개가 있는 용기(합성수지, 알루미늄 상자 또는 내수성의 가공용기) 등으로 포장해서 보존 및 유통하여야 한다.

(10) 과일농축액 등을 선박을 이용하여 수입 · 저장 · 보존 · 운반 등을 하고자할 때에는 저장탱크(−5℃ 이하), 자사 보관탱크(0℃ 이하), 운반용 탱크로리(0℃ 이하)의 온도를 준수하고 이송라인 세척 등

을 반드시 실시하여야 하며, 식품의 저장 · 보존 · 운반 및 이송라인 세척에 사용되는 재질 및 세척제는 식품첨가물이나 기구 또는 용기 · 포장의 기준 및 규격에 적합한 것을 사용하여야 한다.

(11) 제품의 운반 및 포장과정에서 용기 · 포장이 파손되지 않도록 주의하여야 하며 가능한 한 심한 충격을 주지 않도록 하여야 한다. 또한 관제품은 외부에 녹이 발생하지 않도록 보존 및 유통하여야 한다.

(12) 포장축산물은 다음 각 호의 경우를 제외하고는 재분할 판매하지 말아야 하며, 표시대상 축산물인 경우 표시가 없는 것을 구입하거나 판매하지 말아야 한다.

① 식육판매업 또는 식육즉석판매가공업의 영업자가 포장육을 다시 절단하거나 나누어 판매하는 경우

② 식육즉석판매가공업 영업자가 식육가공품(통조림 · 병조림은 제외)을 만들거나 다시 나누어 판매하는 경우

4) 소비기한의 설정

(1) 제품의 소비기한을 설정할 수 있는 영업자의 범위는 다음과 같다.

① 식품제조 · 가공업 영업자

② 즉석판매제조 · 가공업 영업자

③ 축산물가공업(식육가공업, 유가공업, 알가공업) 영업자

④ 식육즉석판매가공업 영업자

⑤ 식육포장처리업 영업자

⑥ 식육판매업 영업자

⑦ 식용란수집판매업 영업자

⑧ 수입업자(수입 냉장식품 중 보존 및 유통온도가 국내와 상이하여 국내의 보존 및 유통온도 조건에서 유통하기 위한 경우 또는 수입식품 중 제조자가 정한 소비기한 내에서 별도로 소비기한을 설정하는 경우에 한함)

(2) 제품의 소비기한 설정은 해당 제품의 포장재질, 보존조건, 제조방법, 원료배합비율 등 제품의 특성과 냉장 또는 냉동보존 등 기타 유통실정을 고려하여 위해방지와 품질을 보장할 수 있도록 정하여야 한다.

(3) "소비기한"의 산출은 포장완료(다만, 포장 후 제조공정을 거치는 제품은 최종공정 종료)시점으로 하고 캡슐제품은 충전 · 성형완료시점으로 한다. 다만, 달걀은 '산란일자'를 소비기한 산출시점으로 한다.

(4) 해동하여 출고하는 냉동제품은 해동시점을 소비기한 산출시점으로 본다.

(5) 선물세트와 같이 소비기한이 상이한 제품이 혼합된 경우와 단순 절단, 식품 등을 이용한 단순 결착 등 원료 제품의 저장성이 변하지 않는 단순가공처리만을 하는 제품은 소비기한이 먼저 도래하는 원료 제품의 소비기한을 최종제품의 소비기한으로 정하여야 한다.

(6) 소분 판매하는 제품은 소분하는 원료 제품의 소비기한을 따른다.

PART 02

CHAPTER 03

시제품 평가 및 식품 트렌드 분석

SECTION 01 신제품 개발과 관능평가

시제품 개발 단계에서 목적에 따라 수행할 수 있는 관능 조사는 PART 04 품질관리 → CHAPTER 04 관능검사의 관능평가 내용을 참고하여 체계적으로 적용할 수 있다.

SECTION 02 식품 기술 트렌드

식품 기술 트렌드는 식품산업 분야의 특허, 논문, 박람회, 식품 관련 신문, 저널 등에서 수집할 수 있으며, 신제품 개발을 위한 선행 조사, 신기술 개발, 기술 동향 파악, 유망 기술 발굴, 중복 투자 방지 목적으로 실행된다.

1. 특허 정보 수집

한국 특허청의 키프리스 특허 정보 검색 서비스(KIPRIS, www.kipris.or.kr)나 E-특허나라, 과학기술 지식 인프라 통합 서비스, RISS에서 특허 정보를 검색할 수 있다. 해외 특허는 WIPO(세계지적재산권기구)나 구글 특허(patents.google.com), Qustel(www.orbit.com), 각 국가의 특허청에서도 검색할 수 있다.

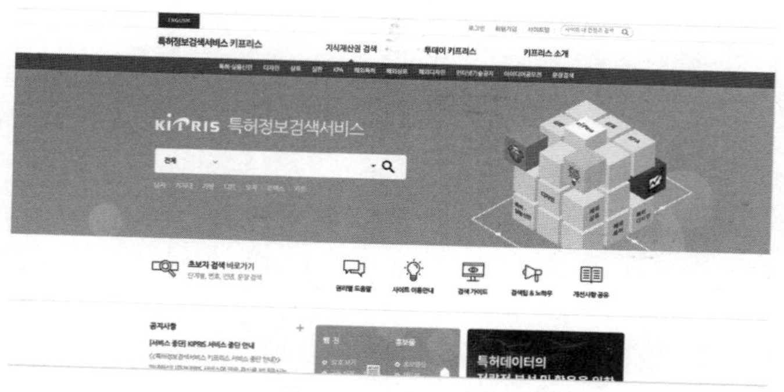

▌키프리스 메인 화면▌

※ 키프리스 검색 범위 : 특허, 실용신안, 디자인, 상표, 심판, 해외특허, 해외상표, 해외디자인 등

메인 검색창에 다음과 같은 연산자를 조합하여 검색한다.

1) 단계별 검색하기

구분		내용	검색식 예시
단어 검색		해당 키워드를 포함하여 검색할 경우	식품
연산자	* (AND)	두 키워드를 모두 포함하여 검색할 경우	식품 * 단백질
	+(OR)	하나 이상의 키워드를 포함하여 검색할 경우	식품 + 단백질
	! (NOT)	! 이하의 키워드를 가진 결과를 제외할 경우	식품 * ! 단백질
	" "	" " 연산자 키워드하고 완전히 일치하는 내용을 검색할 경우	"식품단백질"

다양한 키워드와 연산자를 조합하여 검색한다.
예 식품 * 단백질 * (영양 + 설비) * ! (시스템)

2) 문장으로 검색하기

문장 단위로 검색이 가능하며, 유의한 주제어를 추출하여 유사도가 높은 상위 100개의 결과를 볼 수 있다.

3) 권리별 스마트 검색

권리구분, 행정상태, 내용, 출원번호 등의 다양한 옵션에 따라 사용자가 선택 기재하여 다양하게 검색이 가능하다.

2. 논문 정보 수집

논문 정보는 저널이나 포털 사이트에서 다양하게 검색할 수 있다.

분야	저널명	분야	저널명
식품위생/안전	SafeFood(한국식품위생안전성학회)	식품	식품과학과 산업(한국식품과학회)
식품 영양	식품산업과 영양(한국식품영양과학회)	축산식품	축산식품과학과 산업(한국축산식품학회)
포장 가공	식품저장과 가공산업(한국식품저장유통학회)	식품 관련법	식품법과 정책(식품안전정보원)

3. 박람회 참관

국내 박람회		해외 박람회	
한국식품박람회	5월, 11월	독일 ANUGA	10월경, 격년
서울국제식품산업대전	5월경	중국 SIAL	5월경
서울국제식품산업전	10월경	일본 Foodex	3월경

실전예상문제

01 김치 제조 시 배추 원료 10kg을 세척하였더니 배추의 폐기율이 20%(w/w)였다. 전처리된 배추를 일정 조건하에 절임한 다음 세척 · 탈수하여 얻은 절임배추의 무게는 6kg였고, 이때 절임배추의 염도는 1.5%(w/w)였다. 절임공정 중 절임수율과 배추 원료의 수득률을 계산하시오. (단, 절임수율 : 절임공정에서 투입된 배추 원료에 대한 절임배추의 비율, 배추 원료의 수득률 : 다듬기 전 원료에서 세척 · 탈수된 절임배추까지의 순수한 배추 변화율)

해답

- 절임수율
  전처리된 배추의 양 : 10kg×80%=8kg
  $\therefore$ 절임수율 : $\frac{6kg}{8kg} \times 100 = 75\%$
- 배추 원료의 수득률
  순수한 배추 : 10kg
  절임배추 : 6kg×98.5%=5.91kg
  $\therefore$ 수득률 : $\frac{5.91kg}{10kg} \times 100 = 59.1\%$

02 두부의 표준 제조공정 과정을 작성하고, 두부 제조 시 첨가하는 응고제를 2가지 이상 기술하시오.

해답

- 제조공정 과정
  콩－수침－마쇄－두미－증자－여과－두유－응고－탈수－성형－절단－두부

• 두부 제조 시 첨가하는 응고제
염화마그네슘($MgCl_2$), 황산칼슘($CaSO_4$), 염화칼슘($CaCl_2$), 글루코노 델타락톤(Glucono－δ－lactone)

TIP 두부 응고제별 장단점

응고제	장점	단점
염화마그네슘	반응이 빠르고 보수력이 좋으며 맛이 뛰어나다.	압착 시 물배출이 어렵다.
황산칼슘	• 색상이 좋으며 조직이 연한 두부 생산에 좋고 수율이 좋다. • 가격이 저렴하다.	난용성이므로 물에 잘 녹지 않아 사용이 불편하고 맛 기호도가 낮다.
염화칼슘	응고 시간이 빠르고 압착 시 물 배출에 용이하다.	수율이 낮고 두부가 단단해지며 조직감이 거칠다.
글루코노 델타락톤	응고력이 우수하며 수율이 높다.	조직이 연하고 신맛이 잔존한다.

03 **투입 원재료 대비 실제 생산량의 백분율을 생산 수율이라고 하는데, 생산 수율이 이론값보다 저조할 경우 실행할 수 있는 개선책 3가지에 대해 쓰시오.**

해답

• 배합비를 재조정한다.
• 공정을 수정한다.
• 현장 생산 설비의 기술상 문제점일 경우 가동 중지, 수리 등으로 조치한다.

04 **식품공전에서 분류하는 가공식품을 분류할 때 대분류, 중분류, 소분류로 분류체계가 나뉘는데, 이때 각 빈칸에 해당하는 단어를 쓰시오.**

• [㉠](대분류) : 음료류, 조미식품 등
• [㉡](중분류) : 다류, 과일 · 채소류 음료, 식초, 햄류
• [㉢](소분류) : 농축과 · 채즙, 과 · 채주스, 발효식초, 희석초산 등

해답

- ㉠ : 식품군
- ㉡ : 식품종
- ㉢ : 식품유형

> **TIP 식품공전에서 분류하는 가공식품 분류체계(24개 식품군)**
>
> - 식품군(대분류) : '제5. 식품별 기준 및 규격'에서 대분류하고 있는 음료류, 조미식품 등을 말한다.
> - 식품종(중분류) : 식품군에서 분류하고 있는 다류, 과일 · 채소류 음료, 식초, 햄류 등을 말한다.
> - 식품유형(소분류) : 식품종에서 분류하고 있는 농축과 · 채즙, 과 · 채주스, 발효식초, 희석초산 등을 말한다.
> - 24개 식품군 : 과자류 · 빵류 또는 떡류, 빙과류, 코코아가공품류 또는 초콜릿류, 당류, 잼류, 두부류 또는 묵류, 식용유지류, 면류, 음료류, 특수영양식품, 특수의료용도식품, 장류, 조미식품, 절임류 또는 조림류, 주류, 농산가공식품류, 식육가공품류 및 포장육, 알가공품류, 유가공품류, 수산가공식품류, 동물성가공식품류, 벌꿀 및 화분가공품류, 즉석식품류, 기타 식품류

05 건강기능식품공전에 등재되어 있는 기능성 원료 중 영양 보충을 목적으로 하는 영양성분 예시 5가지를 쓰시오.

해답

식이섬유, 단백질, 칼슘, 마그네슘, 비타민 C

> **TIP 건강기능식품공전에서 분류하는 분류체계**
>
> 1) 영양성분 보충 목적의 원료(대분류)
>   ① 영양성분
>   ② 기능성 원료
> 2) 대분류에서 정하는 원료(소분류)
>   ① 영양성분
>   - 비타민 14종 : 비타민 A, 베타카로틴, 비타민 D, 비타민 E, 비타민 K, 비타민 B_2, 나이아신, 판토텐산, 비타민 B_6, 엽산, 비타민 B_{12}, 비오틴, 비타민 C
>   - 무기질(미네랄) 11종 : 칼슘, 마그네슘, 철, 아연, 구리, 셀레늄, 요오드, 망간, 몰리브덴, 칼륨, 크롬
>   - 식이섬유, 단백질, 필수 지방산
>
>   ② 기능성 원료 : 인삼에서 홍삼, 밀크씨슬, 콜레우스포스콜리 추출물 등에 이르기까지 69개 유형

06 시제품을 생산할 때 세척, 박피 등 원물의 전처리 공정이 시행될 수 있다. 전처리 공정의 장점 3가지를 기술하시오.

해답

- 이물 제거 및 비가식 부위 제거
- 수율 향상
- 작업 능률 향상(살균 조건의 완화 등)
- 공정 투입 인력 감축

PART 02 제품개발

07 식품공전에서 규정하는 실온, 상온, 냉장, 냉동, 온장 온도조건을 기재하시오.

해답

식품공전에서 규정하는 온도조건

- 실온 : 1~35℃
- 상온 : 15~25℃
- 냉장 : 0~10℃
- 냉동 : −18℃ 이하
- 온장 : 60℃ 이상

08 다음은 식품공전에서 규정하는 소비기한의 설정 조건을 기재한 것이다. 빈칸에 알맞은 말을 쓰시오.

- 소비기한의 산출은 (㉠) 시점으로 하고 캡슐제품은 (㉡) 시점으로 한다. 다만, 달걀은 (㉢)를 소비기한 산출시점으로 한다.
- 해동하여 출고하는 냉동제품은 (㉣)을 소비기한 산출시점으로 본다.
- 선물세트와 같이 소비기한이 상이한 제품이 혼합된 경우와 단순 절단, 식품 등을 이용한 단순 결착 등 원료 제품의 저장성이 변하지 않는 단순가공처리만을 하는 제품은 (㉤)의 소비기한을 최종제품의 소비기한으로 정하여야 한다.
- 소분 판매하는 제품은 (㉥)의 소비기한을 따른다.

해답

- ㉠ : 포장 완료
- ㉡ : 충전 · 성형 완료
- ㉢ : 산란일자
- ㉣ : 해동시점
- ㉤ : 소비기한이 먼저 도래하는 원료 제품
- ㉥ : 소분하는 원료 제품

09 **제품 개발 시 소비기한 설정실험을 수행해야 하는 경우 3가지를 쓰시오.**

해답

- 신제품 개발 시
- 배합비 변경 시
- 가공공정 변경 시
- 포장재질 및 포장방법 변경 시

10 **냉동식품(채소류)을 냉동 저장하려고 하는데, Blanching 하면 좋은 점에 대해 서술하시오.**

해답

데치기(Blanching)의 목적

- 식품 원료에 들어 있는 산화 효소 불활성화 및 미생물 살균효과로 장기보존에 용이
- 변색 및 변패의 방지로 품질 유지
- 이미 · 이취의 제거로 품질 향상
- 조직을 유연화

11 **통조림의 제조공정을 쓰고, 아스파라거스 원료를 사용하였을 경우, 살균 조건에 대하여 설명하시오.**

해답

- 통조림의 제조공정
  원료 → 조리 → 담기 → 주입액 넣기 → 탈기 → 밀봉 → 살균 → 냉각 → 제품
- 살균 조건
  - 통조림의 경우 호기성 미생물의 성장이 억제되기 때문에 혐기조건에서 성장하는 병원성 미생물인 *Clostridium botulinum*을 살균지표로 설정한다.
  - *Clostridium botulinum*의 최저 생육 pH는 4.6이고, 아스파라거스의 경우 산성 식품이 아니기 때문에 pH 4.6 이상인 저산성 식품(Low Acid Food)인 점을 고려하여 포자까지 멸균할 수 있도록 멸균 조건을 설정한다.
  - 레토르트 멸균의 경우, 제품의 중심온도가 120℃ 이상에서 4분 이상 열처리하거나 또는 이와 같은 수준으로 열처리한다.

> TIP pH 4.5 이하인 산성에서는 대부분의 병원성 미생물이나 식품 변질을 일으키는 미생물이 생육을 할 수 없다. 이에 pH 4.5 이하인 식품에서 생육 가능한 곰팡이나 효모류의 살균을 목적으로 하기에 100℃ 이하의 저온 살균이 가능하다.

12 **식품 냉동가공 시 빙결 정도에 따라 제품의 품질이 달라진다. 이때 최대 빙결정 생성대의 온도 범위를 급속동결과 연결 지어 설명하시오.**

해답

- 최대 빙결정 생성대 : −5～−1℃
- 식품의 약 80% 수분이 빙결되는 범위로 약 −5～−1℃를 거치게 되는데, 이 온도대를 30분 이내에 통과하는 것을 급속동결이라 하며, 30분 이상 장시간 동안 통과하는 것을 완만동결이라 한다.

13 **제품 개발 시 생물학적 위해 방지를 위한 공정설계가 중요한데, 이때 식중독으로 발전할 수 있는 주요 병원성 미생물 4가지를 쓰시오.**

해답

Salmonella spp., *Escherichia coli* O157 : H7, *Listeria monocytogenes*, *Clostridium botulinum*, *Campylobacter jejuni*

14 **식품공전상 다음 용어의 온도 범위를 쓰시오.**

- 표준온도 :
- 상온 :
- 실온 :
- 미온 :

해답

- 표준온도 : 20℃
- 상온 : 15～25℃
- 실온 : 1～35℃
- 미온 : 30～40℃

15 건강기능식품에서 고시형 원료와 개별인정형 원료의 차이점을 개념과 인정 절차를 들어 설명하시오.

해답

- 고시형 원료 : 식품의약품안전처장이 고시하여 건강기능식품의 기준 및 규격에 등재된 기능성 원료 또는 성분으로 제조기준, 기능성 등이 적합한 경우 인증 없이 누구나 사용 가능하다.
- 개별인정형 원료 : 고시되지 않은 건강기능식품의 원료 중 영업자가 개별적으로 안정성, 기능성 등을 입증받아 식품의약품안전처장이 별도로 인정한 원료 또는 성분
  - 인정 절차 : 해당 건강기능식품의 기준 · 규격, 안전성 및 기능성 등에 관한 자료, 국외시험 · 검사기관의 검사를 받은 시험성적서 또는 검사성적서를 제출 후 식약처의 평가를 통해 기능성을 인정받는다. 인정받은 원료는 인정받은 업체에서만 동일 원료를 이용하여 제조 · 판매할 수 있다.

16 특수의료용도식품이란 무엇인지 정의와 대표적인 식품 유형 3종류를 기술하시오.

해답

1) 특수의료용도식품의 정의
   특수의료용도식품이라 함은 정상적으로 섭취, 소화, 흡수 또는 대사할 수 있는 능력이 제한되거나 질병, 수술 등의 임상적 상태로 인하여 일반인과 생리적으로 특별히 다른 영양요구량을 가지고 있어 충분한 영양공급이 필요하거나 일부 영양성분의 제한 또는 보충이 필요한 사람에게 식사의 일부 또는 전부를 대신할 목적으로 경구 또는 경관급식을 통하여 공급할 수 있도록 제조 · 가공된 식품
2) 특수의료용도식품의 종류
   ① 표준형 영양조제식품 : 질병, 수술 등의 임상적 상태로 인하여 일반인과 생리적으로 특별히 다른 영양요구량을 가지거나 체력 유지 · 회복이 필요한 사람에게 식사를 대신하거나 보충하여 영양을 균형 있게 공급할 수 있도록 이 고시에서 정한 표준형 영양조제식품의 성분기준에 따라 제조 · 가공된 것으로서, 음용하거나 반유동 형태로 섭취하는 식품(물 등 액상의 식품과 혼합한 후 음용하거나 반유동 형태로 섭취하는 식품을 포함)

〈식품 유형〉

- 일반환자용 균형영양조제식품(균형영양조제식품)
- 당뇨환자용 영양조제식품
- 신장질환자용 영양조제식품
- 장질환자용 단백가수분해 영양조제식품
- 암환자용 영양조제식품
- 고혈압환자용 영양조제식품
- 폐질환자용 영양조제식품
- 열량 및 영양공급용 식품
- 연하곤란자용 점도조절 식품
- 수분 및 전해질보충용 조제식품

② 맞춤형 영양조제식품 : 선천적 · 후천적 질병, 수술 등 일시적 또는 만성적 임상상태로 인하여 일반인과 생리적으로 특별히 다른 영양요구량을 가지거나 체력 유지 · 회복이 필요한 사람을 대상으로 식사를 대신하거나 보충하여 영양을 균형 있게 공급할 수 있도록 제조자가 과학적 입증자료를 토대로 제조 · 가공한 것으로서, 음용하거나 반유동 형태로 섭취하는 식품(물 등 액상의 식품과 혼합한 후 음용하거나 반유동 형태로 섭취하는 식품을 포함)

〈식품 유형〉

- 선천성 대사질환자용 조제식품
- 영 · 유아용 특수조제식품
- 기타 환자용 영양조제식품

③ 식단형 식사관리식품 : 영양성분 섭취관리가 필요한 만성질환자 등이 편리하게 식사관리를 할 수 있도록 질환별 영양요구에 적합하게 제조된 것으로서, 조리된 식품이거나 조리된 식품을 조합하여 도시락 또는 식단 형태로 구성한 것, 소비자가 직접 조리하여 섭취하도록 손질된 식재료를 조합하여 조리법과 함께 동봉한 것 또는 조리된 식품과 손질된 식재료를 조합하여 제조한 것

〈식품 유형〉

- 당뇨환자용 식단형 식품
- 신장질환자용 식단형 식품
- 암환자용 식단형 식품
- 고혈압환자용 식단형 식품

PART

03

생산관리

CHAPTER 01 공정 설정

SECTION 01 설비 설정

1. 공정 설정의 목표

1) 품질

품질은 소비자의 기대를 제품에 반영하는 정도를 의미하는 것으로, 품질을 제대로 유지하고 개선하기 위해서 기본적으로 원자재 공급, 기술인력, 제조 설비 등이 뒷받침되어야 한다.

2) 시간

시간(Lead Time) 단축은 제품과 서비스에 소요되는 시간의 단축과 설계 소요 시간의 단축이라는 두 측면으로 나뉜다.

3) 원가

원가는 기본적으로 제품이나 서비스의 생산시설에 투입되는 설비 투자 비용과 이 시설을 운용하기 위한 필요한 비용을 포함한다.

4) 유연성

시장 변화에 대응하기 위해서는 설비, 공정 및 기술 인력이 유연성 있게 수용할 수 있도록 해야 한다.

2. 시제품 생산

① 시제품 생산은 연구개발 단계에서 도출된 결과를 토대로 생산용 장비 및 시설에 적용할 수 있는 자료를 얻기 위해 시행한다.
② 시제품 생산에 사용하는 시설 · 장비의 종류와 수준에 따라 '실험실 규모(Bench Top Scale)', '실험 공장 규모(Pilot Scale)', 그리고 '생산 현장 설비' 활용 등으로 구분한다.

▼ **시제품 평가 보고서 내용**

(1) 생산된 시제품의 개발 목표 대비 만족도
(2) 시제품 생산에 채택된 (단위) 공정의 적합성
- 공정의 분할, 병합의 필요성
- 새로운 공정의 채택 필요성

(3) 시제품 생산 공정 조건의 적합성
- 공정 조건의 조정 필요성
- 일부 설비의 교체 · 보완 필요성
- 원 · 부재료의 교체 · 변경 필요

3. 생산공정(Production Process)

일련의 제품 생산 과정으로 원료의 확보부터 최종제품의 생산과 포장 등의 방법을 통해 소비자에게 전달될 수 있는 상품을 만드는 모든 공정을 이룬다.

※ 단위 공정(Unit Process) : 생산공정 중 여러 물리 · 화학적인 반응 등을 일으키기 위한 수단과 방법은 업무 특성에 맞게 정해진 기준에 따라 세분화할 수 있는데, 세분화된 최소 단위의 일을 단위 공정이라 한다.

- 세척, 소독, 혼합, 교반, 살균, 가압, 진공, 냉동, 팽화 등

- 기계 : 동력을 써서 움직이거나 일을 하는 장치
- 설비 : 어떤 목적에 따라 가능하도록 기계, 도구 따위를 그 장소에 정착함
- 시설 : 도구, 기계, 정치 따위를 베풀어 설비함

PART 03 생산관리

SECTION 02 레이아웃 설정

1. 프로세스 디자인

프로세스 기술이란 제품이나 서비스를 생산하기 위한 장비, 인력, 절차의 집합체를 말한다.

1) 프로세스 종류

① 프로젝트 : 일회성 생산에 적용한다.
② 주문 생산 : 고객의 요구에 맞추어 제품 생산, 가격보다는 품질, 납기, 유연성을 요구한다.
③ 묶음 생산 : 조립생산방식과 주문생산방식의 중간 형태, 동종의 제품을 단시간에 생산하고 이종으로 전환한다.
④ 조립 생산 : 표준품 생산에 적절하며, 대규모 주문 생산으로 가격 경쟁에 유리하다.
⑤ 연속 생산 : 제품 변경이나 신제품 도입률이 낮을 때 유리하며, 제품 범위가 좁은 표준 제품에 적절하다.

2) 제품과 프로세스의 믹스

프로세스 기술은 제품의 원가 및 품질, 유연성 등과 같이 생산 시스템 성과에 영향을 미친다. 따라서 프로세스 기술의 선택은 경쟁 전략에 입각한 생산 전략적 관심에서 이루어져야 한다.

3) 생산 프로세스 자동화

① 유연 생산 시스템(FMS ; Flexible Manufacturing System) : 제품 믹스나 생산 용량이 변하더라도 충분히 소화시킬 수 있는 유연성을 가진 생산 설비이다.

② CIM(Computer Intergrated Manufacturing) : 생산과 관련되는 모든 정보를 네트워크로 연결하고, 데이터베이스를 일원화하여 생산 정보를 컴퓨터를 사용하여 일괄적으로 제어 · 관리함으로써 생산활동의 최적화를 도모하는 시스템이다.

2. 구획 설정

작업의 특성에 따라 기계 장치의 배치, 작업 공간의 구분, 작업자의 이동 제한 등의 수단을 통해 먼지, 열기, 벌레 등 불필요한 물질의 이동으로 인한 불편과 혼란을 예방할 수 있는데, 여기서 관리의 효율성과 생산성을 높이기 위해 구획을 설치한다.

1) 작업 특성에 따른 구획

특성이 다른 작업은 서로 다른 작업장에서 수행하게 함으로써 작업자의 동선과 사용하는 자재의 이동 거리를 줄여 관리상의 편의 제공과 함께 노동 생산성과 품질관리 등의 생산성 향상에 기여한다.

2) 안전관리, 방화관리 목적의 구획

작업장의 특정한 부분에서 발생한 화재가 그 구획 안에서 종결되고, 인근 작업장이나 사업장 전체로 확산되지 않도록 하는 기본적인 예방 수단 중의 하나이다.

3) 식품의 효율적 위생관리를 위한 구획

생산공정을 구성하는 단위 공정을 자체에서 발생되는 오염 요소와 비의도적으로 발생하는 교차오염 발생 가능성 측면에서 분석하고, 위생관리 요구도에 따라 청결구역, 준청결구역, 일반구역으로 나누어 처리함으로써 오염이 확산되는 것을 예방한다.

3. 설비 배치

1) 설비 제원

기계 장치의 크기 정보, 원료의 투입과 가공품 또는 제품의 배출구 방향 등을 확인한다.

2) 설치 장소의 환경

생산 설비를 설치할 장소 정보 및 지원설비와 부대설비의 설치 장소 정보를 확인하고, 원 · 부자재 및 최종제품의 저장시설 관련 정보를 확인한다.

4. 동선

원 · 부자재 등의 물질이 이동하는 '물류 동선'과 작업자 등 사람이 이동하는 '사람 동선'으로 구분한다.

1) 동선 설정 시 유의사항

① 원료의 반입에서 출하에 이르는 공정흐름, 원재료 및 제품의 종류, 물량, 형태, 적정 온도를 파악하여 오염 요인을 파악한다.
② 물류 동선과 사람 동선을 분리하고 중복되지 않도록 한다.
③ 청결 동선과 오염 동선이 인접하거나 교차하지 않도록 한다.
④ 원재료나 제품의 신속한 흐름으로 정체에 의한 위생상 문제점을 해소한다.
⑤ 작업 및 관리 매뉴얼을 준수한다.
⑥ 필요시 차단 구조물을 설치한다.

※ GT(Group Technology) : 부품의 형태, 프로세스 설비 등의 유사성이나 동질성을 합리적인 방법에 따라 그룹핑하여 다품종 소량 생산에서 로트의 크기를 대량화하고 프로세스 내 설계를 합리화하는 집단관리기법

SECTION 03 생산조건 설정

1. 생산성

생산성이란 노동력, 생산 설비, 원재료, 에너지, 기술 등 생산에 사용된 모든 요소가 효율적으로 사용되었는가의 여부를 의미한다(투입물에 대한 산출물의 비율).

1) 투입요소 기준 생산성

① 총 생산성 : 노동, 자본 등의 투입요소 대비 GNP(생산된 재화 + 서비스)의 변화를 의미
② 부문 생산성 : 노동, 자본 등의 투입요소 대비 산출물을 의미
③ 요소 생산성 : 투입 노동시간 대비 생산량을 의미

2) 산출 기준 생산성

① 물적 생산성 : 투입량 대비 산출량을 의미, 즉 투입 인원 대비 생산량

② 가치 생산성 : 투입 시간 대비 생산액 또는 매출액을 의미
③ 부가가치 생산성 : 매출액 중에서 매출 원가를 제외한 부분을 의미

3) 생산성 지표

① 가동률 ② 작업능률(조업도)
③ 수율 ④ 효율성

4) 투입 및 산출 요소

① 투입요소 : 원재료, 노동, 기술, 기계 설비, 비용 등
② 산출요소 : 제품, 목표량 등

2. 생산조건

각 단계별 선행 학습에 의해 설정된 제조공정을 통해 제품을 생산하는 데 필요한 모든 조건을 의미한다.

1) 생산조건을 구성하는 작업요소

① 온도(Temperature)
② 시간(Time)
③ 압력(Pressure)
④ 회전수(rpm)
⑤ 진동(Shaking)
⑥ 조도(Illumination)

3. 투입량 결정

1) 투입량

① 원 · 부자재 투입량
② 유틸리티 투입량
③ 노동력 투입량

2) 배출량

① 수율(Yield)

$$\text{수율} = \frac{\text{(반)제품 배출량}}{\text{전체 원료 투입량}} \times 100$$

② 손실률(Loss Ratio)

③ 물질수지(Material Balance)

투입된 물질의 총량 = 생산된 물질의 총량 + 폐기 또는 손실된 물질의 총량

4. 표준 제조공정도

제품이 완성되는 과정을 이해하기 쉽고 한눈에 파악할 수 있도록 '생산흐름'에 관한 모든 사항을 정리하여 이후에 전개되는 생산활동의 기준이 되도록 작성한 문서이다.

1) 표준 제조공정도의 용도

① 생산활동에서 작업 표준으로 사용

② 생산품의 규격 관리와 기타의 품질 관리를 위한 기준 문서로 활용

③ 원 · 부재료 등의 구매와 예산 운용을 위한 근거 문서로 활용

④ 「식품위생법」의 품목 제조 보고서, HACCP의 제품 표준서 등 법적인 용도로 활용

⑤ 기타 상품 홍보와 선전 및 마케팅 콘셉트(Concept)로 활용

2) 대표적인 표준 제조공정도 예

① 품목 제조 보고서

② HACCP 규정에 의한 제품 설명서

CHAPTER 02 규격 설정

SECTION 01 원료 규격 설정

1. 사용 원료의 분류

1) 자연물 원료

「식품공전」에서는 '원료 등의 구비 요건'에서 "식품원료는 품질과 선도가 양호하고 변질 · 부패되었거나, 유독 · 유해물질 등에 오염되지 아니한 것으로 안전성을 가지고 있어야 한다."라고 규정하고 있다.

2) 가공품

가공품은 자연물 원료 등을 사용하여 가공 과정을 거쳐 제조된 제품이며, 이 가공품은 타 식품의 원료로 사용될 수 있다. 가공품에는 「식품공전」의 규정에 따라 제조된 '일반 가공식품'과 「축산물의 가공기준 및 성분 규격」에 따라 제조된 '축산물 가공식품'이 있다.

2. 기준 및 규격

1) 법적 기준 및 규격

「식품위생법」과 「축산물 위생관리법」에서 규정하고 있는 식품원료와 식품 관련 규정은 모두 반드시 준수해야 하는 강제성을 갖는 법적 기준 및 규격이다. 대표적인 기준과 규격을 정하고 있는 규정집에는 「식품공전」과 「축산물의 가공 기준과 성분 규격」이 있다.

2) 자체 기준 및 규격

① 식품원료와 식품의 자체 기준 및 규격은 강제성을 가진 법적 기준 및 규격과는 달리 업체 자체적으로 설정하여 관리한다.
② 자체 기준 및 규격은 제품의 품질을 향상시키고 더 안전한 식품을 생산하여 소비자들에게 더 좋은 식품을 제공하기 위해서 설정하여 관리한다.

3. 식품첨가물의 용도와 기능에 따른 분류

1) 사용 방법에 따른 분류

최종제품에 잔존하는 식품첨가물, 가공공정 중에 사용하는 식품첨가물, 세척 및 살균에 사용하는 식품첨가물

2) 출처 및 제조 방법에 따른 분류

천연 첨가물, 화학적 합성품, 혼합제제류

3) 용도에 따른 분류

관능, 변질 · 부패 방지, 품질 개량 · 유지, 영양 강화 등

SECTION 02 부자재 규격 설정

1. 식품의 포장

- 식품의 포장이란 취급 · 유통 · 운송 · 저장 중 품질 저하에 영향을 줄 수 있는 위해요소(미생물, 수분, 공기 등)로부터 제품을 보호하는 것을 말하며, 식품의 포장재로는 종이류, 플라스틱류, 유리, 금속 등을 이용한다.
- 포장공정은 가열공정 이후의 과정으로 가장 청결한 상태로 관리되어야 하는 공정이다. 따라서 개인위생을 준수하지 않은 상태로 작업에 임할 경우 종업원으로 인해 병원성 대장균, 황색포도상구균 등의 식중독균을 오염시킬 수 있으므로 종업원은 반드시 개인위생을 준수하고 수시로 손세척, 소독을 실시하여야 한다. 또한 작업자는 마스크를 착용하고 필요시 1회용 장갑 등을 착용하고 작업하도록 한다.
- 포장은 포장의 수준에 따라 1차 포장(낱포장, 단위 포장, Primary Package), 2차 포장(속포장, 내포장, Secondary Package), 3차 포장(겉포장, 외포장, Tertiary Package)으로 분류한다.

1) 포장의 목적

① 식품의 변패 방지와 품질 보존
② 미생물이나 먼지 등의 부착 방지
③ 식품 생산의 합리화와 인력 절감화
④ 물적 유통의 합리화와 계획화
⑤ 상품 가치의 향상

2) 포장의 기능

① 내용물의 보호 보전성
② 취급 사용의 편의성
③ 판매 촉진성
④ 상품성 및 정보성
⑤ 사회성과 친환경성

3) 포장재료의 구비조건

① 위생성 : 무해, 무독, 물리적 강도
② 보호성 : 방습, 방수성, 산소차단성, 단열성, 내유성, 내산성
③ 편리성 : 취급 용이, 휴대 편리, 개봉 용이
④ 경제성 : 가격 저렴, 생산성, 수송 및 보관 용이
⑤ 환경성 : 재사용 및 재활용, 분해 용이

4) 식품 포장재료의 특성

① 광선, 기체(산소, 이산화탄소, 질소, 에틸렌 등) 및 휘발성 성분, 수분 등의 투과성, 물리적 강도, 내유성, 온도, 곤충에 대한 보호성 고려
② 종이류의 착색료 및 형광 표백제가 식품에 이행되지 않을 것
③ 플라스틱 및 유연포장 필름 등의 가소제, 안정제, 유연제, 단량체, 색소 등 합성품의 유해성이 식품에 영향을 미치지 않을 것
④ 플라스틱은 투과성이 우수하지만 유지산화, 영양성분 및 색소 파괴 영향
⑤ 과실, 채소 및 육류의 포장에는 수분 투과도가 낮고 산소의 투과도가 높은 재료 사용
⑥ 건조식품 포장에는 수분과 산소의 투과도가 낮은 재료 사용
⑦ 동결식품 포장에는 저온에서 유연성을 유지하고 열수축이 일어나며, 수분과 산소의 투과도가 낮은 플라스틱 재료 사용

5) 포장재료 및 방법

① 식품 포장재료 : 식품 포장재료로는 종이(크라프트지, 황산지, 내유지, 코팅지 등) 및 판지(골판지), 유리, 금속(통, 포일), 금속코팅필름(라미네이트), 셀로판(셀룰로오스), 플라스틱 제품(폴리에틸렌, 염화비닐리덴, 폴리에스테르, 폴리프로필렌, 염화비닐, 폴리스틸렌, 폴리카보네이트) 등 사용
② 포장방법

구분	내용
종이, 판지, 나무 용기	광선 차단, 완충작용, 기계적 강도, 외포장 이용
필름을 이용한 포장	유연성을 지닌 필름류는 라미네이트나 코팅 처리되어 전기가열접착기, 고주파순간접착기, 밴드접착기 이용[파우치 형성(Form) – 내용물 충진(Fill) – 접착(Seal) 절단 포장방식, 필로우 포장(Pillow Pack), 봉지(Sachet) 방식]

구분	내용
금속재 용기	알루미늄, 양철판, 크롬코팅 철판으로 대부분 무색무취 재질이지만 산, 염분에 부식되므로 에나멜 코팅을 하며 용접이나 폴리아마이드 접착제로 측면을 밀봉하고 뚜껑 등은 이중밀봉기로 밀봉
공기성분 조절 (MAP ; Modified Atmosphere Packaging) 포장	포장 내 공기조성을 일정 기준 성분으로 조절하여 밀봉한 것(5~50% 이산화탄소로 세균억제효과, 질소는 MAP 포장 시 수축 방지, 산소는 적색육의 색소 유지에 사용, 이산화황은 곰팡이 증식 억제 사용)
무균 포장	• 금속용기, 유리용기 및 플라스틱 용기 : 260℃ 과열 증기 무균작업 • 테트라팩 종이용기 : 35% 과산화수소를 90℃ 처리 • 기타 자외선, 방사선 이용
Active 포장	포장 내 특정 첨가제를 첨가하여 산소, 이산화탄소, 수분, 에틸렌, 냄새흡착제, 방부제 방출기능 등 수행(산소흡착제, 에틸렌 흡착제, 에탄올 방출제, 보존제 방출, 수분흡착제, 방향성분 흡착제)

6) 포장 작업 시 점검사항

① 이물의 혼입 가능성 모니터링
② 금속 검출기, X-ray 검출기 등의 작동 자료
③ 공정 또는 제품의 품질 규격
④ 원 · 부재료 및 포장재료의 사용량, 감모량
⑤ 생산성, 배치인력 등 원가 계산에 필요한 사항
⑥ 포장 검사대 주변 조도 확인(540lux 이상)

2. 기준 및 규격

1) 기준

① 기구 및 용기 · 포장의 제조 · 가공에 사용되는 원재료는 품질이 양호하고, 유독 · 유해물질 등에 오염되지 아니한 것으로 안전성과 건전성을 가지고 있어야 한다.
② 기구 및 용기 · 포장의 제조 · 가공 시에는 유독 · 유해물질 등이 오염되지 않도록 하여야 한다.

2) 규격

① 기구 및 용기 · 포장은 물리적 또는 화학적으로 내용물을 쉽게 오염시키는 것이어서는 아니 된다.
② 기구 및 용기 · 포장에서 용출되어 식품으로 이행될 수 있는 프탈레이트, 비스페놀 A 등 물질의 이행량은 필요시 이 기준 및 규격에서 정하고 있는 재질별 용출 규격을 적용할 수 있다. 다만, 개별 용출 규격이 설정되어 있지 않은 물질인 경우에는 식품의약품안전처장이 해당 물질에 대한 주요 외국의 기준 · 규격과 일일섭취한계량(TDI) 등 해당 물질별 관련 자료를 종합적으로 검토하여 적 · 부를 판정할 수 있으며, 해당 물질의 최대 이행량은 30mg/L 이하이어야 한다.

③ 식품의 용기 · 포장을 회수하여 재사용하고자 할 때는 「먹는물관리법」의 수질 기준에 적합한 물, 「위생용품 관리법」에 따른 세척제 등으로 깨끗이 세척하여 일체의 불순물 등이 잔류하지 않았음을 확인한 후 사용하여야 한다.

SECTION 03 최종제품 규격 설정

1. 제2. 식품일반에 대한 공통 기준 및 규격

1) 기준 및 규격의 적용

식품, 식품첨가물(이하 '식품 등'이라 한다)에 대하여 다음과 같이 기준 및 규격을 적용한다.

① '제5. 식품별 기준 및 규격'에서 개별로 정하고 있는 식품 등은 그 기준 및 규격을 우선 적용해야 한다.

② 식품 등은 '제2. 식품일반에 대한 공통 기준 및 규격'에 적합해야 한다. 다만, 식품 등의 특성을 고려할 때 그 필요성이 희박하거나 실효성이 적은 경우 그 중요도에 따라 선별 적용할 수 있다.

③ 영 · 유아용, 고령자용 또는 대체식품으로 표시하여 판매하는 식품 또는 장기보존식품은 ①에서 정하는 공전과 함께 '제3. 영 · 유아용, 고령자용 또는 대체식품으로 표시하여 판매하는 식품의 기준 및 규격', '제4. 장기보존식품의 기준 및 규격'을 동시에 적용해야 하며(다만, 식육 함유 가공품 또는 어육가공품 중 비가열 제품은 제외), 기준 및 규격 항목이 중복될 경우는 강화된 기준 및 규격 항목을 적용해야 한다.

④ 즉석 판매 제조 · 가공 대상 식품 중 식육 제품, 아이스크림 제품류와 「축산물 위생관리법」에 따라 제조 · 유통되는 축산물 가공품은 「축산물 가공 기준 및 성분 규격」을 적용한다.

2) 식품원료 기준

① 원료 등의 구비요건

㉠ 식품의 제조에 사용되는 원료는 식용을 목적으로 채취, 취급, 가공, 제조 또는 관리된 것이어야 한다.

㉡ 원료는 품질과 선도가 양호하고 부패 · 변질되었거나, 유독 · 유해물질 등에 오염되지 아니한 것으로 안전성을 가지고 있어야 한다.

㉢ 식품제조 · 가공영업등록대상이 아닌 천연성 원료를 직접 처리하여 가공식품의 원료로 사용하는 때에는 흙, 모래, 티끌 등과 같은 이물을 충분히 제거하고 필요한 때에는 식품용수로 깨끗이 씻어야 하며, 비가식부분은 충분히 제거하여야 한다.

㉣ 허가, 등록 또는 신고 대상인 업체에서 식품원료를 구입 사용할 때에는 제조영업등록을 하였거나 수입신고를 마친 것으로서 해당 식품의 기준 및 규격에 적합한 것이어야 하며 소비기한

경과제품 등 관련 법 위반식품을 원료로 사용하여서는 아니 된다.

ⓜ 원료로 파쇄분을 사용할 경우에는 선도가 양호하고 부패 · 변질되었거나 이물 등에 오염되지 아니한 것을 사용하여야 한다.

3) 제조 · 가공 기준

① 식품 제조 · 가공에 사용되는 기계 · 기구류와 부대시설물은 항상 위생적으로 유지 · 관리해야 한다.

② 식품용수는 「먹는물관리법」의 먹는물 수질 기준에 적합한 것이거나, 「해양 심층수의 개발 및 관리에 관한 법률」의 기준 · 규격에 적합한 원수, 농축수, 미네랄 탈염수, 미네랄 농축수이어야 한다.

③ 식품용수는 「먹는물관리법」에서 규정하고 있는 수처리제를 사용하거나, 각 제품의 용도에 맞게 물을 응집 침전, 여과[활성탄, 모래, 세라믹, 맥반석, 규조토, 마이크로필터, 한외여과(Ultra Filter), 역삼투막, 이온교환수지], 오존 살균, 자외선 살균, 전기분해, 염소 소독 등의 방법으로 수처리하여 사용할 수 있다.

④ 식품 제조 · 가공 및 조리 중에는 이물의 혼입이나 병원성 미생물 등이 오염되지 않도록 하여야 하며, 제조 과정 중 다른 제조공정에 들어가기 위해 일시적으로 보관되는 경우 위생적으로 취급 및 보관되어야 한다.

⑤ 식품은 물, 주정 또는 물과 주정의 혼합액, 이산화탄소만을 사용하여 추출할 수 있다. 다만, 「식품첨가물의 기준 및 규격」에서 개별 기준이 정해진 경우는 그 사용 기준을 따른다.

⑥ 어류의 육질 이외의 부분은 비가식부분을 충분히 제거한 후 중심부 온도를 −18℃ 이하에서 보관하여야 한다.

4) 식품일반의 기준 및 규격

① 성상 : 제품은 고유의 형태, 색택을 가지고 이미 · 이취가 없어야 한다.

② 이물

㉠ 식품은 원료의 처리 과정에서 그 이상 제거되지 않는 정도 이상의 이물과 오염된 비위생적인 이물, 인체에 위해를 끼치는 단단하거나 날카로운 이물 등을 함유해서는 아니 된다. 다만, 다른 식물이나 원료 식물의 표피 또는 토사 등과 같이 실제에 있어 정상적인 제조 · 가공상 완전히 제거되지 않고 잔존하는 경우의 이물로서 그 양이 적고 위해 가능성이 낮은 경우는 제외한다.

㉡ 금속성 이물로서 쇳가루는 식품 중 10.0mg/kg 이상 검출되어서는 안 되며, 또한 크기가 2mm 이상인 금속성 이물이 검출되어서는 아니 된다.

③ 식품첨가물

㉠ 식품 중 식품첨가물의 사용은 「식품첨가물공전」에 따른다.

㉡ 어떤 식품에 사용할 수 없는 식품첨가물이 그 식품첨가물을 사용할 수 있는 원료로부터 유래된 것이라면, 원료로부터 이행된 범위 안에서 식품첨가물 사용 기준의 제한을 받지 않을 수 있다.

④ 식중독균 : 식중독균은 살모넬라(*Salmonella* spp.), 장염비브리오균(*Vibrio parahaemolyticus*), 리스테리아 모노사이토제네스(*Listeria monocytogenes*), 장출혈성 대장균(*Enterohemorrhagic Escherichia coli)*, 캠필로박터 제주니/콜리(*Campylobacter jejuni/coli*), 여시니아 엔테로콜리티카(*Yersinia enterocolitica*) 등이 있으며 식육(제조 · 가공용 원료는 제외), 살균 또는 멸균 처리하였거나 더 이상의 가공, 가열 조리를 하지 않고 그대로 섭취하는 가공식품에서는 특성에 따라 각 규격을 충족시켜야 한다. 또한 기타 식육 및 동물성가공식품은 결핵균, 탄저균, 브루셀라균이 음성이어야 한다.

⑤ 오염물질

㉠ 오염물질 기준

㉡ 중금속 기준

㉢ 곰팡이독소 기준

㉣ 다이옥신

㉤ 폴리염화비페닐(PCBs)

㉥ 벤조피렌[Benzo(a)pyrene]

㉦ 3-MCPD(3-Monochloropropane-1,2-diol) 기준

㉧ 멜라민(Melamine) 기준

㉨ 패독소 기준

㉩ 방사능 기준

⑥ 식품조사(Food Irradiation)처리 기준 : 식품조사처리 기술이란 감마선, 전자선 가속기에서 방출되는 에너지를 복사(Radiation)의 방식으로 식품에 조사하여 식품 등의 발아 억제, 살균, 살충 또는 숙도 조절에 이용하는 기술로, 선종과 사용 목적 또는 처리 방식(조사)에 따라 감마선 살균, 전자선 살균, 감마선 살충, 전자선 살충, 감마선 조사, 전자선 조사 등으로 구분하거나, 통칭하여 방사선 살균, 방사선 살충, 방사선 조사 등으로 구분할 수 있다.

㉠ 식품조사처리에 이용할 수 있는 선종은 감마선, 전자선 또는 엑스선으로 한다.

㉡ 감마선을 방출하는 선원으로는 ^{60}Co을 사용할 수 있고, 전자선과 엑스선을 방출하는 선원으로는 전자선 가속기를 이용할 수 있다.

㉢ ^{60}Co에서 방출되는 감마선 에너지를 사용할 경우 식품조사처리가 허용된 품목별 흡수선량을 초과하지 않도록 하여야 한다.

㉣ 전자선 가속기를 이용하여 식품조사처리를 할 경우 전자선은 10MeV 이하에서, 엑스선은 5MeV [엑스선 전환 금속이 탄탈륨(Tantalum) 또는 금(Gold)일 경우 7.5MeV] 이하에서 조사처리하여야 하며, 식품조사처리가 허용된 품목별 흡수선량을 초과하지 않도록 하여야 한다.

㉤ 식품조사처리는 허용된 원료나 품목에 한하여 위생적으로 취급 · 보관된 경우에만 실시할 수 있으며, 발아 억제, 살균, 살충 또는 숙도조절 이외의 목적으로는 식품조사처리 기술을 사용하여서는 아니 된다.

ⓗ 식품별 조사처리 기준 : 허용 대상 식품별 흡수선량

품목	조사목적	선량(kGy)
감자, 양파, 마늘	발아 억제	0.15 이하
밤	살충, 발아 억제	0.25 이하
버섯(건조 포함)	살충, 숙도 조절	1 이하
난분	살균	5 이하
곡류(분말 포함), 두류(분말 포함)	살균, 살충	
전분	살균	
건조식육	살균	7 이하
어류분말, 패류분말, 갑각류분말		
된장분말, 고추장분말, 간장분말		
건조채소류(분말 포함)		
효모식품, 효소식품		
조류식품		
알로에분말		
인삼(홍삼 포함) 제품류		
조미건어포류		
건조향신료 및 이들 조제품	살균	10 이하
복합조미식품		
소스		
침출차		
분말차		
특수의료용도식품		

ⓢ 한 번 조사 처리한 식품은 다시 조사해서는 아니 되며, 조사 식품(Irradiated Food)을 원료로 사용하여 제조 · 가공한 식품도 다시 조사해서는 아니 된다.

2. 장기보존식품의 기준 및 규격

1) 통 · 병조림 식품

제조 · 가공 또는 위생처리된 식품을 12개월을 초과하여 실온에서 보존 및 유통할 목적으로 식품을 통 또는 병에 넣어 탈기와 밀봉 및 살균 또는 멸균한 것을 말한다.

① 제조 · 가공 기준

㉠ 멸균은 제품의 중심온도가 120℃ 이상에서 4분 이상 열처리하거나 또는 이와 동등 이상의 효력을 가지는 방법으로 열처리하여야 한다.

㉡ pH 4.6을 초과하는 저산성 식품(Low Acid Food)은 제품의 내용물, 가공장소, 제조일자를 확인할 수 있는 기호를 표시하고, 멸균공정 작업에 대한 기록을 보관하여야 한다.

㉢ pH가 4.6 이하인 산성 식품은 가열 등의 방법으로 살균처리할 수 있다.

㉣ 제품은 저장성을 가질 수 있도록 그 특성에 따라 적절한 방법으로 살균 또는 멸균 처리하여야 하며, 내용물의 변색이 방지되고 호열성 세균의 증식이 억제될 수 있도록 적절한 방법으로 냉각하여야 한다.

② 규격

㉠ 성상 : 관 또는 병뚜껑이 팽창 또는 변형되지 않고, 내용물은 고유의 색택을 가지고 이미 · 이취가 없어야 한다.

㉡ 주석(mg/kg) : 150 이하(알루미늄 캔을 제외한 캔 제품에 한하며, 산성 통조림은 200 이하이어야 한다.)

㉢ 세균 발육 : 음성이어야 한다.

2) 레토르트(Retort) 식품

제조 · 가공 또는 위생처리된 식품을 12개월을 초과하여 실온에서 보존 및 유통할 목적으로 단층 플라스틱필름이나 금속박 또는 이를 여러 층으로 접착하여, 파우치와 기타 모양으로 성형한 용기에 제조 · 가공 또는 조리한 식품을 충전하고 밀봉하여 가열살균 또는 멸균한 것을 말한다.

3) 냉동식품

제조 · 가공 또는 조리한 식품을 장기 보존할 목적으로 냉동처리, 냉동보관하는 것으로서 용기 · 포장에 넣은 식품을 말한다.

① 가열하지 않고 섭취하는 냉동식품 : 별도의 가열과정 없이 그대로 섭취할 수 있는 냉동식품을 말한다.

② 가열하여 섭취하는 냉동식품 : 섭취 시 별도의 가열과정을 거쳐야만 하는 냉동식품을 말한다.

CHAPTER 03 상품성 평가

SECTION 01 평가 설계

1. 상품성

상품성이란 '상거래를 목적으로 하는 상품으로서의 가치를 지닌 성질' 또는 '소비자의 구매 가능성에 대한 상품의 특성'이다.

2. 상품성 평가를 위한 고려 요소

1) 이익 지수 측정(PIM)

$$\text{PIM} = \frac{[\text{출고 가격} - \text{불변 가격(원가)}] \times \text{구입 의향률}(\%)}{100}$$

2) 포지셔닝(Positioning)

제품이나 브랜드가 고객의 마음속에서 자리 잡고 있는 위치(제품 포지션)를 마치 지도처럼 2차원 또는 3차원 공간에 점(Point)으로 나타낸 것을 포지셔닝 맵(Positioning Map, 영역도 또는 위치도)이라고 한다.

3) 손익분기점(BEP ; Break Even Point)

한 기간의 매출액이 당해 기간의 총비용과 일치하는 점

4) SWOT 분석

장점(Strength), 단점(Weakness), 기회(Opportunity), 위협(Threat)

5) STP 분석

S(Segmentation)의 시장 세분화, T(Targeting)의 표적 시장, P(Positioning)의 포지셔닝의 약자

6) 제품 수명 주기

하나의 제품이 시장에 도입되어 폐기되기까지의 과정을 도입기, 성장기, 성숙기, 쇠퇴기로 구분

3. 상품성 평가방법

관능평가, 소비자 조사 등

※ 조사 기획서 작성 시 고려사항 : 타당성, 신뢰성, 현실성

SECTION 02 평가 결과 분석

1. 평가 결과 분석 절차

단계	내용
제1단계	수집 자료의 편집과 코딩
제2단계	각 변수의 변화 형태 파악
제3단계	변수 상호 관계의 파악
제4단계	종속변수의 설명 · 예측 · 통제
제5단계	경영자에 대한 권고사항(정책 제안) 파악 및 보고서 작성

2. 결과 분석 방법

▼ **측정 척도**

변수형태		특징	예
질적 변수	명목척도	대상의 특성을 분류하거나 확인할 목적으로 사용하는 척도	성별(남, 여)
	서열척도	측정 대상 간의 순서를 밝혀 주는 척도	• 경제적 수준(상, 중, 하) • 교육 수준(초졸, 중졸, 고졸)
양적 변수	등간척도	측정 대상의 속성에 순위를 매길 수 있을 뿐만 아니라 각 대상 사이의 정확한 거리를 알고, 또 그 거리가 일정하다는 가정이 성립하는 척도	온도(체온), IQ
	비율척도	척도의 성격을 다 지니면서 거기에 더해 절대적인 영점(Absolute Zero)이 있어 비율 계산이 가능한 척도	키, 체중

1) 독립 표본 T 검증 분석

하나의 검증 변수에 대하여 두 모집단 간 평균의 차이가 통계적으로 유의한지를 파악할 때 이용하는 통계 기법, 명목척도로 측정된 독립변수(혹은 처치 변수)와 등간척도 또는 비율척도로 측정된 종속변수 사이의 관계를 연구하는 통계 기법

2) 분산 분석(ANOVA ; ANalysis Of VAriance)

3개 이상 집단들의 평균값을 비교하는 데 사용하는 통계 기법, 명목척도로 측정된 독립변수(혹은 처치 변수)와 등간척도 또는 비율척도로 측정된 종속변수 사이의 관계를 연구하는 통계 기법

3) 회귀 분석

하나 또는 둘 이상의 변수(독립변수)들이 다른 하나의 변수(종속변수)에 미치는 영향의 정도와 방향을 파악하고, 독립변수들의 변화에 따른 종속변수의 변화를 예측하기 위한 통계 기법으로, 두 연속변수 간의 관계를 수식으로 나타낸다.

4) 상관관계 분석

여러 변수들이 어떤 관계를 가지고 있는지 나타낸 것으로, 두 변량 사이의 상관관계를 분석하는 기법

5) 신뢰도 분석

여러 번 반복 측정을 하였을 경우 시간이나 상황에 따라 영향을 받지 않고 유사한 결과를 나타내는지를 측정하는 기법

6) 요인분석

다수의 변수를 유사한 성격을 가진 항목들끼리 묶어 적은 수의 요인으로 축약시키는 것

7) 군집분석

측정 대상자들이 공유하는 특성을 토대로 대상자들을 집단화하는 통계법, 시장 세분화나 시장 내 경쟁 구조 분석 등에 이용

8) 판별분석

인구 통계적 특성 자료를 이용하여 자사 상품 구매 빈도에 따른 소비자 집단을 구분하여 각 특성을 파악하고자 할 때 이용되는 분석 기법

실전예상문제

01 포장의 목적과 기능을 각 4가지 이상 쓰시오.

해답

- 목적
  - 식품의 변패 방지와 품질 보존
  - 미생물이나 먼지 등의 부착 방지
  - 식품 생산의 합리화와 인력 절감화
  - 물적 유통의 합리화와 계획화
  - 상품 가치의 향상
- 기능
  - 내용물의 보호 보전성
  - 취급 사용의 편의성
  - 판매 촉진성
  - 상품성 및 정보성
  - 사회성과 친환경성

02 식품조사(Food Irradiation)의 감마선 처리 기준을 쓰시오.

해답

- 식품조사처리에 이용할 수 있는 선종은 감마선, 전자선 또는 엑스선으로 한다.
- 감마선을 방출하는 선원으로는 ^{60}Co을 사용할 수 있고, 전자선과 엑스선을 방출하는 선원으로는 전자선 가속기를 이용할 수 있다.

- ^{60}Co에서 방출되는 감마선 에너지를 사용할 경우 식품조사처리가 허용된 품목별 흡수선량을 초과하지 않도록 해야 한다.
- 식품조사처리는 허용된 원료나 품목에 한하여 위생적으로 취급 · 보관된 경우에만 실시할 수 있으며, 발아 억제, 살균, 살충 또는 숙도 조절 이외의 목적으로는 식품조사처리 기술을 사용해서는 안 된다.
- 한 번 조사처리한 식품은 다시 조사해서는 안 되며, 조사 식품(Irradiated Food)을 원료로 사용하여 제조 · 가공한 식품도 다시 조사해서는 안 된다.

03 제품의 상품성을 평가하려 할 때 고려할 요소를 쓰시오.

해답

- 이익 지수 측정(PIM)
- 손익분기점(BEP ; Break Even Point)
- STP 분석
- 포지셔닝(Positioning)
- SWOT 분석
- 제품 수명 주기

04 플라스틱 필름 및 알루미늄 호일을 적층한 필름용기에 조리 · 가공한 식품을 충진 · 밀봉한 후 가압 · 가열 · 살균 냉각한 파우치 식품을 무엇이라 하는지 쓰시오.

해답

레토르트 식품

05 다음 중 표준 제조공정도에 활용에 대한 내용으로 옳은 것을 고르시오.

① 생산활동에서 작업 표준으로 사용
② 생산품의 규격 관리와 기타의 품질 관리를 위한 기준 문서로 활용
③ 원 · 부재료 등의 구매와 예산 운용을 위한 근거 문서로 활용
④ 「식품위생법」의 품목 제조 보고서, HACCP의 제품 표준서 등 법적인 용도로 활용
⑤ 기타 상품 홍보와 선전 및 마케팅 콘셉트(Concept)로 활용

해답

①, ②, ③, ④, ⑤

06 열을 사용하지 않고 식품을 살균하는 방법의 장점과 예를 쓰시오.

해답

- 비가열살균법의 장점
  - 열변성을 방지할 수 있다.
  - 휘발 성분(향기 성분)의 손실을 방지할 수 있다.
  - 상변화 없는 연속 조작이 가능하여 에너지 절약을 할 수 있다.
  - 대량의 냉각수가 필요 없다.
  - 조작이 간단하다.
  - 분획과 정제가 동시에 가능하다.
- 비가열살균법의 예 : 방사선 조사법, 자외선 살균

07 **식품 방사선 조사의 목적을 쓰시오.**

해답

발아 억제, 과채류의 호흡속도 지연, 식중독 발생 방지, 해충 제거, 식품의 보존성 향상

08 **식품공전상 곡류, 두류의 살균 · 살충 등에 실시하는 방사선 조사의 기준을 쓰시오.**

해답

^{60}Co의 감마선을 이용하여 5kGy 이하로 조사

09 **통조림 살균지표 균 이름과 살균지표 효소를 각각 쓰시오.**

해답

- 살균지표 균 : *Clostridium botulinum*
- 살균지표 효소 : Peroxidase

10 작업장의 동선을 기획할 때 고려사항을 쓰시오.

해답

- 원료의 반입에서 출하에 이르는 공정흐름, 원재료 및 제품의 종류, 물량, 형태, 적정 온도를 파악하여 오염 요인을 파악한다.
- 물류 동선과 사람 동선을 분리하고 중복되지 않도록 한다.
- 청결 동선과 오염 동선이 인접하거나 교차하지 않도록 한다.
- 원재료나 제품의 신속한 흐름으로 정체에 의한 위생상 문제점을 해소한다.
- 작업 및 관리 매뉴얼을 준수한다.
- 필요시 차단 구조물을 설치한다.

11 통조림 식품의 저온 살균이 가능한 한계 pH와 저온 살균이 가능한 이유를 쓰시오.

해답

- 한계 pH : 4.6
- 저온 살균이 가능한 이유 : pH가 4.6 이하인 산성 식품은 가열 등의 방법으로 살균 처리할 수 있다. 산성 식품의 경우 내열성 세균이 증식하지 못하며, 내열성 균을 제외한 다른 균들은 저온 살균으로도 살균이 가능하다.

12 통조림의 팽창관이 생기는 이유를 쓰시오.

해답

살균 부족, 충진 과다, 냉각 부족, 탈기 불충분

13 가스치환법에 사용되는 기체와 그의 역할을 쓰시오.

해답

- 산소 : 적색육의 변색 방지와 혐기성 미생물의 성장 억제 목적으로 사용
- 이산화탄소 : 호기성 미생물과 곰팡이의 성장 및 산화를 억제
- 질소 : 불활성 가스로 식품의 산화를 방지하며 플라스틱 필름을 통해 확산되는 속도가 느려 충전 및 서포팅 가스로 사용
- 수소, 헬륨 : 분자량이 작아 주로 포장으로 인한 가스 누설 검지를 위해 사용

14 생산 프로세스 자동화 방법 중 FMS와 CIM의 차이점을 서술하시오.

해답

- FMS : 주로 생산 공정의 유연성을 강조하는 시스템으로, 다양한 제품을 유연하게 생산할 수 있도록 설계, 생산 라인에서 제품의 변환이나 수정이 용이
- CIM : 전체 제조 공정의 통합을 강조하는 시스템으로, 모든 생산 과정을 컴퓨터로 연결하고 관리하는 방식, 공정 간 데이터 흐름과 의사 결정을 자동화하여 효율성과 품질을 극대화

15 관능검사 측정 척도 중 질적 변수에 해당하는 척도는 무엇인지 쓰시오.

해답

명목척도, 서열척도

16 **석식 제도를 시행한 A고등학교 학생과 석식을 제공하지 않는 B고등학교 학생을 대상으로 이들의 신장의 차이를 확인하고자 한다. 이때 분석 방법 및 독립변수와 종속변수의 측정 척도를 제시하시오.**

해답

- 분석방법 : 독립 표본 T 검증 분석
- 독립변수 : 명목척도
- 종속변수 : 비율척도(비척도)

17 **A회사는 3가지 맛의 스낵(예 치즈맛, 매운맛, 바베큐맛)을 출시하고, 각 맛의 판매 성과가 어떻게 다른지 평가하고자 한다. 3가지 맛 스낵 제품 간 판매량 성과에 차이가 있는지 확인하기 위하여 이용될 수 있는 통계적 방법을 쓰고, 각 독립변수와 종속변수를 찾아 제시하시오.**

해답

- 분석방법 : 분산분석(ANOVA Test)
- 독립변수 : 3가지 맛 스낵
- 종속변수 : 판매량 성과

18 **공정 설계 시 구획 설정의 목적을 서술하시오.**

해답

- 작업특성에 따른 구획을 진행함으로써 생산과정의 효율성을 증진
- 안전관리, 방화관리 목적의 구획을 진행함으로써 안전성 향상
- 식품의 효율적 위생관리, 품질관리를 위하여 구획을 실시

19 표준제조 공정도를 설명하고, 표준제조 공정도의 종류를 쓰시오.

해답

- 표준제조 공정도 : 생산 과정에서 발생할 수 있는 모든 활동을 일관되게 수행할 수 있도록 설정한 표준화된 절차를 문서화한 것으로, 생산 공정을 일관성 있게 유지하고, 품질을 보장하며, 비효율성을 줄이는 데 중요한 역할을 한다. 식품산업에서는 위생, 안전, 효율성을 관리하는 데 필수적인 문서이다.
- 표준제조 공정도의 종류 : 품목제조보고서, HACCP에 의한 제품 설명서

20 식품첨가물을 사용 목적에 따라 분류하시오.

해답

- 관능을 만족시키는 첨가물 : 조미료, 감미료, 산미료, 착색료
- 식품의 변질, 부패를 방지하는 첨가물 : 보존료, 살균료, 산화방지제
- 식품의 품질개량 및 유지에 사용되는 첨가물 : 품질개량제, 밀가루 개량제, 유화제
- 식품 제조에 필요한 첨가물 : 식품 제조용 첨가물, 소포제
- 식품의 영양 강화에 사용되는 첨가물 : 강화제

21 상품성 평가 시 제품수명주기를 고려해야 하는 이유를 서술하시오.

해답

제품수명주기는 제품이 시장에서 겪는 성장, 성숙, 쇠퇴의 단계를 이해하는 데 도움을 준다. 각 단계에 맞는 마케팅 전략과 운영 계획을 세울 수 있기 때문에 제품의 수명이 길어지고, 경쟁에서 우위를 점할 수 있다.

PART

04

품질관리

CHAPTER 01 | 상품성 평가

CHAPTER 02 | 공정 · 설비 관리

CHAPTER 03 | 샘플 및 제품검사 관리

CHAPTER 04 | 관능검사

CHAPTER 05 | 협력업체 관리 및 평가

CHAPTER 06 | 식품 품질 개선

CHAPTER 01 상품성 평가

SECTION 01 물리적 분석

물리적 분석 항목으로는 식품의 성상, 점도, 색도, 탁도, 용해도, 경도, 비중 등이 있으며, 식품의 종류에 따라 물리적 분석 항목은 다를 수 있다.

1. 성상

성상은 관능시험으로 색깔, 풍미, 조직감, 외관 등을 평가하여 평균 3점 이상이고, 1점 항목이 없어야 한다.

▼ **식품 성상 채점 기준**

항목	채점 기준
색깔	1. 색깔이 양호한 것은 5점으로 한다. 2. 색깔이 대체로 양호한 것은 그 정도에 따라 4점 또는 3점으로 한다. 3. 색깔이 나쁜 것은 2점으로 한다. 4. 색깔이 현저히 나쁜 것은 1점으로 한다.
풍미	1. 풍미가 양호한 것은 5점으로 한다. 2. 풍미가 대체로 양호한 것은 그 정도에 따라 4점 또는 3점으로 한다. 3. 풍미가 나쁜 것은 2점으로 한다. 4. 풍미가 현저히 나쁘거나 이미, 이취가 있는 것은 1점으로 한다.
조직감	1. 조직감이 양호한 것은 5점으로 한다. 2. 조직감이 대체로 양호한 것은 그 정도에 따라 4점 또는 3점으로 한다. 3. 조직감이 나쁜 것은 2점으로 한다. 4. 조직감이 현저히 나쁜 것은 1점으로 한다.
외관	1. 병충해를 입은 흔적 및 불가식부분 제거, 제품의 균질 및 성형상태와 포장상태 등 외형이 양호한 것은 5점으로 한다. 2. 제품의 제조 · 가공상태 및 외형이 비교적 양호한 것은 그 정도에 따라 4점 또는 3점으로 한다. 3. 제품의 제조 · 가공상태 및 외형이 나쁜 것은 2점으로 한다. 4. 제품의 제조 · 가공상태 및 외형이 현저히 나쁜 것은 1점으로 한다.

출처 : 식품안전나라(2024), 식품공전[(8. 일반시험법 > 1. 식품일반시험법 > 1.1. 성상(관능시험)]

2. 이물

1) 체분별법

검체가 고체이거나 여과법의 여과지로 통과하지 못할 경우 사용하는 방법으로, 체를 이용하여 쳐서 이물을 체 위에 모아 육안 및 현미경 등으로 관찰

2) 여과법

액체 상태 또는 물에 용해될 수 있는 검체의 식품에 혼입된 이물을 신속여과지로 여과하여 분리하는 방법

3) 와일드만 플라스크법

곤충 및 동물의 털과 같이 물에 잘 젖지 않는 가벼운 이물 검출 시 사용하는 방법으로, 검체에 소량의 지용성 성분을 넣어 물과 섞이지 않는 포집액을 넣고 세게 교반하여 물에 잘 젖지 않는 가벼운 이물이 미세한 방울에 포집되어 물보다 밀도가 가벼운 부유 포집액층으로 모이게 하여 이물을 분리 포집하는 방법

4) 침강법

비교적 무거운 이물 검사에 적용하며, 검체에 비중이 큰 액체를 가하여 교반한 후 그 액체보다 비중이 큰 것은 바닥에 가라앉고 비중이 작은 식품의 조직 등은 위에 떠오르게 하여 상층액을 버린 후 바닥의 이물을 검사하는 방법

▼ 금속성 이물

- 분말제품, 환제품, 액상 및 페이스트제품, 초콜릿류 중 혼합된 쇳가루 검출에 적용
- 쇳가루가 자석에 붙는 성질을 이용하여 검사하는 방법

SECTION 02 화학적 분석

1. 수분

1) 건조감량법

검체를 105℃에서 상압 건조하여 감소되는 양을 수분량으로 하는 방법으로, 가열에 불안정한 성분 및 휘발 성분을 많이 함유한 식품에서는 적합하지 않으며 측정 원리가 간단하여 여러 식품에 이용할 수 있다.

2) 증류법

검체를 수분과 혼합되지 않은 유기용매 중에서 가열하여 검체 중의 수분 및 용매의 혼합증기를 증류시키는 방법으로, 이것을 다시 냉각시켜 눈금에 있는 냉각관에 모아 유출된 수분의 양으로 하는 방법

3) 칼피셔(Karl-Fisher)법

피리딘 및 메탄올의 존재하에 물이 요오드 및 아황산가스와 반응하는 것을 이용하여 칼피셔 시액으로 검체의 수분을 정량하는 방법

2. 회분

검체를 도가니에 넣고 직접 550~600℃의 온도에서 완전히 회화 처리를 하였을 때의 회분의 양을 측정하는 방법

3. 질소화합물

1) 세미마이크로 킬달법

질소를 함유한 유기물을 촉매로 하여 황산으로 가열분해하면 황산암모늄으로 변하는데, 이 황산암모늄에 NaOH를 첨가하여 알카리성으로 하고 유리된 NH_3로 증류하여 희황산으로 포집된 포집액을 NaOH로 적정하는 방법

2) 단백질 분석기를 이용하는 방법

단백질 분석기를 이용하여 검체를 황산으로 분해하고 질소를 유리시킨 후 염산 용액으로 적정하는 방법

3) 듀마스법(연소법)

검체는 순수한 산소가 사용되는 고온의 연소공정으로 인해 질소성분이 질소산화물 형태로 산화되며, 질소산화물은 환원력이 높은 구리 등과 반응하여 질소로 환원되는 원리를 이용한 방법

4. 탄수화물

1) 몰리슈(Molisch) 반응(탄수화물 정성 검출)

당 용액에 α-나프톨과 황산을 작용시켜 보라색의 착색물질을 생성하는 반응

2) 펠링(Fehling) 반응(환원당 정성 검출)

펠링 용액(주석산, 수산화나트륨 혼합 수용액)에 의하여 환원당이 적색의 침전을 만드는 반응

3) 요오드 반응(전분의 정성 검출)

전분에 요오드용액을 가하면 청색으로 변하는 반응

▼ **화학적 분석기기**

(1) 수소이온농도(pH)
수용액의 pH 범위는 1~14로, 따로 규정이 없는 한 리트머스지 또는 pH 미터기(유리전극)를 이용하여 화학적인 방법으로 측정한다.

(2) 기기 분석법
- 고성능 액체 크로마토그래피(HPLC) : 검체 혼합물의 단일 성분을 분리하는 방법으로, 식이섬유, 카페인 분석 등에 이용하며, 단백질과 같이 분자량이 큰 물질 또는 비점이 높은 화합물에 적합하다.
- 기체 크로마토그래피(GC) : 알코올 등 휘발성이 강하고 열에 안정된 화합물의 분리에 적합한 방법으로, 검체 혼합물의 단일 성분을 분리하는 방법
- 이온 기체 크로마토그래피(IC) : 액체 크로마토그래피의 일종으로 액체 검체의 각종 이온 및 유기산 등 이온성 물질을 분석하는 방법

SECTION 03 생물학적 분석

1. 일반 세균수

1) 표준평판법

표준한천배지에 검체를 혼합 응고시켜 배양 후 발생한 세균 집락수를 계수하여 검체 중 생균수를 측정하는 방법

2) 건조필름법

시판되는 건조필름배지를 이용하여 희석된 시험용액을 가한 후 배양하여 평균 집락수에 희석배수를 곱하여 생균수를 측정하는 방법

3) 최확수법(MPN)

우유류, 유당분해우유, 가공유 등의 세균을 측정하는 방법

2. 대장균군

1) 유당배지법

① 추정시험 : 시료를 접종한 유당배지를 35~37℃에서 24±2시간 배양 후 발효관 내 가스가 발생하면 양성으로 판정하여 다음 확정시험을 진행

② 확정시험 : BGLB 배지에 시료를 접종하여 35~37℃에서 24±2시간 배양 후 가스가 발생하면 Endo 한천배지 또는 EMB 배지로 순수분리배양(35~37℃에서 24±2시간) 후 집락이 발생하면 확정시험 양성으로 판정하여 완전시험을 실시

③ 완전시험 : Endo 한천배지 또는 EMB 배지로 순수분리 배양된 배지를 보통한천배지 또는 Tryptic Soy 배지에 접종하여 배양한 후 그람 음성, 무아포성 간균이 증명되면 대장균군 양성으로 판정

2) BGLB 배지법

BGLB 배지에 시료를 접종하여 35~37℃에서 48±3시간 배양 후 가스가 발생하면 Endo 한천배지 또는 EMB 배지로 순수분리 배양하여 대장균군의 유무를 확인하는 방법

3. 식품의 미생물 분석

① 채취된 샘플 25g을 생리식염수 225mL에 희석하여 균질화한 것을 시험용액으로 한다.

② 시험용액 1mL와 10배 단계 희석액 1mL씩을 각 희석수별로 무균적으로 취하여 선택배지에 2매 이상씩 분주한다.

③ 고체배지에 분주한 용액은 균일하게 spread 한다.

④ 액체배지를 이용하고자 멸균 페트리접시에 접종한 시험용액은 액체배지를 약 15~20mL 분주하여 조용히 회전하여 좌우로 기울이면서 검체와 배지를 잘 혼합하여 응고시킨다.

⑤ 접종이 완료된 배지는 미생물별 적절한 온도와 시간에서 배양한다.

4. 검사결과의 해석

1) 결과의 해석

① 1개의 배지평판당 15~300개의 집락을 생성한 평판을 택하여 집락수를 계산하는 것을 원칙으로 한다.

② 전 평판에 300개를 초과한 집락이 발생한 경우 300에 가까운 평판에 대하여 밀집평판 측정법에 따라 계산한다.

③ 전 평판에 15개 미만의 집락만을 얻었을 경우에는 희석배수가 가장 낮은 것을 측정한다.

$$\frac{\Sigma C}{\{(1\times n_1)+(0.1\times n_2)\}\times d}$$

여기서, N : 식품 g 또는 mL당 세균 집락 수(단위 : CFU/mL 또는 CFU/g)

C : 모든 평판에 계산된 유효 집락 수의 합

n_1 : 첫 번째 희석배수에서 계산된 유효평판의 수

n_2 : 두 번째 희석배수에서 계산된 유효평판의 수

d : 첫 번째 희석배수에서 계산된 유효평판의 희석배수

2) 미생물 기준규격의 적용(n, c, m, M)

식품공전상의 미생물 기준규격은 통계적 개념을 적용한 n, c, m, M법이 일반적으로 사용된다.

① n : 검사하기 위한 시료의 수

② c : 최대허용시료수, 허용기준치(m)를 초과하고 최대허용한계치(M) 이하인 시료의 수로서 결과가 m을 초과하고 M 이하인 시료의 수가 c 이하일 경우에는 적합으로 판정

③ m : 미생물 허용기준치로서 결과가 모두 m 이하인 경우 적합으로 판정

④ M : 미생물 최대허용한계치로서 결과가 하나라도 M을 초과하는 경우는 부적합으로 판정하며, 미생물 실험의 경우 평판당 15~300개의 집락을 생성한 평판을 택하여 집락수를 계산하는 것을 원칙으로 하므로 해당 시험에서 10,000배의 분석결과는 계산하지 않는다.

▼ 미생물의 증식곡선

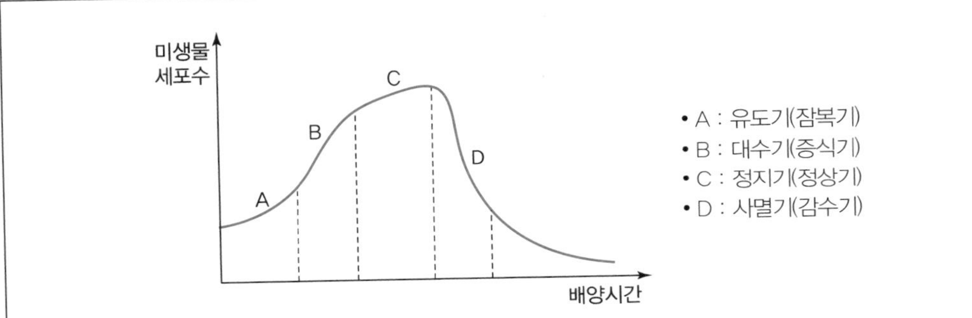

(1) A : 유도기(Lag Phase, Induction Period)
- 미생물이 증식을 준비하는 시기
- 효소, RNA는 증가, DNA는 일정
- 초기 접종균수를 증가하거나 대수 증식기 균을 접종하면 기간이 단축

(2) B : 대수기(Logarithmic Phase)
- 대수적으로 증식하는 시기
- RNA 일정, DNA 증가
- 세포질 합성속도와 세포수 증가 속도가 비례
- 세대시간, 세포의 크기 일정
- 생리적 활성이 크고 예민
- 증식속도는 영양, 온도, pH, 산소 등에 따라 변화

(3) C : 정지기(Stationary Phase)
- 영양물질의 고갈로 증식수와 사멸수가 같다.
- 세포수 최대
- 포자형성시기

(4) D : 사멸기(Death Phase)
- 생균수보다 사멸균수가 많아짐
- 자기소화(Autolysis)로 균체 분해

PART 04

CHAPTER 02

공정 · 설비 관리

SECTION 01 공정관리 계획

1. 공정관리 목적

제품 생산 중 제조공정에서 품질, 환경, 안전에 영향을 미치는 모든 제조공정의 관리 방식을 규정함으로써 공정의 안정화와 품질 확보, 생산성 향상 및 안전보건을 최소화시키고 부적합을 예방하기 위함이다.

2. 공정관리 절차

제조공정의 시스템 파악 → 작업표준서의 작성 → 생산계획의 수립 → 작업 지시 → 원 · 부자재 청구 및 관리 → 재공품 관리 → 공정검사 → 이상 조치의 처리 → 생산 결과 보고

SECTION 02 공정제품 샘플링

제품을 검사하는 방법은 검사 대상 물품을 모두 검사하여 품질을 완전히 보증하기 위해 실시하는 전수검사(Total Inspection)와 전수검사가 불가능한 경우나 전수검사가 무의미한 경우 일부 샘플을 검사하는 샘플링 검사(Sampling Inspection)로 나눌 수 있다.

1. 샘플링(Sampling) 목적

① 불량품 선별
② 측정기기 정밀도 측정
③ 제품 설계에 필요한 정보 수집
④ 품질 관련 정보 수집
⑤ 공정능력 측정

2. 샘플링 조건

① 제품이 로트 단위로 처리될 수 있어야 한다.
② 불량품이 허용 가능해야 한다.
③ 품질기준이 명확해야 한다.
④ 샘플링은 랜덤샘플링을 기본으로 해야 한다.

3. 샘플링 검사의 특징

1) 장점

① 시간과 비용이 적게 든다.
② 적은 수의 검수로 전체적인 물품 손상을 방지한다.

2) 단점

① 정확성이 떨어질 수 있다.
② 샘플링 계획을 수립하는 데 시간과 노력이 소요된다.

SECTION 03 공정제품 검사

1. 검사의 기능

① 공정 이전과 불량품 이동을 방지
② 품질정보 제공
③ 고객의 품질에 대한 안심 유도

2. 검사도구

1) QC 7기법

층별(Stratification), 체크 시트(Check Sheet), 파레토그램(Pareto Diagram), 특성요인도(Fishbone Diagram), 히스토그램(Histogram), 산점도(Scatter Diagram), 그래프(Graph)

2) 신 QC 7기법

관련도법(Relations Diagram), 친화도법(Affinity Diagram), 계통도법(Tree Diagram), 매트릭스 도법(Matrix Diagram), 매트릭스 데이터 해석법(Matrix Data Analysis), PDPC(Process Decision Program Chart)법, 애로우 다이어그램법(Arrow Diagram)

SECTION 04 설비상태 점검

1. 신규 설비 점검

① 설계 적격성 평가
② 설치 적격성 평가(IQ) 실시
③ 제조 설비 입고검사, 배치 및 시운전 시행
④ 운전 적격성 평가(OQ) 실시
⑤ 성능 적격성 평가(PQ) 실시

2. 기존 설비 점검

① 설비별 관리 기준표, 설비 배치 및 외관점검표 등 작성
② 일상 점검 및 정기 점검
③ 재현성 확인

CHAPTER 03 샘플 및 제품검사 관리

SECTION 01 샘플링

1. 시료 채취

1) 상자에 들어있는 식품

전체의 상자를 대표하는 몇 개의 상자를 선택한다. 만약 분석 대상물이 상자의 여러 층에 들어 있다면 구획을 나누고 각 부위의 시료를 선택하며 식품을 전부 혼합 · 마쇄하여 사용한다.

2) 생체시료

채소의 경우 형이 길거나 편편한 것, 특히 식품의 뿌리, 해조류, 엽채류 등은 두께에 관계없이 일정한 간격으로 평행하게 끊어서 채취한다.

3) 불균일한 소립자

곡류, 종실, 두류 등 불균일한 소립자의 혼합물로부터 일부분을 선별할 때에는 원뿔 4분법 또는 교반시약스푼법을 적용한다.

▼ 원뿔 4분법과 교반시약스푼법

- 원뿔 4분법 : 시료를 적당한 크기로 분쇄하여 혼합하고 원뿔형으로 쌓고(A) 위를 눌러 찌그러뜨려 평형한 원형(B)으로 만든 후 4등분하고(C), ㉠ · ㉣ 또는 ㉡ · ㉢ 중 하나를 채취하고 이 과정을 2~3회 반복하여 시료의 양을 축소하고 채취하는 방법 중 하나이다.
- 교반시약스푼법 : 적당한 크기의 용기나 스푼으로 순차적으로 시료를 취하여 일정 횟수의 것만을 모아 혼합하고 이러한 조작을 반복하는 방법이다.

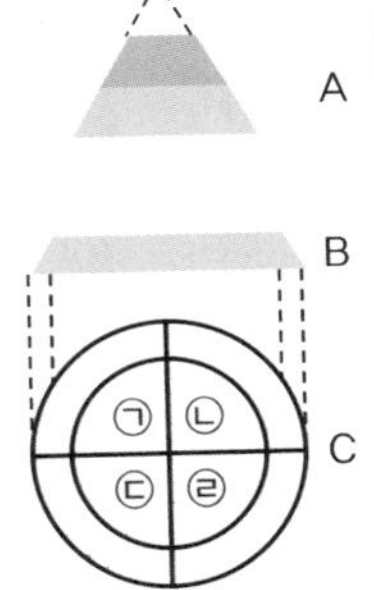

2. 유형별 시료 채취방법

1) 곡류

① 쌀, 보리 등 수분량이 비교적 적은 것
먼지, 모래 등의 이물질을 제거하고 분쇄한 후 30mesh의 체에 쳐서 걸러진 것
② 빵, 떡 등 수분량이 비교적 많은 것
시료를 가급적 잘게 썰어서 건조시킨 후 절구 등으로 잘게 부수어 혼합

2) 설탕류

50℃ 이하로 교반하며 온탕 가온하여 설탕 결정을 용해 · 혼합하고 방랭하여 일부를 시료로 사용한다.

3) 유지류

40℃ 이하의 탕욕상에서 유지가 담긴 병을 흔들어 내용물을 35℃까지 가온 · 연화한 후 병을 세게 흔들어 혼합시킨 후 즉시 시료를 채취한다.

4) 과자류

① 비스킷 등 수분함량이 적은 과자류는 절구에 분쇄 · 혼합시킨 후 채취한다.
② 수분함량이 많은 과자류는 잘게 썰어 충분히 혼합시킨 후 채취한다.

5) 어류 및 육류

① 가식부를 육쇄기에서 3회 가량 혼합하여 사용한다.
② 신선물 상태로 분석하기 어려울 경우 증발 접시에 넣고 탕욕상 또는 건조기 내에서 저온으로 건조시킨 후 분쇄 · 혼합하여 사용한다.
③ 소금에 절인 것은 포화 식염수로서 부착되어 있는 결정염을 씻어내고 마쇄 · 혼합한다.

6) 유류

① 우유
㉠ 분석 전 교반기 등을 사용하여 혼합 후 채취하며. 만약 크림 덩어리 또는 표면이 건조 고화되었을 경우 40~45℃에서 지방을 용해시켜 교반 및 방랭 후 시료를 채취한다.
㉡ 우유의 변질을 막기 위해 가급적 단시간 내에 분석에 착수해야 한다.
② 분유 : 흡습성이 강하므로 가급적 신속히 분석해야 한다.

3. 검체 채취 요령

1) 검사 대상 식품이 불균질할 때

① 검체가 불균질할 때 : 일반적으로 다량의 검체가 필요하나 검사의 효율성, 경제성 등으로 소량의 검체를 채취할 수밖에 없는 경우에는 외관, 보관 상태 등을 종합적으로 판단하여 의심스러운 것을 검체 대상으로 선정할 수 있다.

② 식품 등의 특성상 침전, 부유 등으로 균질하지 않은 경우 : 식품 전체를 가능한 한 균질하게 처리한 후 대표성 있게 시료를 채취해야 한다.

2) 포장된 검체의 채취

① 깡통, 병, 상자 등 용기 및 포장에 넣어 유통되는 식품 등은 가능한 한 개봉하지 않고 그대로 채취한다.

② 대형 용기 및 포장에 들어 있는 식품 등은 검사 대상 전체를 대표할 수 있는 일부를 채취한다.

3) 선박의 벌크 검체 채취

① 같은 선박에 선적된 같은 품명의 농 · 임 · 축 · 수산물이 여러 장소에 분산되어 선적된 경우에는 전체를 하나의 검사 대상으로 간주하여 난수표를 이용하여 무작위로 장소를 선정하여 검체를 채취한다.

② 같은 선박 벌크 제품의 대표성이 있도록 5곳 이상에서 채취 혼합하여 1개로 하는 방법으로, 총 5개의 검체를 채취하여 검사를 의뢰한다.

4) 냉장 · 냉동 검체의 채취

냉장 또는 냉동 식품의 경우 그 상태를 유지하며 검체를 채취한다.

5) 미생물 검사를 하는 검체의 채취

① 검체를 채취 · 운송 · 보관하는 때에는 채취 당시의 상태를 유지할 수 있도록 밀폐되는 용기 · 포장 등을 사용한다.

② 미생물에 오염되지 않도록 단위 포장상태 그대로 수거하며, 검체를 소분할 경우 멸균된 기구 · 용기 등을 사용하여 무균적으로 수행한다.

③ 부득이한 경우를 제외하고 정상적인 방법으로 보관 · 유통 중에 있는 것을 채취한다.

④ 완전히 포장된 것에서 채취한다(관련 정보 및 특별 수거 계획에 따른 경우, 식품접객업소의 조리식품 등 제외).

6) 기체를 발생하는 검체의 채취

① 검체가 상온에서 쉽게 기체를 발산하여 검사 결과에 영향을 미치는 경우에는 포장을 개봉하지 않고 포장 그대로 검체 단위로 채취한다.

② 소분 채취하여야 하는 경우에는 채취한 검체를 즉시 밀봉 · 냉각시키는 등 검사 결과에 영향을 미치지 않는 방법으로 채취한다.

7) 페이스트상 또는 시럽상 식품 등

① 검체의 점도가 높아 채취가 어려운 경우 검사 결과에 영향을 미치지 않는 범위에서 가온 등 적절한 방법으로 점도를 낮추어 채취할 수 있다.

② 검체의 점도가 높고 불균질하여 일상적인 방법으로 균질하게 만들 수 없을 경우에는 검사 결과에 영향을 미치지 않는 범위에서 균질하게 처리할 수 있는 기구 등을 사용하여 처리 후 채취할 수 있다.

8) 검사 항목별

① 수분 증발이나 흡습 등에 의한 수분함량 변화를 방지하기 위해 검체를 밀폐용기에 넣고 가능한 한 온도 변화를 최소화해야 한다.

② 산가, 과산화물가 등을 측정할 때에는 검체를 빛이 차단되는 밀폐용기에 넣고 가능한 한 온도 변화를 최소화해야 한다.

SECTION 02 제품검사

1. 고전적 방법

1) 적정법

측정하려는 성분의 농도를 알지 못하는 경우 시료 용액과 농도를 알고 있는 표준 용액을 정량적으로 반응시켜 반응이 완료되었을 때 소비된 표준 용액의 양으로 측정시료에 함유된 성분의 농도를 산출하는 방법이다.

2) 중량 분석법

식품에 함유된 분석 목적 성분을 증발, 추출, 침전 등의 방법에 의해 분리하거나 잔류시켜 전체에 대한 무게의 함량을 계산하는 방법이다.

3) 빛의 특성 이용법

① 빛의 특성을 이용하는 방법 중 대표적인 것은 굴절률과 편광 측정법이다.
② 용액의 굴절률은 용액에 함유된 용질의 농도에 따라 변하는 원리를 이용한 당도계와 편광 광도계를 이용한다.

2. 기기 시험법

1) 분광 분석법

빛이 물체에 닿으면 그 빛은 물체의 표면에서 반사되거나 물체의 표면에서 조금 내부로 들어간 후 반사 또는 물체에 흡수되거나 물체를 통과하는 빛으로 나누어지는데, 물체에 의하여 흡수되는 빛의 양이 그 농도에 따라 다른 특성을 이용하여 시료 용액 중 빛을 흡수하는 화학물질의 양을 산출할 수 있다.

2) 크로마토그래피

여러 성분이 혼합된 시료 중 각 물질의 고유의 흡착, 분배계수의 차이, 이온 강도의 차이, 분자 크기에 따라 이동상과 고정상이라는 2개의 상에서 이동 속도가 달라지는 현상을 이용하여 각 물질을 분리하여 분석하는 방법이다.

3) 전기영동

전하 또는 크기가 다른 분자들이 서로 다른 속도에서 이동하는 원리를 이용하여 분리 · 분석하는 방법이다.

3. 생물학적 시험법

1) 식품 미생물 검사

식품의 품질관리 목적으로, 식품의 미생물 오염 염부와 그 식품에 이용되고 있는 유익균의 존재 여부를 확인하는 방법이다.

2) 바이오어세이

① 비교적 최근에 개발된 분석법으로 생물학적 분석, 평가, 표준을 포함하는 분석법이다.
② 살아있는 동식물이나 조직 또는 세포 등을 이용하여 어떤 물질의 생화학적 활성을 분석하는 분야로, 비타민, 호르몬, 식물성인자 등 물질이 생체, 조직, 세포, 효소 및 수용체에 미치는 영향을 측정하여 이들 물질의 농도, 순도 또는 생리학적 활성 등을 측정할 수 있다.

PART 04

CHAPTER 04

관능검사

SECTION 01 검사방법

1. 관능평가

사람이 측정 기구가 되어 식품이나 물질의 특성을 평가하는 방법이다.

1) 관능검사 고려사항

① 실험 목적에 맞는 관능검사법을 선택한다.
② 신뢰할 수 있는 패널을 선택한다.
③ 물리적 표준 환경 조성으로 오류를 방지한다.
④ 적합한 실험 설계와 데이터에 대한 올바른 통계 분석을 한다.

2) 관능평가 실험실의 요건

① 교통량이 많지 않아야 한다.
② 냄새, 소음이 없어야 한다.
③ 환기 및 채광이 잘 되어야 한다.
④ 탁상 광도는 30~50lux로, 눈의 피로를 유발하지 않는 편안한 백색광으로 한다.
⑤ 관능검사실에 적당한 온도와 습도는 각각 20~25℃, 50~60%이다.

3) 관능평가의 영향 요인

① 생리적 요인
㉠ 순응(Adaptation) : 지속적인 자극에 노출됨으로써 감수성이 저하 혹은 변화되는 현상
㉡ 강화(Enhancement) : 하나의 물질이 단독으로 있을 때보다 다른 물질과 섞여 있을 때 강도가 더 높아지는 현상
㉢ 억제(Suppression) : 어떤 물질이 단독으로 존재할 때보다 다른 물질과 혼합되어 존재할 때 강도가 약해지는 현상
㉣ 상승(Synergy) : 두 물질이 단독으로 존재 시보다 섞여 있을 때 인지 강도가 더 높아지는 현상

② 심리적 요인

㉠ 기대오차(Expectation Error) : 평가자가 시료에 대한 어떤 정보를 알고 있을 때 선입견을 갖게 되는 경우

㉡ 자극오차(Stimulus Error) : 평가한 항목과 전혀 상관없는 특성들, 즉 용기의 형태나 색 등이 평가에 영향을 끼치는 경우

㉢ 관습오차(Habituation Error) : 저장 실험에서와 같이 어떤 강도가 점차 증가하거나 감소되는 일련의 시료를 제시할 경우 검사요원들은 강도의 차이를 느끼지 못하고 같은 점수를 주는 경우

㉣ 논리오차(Logical Error) : 관능검사자가 시료의 특성 간에 어떤 연관이 있다고 생각할 때 일어나는 오차

㉤ 후광효과(Halo Effect) : 어떤 대상의 한 가지 또는 일부에 대한 평가가 그의 또 다른 일부 또는 나머지 전부의 평가에 대해 영향을 미치는 현상

㉥ 대조효과(Contrast Effect) : 기호도 또는 품질이 서로 다른 시료의 평가에서 한 시료를 반대 품질 수준을 갖는 시료 다음에 평가할 때 따로 평가할 때보다 더 높거나 더 낮게 평가되는 현상

㉦ 그룹효과(Group Effect) : 대조효과와 반대로 품질이 좋지 않은 시료들 사이에 품질이 좋은 시료가 단독으로 제시되었을 때보다 품질이 더 좋지 않게 평가되는 것

㉧ 중심경향오차(Error of Central Tendency) : 가운데 놓인 시료가 양 끝에 놓인 시료보다 선호되는 것

㉨ 시간오차/위치오차(Time Error/Positional Error) : 일련의 평가를 거치면서 처음 시료에 기대감이 있을 수 있고, 갈수록 무관심이나 피로가 생기면서 마지막 시료 평가에서 생기는 오차

4) 관능평가의 종류

① 차이식별검사 : 차이식별검사(Discriminative Test)는 검사물 간의 차이를 분석적으로 검사하는 방법이다. 시료 간의 관능적 차이가 존재하는지를 조사하는 종합적 차이검사와 특정한 관능적 특성에 대해 시료 간 차이를 비교하는 특성차이검사로 나뉜다.

㉠ 종합적 차이검사 : 제품의 원재료나 공정, 포장 변경에 따라 두 시료 간의 관능적 특성 차이의 여부를 판단하는 시험법이다.

- 삼점 검사
  - 관능평가 요원에게 3개의 시료를 제시하고 2개의 시료는 같고 하나는 다르다고 알려준 후 다른 하나의 시료를 고르게 한다(2개의 시료 간 관능 차이 여부를 조사하는 방법).

❙ 삼점 검사 ❙

- 단순차이검사나 일-이점 검사보다 통계적으로 효율적이다.

• 일-이점 검사

- 기준 시료 하나와 2개의 시료를 제시하여 두 시료 가운데 기준 시료와 동일한 시료를 고르게 한다.

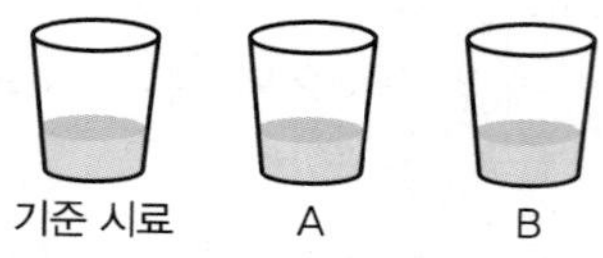

❙ 일-이점 검사 ❙

- 삼점 검사보다 비효율적이지만 간단하고 이해하기 쉽다.

• 단순차이검사

- 강한 향을 가지는 식품이나 향이 오래 남을 때, 또는 자극의 종류가 복잡하여 관능요원을 혼동시킬 때 사용하는 방법이다.
- 2개의 시료를 동시에 제시하는데, 제시되는 시료 중 절반은 대조(A/B) 시료이며, 다른 절반은 표준 시료(A/A)로 제공한다(동일 짝과 다른 짝 구별).

▼ 단순차이검사 결과표 예시

답	동일 짝(A/A)	다른 짝(A/B)	합계
같다	10	6	16
다르다	5	9	14
합계	15	15	30

㉡ 특성차이검사 : 2개의 시료 혹은 2개 이상의 시료에서 특정한 관능적 특성의 차이 여부를 판별하는 시험법이다.

• 이점 비교검사 : 관능 요원에게 2개의 시료(A, B)를 동시에 제시하여 두 시료 중의 차이를 조사하기 위해 사용되는 방법이다.

• 순위법 : 2개보다 많은 시료(3~6가지)를 제시하여 특성이 강한 것부터 순위를 정하게 하는 검사법이다(강도 비교분석). 예를 들어 짠맛에 대해 5점 척도를 나타낼 때 '1점 : 매우 싱겁다', '2점 : 약간 싱겁다', '3점 : 짜지도 싱겁지도 않다', '4점 : 약간 짜다', '5점 : 매우 짜다'로 평가할 수 있다. 예 맛, 경도, 색, 기호도 등

• 평점법 : 주어진 시료들의 특성 강도의 차이가 어떻게 다른지를 정해진 척도에 따라 평가하는 방법이다(0~9점 척도).

• 3자택일 검사 : 3개의 시료를 제시하고 가장 강한 관능특성의 시료를 선택하는 검사이다.

② 묘사분석 : 소수의 고도로 훈련된 패널이 관능적 특성이 느껴지는 순서에 따라 평가한다. 관능적 특성을 질적 · 양적 묘사하여 시료별 차이, 특성의 강도를 결정하는 것이다. 묘사분석의 종류로는 향미 프로필, 텍스처 프로필, 정량적 묘사, 스펙트럼 묘사분석(색), 시간-강도 묘사분석법 등이 있다.

㉠ 향미 프로필 : 향미와 맛에 기초를 두고 식품의 후미, 향미의 강도를 포함한 관능검사에서 나타나는 순서와 강도에 따라 분석하는 것이다.

- 향미 특성 : 쓴맛, 단맛, 신맛, 짠맛, 감칠맛, 떫은맛 등

㉡ 텍스처 프로필 : 여러 가지 물리적 특성 경도, 응집성, 탄력성, 부착성 등의 기계적 특성과 입자, 배열 등의 기하학적 특성, 수분의 함량 등 강도를 평가하여 텍스처의 특성을 규정하는 방법이다.

- 구강 텍스처 특성 : 점도, 부서짐, 떫음, 건조함, 기름짐, 촉촉함 등

㉢ 정량적 묘사 : 향미, 텍스처, 색 등 전반적인 관능특성을 한 눈에 볼 수 있는 방법으로, 360° 방사형 직선을 사용하여 일정한 간격을 두어 각 강도를 중심점으로부터 단계적으로 표시하여 제품 품질을 쉽게 비교하는 방법이다.

- 외관적 특성 : 색, 윤기, 부피, 끈적거림, 거침, 덩어리짐 등
- 냄새 특성 : 사과 향, 탄 냄새, 비린내, 꽃냄새, 시원함(비강적 감각) 등

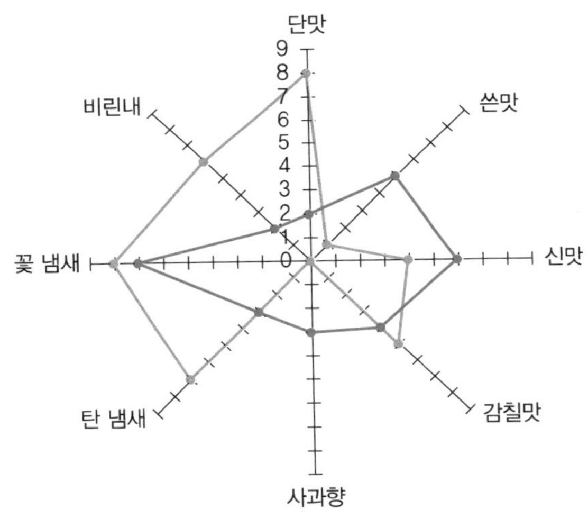

▎정량적 묘사 방법의 예 ▎

③ 소비자 기호도 검사

㉠ 목적 : 소비자 기호도 검사는 제품의 품질 유지, 품질 향상 및 최적화, 신제품 개발, 시장에서의 가능성 평가를 위해서 궁극적으로 제품에 대한 소비자들의 기호도, 선호도를 알아보려고 실시한다. 제품이 개발되고 난 이후의 선호도, 기호도뿐만 아니라 제품개발 초기 또는 개발 도중 소비자로부터 제품 개발이 나아가야 할 방향과 개선점에 대한 의견을 얻기 위해 사용한다.

㉡ 대상 : 소비자 기호도 검사 시에는 관능평가 훈련을 받아 본 경험이 없는 사람, 제품의 연구 개발이나 판매에 관련되지 않은 사람을 대상으로 한다. 이때 소비 대상에 따른 목표집단을 선정해야 제품에 대한 유용한 정보를 제공받을 수 있다.

㉢ 방법

- 질적 검사 : 소비자의 솔직한 의견을 얻기 위한 검사이며, 새로운 사실을 발견하는 데 중점

을 두고 있다.

- 양적 검사 : 많은 수(50~140명)의 소비자로부터 제품의 넓은 범위의 특성(외관, 향, 맛, 텍스처)에 대한 소비자의 기호도 혹은 선호도를 알고자 할 때, 특정한 관능적 특성에 대하여 소비자의 반응을 얻고자 할 때, 진단적 정보를 알아내기 위해 사용되며 결과는 통계적 방법에 의해 처리된다.

▼ **검사에 따른 적합 식품**

- 차이검사 : 저장기간 중 관능 변화를 기호도로 판단하기 어려운 식품 예 식용유
- 기호도 검사 : 저장기간 중 관능 변화를 종합적인 기호도로 판단할 수 있는 식품

5) 관능검사와 식품의 품질

① 사람의 감각기관(시각, 청각, 후각, 미각, 촉각)을 통해 품질 요소를 측정

㉠ 시각 : 색, 형태, 크기, 광택, 입자

㉡ 청각 : 조직감(바삭한)

㉢ 후각 : 향, 맛(단맛, 짠맛, 신맛, 쓴맛)

㉣ 미각 : 조직감, 통감, 촉감, 온도

㉤ 촉각 : 고형, 반고형, 액상, 거품

② 기호 차이, 식별, 표현법, 편견, 기분에 따라 다르기 때문에 정확한 검사 결과는 얻기 어렵다.

6) 관능검사 활용

신제품 개발, 품질 개선, 원가 절감 및 공정 개선, 품질관리, 마케팅 등

▼ **관능검사와 물리 · 화학적 검사의 차이점**

관능검사	물리 · 화학적 검사
• 동시에 다각적인 측정에 편리 • 주관적인 평가로 조정이 어려움 • 재현성 결여 • 훈련된 요원으로 측정 시 실제 고객의 감각에 근접	• 다각적인 측정이 곤란 • 객관적인 평가로 조정이 쉬움 • 재현성 있음 • 고객 감각 그 자체의 측정이 아닌 경우가 있음

2. 소비자 조사

정성적 조사	정량적 조사
• 표적 집단 면접법(FGI ; Focus Group Interview) • 소그룹 면접법(MGI ; Mini Group Interview) • 표적 집단 토의법(FGD ; Focus Group Discussion) • 개별 심층 면접법(IDI ; In-Depth Interview) • 은유 유도 기법(ZMET ; Zaltman Metaphor Elicitation Techniques) • 델파이법(Delphi Method) • 모니터링(Monitoring)	• 서베이(Survey) • 갱 서베이(Gang Survey) • 관찰 조사(Observation Research) • 가정 유치 조사(HUT ; Home Use Test) • QRS(Qualitative Retail Survey) • CLT(Central Location Test)

표적 집단 면접법 (FGI ; Focus Group Interview)	10명 이내의 전문가들을 모아 놓고 정해진 주제를 제시하여 사회자는 얻고자 하는 정보가 도출되도록 진행하는 가운데 전문가들의 자유로운 토론 속에서 정보나 아이디어를 수집	장점	• 장시간의 자유로운 의견 교환을 통하여 소비자 동기나 태도, 의견에 관한 다양하고 심층적인 정보 수집이 가능 • 집단 상호 작용에 의해 새로운 의견과 아이디어 발상이 이어져 다양한 아이디어나 생각하지 못했던 정보 수집이 가능
		단점	인건비, 참석자의 수당 등 조사에 비용이 많이 듦
개별 심층 면접법 (IDI ; In-Depth Interview)	고도로 훈련받은 면접원이 조사 대상자 1명을 대상으로 특정한 제품이나 주제에 관하여 깊이 있게 의견을 청취하는 조사 방법	장점	조사 대상자 각각의 의견을 다양하게 수집할 수 있고, 다른 조사 방법에서는 얻기 힘든 심층적인 의견과 전문적인 식견을 얻는 것이 가능
		단점	• 조사한 결과를 일반화하기 힘듦 • 고도의 전문인력 필요, 조사 기간이 많이 소요됨
델파이법 (Delphi Method)	전문가로 구성된 패널에게 설문 조사를 하여 의견을 취합하고, 이를 다시 전문가들에게 회람시키고 2차 의견을 받아 취합해서 수정하는 작업을 반복함으로써 최종 의견을 수렴하는 조사 방법	장점	• 여러 전문가의 의견을 취합하는 데 한 장소에 모일 필요가 없고, 의견 청취과정에 타인의 영향을 받지 않음 • 전문가 그룹의 참여로 신뢰할 수 있는 결과 도출
		단점	• 조사에 긴 시간 소요 • 극단적인 견해가 제거되는 과정에서 좋은 아이디어가 제거될 수 있음
관찰 조사 (Observation Research)	조사원이 직접 혹은 조사 대상자의 행동이나 모습을 관찰하고 그 결과를 기록함으로써 필요한 정보를 수집	장점	• 질문을 통하여서는 얻기 힘든 소비자의 정보를 획득 가능 • 객관적으로 관찰된 행동만으로 분석하기 때문에 객관적 사실의 파악이 가능
		단점	• 집단 특성에 따른 결과의 분석이 곤란 • 분석할 때 주관적 판단에 따른 오류가 발생
갱 서베이 (Gang Survey)	조사 대상자를 집단으로 특정 장소(Test Room, Test Kitchen)에 모아 놓고 동시에 조사하는 방법으로, 수십 명의 조사 대상자를 동시에 소집하여 일제히 조사를 실시하고 한 번에 자료를 수집하는 조사 방법	장점	• 어렵고 복잡한 내용을 좀 더 정확하게 조사할 수 있음(조사 과정의 표준화, 조사원에 따른 편차를 최소화) • 조사 기간이 짧음
		단점	장소 대여, 참석자의 수당 등 조사에 비용이 많이 듦
CLT (Central Location Test)	조사 대상자가 많이 있는 장소로 가서 상설 또는 간이 조사 장소를 설치하고 면접원들이 지나가는 조사 대상자를 불러 모아 제품이나 광고물을 테스트하는 방법	장점	적은 비용으로 짧은 시간에 다수의 조사 대상자를 조사할 수 있음
		단점	표본의 대표성, 유용성이 떨어짐
가정 유치 조사 (HUT ; Home Use Test)	면접원이 조사 대상자의 가정을 직접 방문하여 제품을 유치하고, 이를 사용하게 한 후 면접을 통하여 설문을 하는 조사 방법	장점	• 소비자 반응과 더불어 제품에 대한 불만이나 개선 사항을 정확히 파악 • 장시간 계속해서 사용하지 않으면 평가하기 어려운 제품에 대한 테스트가 가능
		단점	조사 기간이 일반적인 대인 면접 설문조사보다 많이 소요

PART 04

CHAPTER

05 협력업체 관리 및 평가

SECTION 01 협력업체 관리

1. 협력업체 평가 항목

식품위생, 위생처리, 포장재의 안전성

2. 점검 기간에 따른 분류

1) 정기점검

협력업체 대상으로 정기적으로 실시하는 점검

2) 특별점검

주기나 사전 계획 없이 최신 식품 안전사고 이슈화 등에 따라 추가적으로 이루어지는 점검

3. 대상에 따른 분류

1) 현장 점검

협력업체의 전반적인 식품위생 등을 점검하기 위해 작업 현장의 시설이나 설비 배치 적합성을 확인

2) 서류 점검

현장에서 직접 점검이 불가능한 경우 서류를 통하여 시설이나 장비의 구성요소나 내용을 점검하여 적합성을 판정

3) 사후 점검

평가에 대한 개선조치를 내린 후 이행 여부를 지속적으로 사후관리

SECTION 02 협력업체 평가

1. 월평가

품질, 납기, 구매항목에 대해 월 1회 평가하며, 각 평가 부서별로 해당 항목에 대해 자동 산출 점수 및 임의 평가 점수를 합산하여 평가한다.

2. 종합평가

종합평가는 연 1회 평가하며, 월평가 결과 및 구매 부문, 품질 부문, 개발 부문, 디자인 부문의 협조도 등과 평가 항목별 점수를 합산하여 평가한다.

▼ **종합평가 항목**

항목	내용
품질평가	품질 시스템, 불량품률, 클레임율 등
생산성 평가	생산납기, 원가 경쟁력, 미출률 등
경영평가	법적 서류관리, 경영관리 능력 등
신용평가	재무 신용도, 투자 여력 등
경쟁력 평가	특허, 경영시스템 구축 등
식품안전평가	식품안전관리인증(ISO 22000, HACCP) 등

PART 04

CHAPTER 06 식품 품질 개선

SECTION 01 통계적 공정 관리(SPC ; Statistical Process Control)

1. SPC

- 통계적 방법을 활용하여 제조공정을 모니터링 하고 품질을 관리하는 방법으로, 다양한 설비와 장비 등으로부터 각종 데이터를 수집해 활용한다.
- '지속적인 프로세스 개선'을 경영 철학으로, 지속적으로 공정 능력의 측정 및 평가를 통계적으로 분석 · 평가하고 피드백을 통하여 끊임없는 향상을 추구한다.

1) S(Statistical)

통계적 자료와 분석 기법의 도움을 받는다.

2) P(Process)

프로세스의 품질 변동을 주는 원인과 프로세스의 능력 상태를 파악한다.

3) C(Control)

주어진 품질 목표가 달성될 수 있도록 PDCA 사이클을 적용하여 지속적인 프로세스 개선이 이루어지도록 관리하는 활동이다.

▼ **PDCA 사이클**

1. 계획(Plan) : 언제, 무엇을, 어떻게, 누가 실시하는지의 내용을 대책 수립서 양식을 활용하여 작성
2. 수행(Do) : 개선 전과 후의 방법을 비교하여 대책 실시의 내용이 설명되도록 작성
3. 확인(Check) : 개선 후의 수집된 데이터가 개선 효과가 있는지를 점검하고 확인을 진행
4. 실행(Action)

2. SPC의 특징

장점	단점
• 입증된 생산성 향상 기술 • 결함 방지에 효과적 방법 • 불필요한 공정 조정 방지 • 진단적인 정보 제공 • 공정 능력에 대한 정보 제공 • 데이터의 유형에 관계없이 사용	• 정확한 사용법 습득 후 적용 • 데이터의 정확한 수집 • 평균과 범위/산포가 정확하게 계산되어야 함 • 올바른 분석의 필요 • 패턴에 대한 분석 · 대응이 필요함

실전예상문제

01 세균과 바이러스를 비교하여 빈칸에 알맞은 내용을 쓰시오.

구분	세균	바이러스
특성	감염형 및 독소형 세균에 의해 식중독이 발생	크기가 작은 DNA, RNA가 단백질 외피에 둘러싸임
증식	(㉠)	(㉡)
발병량	(㉢)	(㉣)
증상	설사, 구토, 복통	설사, 구토, 복통
치료	(㉤)	백신 없음
2차 감염	거의 없음	(㉥)

해답

- ㉠ : 순수분리배양 가능
- ㉡ : 순수분리배양 불가능
- ㉢ : 많은 양의 균 필요
- ㉣ : 미량의 개체로도 발병이 가능
- ㉤ : 항생제 및 백신으로 치료
- ㉥ : 대부분 감염

02 미생물 실험에서 희석할 때 지방이 많은 경우 첨가해주는 화학 첨가물과 사용 목적을 서술하시오.

해답

- 화학 첨가물 : Tween 80
- 사용 목적 : Tween 80은 세균에 독성이 없어 미생물 실험에 사용 가능하며, 계면활성제 성분을 가져 지방이 많은 시료 희석 시 적합하다.

03 다음은 탄수화물 정성 실험 중 몰리쉬(Molish) 반응에 대한 내용이다. 빈칸에 알맞은 내용을 쓰시오.

- 단당류가 황산과 반응하면 (㉠)이 되고 (㉡)에 의해 자색으로 착색된다.
- 올리고당과 같은 다당류는 (㉢) 결합이 끊어짐으로써 단당류로 된 후 단당류와 같은 반응이 진행된다.

해답

- ㉠ : Furfural
- ㉡ : α −naphthol
- ㉢ : Glucoside

04 관능검사와 물리 · 화학적 검사의 차이를 서술하시오.

해답

관능검사	물리 · 화학적 검사
• 동시에 다각적인 측정에 편리 • 주관적인 평가로 조정이 어려움 • 재현성 결여 • 훈련된 요원으로 측정 시 실제 고객의 감각에 근접	• 다각적인 측정이 곤란 • 객관적인 평가로 조정이 쉬움 • 재현성 있음 • 고객 감각의 그 자체의 측정이 아닌 경우가 있음

05 홀 슬라이드 글라스 사용 시 실험 명칭과 목적에 대해 쓰시오.

해답

- 실험 명칭 : 현적배양(Hanging Drop Culture)

• 실험 목적 : 세균 또는 각종 미생물의 배양 중에 살아 있는 상태로 발육상황, 형태, 크기, 구조, 고유운동 등을 관찰하기 위함

06 제품의 샘플링 하는 방법 중 불균일한 소립자의 경우 적당한 시료채취 방법을 서술하시오.

해답

• 원뿔 4분법 : 시료를 적당한 크기로 분쇄하여 혼합하고 원뿔형으로 쌓고(A) 위를 눌러 찌그러뜨려 평형한 원형(B)으로 만든 후 4등분하고(C), ㉠ · ㉣ 또는 ㉡ · ㉢ 중 하나를 채취하고 이 과정을 2~3회 반복하여 시료의 양을 축소하고 채취하는 방법 중 하나이다.

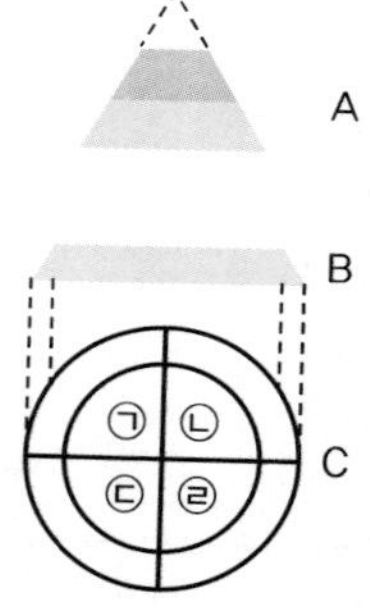

• 교반시약스푼법 : 적당한 크기의 용기나 스푼으로 순차적으로 시료를 취하여 일정 횟수의 것만을 모아 혼합하고, 이러한 조작을 반복하는 방법이다.

07 HPLC 분배계수를 고정상과의 친화력과 통과속도를 통하여 비교하시오.

해답

• 분배계수가 크다. : 성분이 고정상과 친화력이 크며, 천천히 용리됨을 의미
• 분배계수가 작다. : 성분이 고정상과 친화력이 없어 빨리 용리됨을 의미

08 미생물의 내열성에 영향을 미치는 요인 3가지를 쓰시오.

해답

pH, 온도, 수분

09 다음은 세미마이크로 킬달법에 대한 설명이다. 빈칸에 알맞을 말을 쓰시오.

질소를 함유한 유기물을 촉매로 하여 황산으로 가열분해하면 황산암모늄으로 (㉠)된다. 황산암모늄에 NaOH를 첨가하여 알카리성으로 하고 유리된 NH_3로 (㉡)하여 희황산으로 포집된 포집액을 NaOH로 (㉢)하는 방법이다.

해답

- ㉠ : 분해
- ㉡ : 증류
- ㉢ : 적정

10 이동상에 관련된 크로마토그래피의 종류를 쓰시오.

해답

초임계 유체 크로마토그래피, 액체 크로마토그래피, 기체 크로마토그래피

11 다음은 미생물의 생육곡선이다. 각 구간의 명칭과 균수 변화에 대한 특징을 쓰시오.

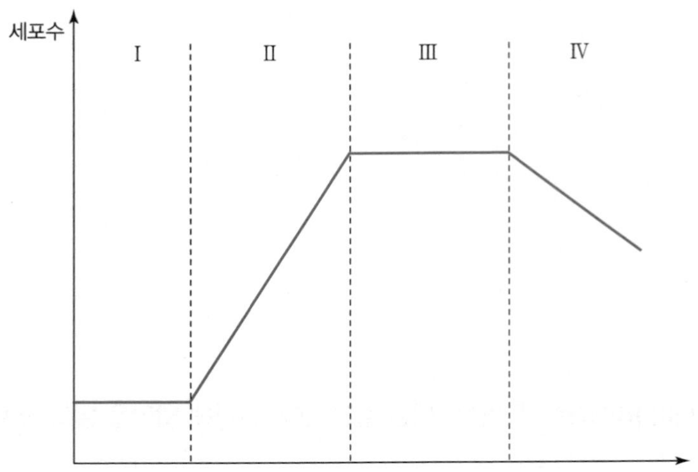

해답

- 유도기(I) : 균들이 새로운 환경에 적응하는 기간으로 균수의 증가는 거의 없는 단계
- 대수기(II) : 균의 증식 및 성장이 대수적으로 증가하는 단계
- 정지기(III) : 영양분의 고갈 등 생육환경의 한계로 증식과 사멸이 동시에 이루어지며, 균수의 전체적인 변화가 없는 단계
- 사멸기(IV) : 균의 자가소화로 사멸속도가 증식속도보다 빨라 생균수가 감소하는 단계

12 10N의 HCl을 이용하여 2N의 HCl 200mL를 만들려고 할 때, 필요한 10N HCl의 양은 얼마인지 구하시오.

해답

N = 표준용액의 규정농도, N′ = 표정용액의 규정농도

V = 표준용액의 적정치(mL), V′ = 표정용액을 취한 양(mL)

$2N \times 200mL = 10N \times X$

$\therefore X = 40mL$

13 식품성분시험법 중 질소화합물 분석 방법을 쓰시오.

해답

세미마이크로 킬달법, 단백질 분석기를 이용하는 방법, 듀마스법(연소법)

14 공정관리 목적을 간단하게 서술하고, 공정관리 절차를 나열하시오.

해답

- 목적 : 공정의 안정화 및 품질 확보, 생산성 향상 및 안전보건을 최소화시키고 부적합을 예방
- 절차 : 제조공정의 시스템 파악 → 작업표준서의 작성 → 생산계획의 수립 → 작업 지시 → 원 · 부자재 청구 및 관리 → 재공품 관리 → 공정검사 → 이상 조치의 처리 → 생산 결과 보고

PART 04 품질관리

15 협력업체에 관한 관리 및 평가를 수행하려 할 때 정기점검과 특별점검의 정의를 쓰시오.

해답

- 정기점검 : 협력업체 대상으로 정기적으로 실시하는 점검
- 특별점검 : 주기나 사전 계획 없이 최신 식품 안전사고 이슈화 등에 따라 추가적으로 이루어지는 점검

16 델파이법의 주요 특징을 쓰고, 장점과 단점을 서술하시오.

해답

델파이법

- 주요 특징
  - 익명성 : 전문가들이 서로의 의견을 알지 못한 채 독립적으로 의견을 제출하므로 객관적인 결과를 도출할 수 있다.
  - 반복적인 설문조사 : 델파이법은 여러 차례에 걸쳐 설문조사를 진행하여 전문가들이 주어진 문제에 대해 심도 있는 의견을 제공할 수 있게 한다.
  - 통합된 의견 도출 : 전문가들의 의견을 통합하여 합의된 결론에 도달할 수 있다.
- 장점
  - 여러 전문가의 의견을 취합하는 데 한 장소에 모일 필요가 없다.
  - 의견 청취과정에 타인의 영향을 받지 않는다.
  - 전문가 그룹의 참여로 신뢰할 수 있는 결과를 도출할 수 있다.
- 단점
  - 조사에 긴 시간이 소요된다.
  - 극단적인 견해가 제거되는 과정에서 좋은 아이디어가 제거될 수 있다.

17 식품 속 질소를 측정하는 방법 중 Kjeldahl 방법과 Dumas 방법을 비교하여 서술하시오.

해답

Kjeldahl 방법은 주로 단백질 질소만을 측정하는 반면, Dumas 방법은 전체 질소를 측정할 수 있다. Kjeldahl은 화학적 처리 후 증류, 적정하는 절차가 복잡하고 시간이 오래 걸리지만, Dumas 방법은 고온 산화 및 가스 측정으로 빠르게 질소 농도를 측정할 수 있다.

18 **관능평가에 영향을 주는 요인은 생리적 요인과 심리적 요인으로 분류할 수 있다. 생리적 요인 중 '강화(Enhancement)'와 '억제(Suppression)'의 차이점을 설명하고, 각각의 예시를 들어보시오.**

해답

- 강화(Enhancement) : 하나의 물질이 단독으로 있을 때보다 다른 물질과 섞여 있을 때 강도가 더 높아지는 현상
  예 단팥죽에 약간의 소금을 첨가하면 단맛이 강해지는 현상
- 억제(Suppression) : 어떤 물질이 단독으로 존재할 때보다 다른 물질과 혼합되어 존재할 때 강도가 약해지는 현상
  예 커피에 시럽을 넣으면 쓴맛이 감소하는 현상

19 **다음은 두 물질의 HPLC 분석 결과이다. 물질 X의 분배계수는 2.0이고, 물질 Y의 분배계수는 0.2이다. 이 실험에서 물질 X와 물질 Y의 고정상과의 친화력과 분석시간에 대해 예측하고, 두 물질의 용리 속도가 어떻게 달라질지를 설명하시오.**

해답

물질 X는 상대적으로 고정상과 강한 친화력을 가지고 있어 고정상에 더 많이 흡착되고 고정상을 천천히 통과한다. 따라서 용리 속도가 느리고, 분석시간이 상대적으로 오래 걸린다.
물질 Y는 상대적으로 고정상과 약한 친화력을 가지고 있어 고정상에 흡착되지 않고 빠르게 이동한다. 따라서 용리 속도가 빠르고 분석시간이 상대적으로 더 짧다.

20 SPC(Statistical Process Control)의 특징을 쓰시오.

해답

통계적 공정 관리란 통계적 방법을 활용하여 제조공정을 모니터링 하고 품질을 관리하는 방법으로, 다양한 설비와 장비 등으로부터 각종 데이터를 수집해 활용한다.

장점	단점
• 입증된 생산성 향상 기술 • 결함 방지에 효과적 방법 • 불필요한 공정 조정 방지 • 진단적인 정보 제공 • 공정 능력에 대한 정보 제공 • 데이터의 유형에 관계없이 사용	• 정확한 사용법 습득 후 적용 • 데이터의 정확한 수집 • 평균과 범위/산포가 정확하게 계산되어야 함 • 올바른 분석의 필요 • 패턴에 대한 분석 · 대응이 필요함

21 다음 관능시험법 중 다음 보기에서 사용되는 검사표를 활용하는 관능시험법의 명칭을 쓰고, 장점 2가지를 나열하시오.

이름 ___________ 날짜 0000.00.00

당신 앞에 번호가 적힌 3개의 검체로 이루어진 1개의 검사 Set가 있습니다. 3개의 검체 중 2개는 같은 검체이며, 나머지 1개는 다른 것입니다. 세트에서 종류가 다르다고 생각되는 검체를 골라 해당된 번호에 V표 하십시오.

219	472	639

해답

삼점 검사법

- 단순차이검사나 일-이점 검사보다 통계적으로 효율적이다.
- 강한 향미의 검체를 검사할 때 감각 피로의 영향을 덜 받는다.

PART

05

안전관리

PART 05

CHAPTER 01

재료 적법성 확인

식품에 사용되는 원료의 기준과 제품의 규격을 학습함으로써 재료의 적법성을 판정하고, 원산지, 소비기한, 품질유지기한을 파악하여 식품위생법상 기준을 적용한다. 법령 및 고시는 항상 최신 개정본을 참고한다.

SECTION 01 재료 적법성

1. 원산지 확인

- 농수산물의 원산지 표시 등에 관한 법률(원산지표시법) 원산지 기준을 확인하여 원산지를 정확히 표시한다.
- 농수산물의 원산지 표시 등에 관한 법률(원산지표시법)은 농산물 · 수산물과 그 가공품 등에 대하여 적정하고 합리적인 원산지 표시와 유통이력 관리를 하도록 함으로써 공정한 거래를 유도하고 소비자의 알 권리를 보장하여 생산자와 소비자를 보호하는 것을 목적으로 한다고 규정하고 있다.
- 농수산물 또는 그 가공품의 원산지 표시와 수입 농산물 및 농산물 가공품의 유통이력 관리에 대하여 다른 법률에 우선하여 적용한다.

▼ 용어의 정의

구분	내용
농산물	농산물
수산물	어업활동 및 양식업활동으로부터 생산되는 산물
농수산물	농산물과 수산물
원산지	농산물이나 수산물이 생산 · 채취 · 포획된 국가 · 지역이나 해역
유통이력	수입 농산물 및 농산물 가공품에 대한 수입 이후부터 소비자 판매 이전까지의 유통단계별 거래명세를 말하며, 그 구체적인 범위는 농림축산식품부령으로 정한다.

1) 원산지 표시 의무자 및 대상 식품(원산지표시법 제5조)

① 대통령령으로 정하는 농수산물 또는 그 가공품을 수입하는 자, 생산 · 가공하여 출하하거나 판매(통신판매를 포함한다. 이하 같다)하는 자 또는 판매할 목적으로 보관 · 진열하는 자는 다음에 대

하여 원산지를 표시하여야 한다.

㉠ 농수산물

㉡ 농수산물 가공품(국내에서 가공한 가공품은 제외한다)

㉢ 농수산물 가공품(국내에서 가공한 가공품에 한정한다)의 원료[물, 식품첨가물, 주정(酒精) 및 당류는 배합 비율의 순위와 표시대상에서 제외(원산지표시법 시행령 제3조 제2항 관련)]

※ 원산지 표시대상은 「농수산물의 원산지표시 요령」 제2조와 관련한 [별표 1], [별표 2]를 참조한다.

▼ 원산지 표시대상 품목(「농수산물의 원산지표시 요령」 [별표 1] · [별표 2])

[농산물 등의 원산지 표시대상 품목(제2조 제1호 관련)]

1. 국산 농산물 : 222품목

농축수산물 표준코드 또는 「축산물 위생관리법」에 정의된 품목 적용을 원칙으로 한다.

※ 육안으로 원형을 알아볼 수 있도록 절단, 압착, 박피, 건조, 흡습, 가열, 혼합 등의 처리를 한 경우를 포함한다.

품목류	대상품목
미곡류(6)	쌀, 찹쌀, 현미, 벼, 밭벼, 찰벼
맥류(6)	보리, 보리쌀, 밀, 밀쌀, 호밀, 귀리
잡곡류(6)	옥수수, 조, 수수, 메밀, 기장, 율무
두류(7)	콩, 팥, 녹두, 완두, 강낭콩, 동부, 기타 콩
서류(3)	감자, 고구마, 야콘
특용작물류(6)	참깨, 들깨, 땅콩, 해바라기, 유채, 고추씨
과일과채류(6)	수박, 참외, 메론, 딸기, 토마토, 방울토마토
과채류(2)	호박, 오이
엽경채류(6)	배추 · 양배추(포장된 것), 건 고구마순, 건 토란대, 쑥, 건 무청(시래기)
근채류(7)	무말랭이, 무 · 알타리무 · 순무(포장된 것), 당근, 우엉, 연근
조미채소류(10)	양파, 대파 · 쪽파 · 실파(포장된 것), 건고추, 마늘, 생강, 풋고추, 꽈리고추, 홍고추
양채류(3)	피망(단고추), 브로콜리(녹색꽃양배추), 파프리카
약용작물(약재)류(66)	갈근, 감초, 강활, 건강, 결명자, 구기자, 금은화, 길경, 당귀, 독활, 두충, 만삼, 맥문동, 모과, 목단, 반하, 방풍, 복령, 복분자, 백수오, 백지, 백출, 비자, 사삼, 양유(더덕), 산수유, 산약, 산조인, 산초, 소자, 시호, 오가피, 오미자, 오배자, 우슬, 황정(층층갈고리둥굴레), 옥죽/외유(둥굴레), 음양곽, 익모초, 작약, 진피, 지모, 지황, 차전자, 창출, 천궁, 천마, 치자, 택사, 패모, 하수오, 황기, 황백, 황금, 행인, 향부자, 현삼, 후박, 홍화씨, 고본, 소엽, 형개, 치커리(뿌리), 헛개, 녹용, 녹각
과실류(28)	사과, 배, 포도, 복숭아, 단감, 떫은감, 곶감, 자두, 살구, 참다래, 파인애플, 감귤, 만감(한라봉 포함), 레몬, 탄제린, 오렌지(청견 포함), 자몽, 금감, 유자, 버찌, 매실, 앵두, 무화과, 모과, 바나나, 블루베리, 석류, 오디
수실류(6)	밤, 대추, 잣, 호두, 은행, 도토리
버섯류(15)	영지버섯, 팽이버섯, 목이버섯, 석이버섯, 운지버섯, 송이버섯, 표고버섯, 양송이버섯, 느타리버섯, 상황버섯, 아가리쿠스, 동충하초, 새송이버섯, 싸리버섯, 능이버섯
인삼류(2)	수삼(산양삼, 장뇌삼, 산삼배양근 포함), 묘삼(식용)
산채류(8)	고사리, 취나물, 고비, 두릅, 죽순, 도라지, 더덕, 마
육류(12)	쇠고기(한우, 육우, 젖소), 양고기, 염소고기(유산양 포함), 돼지고기(멧돼지 포함), 닭고기, 오리고기, 사슴고기, 토끼고기, 칠면조고기, 육류의 부산물, 메추리고기, 말고기

PART 05 안전관리

품목류	대상품목
화훼류(11) (절화에 한함)	국화, 카네이션, 장미, 백합, 글라디올러스, 튤립, 거베라, 아이리스, 프리지어, 칼라, 안개꽃
기타(6)	벌꿀, 건조누에, 프로폴리스, 식용란(닭, 오리 및 메추리의 알), 뽕잎, 누에번데기

2. 수입 농산물과 그 가공품 또는 반입 농산물과 그 가공품 : 161품목
「대외무역법」 제33조 제1항에 따라 산업통상자원부장관이 공고한 품목 중 농산물(제3류, 제14류를 제외한 제1~24류)

3. 농산물 가공품 : 280품목
별도의 정의가 있는 경우를 제외하고는 「식품위생법」 제7조에 따른 「식품의 기준 및 규격」에 따른다.

가. 식품의 기준 및 규격 정의 품목(225)

구분	내용
과자류, 빵류 또는 떡류(4)	과자, 캔디류(양갱), 빵류, 떡류
빙과류(2)	아이스크림류, 아이스크림믹스류
코코아가공품류 또는 초코릿류(9)	코코아가공품류(코코아매스, 코코아버터, 코코아분말, 기타 코코아가공품), 초콜릿류(초콜릿, 밀크초콜릿, 화이트초콜릿, 준초콜릿, 초콜릿가공품)
당류(3)	엿류(물엿, 기타 엿, 덱스트린)
잼류(2)	잼, 기타 잼
두부류 또는 묵류(4)	두부, 유바, 가공두부, 묵류
식용유지류(30)	식물성유지류[콩기름(대두유), 옥수수기름(옥배유), 채종유(유채유 또는 카놀라유), 미강유(현미유), 참기름, 추출참깨유, 들기름, 추출들깨유, 홍화유(사플라워유 또는 잇꽃유), 해바라기유, 목화씨기름(면실유), 땅콩기름(낙화생유), 올리브유, 팜유류, 야자유, 고추씨기름, 기타 식물성유지], 동물성유지류(식용우지, 식용돈지, 원료우지, 원료돈지, 기타 동물성유지), 식용유지가공품(혼합식용유, 향미유, 가공유지, 쇼트닝, 마가린, 모조치즈, 식물성크림, 기타 식용유지가공품)
면류(4)	생면, 숙면, 건면, 유탕면
음료류(18)	다류(침출차, 액상차, 고형차), 커피(볶은 커피, 인스턴트 커피, 조제커피, 액상커피), 과일 · 채소류 음료[농축과 · 채즙(또는 과 · 채분), 과 · 채주스, 과 · 채음료], 두유류(원액두유, 가공두유), 발효음료류(유산균음료, 효모음료, 기타 발효음료), 인삼 · 홍삼음료, 기타 음료(혼합음료, 음료베이스)
특수영양식품(9)	조제유류(영아용 조제유, 성장기용 조제유), 영아용 조제식, 성장기용 조제식, 영 · 유아용 이유식, 특수의료용도식품, 체중조절용 조제식품, 임산 · 수유부용 식품, 고령자용 영양조제식품
장류(14)	한식메주, 개량메주, 한식간장, 양조간장, 산분해간장, 효소분해간장, 혼합간장, 한식된장, 된장, 고추장, 춘장, 청국장, 혼합장, 기타 장류
조미식품(9)	식초(발효식초, 희석초산), 소스류(소스, 마요네즈, 토마토케첩, 복합조미식품), 카레(커리), 고춧가루 또는 실고추, 향신료가공품
절임류 또는 조림류(5)	김치류(김칫속, 김치), 절임류(절임식품, 당절임), 조림류
주류(11)	탁주, 약주, 청주, 맥주, 과실주, 소주, 위스키, 브랜디, 일반증류주, 리큐르, 기타 주류
농산가공식품류 (14)	전분류(전분, 전분가공품), 밀가루류(밀가루, 영양강화 밀가루), 땅콩 또는 견과류가공품(땅콩버터, 땅콩 또는 견과류가공품), 시리얼류, 찐쌀, 효소식품, 기타 농산가공품류(과 · 채가공품, 곡류가공품, 두류가공품, 서류가공품, 기타 농산가공품)
식육가공품 및 포장육(12)	햄류, 소시지류, 베이컨류, 건조저장육류, 양념육류(양념육, 분쇄가공육제품, 갈비가공품, 천연케이싱), 식육추출가공품, 식육함유가공품, 식육간편조리세트, 포장육

구분	내용
알가공품류(9)	알가공품(전란액, 난황액, 난백액, 전란분, 난황분, 난백분, 알가열제품, 피단), 알함유가공품
유가공품(35)	우유류, 가공유류(강화우유, 유산균첨가우유, 유당분해우유, 가공유), 산양유, 발효유류(발효유, 농후발효유, 크림발효유, 농후크림발효유, 발효버터유, 발효유분말), 버터유, 농축유류(농축우유, 탈지농축우유, 가당연유, 가당탈지연유, 가공연유), 유크림류(유크림, 가공유크림), 버터류(버터, 가공버터, 버터오일), 치즈류(자연치즈, 가공치즈), 분유류(전지분유, 탈지분유, 가당분유, 혼합분유), 유청류(유청, 농축유청, 유청단백분말), 유당, 유단백가수분해식품, 유함유가공품
동물성가공식품류(5)	기타 식육, 기타 알제품, 기타 동물성가공식품, 추출가공식품, 곤충가공식품
벌꿀 및 화분가공품류(4)	로열젤리류(로열젤리, 로열젤리제품), 화분가공식품(가공화분, 화분함유제품)
즉석식품류(17)	생식류, 즉석섭취식품(도시락, 김밥, 햄버거, 선식 등), 신선편의식품(샐러드, 콩나물, 숙주나물, 무순, 메밀순, 새싹채소 등), 즉석조리식품(국, 탕, 스프 등), 만두류(만두, 만두피), 간편조리세트
기타 식품류(2)	효모식품, 기타 가공품
장기보존식품(3)	통 · 병조림 식품, 레토르트 식품, 냉동식품

나. 건강기능식품의 기준 및 규격 정의 품목(55)

구분	내용
영양성분(3)	식이섬유, 단백질, 필수지방산
기능성원료(51)	인삼(백삼, 태극삼), 홍삼, 엽록소함유식물, 녹차추출물, 알로에전잎, 프로폴리스추출물, 대두이소플라본, 구아바잎추출물, 바나바잎추출물, 은행잎추출물, 밀크씨슬(카르투스 마리아누스)추출물, 달맞이꽃종자추출물, 레시틴, 식물스테롤/식물스테롤에스테르, 옥타코사놀함유유지, 매실추출물, 공액리놀레산, 뮤코다당 · 단백(축산물을 원료로 한 것), 구아검/구아검가수분해물, 글루코만난(곤약, 곤약만난), 귀리식이섬유, 난소화성말토덱스트린, 대두식이섬유, 목이버섯식이섬유, 밀식이섬유, 보리식이섬유, 아라비아검(아카시아검), 옥수수겨식이섬유, 이눌린/치커리추출물, 차전자피식이섬유, 호로파종자식이섬유, 알로에겔, 영지버섯자실체추출물, 홍국, 대두단백, 홍경천, 빌베리, 마늘, 유단백가수분해물, 상황버섯추출물, 토마토추출물, 곤약감자추출물, 회화나무열매추출물, 감마리놀렌산 함유 유지, 가르시니아캄보지아 추출물, 마리골드꽃추출물, 쏘팔메토 열매 추출물, 포스파티딜세린, 라피노스
기타(1)	「건강기능식품에 관한 법률」 제15조 제2항에 따라 인정한 품목 중 농산물 또는 그 가공품을 원료로 사용하는 품목

※ 원산지표시 대상 건강기능식품의 기준 및 규격 정의 품목을 주원료 또는 주성분으로 사용하여 「건강기능식품에 관한 법률」 제7조 제1항에 따라 품목제조신고를 하여 생산된 건강기능식품을 표시 대상으로 하며, 영 제3조 제2항 및 제3항에 따라 표시해야 한다.

[수산물 등의 원산지 표시대상 품목(제2조 제2호 관련)]

1. 국산 수산물 및 원양산 수산물 : 225품목
   농축수산물 표준코드에 정의된 품목 적용을 원칙으로 한다.
   ※ 처리형태를 불문하고 살아 있는 것, 신선 · 냉장, 냉동, 가열, 건조, 염장, 염수장한 수산물을 포함한다(비식용 수산물은 제외).

2. 수입 수산물과 그 가공품 또는 반입 수산물과 그 가공품 : 24품목
   「대외무역법」 제33조 제1항에 따라 산업통상자원부장관이 공고한 품목 중 수산물

3. 수산물 가공품 : 73품목
   「식품위생법」 제7조에 따른 「식품의 기준 및 규격」 및 「건강기능식품에 관한 법률」 제14조에 따른 「건강기능식품의 기준 및 규격」에 따른다.

가. 식품의 기준 및 규격 정의 품목(57)

구분	내용
두부류 또는 묵류(3)	묵류(전분질원료, 해조류 또는 곤약, 다당류)
식용유지류(2)	동물성유지류(어유, 기타 동물성유지)
음료류(5)	다류(침출차, 액상차, 고형차), 기타 음료(혼합음료, 음료베이스)
특수영양식품(7)	영아용 조제식, 성장기용 조제식, 영 · 유아용 이유식, 특수의료용도식품, 체중조절용 조제식품, 임산 · 수유부용 식품, 고령자용 영양조제식품
조미식품류(7)	소스류(복합조미식품, 소스), 식염(재제소금, 태움 · 용융소금, 정제소금, 기타 소금, 가공소금)
절임류 또는 조림류(3)	절임류(절임식품, 당절임), 조림류
수산가공식품류(16)	어육가공품류(어육살, 연육, 어육반제품, 어묵, 어육소시지, 기타 어육가공품), 젓갈류(젓갈, 양념젓갈, 액젓, 조미액젓), 건포류(조미건어포, 건어포, 기타 건포류), 조미김, 한천, 기타 수산가공품
동물성가공식품류(4)	추출가공식품, 자라가공식품(자라분말, 자라분말제품, 자라유제품)
즉석식품류(5)	생식류, 즉석섭취 · 편의식품류(즉석섭취식품, 신선편의식품, 즉석조리식품, 간편조리세트)
기타 식품류(2)	효모식품, 기타 가공품
장기보존식품(3)	통 · 병조림 식품, 레토르트 식품, 냉동식품

나. 건강기능식품의 기준 및 규격 정의 품목(16)

구분	내용
영양성분(3)	식이섬유, 단백질, 필수지방산
기능성원료(12)	엽록소 함유 식물, 클로렐라, 알콕시글리세롤 함유 상어간유, 스피루리나, EPA 및 DHA 함유 유지, 스쿠알렌, 글루코사민, NAG(N-아세틸글루코사민), 뮤코다당 · 단백, 키토산/키토올리고당, 헤마토코쿠스 추출물, 분말한천
기타(1)	「건강기능식품에 관한 법률」 제15조 제2항에 따라 인정한 품목 중 수산물 또는 그 가공품을 원료로 사용한 품목

※ 원산지표시 대상 건강기능식품의 기준 및 규격 정의 품목을 주원료 또는 주성분으로 사용하여 「건강기능식품에 관한 법률」 제7조 제1항에 따라 품목제조신고를 하여 생산된 건강기능식품을 표시 대상으로 하며, 영 제3조 제2항 및 제3항에 따라 표시해야 한다.

② 식품접객업 및 집단급식소 중 대통령령으로 정하는 영업소나 집단급식소를 설치 · 운영하는 자는 다음의 어느 하나에 해당하는 경우에 그 농수산물이나 그 가공품의 원료에 대하여 원산지(쇠고기는 식육의 종류를 포함한다. 이하 같다)를 표시하여야 한다(단, 원산지인증의 표시를 한 경우에는 원산지를 표시한 것으로 보며, 쇠고기의 경우에는 식육의 종류를 별도로 표시하여야 한다).

㉠ 농수산물이나 그 가공품을 조리하여 판매 · 제공(배달을 통한 판매 · 제공을 포함한다)하는 경우

㉡ 농수산물이나 그 가공품을 조리하여 판매 · 제공할 목적으로 보관하거나 진열하는 경우

조리에는 날 것의 상태로 조리하는 것을 포함하며, 다음의 것을 조리하여 판매 · 제공하는 경우를 말한다(배달을 통한 판매 · 제공을 포함한다).

1. 쇠고기(식육 · 포장육 · 식육가공품을 포함한다. 이하 같다)
2. 돼지고기(식육 · 포장육 · 식육가공품을 포함한다. 이하 같다)
3. 닭고기(식육 · 포장육 · 식육가공품을 포함한다. 이하 같다)
4. 오리고기(식육 · 포장육 · 식육가공품을 포함한다. 이하 같다)

5. 양고기(식육 · 포장육 · 식육가공품을 포함한다. 이하 같다)
5의2. 염소(유산양을 포함한다. 이하 같다)고기(식육 · 포장육 · 식육가공품을 포함한다. 이하 같다)
6. 밥, 죽, 누룽지에 사용하는 쌀(쌀가공품을 포함하며, 쌀에는 찹쌀, 현미 및 찐쌀을 포함한다. 이하 같다)
7. 배추김치(배추김치가공품을 포함한다)의 원료인 배추(얼갈이배추와 봄동배추를 포함한다. 이하 같다)와 고춧가루
7의2. 두부류(가공두부, 유바는 제외한다), 콩비지, 콩국수에 사용하는 콩(콩가공품을 포함한다. 이하 같다)
8. 넙치, 조피볼락, 참돔, 미꾸라지, 뱀장어, 낙지, 명태(황태, 북어 등 건조한 것은 제외한다. 이하 같다), 고등어, 갈치, 오징어, 꽃게, 참조기, 다랑어, 아귀, 주꾸미, 가리비, 우렁쉥이, 전복, 방어 및 부세(해당 수산물가공품을 포함한다. 이하 같다)
9. 조리하여 판매 · 제공하기 위하여 수족관 등에 보관 · 진열하는 살아있는 수산물

원재료명 및 함량(%)
정제수, 볶은옥수수추출액(옥수수 : 중국산 80%, 국산 20%), 현미농축액(국산), 옥수수수염농축액(중국산), 비타민 C, 효소처리스테비아, 탄산수소나트륨, 글리신, 향료

❙ 액상차류 정보 표시면의 원산지 표시 ❙

2) 「식품공전」에 규정된 원료의 구비요건 및 분류

(1) 식품원료 구비요건

「식품공전」에 규정된 '원료 등의 구비요건'을 참고한다.

▼ 원료 등의 구비요건

(1) 식품의 제조에 사용되는 원료는 식용을 목적으로 채취, 취급, 가공, 제조 또는 관리된 것이어야 한다.
(2) 원료는 품질과 선도가 양호하고 부패 · 변질되었거나, 유독 유해물질 등에 오염되지 아니한 것으로 안전성을 가지고 있어야 한다.
(3) 식품제조 · 가공영업등록대상이 아닌 천연성 원료를 직접 처리하여 가공식품의 원료로 사용하는 때에는 흙, 모래, 티끌 등과 같은 이물을 충분히 제거하고 필요한 때에는 식품용수로 깨끗이 씻어야 하며 비가식부분은 충분히 제거하여야 한다.
(4) 허가, 등록 또는 신고 대상인 업체에서 식품원료를 구입 사용할 때에는 제조영업등록을 하였거나 수입신고를 마친 것으로서 해당 식품의 기준 및 규격에 적합한 것이어야 하며 소비기한 경과제품 등 관련 법 위반식품을 원료로 사용하여서는 아니 된다.
(5) 기준 및 규격이 정하여져 있는 식품, 식품첨가물은 그 기준 및 규격에, 인삼 · 홍삼 · 흑삼은 「인삼산업법」에, 산양삼은 「임업 및 산촌 진흥촉진에 관한 법률」에, 축산물은 「축산물 위생관리법」에 적합한 것이어야 한다. 다만, 최종제품의 중금속 등 유해오염물질 기준 및 규격이 사용 원료보다 더 엄격하게 정해져 있는 경우, 최종제품의 기준 및 규격에 적합하도록 적절한 원료를 사용하여야 한다.
(6) 원료로 파쇄분을 사용할 경우에는 선도가 양호하고 부패 · 변질되었거나 이물 등에 오염되지 아니한 것을 사용하여야 한다.
(7) 식품용수는 「먹는물관리법」의 먹는물 수질기준에 적합한 것이거나, 「해양심층수의 개발 및 관리에 관한 법률」의 기준 · 규격에 적합한 원수, 농축수, 미네랄탈염수, 미네랄농축수이어야 한다.
(8) 인위적으로 유전자를 재조합하거나 유전자를 구성하는 핵산을 세포 또는 세포 내 소기관으로 직접 주입하는 기술, 분류학에 따른 과(科)의 범위를 넘는 세포융합기술 등 생명공학기술을 활용하여 재배 · 육성된 농 · 축 · 수산물 등을 원료 등으로 사용하고자 할 경우는 「식품위생법」 제18조에 의한 '유전자변형식품 등의 안전성 심사 등에 관한 규정'에 따라 안전성 심사 결과 적합한 것이어야 한다.

(9) 식품에 사용되는 유산균 등은 식용 가능하고 식품위생상 안전한 것이어야 한다.

(10) 옻나무는 옻닭 또는 옻오리 조리에 사용되는 제품의 원료로만 물추출물 또는 물추출물 제조용티백(Tea bag) 형태로 사용할 수 있다. 이때 옻나무를 사용한 제품은 우루시올 성분이 검출되어서는 아니 된다. 또한 아까시재목버섯(장수버섯, *Fomitella fraxinea*)을 이용하여 우루시올 성분을 제거한 옻나무 물추출물은 장류, 발효식초, 탁주, 약주, 청주, 과실주에 한하여 발효공정 전에만 사용할 수 있으며 이때 사용량은 다음과 같다.

- 장류 및 발효식초 : 추출물 제조에 사용된 옻나무 중량을 기준으로 최종제품 중량의 10.0% 이하
- 탁주, 약주, 청주 및 과실주 : 추출물 제조에 사용된 옻나무 중량을 기준으로 최종제품 중량의 2.0% 이하

(11) 인삼 또는 홍삼 함유 제품류

- 인삼을 원료로 사용하는 경우 춘미삼, 묘삼, 삼피, 인삼박은 사용할 수 없으며 병삼인 경우에는 병든 부분을 제거하고 사용할 수 있다.
- 인삼엽은 다른 식물 등 이물이 함유되지 아니한 것으로서 병든 인삼의 잎이나 줄기 또는 꽃이어서는 아니 된다.
- 원형 그대로 넣는 수삼근은 3년근 이상(다만, 인삼산업법의 수경재배인삼은 제외한다)이어야 하며, 병삼이나 파삼은 사용할 수 없다.

(12) 식품 제조 · 가공 등에 사용하는 식용란은 부패된 알, 산패취가 있는 알, 곰팡이가 생긴 알, 이물이 혼입된 알, 혈액이 함유된 알, 내용물이 누출된 알, 난황이 파괴된 알(단, 물리적 원인에 의한 것은 제외한다), 부화를 중지한 알, 부화에 실패한 알 등 식용에 부적합한 알이 아니어야 하며, 알의 잔류허용기준에 적합하여야 한다.

(13) 원유에는 중화 · 살균 · 균증식 억제 및 보관을 위한 약제가 첨가되어서는 아니 되며, 우유와 양유는 동일 작업시설에서 수유하여서는 아니 되고 혼입하여서도 아니 된다.

(14) 냉동식용어류머리의 원료는 세계관세기구(WCO ; World Customs Organzation)의 통일 상품명 및 부호체계에 관한 국제 협약상 식용(HS 0303호)으로 분류되어 위생적으로 처리된 것이 관련 기관에 의해 확인된 것으로, 원료의 절단 시 내장, 아가미가 제거되고 위생적으로 처리된 것이어야 하며, 식품첨가물 등 다른 물질을 사용하지 않은 것이어야 한다.

(15) 냉동식용어류내장의 원료는 세계관세기구(WCO)의 통일 상품명 및 부호체계에 관한 국제협약상 식용(HS 0303호, 0306호 또는 0307호)으로 분류되어 위생적으로 처리된 것이 관련 기관에 의해 확인된 것으로, 원료의 분리 시 다른 내장은 제거된 것이어야 하며, 식품첨가물 등 다른 물질을 사용하지 않은 것이어야 한다.

(16) 생식용 굴은 「패류 생산해역 수질의 위생기준」(해양수산부 고시)에 따라 지정해역 수준의 수질 위생기준에 적합한 해역에서 생산된 것이거나 자연정화 또는 인공정화 작업을 통해 지정해역 수준의 수질 위생기준에 적합하도록 처리된 것이어야 한다.

- 자연정화 : 굴 내에 존재하는 미생물 수치를 줄이기 위해 굴을 수질기준에 적합한 지역으로 옮겨서 자연 정화 능력을 이용하여 처리하는 과정
- 인공정화 : 굴 내부의 병원체를 줄이기 위하여 육상 시설 등의 제한된 수중 환경으로 처리하는 과정

(17) 수산물 등의 저장 및 보존을 위하여 사용되는 어업용 얼음은 위생적으로 취급되어야 한다.

(18) 프로폴리스 추출물 함유식품에 사용되는 원료는 꿀벌이 채집한 오염되지 아니한 원료를 사용하여야 한다.

(19) 클로렐라 함유식품의 클로렐라와 스피루리나 함유식품의 스피루리나는 순수 배양한 것이어야 한다.

(20) 키토산 함유식품에 사용되는 원료는 오염되지 않은 키토산 추출이 가능한 갑각류(게, 새우 등) 껍질을 사용하여야 하며, 키토산 사용식품 제조에 사용된 제조용제는 식품에 잔류하지 않아야 한다.

(21) 식용곤충은 「곤충산업의 육성 및 지원에 관한 법률」의 식용곤충 사육기준에 적합한 것이어야 한다.

(22) 고추는 병든 것, 곰팡이가 핀 것, 썩은 것, 상한채로 건조되어 희끗희끗하게 얼룩진 것을 사용하여서는 아니 된다.

(23) 식품의 제조 · 가공 중에 발생하는 식용 가능한 부산물을 다른 식품의 원료로 이용하고자 할 경우 식품의 취급기준에 맞게 위생적으로 채취, 취급, 관리된 것이어야 한다.

(24) 식품원료 중 씨앗을 사용할 수 없도록 정하고 있는 열매는 섭취 시 씨앗이 제거되는 경우 씨앗을 포함한 열매를 식품의 제조 · 가공에 사용할 수 있다.

(2) 식품원료 판단기준

「식품공전」에 규정된 '식품원료 판단기준'을 참고한다.

▼ **식품원료 판단기준**

(1) 다음의 어느 하나에 해당하는 것은 식품의 제조 · 가공 또는 조리 시 식품원료로 사용하여서는 아니 된다. 다만, 이미 식품의약품안전처장이 인정한 것과 「식품 등의 한시적 기준 및 규격 인정기준」에 따라 인정된 것은 식품의 원료로 사용할 수 있다.
① 식용을 목적으로 채취, 취급, 가공, 제조 또는 관리되지 아니한 것
② 식품원료로서 안전성 및 건전성이 입증되지 아니한 것
③ 기타 식품의약품안전처장이 식용으로 부적절하다고 인정한 것

(2) 위의 (1)에 해당되지 않는 것은 식품원료로서 사용 가능 여부를 식품의약품안전처장이 판단한다. 다만, 식품의약품안전처장은 식품원료의 안전성과 관련된 새로운 사실이 발견되거나 제시될 경우 식품의 원료로서 사용 가능 여부를 재검토하여 판단할 수 있다.

(3) 원료에 독성이나 부작용이 없고 식욕억제, 약리효과 등을 목적으로 섭취한 것 외에 국내에서 식용근거가 있는 경우 '식품에 사용할 수 있는 원료' 또는 '식품에 제한적으로 사용할 수 있는 원료'로 사용 가능한 것으로 판단할 수 있다.

(4) 다음에 해당하는 것들은 '식품에 제한적으로 사용할 수 있는 원료'로 판단할 수 있으며, 사용용도를 특정식품에 제한할 수 있다.
① 향신료, 침출차, 주류 등 특정 식품에만 제한적 사용근거가 있는 것
② 독성이나 부작용 원인 물질을 완전 제거하고 사용해야 하는 것
③ 독성이나 부작용 원인 물질의 잔류기준이 필요한 것

(5) 식품원료 승인을 위한 제출자료
승인을 위해 자료를 제출하고자 할 경우에는 아래의 「식품원료 사용을 위한 의사결정도」를 참고할 수 있으며, 제출자료는 다음과 같다.

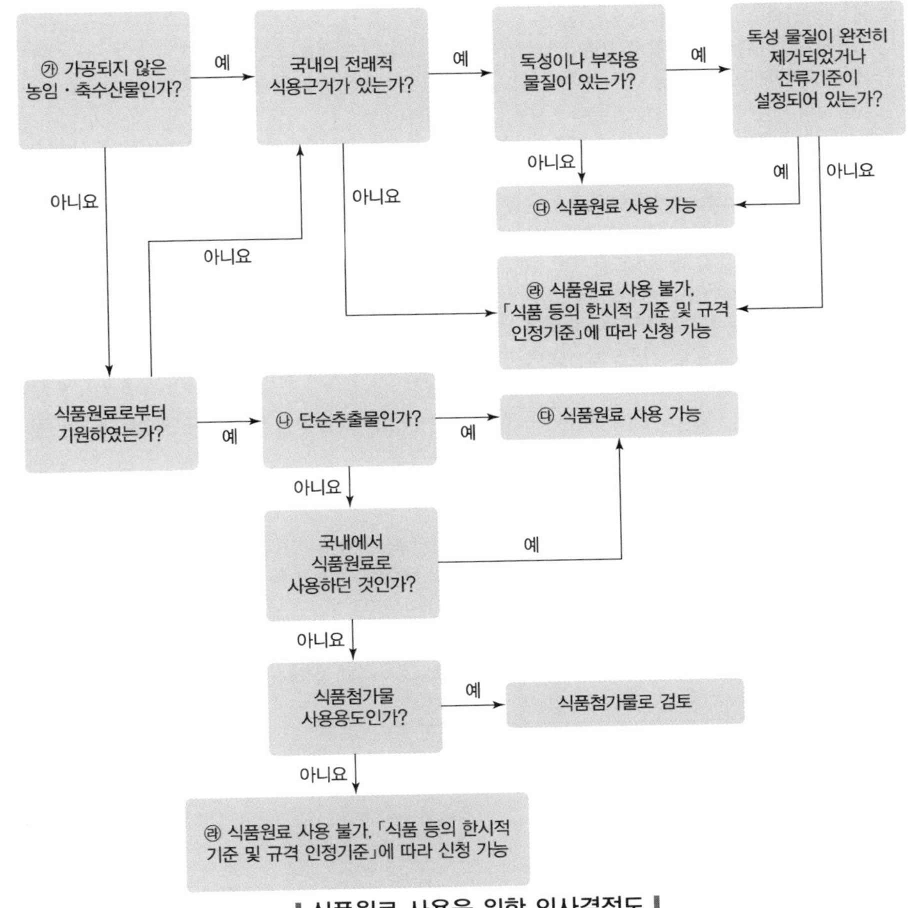

| 식품원료 사용을 위한 의사결정도 |

① 원료의 기본특성자료
㉠ 원료명 또는 이명
㉡ 원료의 학명, 사용부위
㉢ 성분 및 함량, 사진, 자생지 등 원료의 특성을 알 수 있는 자료
㉣ 식품에 사용하고자 하는 용도
② 식용근거자료 : 국내에서 전래적으로 식품으로 섭취하였음을 입증할 수 있는 자료
③ 독성이나 부작용이 있는 경우 제출자료
㉠ 독성이나 부작용의 원인물질의 명칭, 분자구조, 특성 등에 관한 자료
㉡ 원인물질의 독성작용이나 부작용에 대한 자료
㉢ 독성물질의 분석방법 등에 관한 자료
㉣ 독성이나 부작용의 원인물질이 완전히 제거되는 경우 이를 입증할 수 있는 자료
㉤ 독성이나 부작용의 원인물질에 대한 잔류기준이 설정되어 있는 경우, 규정 및 설정 사유, 최종제품에 대한 함유량 등에 관한 자료

- 식품원료 사용 가능 : '식품에 사용할 수 있는 원료' 또는 '식품에 제한적으로 사용할 수 있는 원료'로 사용 가능함
- 식품원료 사용 불가 : 식품원료로 사용이 불가능하나, 「식품 등의 한시적 기준 및 규격인정기준」(식품위생법 시행규칙 제5조 관련)에 따라 식품원료의 한시적 기준 및 규격으로 신청 가능함

(6) 식품에 사용할 수 있는 원료
① '식품에 사용할 수 있는 원료'의 목록은 식품공전 [별표 1]과 같다
② '제1. 총칙 4. 식품원료 분류'에 등재되어 있는 원료
(7) 식품에 제한적으로 사용할 수 있는 원료
① '식품에 제한적으로 사용할 수 있는 원료'의 목록은 식품공전 [별표 2]와 같다.
② '식품에 제한적으로 사용할 수 있는 원료'로 분류된 원료는 명시된 사용 조건을 준수하여야 하며, 별도의 사용 조건이 정하여지지 않은 원료는 다음의 사용기준에 따른다.
㉠ 식품 제조 시 사용되는 '식품에 제한적으로 사용할 수 있는 원료'는 가공 전 원료의 중량을 기준으로 50% 미만(배합수 제외)을 사용하여야 한다.
㉡ 식품 제조 시 '식품에 제한적으로 사용할 수 있는 원료'를 2가지 이상 혼합할 경우 혼합되는 총량은 가공 전 원료의 중량을 기준으로 50% 미만(배합수 제외) 사용하여야 한다.
㉢ 다만, 최종 소비자에게 판매되지 아니하고 제조업소에 공급되는 원료용 제품을 제조하고자 하는 경우에는 위의 ㉠, ㉡을 적용받지 아니할 수 있다.
㉣ 음료류, 주류 및 향신료 제조 시 '식품에 제한적으로 사용할 수 있는 원료'에 속하는 식물성원료가 1가지인 경우에는 원료의 중량을 기준으로 100%까지(배합수 제외) 사용할 수 있다.
(8) 한시적 기준 · 규격에서 전환된 원료
① 「식품 등의 한시적 기준 및 규격 인정 기준」에 따라 식품원료로 인정된 후 식품공전에 등재되는 '한시적 기준 · 규격에서 전환된 원료'의 목록은 식품공전 [별표 3]과 같다.
② '한시적 기준 · 규격에서 전환된 원료'로 분류된 원료는 명시된 제조(또는 사용) 조건을 준수하여야 한다.
(9) 한시적 인정 식품원료의 식품공전 등재 요건
「식품 등의 한시적 기준 및 규격 인정 기준」에 따라 인정된 식품원료는 다음의 어느 하나를 충족하면 「식품의 기준 및 규격」 [별표 3] '한시적 기준·규격에서 전환된 원료'의 목록에 추가로 등재할 수 있다.
① 한시적 기준 및 규격을 인정받은 날로부터 3년이 경과한 경우
② 한시적 기준 및 규격을 인정받은 자가 3인 이상인 경우
③ 한시적 기준 및 규격을 인정받은 자가 등재를 요청하는 경우(다만, 인정받은 자가 2명인 경우 모두 등재를 요청하는 경우)

(3) 「식품공전」에 규정된 식품원료 분류

다음의 식품원료 분류는 일반적인 분류로서 당해 식품과 원료의 특성 및 목적에 따라 이 분류에 의하지 아니할 수 있다.

① 식물성 원료 : 곡류, 서류, 두류, 견과종실류, 과일류, 채소류, 버섯류, 향신식물, 차, 호프, 조류, 기타 식물류
② 동물성 원료 : 축산물, 수산물(어류, 무척추동물), 기타 동물

2. 식품의 소비기한

1) 소비기한의 개요(식품, 식품첨가물, 축산물 및 건강기능식품의 소비기한 설정기준)

(1) 소비기한의 정의

소비기한이란 식품 등에 표시된 보관방법을 준수할 경우 섭취하여도 안전에 이상이 없는 기한을 말한다. 신규 품목제조 보고 시에는 제품의 특성에 따라 식품의약품안전처장이 정하여 고시한 기준에 의해 설정한 '소비기한 설정사유서'를 제출하여야 하며, 표시된 소비기한 내에서는 식품공전에서 정하는 식품의 기준 및 규격에 적합하여야 한다.

※ 품질유지기한 : 식품의 특성에 맞는 적절한 보존방법이나 기준에 따라 보관할 경우 해당 식품 고유의 품질이 유지될 수 있는 기한

(2) 소비기한 설정을 수행해야 하는 경우

① 새로운 제품 개발 시
② 제품 배합비율 변경 시
③ 제품 가공공정 변경 시
④ 제품의 포장재질 및 포장방법 변경 시
⑤ 소매 포장 변경 시

(3) 소비기한 설정을 생략할 수 있는 경우

① 식약처에서 제시하는 권장소비기한 이내로 소비기한을 설정하는 경우
② 소비기한 표시를 생략할 수 있는 식품 또는 품질유지기한 표시 대상 식품
③ 소비기한이 설정된 제품과 다음 항목이 모두 일치하는 제품을 기 설정된 소비기한 이내로 설정할 때

- 식품 유형
- 성상
- 포장재질
- 보존 및 유통온도
- 보존료 사용 여부

- 유탕 · 유처리 여부
- 살균(주정처리, 산처리 포함) 또는 멸균방법

④ 국내 · 외 식품 관련 학술지 등재 논문, 연구보고서 등을 인용하여 소비기한을 설정하는 경우

⑤ 자연 상태의 농 · 임 · 수산물

▼ **소비기한 표시 생략 가능 제품(식품 등의 표시기준 참고)**

통 · 병조림 식품, 레토르트 식품, 아이스크림, 빙과류, 설탕, 식용얼음, 식염, 천일염
(1) 맥주는 소비기한 또는 품질유지기한 표시
(2) 다음 제품은 제조연월일 표시
- 발효주류(청주, 과실주)
- 증류주류(소주, 위스키, 브랜디, 일반증류주, 리큐르)
- 기타 주류, 주정

(3) 다음 제품은 생산연도, 생산연월일(채취 · 수확 · 어획 · 도축한 연도 또는 연월일) 또는 포장일 표시
- 벌꿀류, 로열젤리류
- 자연상태식품

2) 소비기한 설정법

(1) 식품의 부패 형태와 주요 요인

식품의 부패란 소비자들이 더는 섭취할 수 없는 정도로 변질된 것을 말하며, 식품의 부패로 발생하는 주요 3가지 변화는 물리적 부패(Physical Spoilage), 화학적 부패(Chemical Spoilage) 및 미생물학적 부패(Microbiological Spoilage)이다.

▼ **식품유형별 변질 · 부패의 주요 형태 및 요인**

식품 유형	변질 · 부패 형태	주요 요인
튀김 식품	산패, 수분 증가	산소, 온도, 빛, 금속
수산물	세균 발육, 산화	산소, 온도
농산물	효소 활성, 세균 발육, 수분 손실	산소, 온도, 빛, 습도
축산물	세균 발육, 관능 품질, 부패	산소, 온도, 습도
분유	산화, 갈변화, 응고	산소, 온도, 습도

(2) 소비기한에 영향을 주는 요인들

식품은 수분, 탄수화물, 지방, 단백질 등 다양한 성분을 함유하고 있다. 이 때문에 개별 제품의 소비기한을 정하기 위해서는 이에 영향을 미치는 구체적인 요인들을 정확하게 식별하는 것이 중요하다.

내부적 요인	원재료, 제품의 배합 및 조성, 수분함량 및 수분 활성도, pH 및 산도
외부적 요인	제조공정, 위생 수준, 포장 재질 및 포장방법, 저장 및 유통환경(온도, 습도, 빛, 취급 등), 소비자 취급방법

(3) 품질지표의 선정

소비기한을 과학적으로 설정하기 위해서는 개별식품의 특성이 충분히 반영된 객관적인 품질지표를 설정할 필요가 있다. 객관적인 품질지표란 이화학적 · 미생물학적 실험 등에서 수치화가 가능한 지표를 말한다. 주관적인 품질지표로는 색, 향미 등을 측정하는 관능적 품질지표가 있다.

(4) 안전계수의 설정

결정된 소비기한의 재현성과 신뢰도는 식품의 내부적 또는 외부적 특성에 의해 영향을 받는다. 따라서 통상적으로 식품의 특성에 따라 설정된 소비기한에 대해 1 미만의 계수(안전계수)를 적용하여 실험을 통해 얻은 소비기한보다 짧은 기간을 설정하는 것이 기본이다.

예 200일(실험결과 소비기한)×0.7~0.8(안전계수)=140~160일(제품표시 소비기한)

3) 소비기한 설정실험

(1) 실측실험

의도하는 소비기한의 약 1.3~2배 기간 동안 실제 보관 또는 유통 조건으로 저장하면서 선정한 품질지표가 품질한계에 이를 때까지 일정 간격으로 실험을 진행하여 얻은 결과로부터 소비기한을 설정하는 것을 말한다. 제품의 소비기한을 가장 정확하게 설정할 수 있는 원칙적인 방법이다.

① 정확한 소비기한 설정이 가능하지만 3개월 이상의 소비기한을 가진 제품의 경우, 실험시간과 비용이 많이 소요된다.

② 예정된 보관 또는 유통 조건이 바뀌면 새롭게 실험을 설계하여 수행해야 하고 예측이 불가능하다.

③ 소비기한이 3개월 미만인 식품에 적용한다.

④ 최소 2개의 온도(유통온도와 남용온도)를 설정하여 실험한다.

▼ 식약처 가이드라인

구분	유통온도	저장온도	상대습도
상온 유통제품	15~25℃	* 유통온도 : 25℃ 남용온도 : 15℃	75%
실온 유통제품	1~35℃	* 유통온도 : 35℃ 남용온도 : 25℃	90%
냉장 유통제품	0~10℃	* 유통온도 : 10℃ 남용온도 : 15℃	90% 이상
냉동 유통제품	－18℃ 이하	* 유통온도 : －18℃ 남용온도 : －10℃	100%

* 유통온도 : 반드시 제품의 대표 유통온도를 포함하여 저장조건을 설정
* 수출제품의 경우 수출국의 규정을 참고하여 설정

PART 05 안전관리

(2) 가속실험

실제 보관 또는 유통조건보다 가혹한 조건에서 실험하여 단기간에 제품의 소비기한을 예측하는 것을 말한다. 즉, 온도가 물질의 화학적 · 생화학적 · 물리학적 반응과 부패 속도에 미치는 영향을 이용하여 실제 보관 또는 유통온도와 최소 2개 이상의 남용 온도에 저장하면서 선정한 품질지표가 품질한계에 이를 때까지 일정 간격으로 실험을 진행하여 얻은 결과를 아레니우스 방정식(Arrhenius equation)을 사용하여 실제 보관 및 유통 온도로 외삽한 후 소비기한을 예측하여 설정하는 것을 말한다.

① 온도 증가에 따라 물리적 상태 변화 가능성이 있어 예상치 못한 결과를 초래할 수 있다.
② 소비기한 3개월 이상의 식품에 적용한다.

구분	유통온도	저장온도	상대습도
상온 유통제품	15～25℃	• 대조구(유통온도) : 25℃ • 실험구 : 15～40℃ 범위 내 5℃ 또는 10℃ 간격으로 최소 2개 온도 이상	75%
실온 유통제품	1～35℃	• 대조구(유통온도) : 35℃ • 실험구 : 15～45℃ 범위 내 5℃ 또는 10℃ 간격으로 최소 2개 온도 이상	90%
냉장 유통제품	0～10℃	• 대조구(유통온도) : 10℃ • 실험구 : 15～40℃ 범위 내 5℃ 또는 10℃ 간격으로 최소 2개 온도 이상	90% 이상
냉동 유통제품	−18℃ 이하	• 대조구(유통온도) : −40℃ 또는 −25℃ 또는 −18℃ • 실험구 : −5～−30℃ 범위 내 5℃ 또는 10℃ 간격으로 최소 2개 온도 이상	100%

* 유통온도 : 반드시 제품의 대표 유통온도를 포함하여 저장조건을 설정
* 수출제품의 경우 수출국의 규정을 참고하여 설정

3. 재료 적법성 판정 보고서

원료 등의 기준 및 규격을 확인하여 판정 당시 조건, 원산지, 소비기한 및 품질유지기한, 시료의 상태를 상세히 기록하여 보관한다.

CHAPTER 02 식품 법규 모니터링

SECTION 01 식품위생행정

- 식품위생행정은 식품위생법을 바탕으로 국가 차원에서 식품에 대한 안전관리를 위하여 1962년 「식품위생법」을 제정 · 공포하였다.
- 식약처 소관의 식품위생법은 대통령령인 식품위생법 시행령, 총리령인 식품위생법 시행규칙, 식품의약품안전처장의 예규, 고시가 있다(축산물 위생관리법의 경우 축산물 위생관리법 – 축산물 위생관리법 시행령 – 축산물 위생관리법 시행규칙).
- 복잡하고 다양한 식품 관련 법규에서 규정하지 않는 사항은 기본적으로 식품의약품안전처 소관의 「식품위생법」을 따르기로 하고 있다(축산물 위생관리법, 식품안전기본법 등).

	생산	제조	수입	유통	소비
관리 대상	· 농축수산물 생산자	· 식품제조업체 등	· 수입식품판매업 등 해외제조업체	· 식품판매업체 등	· 음식점, 급식소 등
위해요소 (화학적, 생물학적, 물리적)	· 농약, 중금속, 동물용 의약품 · 식중독균 · 이물(돌, 낚시바늘 등)	· 식품첨가물, 부정물질 · 식중독균 · 금속성 이물 등	· 농약, 중금속, 동물용 의약품, 곰팡이독소, 첨가물 · 식중독균 · 이물	· 보존료, 곰팡이독소 · 식중독균 · 이물(벌레 등)	· 곰팡이독소 · 식중독균 · 이물(벌레 등)
관리 수단	· 안전성조사 · GAP(농산물) · HACCP (양식장, 사육장) · 농약, 동물용의약품 사용 등록	· HACCP · GMP(건식) · 지도점검 · 자가품질검사 · 기준규격 설정 · 영업자 위생교육	· 해외제조업소 사전등록 · 해외 현지 실사 · 수입신고보류제 · 검사명령제 · 통관단계 검사 · 해외직구식품 검사	· 수거검사 · 지도점검 · 회수 · 폐기 · 위해식품판매차단시스템 · 식품이력추적제도 · 인터넷 모니터링 · 보존 및 유통기준 설정	· 음식점 위생등급제 · 어린이급식관리지원센터 · 어린이식품안전보호구역 · 식중독조기경보시스템 · 식품표시제도 · 소비자 교육
관리 주체	· 식약처 총괄 · 농식품부, 해수부 위탁	· 식약처 총괄 · 지자체 집행	· 식약처	· 식약처 총괄 · 지자체 집행	· 식약처 총괄 · 지자체 집행
관리 법령	· 식품안전기본법 · 농수산물 품질관리법 · 축산물 위생관리법	· 식품안전기본법 · 식품위생법 · 축산물 위생관리법 · 건강기능식품법 · 식품표시광고법	· 식품안전기본법 · 식품위생법 · 축산물 위생관리법 · 건강기능식품법 · 수입식품특별법 · 식품표시광고법	· 식품안전기본법 · 식품위생법 · 축산물 위생관리법 · 건강기능식품법 · 수입식품특별법 · 식품표시광고법	· 식품안전기본법 · 식품위생법 · 축산물 위생관리법 · 건강기능식품법 · 수입식품특별법 · 식품표시광고법 · 어린이식생활특별법

▌국가식품안전관리체계▐

출처 : 식품안전나라 홈페이지

1. 식품위생법

식품으로 인하여 생기는 위생상의 위해(危害)를 방지하고 식품영양의 질적 향상을 도모하며 식품에 관한 올바른 정보를 제공함으로써 국민 건강의 보호 · 증진에 이바지함을 목적으로 한다.

▼ 축산물 위생관리법

축산물의 위생적인 관리와 그 품질의 향상을 도모하기 위하여 가축의 사육 · 도살 · 처리와 축산물의 가공 · 유통 및 검사에 필요한 사항을 정함으로써 축산업의 건전한 발전과 공중위생의 향상에 이바지함을 목적으로 한다.

▼ 식품위생법과 축산물 위생관리법

No.	식품위생법		축산물 위생관리법	
제1장	총칙	목적, 정의, 식품 등의 취급	총칙	목적, 정의, 다른 법률과의 관계 * 축산물에 관하여 이 법에 규정이 있는 경우를 제외하고는 「식품위생법」에 따른다.
제2장	식품과 식품첨가물	위해식품 등의 판매 등 금지, 병든 동물 고기 등의 판매 등 금지, 기준 · 규격이 정하여지지 아니한 화학적 합성품 등의 판매 등 금지, 식품 또는 식품첨가물에 관한 기준 및 규격, 권장규격, 농약 등의 잔류허용기준 설정 요청 등, 식품 등의 기준 및 규격 관리계획, 식품 등의 기준 및 규격의 재평가 등	축산물 등의 기준 · 규격	축산물의 기준 및 규격, 용기 등의 규격 등
제3장	기구와 용기 · 포장	유독기구 등의 판매 · 사용 금지, 기구 및 용기 · 포장에 관한 기준 및 규격, 기구 및 용기 · 포장에 사용하는 재생원료에 관한 인정, 인정받지 않은 재생원료의 기구 및 용기 · 포장에의 사용 등 금지	축산물의 위생관리	가축의 도살 등, 위생관리기준, 안전관리인증기준, 부정행위의 금지
제4장	표시	유전자변형식품 등의 표시	검사	가축의 검사, 검사관과 책임수의사, 검사원, 수입 · 판매 금지 등, 합격표시, 미검사품의 반출금지, 검사불합격품의 처리, 출입 · 검사 · 수거, 소비자 등의 위생검사 등 요청, 축산물위생감시원, 명예축산물위생감시원
제5장	식품 등의 공전(公典)	식품 등의 공전	영업의 허가 및 신고 등	영업의 종류 및 시설기준, 영업의 허가, 영업의 신고, 품목 제조의 보고, 영업의 승계, 허가의 취소 등, 과징금 처분, 건강진단, 위생교육, 영업자 등의 준수사항, 판매 등의 금지
제6장	검사 등	위해평가, 소비자 등의 위생검사 등 요청, 위해식품 등에 대한 긴급대응, 유전자변형식품 등의 안전성 심사 등, 검사명령 등, 특정 식품 등의 수입 · 판매 등 금지, 출입 · 검사 · 수거 등, 식품 등의 재검사, 자가품질검사 의무, 식품위생감시원, 소비자식품위생감시원, 소비자 위생점검 참여 등	감독 등	생산실적 등의 보고 및 통보, 시설개선, 압류 · 폐기 또는 회수, 공표, 폐쇄조치

No.	식품위생법		축산물 위생관리법	
제7장	영업	시설기준, 영업허가 등, 영업허가 등의 제한, 영업 승계, 건강진단, 식품위생교육, 실적보고, 영업 제한, 영업자 등의 준수사항, 위해식품 등의 회수, 식품 등의 이물 발견보고 등, 모범업소의 지정 등, 식품안전관리인증기준, 식품이력추적관리 등록기준 등	보칙	포상금, 보조금, 수수료, 공중위생상 위해 시의 조치, 청문, 권한의 위임 및 위탁
제8장	조리사 등	조리사, 영양사, 조리사의 면허, 결격사유, 명칭 사용 금지, 교육	벌칙	벌칙, 양벌규정, 과태료
제9장	식품위생심의위원회	식품위생심의위원회 설치, 심의위원회의 조직과 운영		
제10장	식품위생단체 등	동업자조합, 식품산업협회, 식품안전정보원, 건강 위해가능 영양성분 관리		
제11장	시정명령과 허가취소 등 행정 제재	시정명령, 폐기처분, 위해식품 등의 공표, 시설 개수명령, 허가취소, 품목 제조정지, 영업허가 등의 취소 요청, 행정 제재처분 효과의 승계, 폐쇄조치, 면허취소, 청문, 영업정지 등의 처분에 갈음하여 부과하는 과징금 처분, 위해식품 등의 판매 등에 따른 과징금 부과, 위반사실 공표		
제12장	보칙	국고 보조, 식중독에 관한 조사 보고, 식중독대책협의기구 설치, 집단급식소, 식품진흥기금, 포상금 지급, 권한의 위임, 수수료		
제13장	벌칙	벌칙, 양벌규정, 과태료, 과태료에 관한 규정 적용의 특례		

1) 제1장 총칙

▼ 용어의 정의

구분	내용
식품	모든 음식물(의약으로 섭취하는 것은 제외한다)
식품첨가물	식품을 제조 · 가공 · 조리 또는 보존하는 과정에서 감미(甘味), 착색(着色), 표백(漂白) 또는 산화방지 등을 목적으로 식품에 사용되는 물질을 말한다. 이 경우 기구(器具) · 용기 · 포장을 살균 · 소독하는 데에 사용되어 간접적으로 식품으로 옮아갈 수 있는 물질을 포함
화학적 합성품	화학적 수단으로 원소(元素) 또는 화합물에 분해 반응 외의 화학 반응을 일으켜서 얻은 물질
기구	식품 또는 식품첨가물에 직접 닿는 기계 · 기구나 그 밖의 물건(농업과 수산업에서 식품을 채취하는 데에 쓰는 기계 · 기구나 그 밖의 물건 및 「위생용품 관리법」 제2조 제1호에 따른 위생용품은 제외한다) • 음식을 먹을 때 사용하거나 담는 것 • 식품 또는 식품첨가물을 채취 · 제조 · 가공 · 조리 · 저장 · 소분[(小分) : 완제품을 나누어 유통을 목적으로 재포장하는 것을 말한다. 이하 같다] · 운반 · 진열할 때 사용하는 것
용기 · 포장	식품 또는 식품첨가물을 넣거나 싸는 것으로서 식품 또는 식품첨가물을 주고받을 때 함께 건네는 물품

PART 05 안전관리

구분	내용
공유주방	식품의 제조 · 가공 · 조리 · 저장 · 소분 · 운반에 필요한 시설 또는 기계 · 기구 등을 여러 영업자가 함께 사용하거나, 동일한 영업자가 여러 종류의 영업에 사용할 수 있는 시설 또는 기계 · 기구 등이 갖춰진 장소
위해	식품, 식품첨가물, 기구 또는 용기 · 포장에 존재하는 위험요소로서 인체의 건강을 해치거나 해칠 우려가 있는 것
영업	식품 또는 식품첨가물을 채취 · 제조 · 가공 · 조리 · 저장 · 소분 · 운반 또는 판매하거나 기구 또는 용기 · 포장을 제조 · 운반 · 판매하는 업(농업과 수산업에 속하는 식품 채취업은 제외한다. 이하 이 호에서 "식품제조업 등"이라 한다)을 말한다. 이 경우 공유주방을 운영하는 업과 공유주방에서 식품제조업 등을 영위하는 업을 포함
영업자	제37조 제1항에 따라 영업허가를 받은 자나 같은 조 제4항에 따라 영업신고를 한 자 또는 같은 조 제5항에 따라 영업등록을 한 자
식품위생	식품, 식품첨가물, 기구 또는 용기 · 포장을 대상으로 하는 음식에 관한 위생
집단급식소	영리를 목적으로 하지 아니하면서 특정 다수인에게 계속하여 음식물을 공급하는 다음의 어느 하나에 해당하는 곳의 급식시설로서 대통령령으로 정하는 시설 • 기숙사 • 학교, 유치원, 어린이집 • 병원 • 「사회복지사업법」 제2조 제4호의 사회복지시설 • 산업체 • 국가, 지방자치단체 및 「공공기관의 운영에 관한 법률」 제4조 제1항에 따른 공공기관 • 그 밖의 후생기관 등
식품이력추적관리	식품을 제조 · 가공단계부터 판매단계까지 각 단계별로 정보를 기록 · 관리하여 그 식품의 안전성 등에 문제가 발생할 경우 그 식품을 추적하여 원인을 규명하고 필요한 조치를 할 수 있도록 관리하는 것
식중독	식품 섭취로 인하여 인체에 유해한 미생물 또는 유독물질에 의하여 발생하였거나 발생한 것으로 판단되는 감염성 질환 또는 독소형 질환
집단급식소에서의 식단	급식대상 집단의 영양섭취기준에 따라 음식명, 식재료, 영양성분, 조리방법, 조리인력 등을 고려하여 작성한 급식계획서

2) 구성

(1) 제2장 식품과 식품첨가물

① 위해식품 등의 판매 등 금지

제4조(위해식품 등의 판매 등 금지)

누구든지 다음 각 호의 어느 하나에 해당하는 식품 등을 판매하거나 판매할 목적으로 채취 · 제조 · 수입 · 가공 · 사용 · 조리 · 저장 · 소분 · 운반 또는 진열하여서는 아니 된다.

1. 썩거나 상하거나 설익어서 인체의 건강을 해칠 우려가 있는 것
2. 유독 · 유해물질이 들어 있거나 묻어 있는 것 또는 그러할 염려가 있는 것. 다만, 식품의약품안전처장이 인체의 건강을 해칠 우려가 없다고 인정하는 것은 제외한다.
3. 병(病)을 일으키는 미생물에 오염되었거나 그러할 염려가 있어 인체의 건강을 해칠 우려가 있는 것
4. 불결하거나 다른 물질이 섞이거나 첨가(添加)된 것 또는 그 밖의 사유로 인체의 건강을 해칠 우려가 있는 것

5. 제18조에 따른 안전성 심사 대상인 농·축·수산물 등 가운데 안전성 심사를 받지 아니하였거나 안전성 심사에서 식용(食用)으로 부적합하다고 인정된 것
6. 수입이 금지된 것 또는 「수입식품안전관리 특별법」 제20조 제1항에 따른 수입신고를 하지 아니하고 수입한 것
7. 영업자가 아닌 자가 제조·가공·소분한 것

② 병든 동물 고기 등의 판매 등 금지
③ 기준·규격이 정하여지지 아니한 화학적 합성품 등의 판매 등 금지
④ 식품 또는 식품첨가물에 관한 기준 및 규격

(2) 제3장 기구와 용기·포장

① 유독기구 등의 판매·사용 금지
② 기구 및 용기·포장에 관한 기준 및 규격

(3) 제4장 표시

제12조의 2(유전자변형식품 등의 표시)
생명공학기술을 활용하여 재배·육성된 농산물·축산물·수산물 등을 원재료로 하여 제조·가공한 식품 또는 식품첨가물(이하 "유전자변형식품 등"이라 한다)은 유전자변형식품임을 표시하여야 한다. 다만, 제조·가공 후에 유전자변형 디엔에이(DNA ; Deoxyribo Nucleic Acid) 또는 유전자변형 단백질이 남아 있는 유전자변형식품 등에 한정한다.
1. 인위적으로 유전자를 재조합하거나 유전자를 구성하는 핵산을 세포 또는 세포 내 소기관으로 직접 주입하는 기술
2. 분류학에 따른 과(科)의 범위를 넘는 세포융합기술

(4) 제5장 식품 등의 공전

식품의약품안전처장은 다음의 기준 등을 실은 공전을 작성·보급하여야 한다.

① 식품 또는 식품첨가물의 기준과 규격
② 기구 및 용기·포장의 기준과 규격
※ SECTION 02 '1. 식품공전'에서 다룸

(5) 제6장 검사 등

① 위해평가

제15조(위해평가)
① 식품의약품안전처장은 국내외에서 유해물질이 함유된 것으로 알려지는 등 위해의 우려가 제기되는 식품 등이 제4조 또는 제8조에 따른 식품 등에 해당한다고 의심되는 경우에는 그 식품 등의 위해요소를 신속히 평가하여 그것이 위해식품 등인지를 결정하여야 한다.

② 식품의약품안전처장은 제1항에 따른 위해평가가 끝나기 전까지 국민건강을 위하여 예방조치가 필요한 식품 등에 대하여는 판매하거나 판매할 목적으로 채취 · 제조 · 수입 · 가공 · 사용 · 조리 · 저장 · 소분 · 운반 또는 진열하는 것을 일시적으로 금지할 수 있다. 다만, 국민건강에 급박한 위해가 발생하였거나 발생할 우려가 있다고 식품의약품안전처장이 인정하는 경우에는 그 금지조치를 하여야 한다.

③ 식품의약품안전처장은 제2항에 따른 일시적 금지조치를 하려면 미리 심의위원회의 심의 · 의결을 거쳐야 한다. 다만, 국민건강을 급박하게 위해할 우려가 있어서 신속히 금지조치를 하여야 할 필요가 있는 경우에는 먼저 일시적 금지조치를 한 뒤 지체 없이 심의위원회의 심의 · 의결을 거칠 수 있다.

④ 심의위원회는 제3항 본문 및 단서에 따라 심의하는 경우 대통령령으로 정하는 이해관계인의 의견을 들어야 한다.

⑤ 식품의약품안전처장은 제1항에 따른 위해평가나 제3항 단서에 따른 사후 심의위원회의 심의 · 의결에서 위해가 없다고 인정된 식품 등에 대하여는 지체 없이 제2항에 따른 일시적 금지조치를 해제하여야 한다.

⑥ 제1항에 따른 위해평가의 대상, 방법 및 절차, 그 밖에 필요한 사항은 대통령령으로 정한다.

② 소비자 등의 위생검사 등 요청

③ 위해식품 등에 대한 긴급대응

④ 유전자변형식품 등의 안전성 심사 등

⑤ 검사명령 등

⑥ 특정 식품 등의 수입 · 판매 등 금지

⑦ 출입 · 검사 · 수거 등

⑧ 식품 등의 재검사

⑨ 자가품질검사 의무

제31조(자가품질검사 의무)

식품 등을 제조 · 가공하는 영업자는 총리령으로 정하는 바에 따라 제조 · 가공하는 식품 등이 제7조 또는 제9조에 따른 기준과 규격에 맞는지를 검사하여야 한다.

▼ 자가품질검사기준(제31조 제1항 관련) – 식품위생법 시행규칙 [별표 12]

1. 식품 등에 대한 자가품질검사는 판매를 목적으로 제조 · 가공하는 품목별로 실시하여야 한다. 다만, 식품공전에서 정한 동일한 검사항목을 적용받은 품목을 제조 · 가공하는 경우에는 식품유형별로 이를 실시할 수 있다.
2. 기구 및 용기 · 포장의 경우 동일한 재질의 제품으로 크기나 형태가 다를 경우에는 재질별로 자가품질검사를 실시할 수 있다.
3. 자가품질검사주기는 처음으로 제품을 제조한 날을 기준으로 산정한다. 다만, 「수입식품안전관리 특별법」 제18조 제2항에 따른 주문자상표부착식품 등과 식품제조 · 가공업자가 자신의 제품을 만들기 위하여 수입한 용기 · 포장은 「관세법」 제248조에 따라 관할 세관장이 신고필증을 발급한 날을 기준으로 산정한다.
4. 자가품질검사는 식품의약품안전처장이 정하여 고시하는 식품유형별 검사항목을 검사한다. 다만, 식품제조 · 가공 과정 중 특정 식품첨가물을 사용하지 아니한 경우에는 그 항목의 검사를 생략할 수 있다.
5. 영업자가 다른 영업자에게 식품 등을 제조하게 하는 경우에는 식품 등을 제조하게 하는 자 또는 직접 그 식품 등을 제조하는 자가 자가품질검사를 실시하여야 한다.

6. 식품 등의 자가품질검사는 다음의 구분에 따라 실시하여야 한다.

가. 식품제조 · 가공업

1) 과자류, 빵류 또는 떡류(과자, 캔디류, 추잉껌 및 떡류만 해당한다), 코코아가공품류, 초콜릿류, 잼류, 당류, 음료류[다류(茶類) 및 커피류만 해당한다], 절임류 또는 조림류, 수산가공식품류(젓갈류, 건포류, 조미김, 기타 수산물가공품만 해당한다), 두부류 또는 묵류, 면류, 조미식품(고춧가루, 실고추 및 향신료가공품, 식염만 해당한다), 즉석식품류(만두류, 즉석섭취식품, 즉석조리식품만 해당한다), 장류, 농산가공식품류(전분류, 밀가루, 기타 농산가공품류 중 곡류가공품, 두류가공품, 서류가공품, 기타 농산가공품만 해당한다), 식용유지가공품(모조치즈, 식물성크림, 기타 식용유지가공품만 해당한다), 동물성가공식품류(추출가공식품만 해당한다), 기타 가공품, 선박에서 통 · 병조림을 제조하는 경우 및 단순가공품(자연산물을 그 원형을 알아볼 수 없도록 분해 · 절단 등의 방법으로 변형시키거나 1차 가공처리한 식품원료를 식품첨가물을 사용하지 아니하고 단순히 서로 혼합만 하여 가공한 제품이거나 이 제품에 식품제조 · 가공업의 허가를 받아 제조 · 포장된 조미식품을 포장된 상태 그대로 첨부한 것을 말한다)만을 가공하는 경우 : 3개월마다 1회 이상 식품의약품안전처장이 정하여 고시하는 식품유형별 검사항목

2) 식품제조 · 가공업자가 자신의 제품을 만들기 위하여 수입한 용기 · 포장 : 동일 재질별로 6개월마다 1회 이상 재질별 성분에 관한 규격

3) 빵류, 식육함유가공품, 알함유가공품, 동물성가공식품류(기타 식육 또는 기타 알제품), 음료류(과일 · 채소류 음료, 탄산음료류, 두유류, 발효음료류, 인삼 · 홍삼음료, 기타 음료만 해당한다, 비가열음료는 제외한다), 식용유지류(들기름, 추출들깨유만 해당한다) : 2개월마다 1회 이상 식품의약품안전처장이 정하여 고시하는 식품유형별 검사항목

4) 1)부터 3)까지의 규정 외의 식품 : 1개월(주류의 경우에는 6개월)마다 1회 이상 식품의약품안전처장이 정하여 고시하는 식품유형별 검사항목

5) 법 제48조 제8항에 따른 전년도의 조사 · 평가 결과가 만점의 90퍼센트 이상인 식품 : 1) · 3) · 4)에도 불구하고 6개월마다 1회 이상 식품의약품안전처장이 정하여 고시하는 식품유형별 검사항목

6) 식품의약품안전처장이 식중독 발생위험이 높다고 인정하여 지정 · 고시한 기간에는 1) 및 2)에 해당하는 식품은 1개월마다 1회 이상, 3)에 해당하는 식품은 15일마다 1회 이상, 4)에 해당하는 식품은 1주일마다 1회 이상 실시하여야 한다.

7) 「주류 면허 등에 관한 법률」 제29조에 따른 검사 결과 적합 판정을 받은 주류는 자가품질검사를 실시하지 않을 수 있다. 이 경우 해당 검사는 제4호에 따른 주류의 자가품질검사 항목에 대한 검사를 포함해야 한다.

나. 즉석판매제조 · 가공업

1) 과자(크림을 위에 바르거나 안에 채워 넣은 후 가열살균하지 않고 그대로 섭취하는 것만 해당한다), 빵류(크림을 위에 바르거나 안에 채워 넣은 후 가열살균하지 않고 그대로 섭취하는 것만 해당한다), 당류(설탕류, 포도당, 과당류, 올리고당류만 해당한다), 식육함유가공품, 어육가공품류(연육, 어묵, 어육소시지 및 기타 어육가공품만 해당한다), 두부류 또는 묵류, 식용유지류(압착식용유만 해당한다), 특수용도식품, 소스, 음료류(커피, 과일 · 채소류 음료, 탄산음료류, 두유류, 발효음료류, 인삼 · 홍삼음료, 기타 음료만 해당한다), 동물성가공식품류(추출가공식품만 해당한다), 빙과류, 즉석섭취식품(도시락, 김밥류, 햄버거류 및 샌드위치류만 해당한다), 즉석조리식품(순대류만 해당한다), 신선편의식품, 간편조리세트, 「축산물 위생관리법」 제2조 제2호에 따른 유가공품, 식육가공품 및 알가공품 : 9개월마다 1회 이상 식품의약품안전처장이 정하여 고시하는 식품 및 축산물가공품 유형별 검사항목

2) [별표 15] 제2호에 따른 영업을 하는 경우에는 자가품질검사를 실시하지 않을 수 있다.

다. 식품첨가물

1) 기구 등 살균소독제 : 6개월마다 1회 이상 살균소독력

2) 1) 외의 식품첨가물 : 6개월마다 1회 이상 식품첨가물별 성분에 관한 규격

라. 기구 또는 용기 · 포장 : 동일 재질별로 6개월마다 1회 이상 재질별 성분에 관한 규격

(6) 제7장 영업

① 시설기준

제36조(시설기준)

① 다음의 영업을 하려는 자는 총리령으로 정하는 시설기준에 맞는 시설을 갖추어야 한다.

1. 식품 또는 식품첨가물의 제조업, 가공업, 운반업, 판매업 및 보존업
2. 기구 또는 용기 · 포장의 제조업
3. 식품접객업
4. 공유주방 운영업(제2조 제5호의 2에 따라 여러 영업자가 함께 사용하는 공유주방을 운영하는 경우로 한정한다. 이하 같다)

② 제1항에 따른 시설은 영업을 하려는 자별로 구분되어야 한다. 다만, 공유주방을 운영하는 경우에는 그러하지 아니하다.

③ 제1항 각 호에 따른 영업의 세부 종류와 그 범위는 대통령령으로 정한다.

② 영업허가 등

③ 영업허가 등의 제한

④ 영업 승계

⑤ 건강진단

⑥ 식품위생교육

⑦ 실적보고

⑧ 영업 제한

⑨ 영업자 등의 준수 사항

⑩ 위해식품 등의 회수

⑪ 식품 등의 이물 발견 보고 등

제46조(식품 등의 이물 발견 보고 등)

① 판매의 목적으로 식품 등을 제조 · 가공 · 소분 · 수입 또는 판매하는 영업자는 소비자로부터 판매제품에서 식품의 제조 · 가공 · 조리 · 유통 과정에서 정상적으로 사용된 원료 또는 재료가 아닌 것으로서 섭취할 때 위생상 위해가 발생할 우려가 있거나 섭취하기에 부적합한 물질[이하 "이물(異物)"이라 한다]을 발견한 사실을 신고받은 경우 지체 없이 이를 식품의약품안전처장, 시 · 도지사 또는 시장 · 군수 · 구청장에게 보고하여야 한다.

② 「소비자기본법」에 따른 한국소비자원 및 소비자단체와 「전자상거래 등에서의 소비자보호에 관한 법률」에 따른 통신판매중개업자로서 식품접객업소에서 조리한 식품의 통신판매를 전문적으로 알선하는 자는 소비자로부터 이물 발견의 신고를 접수하는 경우 지체 없이 이를 식품의약품안전처장에게 통보하여야 한다.

③ 시 · 도지사 또는 시장 · 군수 · 구청장은 소비자로부터 이물 발견의 신고를 접수하는 경우 이를 식품의약품안전처장에게 통보하여야 한다.

④ 식품의약품안전처장은 제1항부터 제3항까지의 규정에 따라 이물 발견의 신고를 통보받은 경우 이물혼입 원인 조사를 위하여 필요한 조치를 취하여야 한다.

⑤ 제1항에 따른 이물 보고의 기준 · 대상 및 절차 등에 필요한 사항은 총리령으로 정한다.

제46조의 2(식품 등의 오염사고의 보고 등)
① 식품 등을 제조 · 가공하는 영업자는 식품 등의 제조 · 가공 과정에서 산업재해로 인하여 식품 등에 이물이 섞이거나 섞일 우려가 있는 등 대통령령으로 정하는 경우에는 해당 식품 등의 폐기, 시설 개선 또는 세척 등 오염 예방을 위한 필요한 조치(이하 "오염예방조치"라 한다)를 취하고 지체 없이 식품의약품안전처장에게 보고하여야 한다.
② 제1항에 따른 보고를 받은 식품의약품안전처장은 현장조사를 실시하여야 한다.
③ 제1항에 따른 방법 · 절차 및 오염예방조치 등에 필요한 사항은 총리령으로 정한다.

⑫ 모범업소의 지정 등
⑬ 식품안전관리인증기준
⑭ 식품이력추적관리 등록기준 등

(7) 제8장 조리사 등

(8) 제9장 식품위생심의위원회

(9) 제10장 식품위생단체 등

제70조의 7(건강 위해가능 영양성분 관리)
① 국가 및 지방자치단체는 식품의 나트륨, 당류, 트랜스지방 등 영양성분(이하 "건강 위해가능 영양성분"이라 한다)의 과잉섭취로 인하여 국민 건강에 발생할 수 있는 위해를 예방하기 위하여 노력하여야 한다.
② 식품의약품안전처장은 관계 중앙행정기관의 장과 협의하여 건강 위해가능 영양성분 관리 기술의 개발 · 보급, 적정섭취를 위한 실천방법의 교육 · 홍보 등을 실시하여야 한다.
③ 건강 위해가능 영양성분의 종류는 대통령령으로 정한다.
※ 건강 위해가능 영양성분의 종류 : 나트륨, 당류, 트랜스지방

(10) 제11장 시정명령과 허가취소 등 행정 제재

① 시정명령

제71조(시정명령)
식품의약품안전처장, 시 · 도지사 또는 시장 · 군수 · 구청장은 제3조에 따른 식품 등의 위생적 취급에 관한 기준에 맞지 아니하게 영업하는 자와 이 법을 지키지 아니하는 자에게는 필요한 시정을 명하여야 한다.

② 폐기처분 등
③ 위해식품 등의 공표
④ 시설 개수명령 등
⑤ 허가취소 등
⑥ 품목 제조정지 등
⑦ 영업허가 등의 취소 요청

⑧ 행정 제재처분 효과의 승계
⑨ 폐쇄조치 등
⑩ 면허취소 등
⑪ 청문
⑫ 영업정지 등의 처분에 갈음하여 부과하는 과징금 처분
⑬ 위해식품 등의 판매 등에 따른 과징금 부과 등
⑭ 위반사실 공표

(11) 제12장 보칙

(12) 제13장 벌칙

2. 식품위생법 시행령

「식품위생법」에서 위임된 사항과 그 시행에 필요한 사항을 규정함을 목적으로 한다. 국무회의 심의를 거쳐 공포하며 식품위생법을 시행하는 데 필요한 사항을 규정한다.

3. 식품위생법 시행규칙

이 규칙은 「식품위생법」 및 같은 법 시행령에서 위임된 사항과 그 시행에 필요한 사항을 규정함을 목적으로 한다.

※ 이 외에도 식품에 관한 법률(또는 건강기능식품, 농축수산물분야)은 건강기능식품에 관한 법률, 축산물 위생관리법, 식품안전기본법, 어린이식생활안전관리 특별법, 수입식품안전관리 특별법, 농수산물 품질관리법, 식품 등의 표시 · 광고에 관한 법률, 한국식품안전관리인증원의 설립 및 운영에 관한 법률이 있다.

SECTION 02 식품위생법령

1. 식품공전

식품공전은 식품의약품안전처장의 고시로서, 판매를 목적으로 하거나 영업상 사용하는 식품, 식품첨가물, 기구 및 용기 · 포장의 제조 · 가공 · 사용 · 조리 및 보존 방법에 관한 기준, 성분에 관한 규격 및 시험법, 유전자변형식품 등의 기준, 축산물 위생관리법 제4조 제2항의 규정에 따른 축산물의 가공 · 포장 · 보존 및 유통의 방법에 관한 기준, 축산물의 성분에 관한 규격, 축산물의 위생등급에 관한 기준 등을 수록하고 있다.

▼ 식품공전에서 분류하는 가공식품 분류체계(24개 식품군)

- 식품군(대분류) : '제5. 식품별 기준 및 규격'에서 대분류하고 있는 음료류, 조미식품 등을 말한다.
- 식품종(중분류) : 식품군에서 분류하고 있는 다류, 과일 · 채소류 음료, 식초, 햄류 등을 말한다.
- 식품유형(소분류) : 식품종에서 분류하고 있는 농축과 · 채즙, 과 · 채주스, 발효식초, 희석초산 등을 말한다.
- 24개 식품군 : 과자류, 빵류 또는 떡류, 빙과류, 코코아가공품류 또는 초콜릿류, 당류, 잼류, 두부류 또는 묵류, 식용유지류, 면류, 음료류, 특수영양식품, 특수의료용도식품, 장류, 조미식품, 절임류 또는 조림류, 주류, 농산가공식품류, 식육가공품류 및 포장육, 알가공품류, 유가공품류, 수산가공식품류, 동물성가공식품류, 벌꿀 및 화분가공품류, 즉석식품류, 기타 식품류

▼ 식품공전의 주요 내용

No.	구성	내용
제1.	총칙	1. 일반원칙 2. 기준 및 규격의 적용 3. 용어의 풀이 4. 식품원료 분류
제2.	식품일반에 대한 공통기준 및 규격	1. 식품원료 기준(원료 등의 구비요건, 식품원료 판단기준) 2. 제조 · 가공기준 3. 식품일반의 기준 및 규격 4. 보존 및 유통기준
제3.	영 · 유아용, 고령자용 또는 대체식품으로 표시하여 판매하는 식품의 기준 및 규격	1. 영 · 유아용으로 표시하여 판매하는 식품 2. 고령자용으로 표시하여 판매하는 식품 3. 대체식품으로 표시하여 판매하는 식품
제4.	장기보존식품의 기준 및 규격	1. 통 · 병조림 식품 2. 레토르트 식품 3. 냉동식품
제5.	식품별 기준 및 규격	과자류, 빵류 또는 떡류, 빙과류, 코코아가공품류 또는 초콜릿류, 당류, 잼류, 두부류 또는 묵류, 식용유지류, 면류, 음료류, 특수영양식품, 특수의료용도식품, 장류, 조미식품, 절임류 또는 조림류, 주류, 농산가공식품류, 식육가공품류 및 포장육, 알가공품류, 유가공품류, 수산가공식품류, 동물성가공식품류, 벌꿀 및 화분가공품류, 즉석식품류, 기타 식품류
제6.	식품접객업소(집단급식소 포함)의 조리식품 등에 대한 기준 및 규격	정의, 기준 및 규격의 적용, 원료기준, 조리 및 관리기준, 규격, 시험방법
제7.	검체의 채취 및 취급방법	검체 채취의 의의, 용어의 정의, 검체 채취의 일반원칙, 검체의 채취 및 취급요령, 검체 채취 기구 및 용기, 개별 검체 채취 및 취급방법
제8.	일반시험법	식품일반시험법, 식품성분시험법, 식품 중 식품첨가물 시험법, 미생물 시험법, 원유 · 식육 · 식용란의 시험법, 식품별 규격 확인 시험법, 식품 중 잔류농약 시험법, 식품 중 잔류동물용 의약품 시험법, 식품 중 유해물질 시험법, 식품표시 관련 시험법, 시약 · 시액 · 표준용액 및 용량분석용 규정용액, 부표
제9.	재검토기한	–
	[별표]	[별표 1] 식품에 사용할 수 있는 원료의 목록 [별표 2] 식품에 제한적으로 사용할 수 있는 원료의 목록 [별표 3] 한시적 기준 · 규격에서 전환된 원료의 목록 [별표 4] 식품 중 농약 잔류허용기준 [별표 5] 식품 중 동물용 의약품의 잔류허용기준 [별표 6] 식품 중 농약 및 동물용 의약품의 잔류허용기준 면제물질

1) 정의

식품공전은 식품위생법 제7조에 의하여 판매를 목적으로 하는 식품 또는 첨가물의 제조, 가공, 조리 및 보존의 방법에 관한 기준과 그 식품 또는 첨가물의 성분에 관한 규칙을 정하여 고시할 수 있다고 정하고 있다. 이 근거에 의하여 규정된 식품, 첨가물의 기준 및 규격을 수록한 공전으로 식품의약품안전처에서 제·개정 업무를 수행하고 있다.

2) 구성

(1) 총칙

식품공전의 수록범위는 아래와 같으며 하기에 해당하는 제품은 식품공전의 적용을 받는다. 다만, 식품 중 식품첨가물의 사용기준은 「식품첨가물의 기준 및 규격」을 우선 적용한다.

[일반원칙]
이 고시에서 따로 규정한 것 이외에는 아래의 총칙에 따른다.

1) 이 고시의 수록범위는 다음 각 호와 같다.
   ① 식품위생법 제7조 제1항의 규정에 따른 식품의 원료에 관한 기준, 식품의 제조 · 가공 · 사용 · 조리 및 보존방법에 관한 기준, 식품의 성분에 관한 규격과 기준 · 규격에 대한 시험법
   ② 「식품 등의 표시 · 광고에 관한 법률」 제4조 제1항의 규정에 따른 식품 · 식품첨가물 또는 축산물과 기구 또는 용기 · 포장 및 「식품위생법」 제12조의 2의 제1항에 따른 유전자변형식품 등의 표시기준
   ③ 축산물 위생관리법 제4조 제2항의 규정에 따른 축산물의 가공 · 포장 · 보존 및 유통의 방법에 관한 기준, 축산물의 성분에 관한 규격, 축산물의 위생등급에 관한 기준
2) 이 고시에서는 가공식품에 대하여 다음과 같이 식품군(대분류), 식품종(중분류), 식품유형(소분류)으로 분류한다.
   ① 식품군 : '제5. 식품별 기준 및 규격'에서 대분류하고 있는 음료류, 조미식품 등을 말한다.
   ② 식품종 : 식품군에서 분류하고 있는 다류, 과일 · 채소류 음료, 식초, 햄류 등을 말한다.
   ③ 식품유형 : 식품종에서 분류하고 있는 농축과 · 채즙, 과 · 채주스, 발효식초, 희석초산 등을 말한다.
3) 이 고시의 개별 식품유형에서 정하고 있는 정의는 해당 식품의 일반적인 특징을 설명한 것으로, 새로운 제조기술의 사용 등으로 제조방법, 사용된 원료 등이 이 고시에서 정하는 식품유형의 정의와 일치하지 않더라도 제조된 식품이 어느 식품유형의 제품과 동일한 경우 해당 식품유형으로 분류할 수 있다.
4) 이 고시에 정하여진 기준 및 규격에 대한 적 · 부판정은 이 고시에서 규정한 시험방법으로 실시하여 판정하는 것을 원칙으로 한다. 다만, 이 고시에서 규정한 시험방법보다 더 정밀 · 정확하다고 인정된 방법을 사용할 수 있고 미생물 및 독소 등에 대한 시험에는 상품화된 키트(Kit) 또는 장비를 사용할 수 있으나, 그 결과에 대하여 의문이 있다고 인정될 때에는 규정한 방법에 의하여 시험하고 판정하여야 한다.
5) 이 고시에서 기준 및 규격이 정하여지지 아니한 것은 잠정적으로 식품의약품안전처장이 해당 물질에 대한 국제식품규격위원회(CAC ; Codex Alimentarius Commission) 규정 또는 주요 외국의 기준 · 규격과 일일섭취허용량(ADI ; Acceptable Daily Intake), 해당 식품의 섭취량 등 해당 물질별 관련 자료를 종합적으로 검토하여 적 · 부를 판정할 수 있다.
6) 이 고시의 '제5. 식품별 기준 및 규격'에서 따로 정하여진 시험방법이 없는 경우에는 '제8. 일반시험법'의 해당 시험방법에 따르고, 이 고시에서 기준 · 규격이 정하여지지 아니하였거나 기준 · 규격이 정하여져

있어도 시험방법이 수재되어 있지 아니한 경우에는 식품의약품안전처장이 인정한 시험방법, 국제식품규격위원회(CAC) 규정, 국제분석화학회(AOAC ; Association of Official Analytical Chemists), 국제표준화기구(ISO ; International Standard Organization), 농약분석매뉴얼(PAM ; Pesticide Analytical Manual) 등의 시험방법에 따라 시험할 수 있다. 만약, 상기 시험방법에도 없는 경우에는 다른 법령에 정해져 있는 시험방법, 국제적으로 통용되는 공인시험방법에 따라 시험할 수 있으며 그 시험방법을 제시하여야 한다.

7) 계량 등의 단위는 국제 단위계를 사용한 아래의 약호를 쓴다.

구분	내용	구분	내용	구분	내용
길이	m, cm, mm, μm, nm	중량	kg, g, mg, μg, ng, pg	열량	kcal, kJ
용량	L, mL, μL	넓이	cm^2	온도	℃
압착강도	N(Newton)				

8) 표준온도는 20℃, 상온은 15～25℃, 실온은 1～35℃, 미온은 30～40℃로 한다.

9) 중량백분율을 표시할 때에는 %의 기호를 쓴다. 다만, 용액 100mL 중의 물질함량(g)을 표시할 때에는 w/v%로, 용액 100mL 중의 물질함량(mL)을 표시할 때에는 v/v%의 기호를 쓴다. 중량백만분율을 표시할 때에는 mg/kg의 약호를 사용하고 ppm의 약호를 쓸 수 있으며, mg/L도 사용할 수 있다. 중량 10억분율을 표시할 때에는 μg/kg의 약호를 사용하고 ppb의 약호를 쓸 수 있으며, μg/L도 사용할 수 있다.

10) 방사성물질 누출사고 발생 시 관리해야 할 방사성 핵종(核種)은 다음의 원칙에 따라 선정한다.

① 대표적 오염 지표 물질인 방사성 요오드와 세슘에 대하여 우선 선정하고, 방사능 방출사고의 유형에 따라 방출된 핵종을 선정한다.

② 방사성 요오드나 세슘이 검출될 경우 플루토늄, 스트론튬 등 그 밖의(이하 '기타'라고 한다) 핵종에 의한 오염 여부를 추가적으로 확인할 수 있으며, 기타 핵종은 환경 등에 방출 여부, 반감기, 인체 유해성 등을 종합 검토하여 전부 또는 일부 핵종을 선별하여 적용할 수 있다.

③ 기타 핵종에 대한 기준은 해당 사고로 인한 방사성 물질 누출이 더 이상 되지 않는 사고 종료 시점으로부터 1년이 경과할 때까지를 적용한다.

④ 기타 핵종에 대한 정밀검사가 어려운 경우에는 방사성 물질 누출 사고 발생국가의 비오염 증명서로 갈음할 수 있다.

11) 식품 중 농약 또는 동물용 의약품의 잔류허용기준을 신설, 변경 또는 면제하려는 자는 「식품 중 농약 및 동물용 의약품의 잔류허용기준 설정 지침」에 따라 신청하여야 한다.

12) 유해오염물질의 기준설정은 식품 중 유해오염물질의 오염도와 섭취량에 따른 인체 노출량, 위해수준, 노출 점유율을 고려하여 최소량의 원칙(ALARA ; As Low As Reasonably Achievable)에 따라 설정함을 원칙으로 한다.

13) 이 고시에서 정하여진 시험은 별도의 규정이 없는 경우 다음의 원칙을 따른다.

① 원자량 및 분자량은 최신 국제원자량표에 따라 계산한다.

② 따로 규정이 없는 한 찬물은 15℃ 이하, 온탕 60～70℃, 열탕은 약 100℃의 물을 말한다.

③ "물 또는 물속에서 가열한다."라 함은 따로 규정이 없는 한 그 가열온도를 약 100℃로 하되, 물 대신 약 100℃ 증기를 사용할 수 있다.

④ 시험에 쓰는 물은 따로 규정이 없는 한 증류수 또는 정제수로 한다.

⑤ 용액이라 기재하고 그 용매를 표시하지 아니하는 것은 물에 녹인 것을 말한다.

⑥ 감압은 따로 규정이 없는 한 15mmHg 이하로 한다.

⑦ pH를 산성, 알칼리성 또는 중성으로 표시한 것은 따로 규정이 없는 한 리트머스지 또는 pH 미터기(유리전극)를 써서 시험한다. 또한, 강산성은 pH 3.0 미만, 약산성은 pH 3.0 이상 5.0 미만, 미산성은

pH 5.0 이상 6.5 미만, 중성은 pH 6.5 이상 7.5 미만, 미알칼리성은 pH 7.5 이상 9.0 미만, 약알칼리성은 pH 9.0 이상 11.0 미만, 강알칼리성은 pH 11.0 이상을 말한다.

⑧ 용액의 농도를 (1 → 5), (1 → 10), (1 → 100) 등으로 나타낸 것은 고체시약 1g 또는 액체시약 1mL를 용매에 녹여 전량을 각각 5mL, 10mL, 100mL 등으로 하는 것을 말한다. 또한 (1 + 1), (1 + 5) 등으로 기재한 것은 고체시약 1g 또는 액체시약 1mL에 용매 1mL 또는 5mL 혼합하는 비율을 나타낸다. 용매는 따로 표시되어 있지 않으면 물을 써서 희석한다.

⑨ 혼합액을 (1 : 1), (4 : 2 : 1) 등으로 나타낸 것은 액체시약의 혼합용량비 또는 고체시약의 혼합중량비를 말한다.

⑩ 방울수(滴水)를 측정할 때에는 20℃에서 증류수 20방울을 떨어뜨릴 때 그 무게가 0.90~1.10g이 되는 기구를 쓴다.

⑪ 네슬러관은 안지름 20mm, 바깥지름 24mm, 밑에서부터 마개의 밑까지의 길이가 20cm의 무색유리로 만든 바닥이 평평한 시험관으로서 50mL의 것을 쓴다. 또한 각 관의 눈금의 높이의 차는 2mm 이하로 한다.

⑫ 데시케이터의 건조제는 따로 규정이 없는 한 실리카겔(이산화규소)로 한다.

⑬ 시험은 따로 규정이 없는 한 상온에서 실시하고 조작 후 30초 이내에 관찰한다. 다만, 온도의 영향이 있는 것에 대하여는 표준온도에서 행한다.

⑭ 무게를 "정밀히 단다"라 함은 달아야 할 최소단위를 고려하여 0.1mg, 0.01mg 또는 0.001mg까지 다는 것을 말한다. 또 무게를 "정확히 단다"라 함은 규정된 수치의 무게를 그 자릿수까지 다는 것을 말한다.

⑮ 검체를 취하는 양에 "약"이라고 한 것은 따로 규정이 없는 한 기재량의 90~110%의 범위 내에서 취하는 것을 말한다.

⑯ 건조 또는 강열할 때 "항량"이라고 기재한 것은 다시 계속하여 1시간 더 건조 혹은 강열할 때에 전후의 칭량차가 이전에 측정한 무게의 0.1% 이하임을 말한다.

[용어의 풀이]

구분	내용
식품유형	제품의 원료, 제조방법, 용도, 섭취형태, 성상 등 제품의 특성을 고려하여 제조 및 보존 · 유통과정에서 식품의 안전과 품질 확보를 위해 필요한 공통 사항을 정하고 제품에 대한 정보 제공을 용이하게 하기 위하여 유사한 특성의 식품끼리 묶은 것
A, B, C, … 등	예시 개념으로 일반적으로 많이 사용하는 것을 기재하고 그 외에 관련된 것을 포괄하는 개념
A 또는 B	'A와 B', 'A나 B', 'A 단독' 또는 'B 단독'으로 해석할 수 있으며, 'A, B, C 또는 D' 역시 그러하다.
A 및 B	A와 B를 동시에 만족하여야 한다.
적절한 ○○과정(공정)	식품의 제조 · 가공에 필요한 과정(공정)을 말하며 식품의 안전성, 건전성을 얻으며 일반적으로 널리 통용되는 방법이나 과학적으로 충분히 입증된 방법
식품 및 식품첨가물은 그 기준 및 규격에 적합하여야 한다.	해당되는 기준 및 규격에 적합하여야 한다.
보관하여야 한다.	원료 및 제품의 특성을 고려하여 그 품질이 최대로 유지될 수 있는 방법으로 보관하여야 한다.
가능한 한, 권장한다, 할 수 있다	위생수준과 품질향상을 유도하기 위하여 설정하는 것으로 권고사항을 뜻한다.

구분	내용
이와 동등 이상의 효력을 가지는 방법	기술된 방법 이외에 일반적으로 널리 통용되는 방법이나 과학적으로 충분히 입증된 것으로 위생학적 · 영양학적 · 관능적 품질의 유지가 가능한 방법
○○%, ○○% 이상 · 이하 · 미만	정의 또는 식품유형에서 '○○%, ○○% 이상 · 이하 · 미만' 등으로 명시되어 있는 것은 원료 또는 성분 배합 시의 기준을 말한다.
특정성분	가공식품에 사용되는 원료로서 제1. 총칙 4. 식품원료 분류 등에 의한 단일식품의 가식부분
건조물(고형물)	원료를 건조하여 남은 고형물로서 별도의 규격이 정하여지지 않은 한, 수분함량이 15% 이하인 것
고체식품	외형이 일정한 모양과 부피를 가진 식품
액체 또는 액상식품	유동성이 있는 상태의 것 또는 액체상태의 것을 그대로 농축한 것
환(Pill)	식품을 작고 둥글게 만든 것
과립(Granule)	식품을 잔 알갱이 형태로 만든 것
분말(Powder)	입자의 크기가 과립형태보다 작은 것
유탕 또는 유처리	식품의 제조공정상 식용유지로 튀기거나 제품을 성형한 후식용 유지를 분사하는 등의 방법으로 제조 · 가공하는 것
주정처리	살균을 목적으로 식품의 제조공정상 주정을 사용하여 제품을 침지하거나 분사하는 등의 방법
소비기한	식품에 표시된 보관방법을 준수할 경우 섭취하여도 안전에 이상이 없는 기한
최종제품	가공 및 포장이 완료되어 유통 판매가 가능한 제품
규격	최종제품에 대한 규격
검출되어서는 아니 된다.	이 고시에 규정하고 있는 방법으로 시험하여 검출되지 않는 것
원료	식품제조에 투입되는 물질로서 식용이 가능한 동물, 식물 등이나 이를 가공 처리한 것, 「식품첨가물의 기준 및 규격」에 허용된 식품첨가물, 그리고 또 다른 식품의 제조에 사용되는 가공식품 등
주원료	해당 개별식품의 주용도, 제품의 특성 등을 고려하여 다른 식품과 구별, 특정 짓게 하기 위하여 사용되는 원료
단순추출물	원료를 물리적으로 또는 용매(물, 주정, 이산화탄소)를 사용하여 추출한 것으로 특정한 성분이 제거되거나 분리되지 않은 추출물(착즙 포함)
식품에 제한적으로 사용할 수 있는 원료	식품 사용에 조건이 있는 식품의 원료
식품에 사용할 수 없는 원료	식품의 제조 · 가공 · 조리에 사용할 수 없는 것으로, 제2. 1. 2)의 (6) 식품에 사용할 수 있는 원료, (7) 식품에 제한적으로 사용할 수 있는 원료, (8) 한시적 기준 · 규격에서 전환된 원료에서 정한 것 이외의 원료
원료에서 유래되는	해당 기준 및 규격에 적합하거나 품질이 양호한 원료에서 불가피하게 유래된 것을 말하는 것으로, 공인된 자료나 문헌으로 입증할 경우 인정할 수 있다.
원료의 '품질과 선도가 양호'	농 · 임 · 축 · 수산물 및 가공식품의 경우 이 고시에서 규정하고 있는 기준과 규격에 적합한 것을 말한다. 또한, 농 · 임산물의 경우 고유의 형태와 색택을 가지고 이미 · 이취가 없어야 하나, 멍들거나 손상된 부위를 제거하여 식용에 적합하도록 한 것을 포함하며, 해조류의 경우 외형상 그 종류를 알아볼 수 있을 정도로 모양과 색깔이 손상되지 않은 것
원료의 '부패 · 변질'	미생물 등에 의해 단백질, 지방 등이 분해되어 악취와 유해성 물질이 생성되거나, 식품 고유의 냄새, 빛깔, 외관 또는 조직이 변하는 것
비가식부분	통상적으로 식용으로 섭취하지 않는 원료의 특정부위를 말하며, 가식부분 중에 손상되거나 병충해를 입은 부분 등 고유의 품질이 변질되었거나 제조공정 중 부적절한 가공처리로 손상된 부분을 포함한다.

구분	내용
이물	정상식품의 성분이 아닌 물질을 말하며 동물성으로 절지동물 및 그 알, 유충과 배설물, 설치류 및 곤충의 흔적물, 동물의 털, 배설물, 기생충 및 그 알 등이 있고, 식물성으로 종류가 다른 식물 및 그 종자, 곰팡이, 짚, 겨 등이 있으며, 광물성으로 흙, 모래, 유리, 금속, 도자기파편 등이 있다.
이매패류	두 장의 껍데기를 가진 조개류로 대합, 굴, 진주담치, 가리비, 홍합, 피조개, 키조개, 새조개, 개량조개, 동죽, 맛조개, 재첩류, 바지락, 개조개 등
'냉장' 또는 '냉동'	이 고시에서 따로 정하여진 것을 제외하고는 냉장은 0~10℃, 냉동은 −18℃ 이하를 말한다.
'차고 어두운 곳' 또는 '냉암소'	따로 규정이 없는 한 0~15℃의 빛이 차단된 장소
냉장 · 냉동 온도측정값	냉장 · 냉동고 또는 냉장 · 냉동설비 등의 내부온도를 측정한 값 중 가장 높은 값
살균	따로 규정이 없는 한 세균, 효모, 곰팡이 등 미생물의 영양 세포를 불활성화시켜 감소시키는 것
멸균	따로 규정이 없는 한 미생물의 영양세포 및 포자를 사멸시키는 것
밀봉	용기 또는 포장 내외부의 공기유통을 막는 것
초임계추출	임계온도와 임계압력 이상의 상태에 있는 이산화탄소를 이용하여 식품원료 또는 식품으로부터 식용성분을 추출하는 것
심해	태양광선이 도달하지 않는 수심이 200m 이상 되는 바다
가공식품	식품원료(농 · 임 · 축 · 수산물 등)에 식품 또는 식품첨가물을 가하거나, 그 원형을 알아볼 수 없을 정도로 변형(분쇄, 절단 등)시키거나 이와 같이 변형시킨 것을 서로 혼합 또는 이 혼합물에 식품 또는 식품첨가물을 사용하여 제조 · 가공 · 포장한 식품을 말한다. 다만, 식품첨가물이나 다른 원료를 사용하지 아니하고 원형을 알아볼 수 있는 정도로 농 · 임 · 축 · 수산물을 단순히 자르거나 껍질을 벗기거나 소금에 절이거나 숙성하거나 가열(살균의 목적 또는 성분의 현격한 변화를 유발하는 경우를 제외한다) 등의 처리과정 중 위생상 위해 발생의 우려가 없고 식품의 상태를 관능으로 확인할 수 있도록 단순처리한 것은 제외한다.
식품조사(Food Irradiation)처리	식품 등의 발아억제, 살균, 살충 또는 숙도조절을 목적으로 감마선 또는 전자선가속기에서 방출되는 에너지를 복사(Radiation)의 방식으로 식품에 조사하는 것으로, 선종과 사용목적 또는 처리방식(조사)에 따라 감마선 살균, 전자선 살균, 엑스선 살균, 감마선 살충, 전자선 살충, 엑스선 살충, 감마선 조사, 전자선 조사, 엑스선 조사 등으로 구분하거나, 통칭하여 방사선 살균, 방사선 살충, 방사선 조사 등으로 구분할 수 있다. 다만, 검사를 목적으로 엑스선이 사용되는 경우는 제외한다.
식육	식용을 목적으로 하는 동물성원료의 지육, 정육, 내장, 그 밖의 부분을 말하며, '지육'은 머리, 꼬리, 발 및 내장 등을 제거한 도체(Carcass)를, '정육'은 지육으로부터 뼈를 분리한 고기를, '내장'은 식용을 목적으로 처리된 간, 폐, 심장, 위, 췌장, 비장, 신장, 소장 및 대장 등을, '그 밖의 부분'은 식용을 목적으로 도축된 동물성원료로부터 채취, 생산된 동물의 머리, 꼬리, 발, 껍질, 혈액 등 식용이 가능한 부위를 말한다.
장기보존식품	장기간 유통 또는 보존이 가능하도록 제조 · 가공된 통 · 병조림 식품, 레토르트 식품, 냉동식품
식품용수	식품의 제조, 가공 및 조리 시에 사용하는 물
'인삼', '홍삼' 또는 '흑삼'	「인삼산업법」에, '산양삼'은 「임업 및 산촌진흥 촉진에 관한 법률」에서 정하고 있는 것
한과	주로 곡물류나 과일, 견과류 등에 꿀, 엿, 설탕 등을 입혀 만든 것으로 유과, 약과, 정과 등
슬러쉬	청량음료 등 완전 포장된 음료나, 물, 분말주스 등의 원료를 직접 혼합하여 얼음을 분쇄한 것과 같은 상태로 만들거나 아이스크림을 만드는 기계 등을 이용하여 반얼음상태로 얼려 만든 음료

구분	내용
코코아고형분, 무지방코코아고형분	• 코코아고형분 : 코코아매스, 코코아버터 또는 코코아분말 • 무지방코코아고형분 : 코코아고형분에서 지방을 제외한 분말
유고형분	유지방분과 무지유고형분을 합한 것
유지방	우유로부터 얻은 지방
혈액이 함유된 알	알 내용물에 혈액이 퍼져 있는 알
혈반	난황이 방출될 때 파열된 난소의 작은 혈관에 의해 발생된 혈액 반점
육반	혈반이 특징적인 붉은 색을 잃어버렸거나 산란기관의 작은 체조직 조각
실금란	난각이 깨어지거나 금이 갔지만 난각막은 손상되지 않아 내용물이 누출되지 않은 알
오염란	난각의 손상은 없으나 표면에 분변 · 혈액 · 알내용물 · 깃털 등 이물질이나 현저한 얼룩이 묻어 있는 알
연각란	난각막은 파손되지 않았지만 난각이 얇게 축적되어 형태를 견고하게 유지될 수 없는 알
냉동식육어류머리	대구(*Gadus morhua, Gadus ogac, Gadus macrocephalus*), 은민대구(*Merluccius australis*), 다랑어류 및 이빨고기(*Dissostichus eleginoides, Dissostichus mawsoni*)의 머리를 가슴지느러미와 배지느러미 부위가 붙어 있는 상태로 절단한 것과 식용 가능한 모든 어종(복어류 제외)의 머리 중 가식부를 분리해 낸 것을 중심부 온도가 −18℃ 이하가 되도록 급속 냉동한 것으로서 식용에 적합하게 처리된 것
냉동식용어류내장	식용 가능한 어류의 알(복어알은 제외), 창난, 이리(곤이), 오징어 난포선 등을 분리하여 중심부 온도가 −18℃ 이하가 되도록 급속 냉동한 것으로서 식용에 적합하게 처리된 것
생식용 굴	소비자가 날로 섭취할 수 있는 전각굴, 반각굴, 탈각굴로서 포장한 것(냉동굴 포함)
미생물 규격에서 사용하는 용어 (n, c, m, M)	• n : 검사하기 위한 시료의 수 • c : 최대허용시료수, 허용기준치(m)를 초과하고 최대허용한계치(M) 이하인 시료의 수로서 결과가 m을 초과하고 M 이하인 시료의 수가 c 이하일 경우에는 적합으로 판정 • m : 미생물 허용기준치로서 결과가 모두 m 이하인 경우 적합으로 판정 • M : 미생물 최대허용한계치로서 결과가 하나라도 M을 초과하는 경우는 부적합으로 판정 ※ m, M에 특별한 언급이 없는 한 1g 또는 1mL당의 집락수(CFU : Colony Forming Unit)이다.
영아	생후 12개월 미만인 사람
유아	생후 12개월부터 36개월까지인 사람

(2) 식품일반에 대한 공통기준

[제조 · 가공기준]

① 식품 제조 · 가공에 사용되는 원료, 기계 · 기구류와 부대시설물은 항상 위생적으로 유지 · 관리하여야 한다.

② 식품용수는 「먹는물관리법」의 먹는물 수질기준에 적합한 것이거나, 「해양심층수의 개발 및 관리에 관한 법률」의 기준 · 규격에 적합한 원수, 농축수, 미네랄탈염수, 미네랄농축수이어야 한다.

③ 식품용수는 「먹는물관리법」에서 규정하고 있는 수처리제를 사용하거나, 각 제품의 용도에 맞게 물을 응집침전, 여과[활성탄, 모래, 세라믹, 맥반석, 규조토, 마이크로필터, 한외여과(Ultra Filter), 역삼투막, 이온교환수지], 오존살균, 자외선살균, 전기분해, 염소소독 등의 방법으로 수처리하여 사용할 수 있다.

④ '제5. 식품별 기준 및 규격'에서 원료 배합 시의 기준이 정하여진 식품은 그 기준에 의하며, 물을 첨가하여 복원되는 건조 또는 농축된 식품의 경우는 복원상태의 성분 및 함량비(%)로 환산 적용한다. 다만, 식육가공품 및 알가공품의 경우 원료 배합 시 제품의 특성에 따라 첨가되는 배합수는 제외할 수 있다.

⑤ 어떤 원료의 배합기준이 100%인 경우에는 식품첨가물의 함량을 제외하되, 첨가물을 함유한 당해 제품은 '제5. 식품별 기준 및 규격'의 당해 제품 규격에 적합하여야 한다.

⑥ 식품 제조 · 가공 및 조리 중에는 이물의 혼입이나 병원성 미생물 등이 오염되지 않도록 하여야 하며, 제조 과정 중 다른 제조공정에 들어가기 위해 일시적으로 보관되는 경우 위생적으로 취급 및 보관되어야 한다.

⑦ 식품은 물, 주정 또는 물과 주정의 혼합액, 이산화탄소만을 사용하여 추출할 수 있다. 다만, 식품첨가물의 기준 및 규격에서 개별기준이 정해진 경우는 그 사용기준을 따른다.

⑧ 냉동된 원료의 해동은 별도의 청결한 해동공간에서 위생적으로 실시하여야 한다.

⑨ 식품의 제조, 가공, 조리, 보존 및 유통 중에는 동물용 의약품을 사용할 수 없다.

⑩ 가공식품은 미생물 등에 오염되지 않도록 위생적으로 포장하여야 한다.

⑪ 식품은 캡슐 또는 정제형태로 제조할 수 없다. 다만, 과자, 캔디류, 추잉껌, 초콜릿류, 장류, 조미식품, 당류가공품, 음료류, 과 · 채 가공품은 정제형태로, 식용유지류는 캡슐형태로 제조할 수 있으나 이 경우 의약품 또는 건강기능식품으로 오인 · 혼동할 우려가 없도록 제조하여야 한다.

⑫ 식품의 처리 · 가공 중 건조, 농축, 열처리, 냉각 또는 냉동 등의 공정은 제품의 영양성, 안전성을 고려하여 적절한 방법으로 실시하여야 한다.

⑬ 원유는 이물을 제거하기 위한 청정공정과 필요한 경우 유지방구의 입자를 미세화하기 위한 균질공정을 거쳐야 한다.

⑭ 유가공품의 살균 또는 멸균 공정은 따로 정하여진 경우를 제외하고 저온 장시간 살균법(63~65℃에서 30분간), 고온 단시간 살균법(72~75℃에서 15초 내지 20초간), 초고온 순간처리법(130~150℃에서 0.5초 내지 5초간) 또는 이와 동등 이상의 효력을 가지는 방법으로 실시하여야 한다. 그리고 살균제품에 있어서는 살균 후 즉시 10℃ 이하로 냉각하여야 하고, 멸균제품은 멸균한 용기 또는 포장에 무균공정으로 충전 · 포장하여야 한다.

⑮ 식품 중 살균제품은 그 중심부 온도를 63℃ 이상에서 30분간 가열 살균하거나 또는 이와 동등 이상의 효력이 있는 방법으로 가열 살균하여야 하며, 오염되지 않도록 위생적으로 포장 또는 취급하여야 한다. 또한, 식품 중 멸균제품은 기밀성이 있는 용기 · 포장에 넣은 후 밀봉한 제품의 중심부 온도를 120℃ 이상에서 4분 이상 멸균 처리하거나 또는 이와 동등 이상의 멸균 처리를 하여야 한다. 다만, 식품별 기준 및 규격에서 정하여진 것은 그 기준에 따른다.

⑯ 멸균하여야 하는 제품 중 pH 4.6 이하인 산성식품은 살균하여 제조할 수 있다. 이 경우 해당 제품은 멸균제품에 규정된 규격에 적합하여야 한다.

⑰ 식품 중 비살균제품은 다음의 기준에 적합한 방법이나 이와 동등 이상의 효력이 있는 방법으로 관리하여야 한다.

- 원료육으로 사용하는 돼지고기는 도살 후 24시간 이내에 5℃ 이하로 냉각 · 유지하여야 한다.
- 원료육의 정형이나 냉동 원료육의 해동은 고기의 중심부 온도가 10℃를 넘지 않도록 하여야 한다.

⑱ 식육가공품 또는 포장육 작업장의 실내온도는 15℃ 이하로 유지 관리하여야 한다(다만, 가열처리작업장은 제외).

⑲ 식육가공품 또는 포장육의 공정상 특별한 경우를 제외하고는 가능한 한 신속히 가공하여야 한다.

⑳ 어류의 육질 이외의 부분은 비가식부분을 충분히 제거한 후 중심부 온도를 −18℃ 이하에서 보관하여야 한다.

㉑ 생식용 굴은 채취 후 신속하게 위생적인 물로써 충분히 세척하여야 하며, 식품첨가물(차아염소산나트륨 제외)을 사용하여서는 안 된다.

㉒ 기구 및 용기 · 포장류는 「식품위생법」 제9조의 규정에 의한 기구 및 용기 · 포장의 기준 및 규격에 적합한 것이어야 한다.

㉓ 식품포장 내부의 습기, 냄새, 산소 등을 제거하여 제품의 신선도를 유지시킬 목적으로 사용되는 물질은 기구 및 용기 · 포장의 기준 · 규격에 적합한 재질로 포장하여야 하고 식품에 이행되지 않도록 포장하여야 한다.

㉔ 식품의 용기 · 포장은 용기 · 포장류 제조업 신고를 필한 업소에서 제조한 것이어야 한다. 다만, 그 자신의 제품을 포장하기 위하여 용기 · 포장류를 직접 제조하는 경우는 제외한다.

㉕ 식품 제조 · 가공에 원료로 사용하는 톳과 모자반의 경우, 생물은 끓는 물에 충분히 삶고, 건조된 것은 물에 불린 후 충분히 삶는 등 무기비소 저감 공정을 거친 후 사용하여야 한다.

㉖ 도시락 제조에 사용되는 과일류 및 채소류는 충분히 세척한 후 식품첨가물로 허용된 살균제로 살균 후 깨끗한 물로 충분히 세척하여야 한다. 다만, 껍질을 제거하여 섭취하는 과일류, 과채류와 세척 후 가열과정이 있는 과일류 또는 채소류는 제외한다.

㉗ 냉장상태에서 유통되는 도시락의 경우, 도시락 용기에 담는 식품은 조리가 완료된 후 냉장온도(단, 밥은 제외)로 신속히 냉각하여 용기에 담아야 한다. 다만, 반찬의 온도에 영향을 미치지 않도록 별도 포장되는 밥은 그러하지 않을 수 있다.

㉘ 냉동수산물을 물에 담가 해동하는 경우 21℃ 이하에서 위생적으로 해동하여야 한다.

㉙ 분말, 가루, 환제품을 제조하기 위하여 원료를 금속재질의 분쇄기로 분쇄하는 경우에는 분쇄 이후(여러 번의 분쇄를 거치는 경우 최종 분쇄 이후) 충분한 자력을 가진 자석을 이용하여 금속성 이물(쇳가루)을 제거하는 공정을 거쳐야 한다. 이때 제거공정 중 자석에 부착된 분말 등을 주기적으로 제거하여 충분한 자력이 상시 유지될 수 있도록 관리하여야 한다.

㉚ 달걀을 물로 세척하는 경우 다음의 요건을 모두 충족하는 방법으로 세척하여야 한다.

- 30℃ 이상이면서 달걀의 품온보다 5℃ 이상의 물을 사용할 것
- 100~200ppm 차아염소산나트륨을 함유한 물을 사용할 것. 이때 차아염소산나트륨을 사용하지 않는 경우 150ppm 차아염소산나트륨과 동등 이상의 살균효력이 있는 방법을 사용할 수 있다.

(3) 영 · 유아용, 고령자용 또는 대체식품으로 표시하여 판매하는 식품의 기준 및 규격

① 영 · 유아용으로 표시하여 판매하는 식품

'제5. 식품별 기준 및 규격'의 1. 과자류, 빵류 또는 떡류~23. 즉석식품류에 해당하는 식품(다만, 특수영양식품, 특수의료용도식품 제외) 중 영아 또는 유아를 섭취대상으로 표시하여 판매하는 식품으로서, 그대로 또는 다른 식품과 혼합하여 바로 섭취하거나 가열 등 간단한 조리과정을 거쳐 섭취하는 식품을 말한다.

[제조 · 가공기준]

㉠ 미생물로 인한 위해가 발생하지 않도록 살균 또는 멸균공정을 거쳐야 한다.

㉡ 영아용 제품(영 · 유아 공용제품 포함) 중 액상제품은 멸균제품으로 제조하여야 한다(단, 우유류, 가공유류, 발효유류 제외).

㉢ 꿀 또는 단풍시럽을 원료로 사용하는 때에는 클로스트리디움 보툴리늄의 포자가 파괴되도록 처리하여야 한다.

㉣ 코코아는 12개월 이상의 유아용 제품에 사용할 수 있으며 그 사용량은 1.5% 이하이어야 한다(희석하여 섭취하는 제품은 섭취할 때를 기준으로 한다).

㉤ 타르색소와 사카린나트륨은 사용하여서는 아니 된다.

㉥ 제품은 제2. 식품일반에 대한 공통기준 및 규격, 3. 식품일반의 기준 및 규격, 5) 오염물질 중 영 · 유아용 이유식에 대해 규정한 기준에 적합하게 제조하여야 한다.

[규격]

㉠ 위생지표균 및 식중독균

항목 \ 규격	제품 특성	n	c	m	M
세균수	① 멸균제품	5	0	0	–
	② 6개월 미만 영아를 대상으로 하는 분말제품	5	2	1,000	10,000
	위 ①, ② 이외의 식품 (분말제품 또는 유산균첨가제품, 치즈류는 제외)	5	1	10	100
대장균군(멸균제품 제외)		5	0	0	–
바실루스 세레우스(멸균제품 제외)		5	0	100	–
크로노박터(영아용 제품에 한하며, 멸균제품은 제외)		5	0	0/60g	–

㉡ 나트륨(mg/100g) : 200 이하(다만, 치즈류는 300 이하이며, 희석 또는 혼합하여 섭취하는 제품은 제조사가 제시한 섭취방법을 반영하여 기준을 적용)

② 고령자용으로 표시하여 판매하는 식품(고령친화식품)

'제5. 식품별 기준 및 규격'의 1. 과자류, 빵류 또는 떡류~24. 기타 식품류(다만, 기타 가공품은 제외)에 해당하는 식품 중 고령자를 섭취대상으로 표시하여 판매하는 식품으로서, 고령자의 식품 섭취나 소화 등을 돕기 위해 식품의 물성을 조절하거나, 소화에 용이한 성분이나 형태가 되도록 처리하거나, 영양성분을 조정하여 제조 · 가공한 것을 말한다.

[제조 · 가공기준]

㉠ 고령자의 섭취, 소화, 흡수, 대사, 배설 등의 능력을 고려하여 제조 · 가공하여야 한다.

㉡ 미생물로 인한 위해가 발생하지 아니하도록 과일류 및 채소류는 충분히 세척한 후 식품첨가물로 허용된 살균제로 살균 후 깨끗한 물로 충분히 세척하여야 한다(다만, 껍질을 제거하여 섭취하는 과일류, 과채류와 세척 후 가열과정이 있는 과일류 또는 채소류는 제외).

㉢ 육류, 식용란 또는 동물성 수산물을 원료로 사용하는 경우 충분히 익도록 가열하여야 한다(다만, 더 이상의 가열조리 없이 섭취하는 제품에 한함).

㉣ 고령자의 식품 섭취를 돕기 위하여 다음 중 어느 하나에 적합하도록 제조 · 가공하여야 한다.

- 제품 100g당 단백질, 비타민 A, C, D, 리보플라빈, 나이아신, 칼슘, 칼륨, 식이섬유 중 3개 이상의 영양성분을 '제8. 일반시험법 → 12. 부표 → 12.10 한국인 영양소 섭취기준' 중 성인남자 65~74세의 권장섭취량 또는 충분섭취량의 10% 이상이 되도록 원료식품을 조합하거나 영양성분을 첨가하여야 한다. 다만, 특정 성별 · 연령군을 대상으로 하는 제품임을 명시하는 경우 해당 인구군의 영양소 섭취기준을 사용할 수 있으며, 고령자용 영양조제식품은 '제5. 식품별 기준 및 규격 → 10. 특수영양식품 → 10-7 고령자용 영양조제식품 → 3) 제조 · 가공 기준'에 따라 제조한다.
- 고령자가 섭취하기 용이하도록 경도 500,000N/m^2 이하로 제조하여야 한다.

[규격]

㉠ 대장균군 : $n=5$, $c=0$, $m=0$(살균제품에 한함)

㉡ 대장균 : $n=5$, $c=0$, $m=0$(비살균제품에 한함)

㉢ 경도 : 500,000N/m^2 이하(경도조절제품에 한함)

㉣ 점도 : 1,500mpa · s 이상(경도 20,000N/m^2 이하의 점도조절 액상제품에 한함)

③ 대체식품으로 표시하여 판매하는 식품

동물성 원료 대신 식물성 원료, 미생물, 식용곤충, 세포배양물 등을 주원료로 사용하여 기존 식품과 유사한 형태, 맛, 조직감 등을 가지도록 제조하였다는 것을 표시하여 판매하는 식품을 말한다.

[제조 · 가공기준]

㉠ 건조 소시지류와 유사한 형태로 제조한 식품은 수분을 35% 이하로, 반건조 소시지류 및 건조저장 육류와 유사한 형태로 제조한 식품은 수분을 55% 이하로 가공하여야 한다.

㉡ 발효유류와 유사한 형태로 제조한 식품은 배합된 원료(유산균, 효모는 제외한다)의 살균 또는 멸균, 냉각공정을 거친 후 원료로 사용한 유산균 또는 효모 이외의 다른 미생물이 오염되지 않도록 하여야 하며, 유산균 또는 효모는 적절한 온도를 유지하여 배양 또는 발효하여야 한다.

㉢ 어육가공품류와 유사한 형태로 제조한 식품의 유탕 · 유처리 시에 사용하는 유지는 산가 2.5 이하, 과산화물가 50 이하이어야 한다.

㉣ 건포류와 유사한 형태로 제조한 식품은 필요시 살균 또는 멸균 처리하여야 하고 제품은 위생적으로 포장하여야 한다.

[규격]

㉠ 산가 : 5.0 이하(유탕 · 유처리식품에 한함)

㉡ 과산화물가 : 60 이하(유탕 · 유처리식품에 한함)

㉢ 세균수 : $n=5$, $c=0$, $m=0$(멸균제품에 한함)

㉣ 대장균군 : $n=5$, $c=1$, $m=0$, $M=10$(살균제품에 한함)

㉤ 대장균 : $n=5$, $c=1$, $m=0$, $M=10$(비살균제품 중 더 이상 가공, 가열 조리를 하지 않고 그대로 섭취하는 제품에 한함)

(4) 장기보존식품의 기준 및 규격

① 통 · 병조림 식품

제조 · 가공 또는 위생처리된 식품을 12개월을 초과하여 실온에서 보존 및 유통할 목적으로 식품을 통 또는 병에 넣어 탈기와 밀봉 및 살균 또는 멸균한 것을 말한다.

[제조 · 가공기준]

㉠ 멸균은 제품의 중심온도가 120℃ 이상에서 4분 이상 열처리하거나 또는 이와 동등 이상의 효력이 있는 방법으로 열처리하여야 한다.

㉡ pH 4.6을 초과하는 저산성식품(Low acid food)은 제품의 내용물, 가공장소, 제조일자를 확인할 수 있는 기호를 표시하고 멸균공정 작업에 대한 기록을 보관하여야 한다.

㉢ pH가 4.6 이하인 산성식품은 가열 등의 방법으로 살균처리할 수 있다.

㉣ 제품은 저장성을 가질 수 있도록 그 특성에 따라 적절한 방법으로 살균 또는 멸균 처리하여야 하며 내용물의 변색이 방지되고 호열성 세균의 증식이 억제될 수 있도록 적절한 방법으로 냉각하여야 한다.

[규격]

㉠ 성상 : 관 또는 병뚜껑이 팽창 또는 변형되지 아니하고, 내용물은 고유의 색택을 가지고 이미 · 이취가 없어야 한다.

㉡ 주석(mg/kg) : 150 이하(알루미늄 캔을 제외한 캔 제품에 한하며, 산성 통조림은 200 이하이어야 함)

㉢ 세균발육 : 음성이어야 한다.

② 레토르트 식품

제조 · 가공 또는 위생처리된 식품을 12개월을 초과하여 실온에서 보존 및 유통할 목적으로 단층 플라스틱필름이나 금속박 또는 이를 여러 층으로 접착하여, 파우치와 기타 모양으로 성형한 용기에 제조 · 가공 또는 조리한 식품을 충전하고 밀봉하여 가열살균 또는 멸균한 것을 말한다.

[제조 · 가공기준]

㉠ 멸균은 제품의 중심온도가 120℃ 이상에서 4분 이상 열처리하거나 또는 이와 동등 이상의 효력이 있는 방법으로 열처리하여야 한다.

㉡ pH 4.6을 초과하는 저산성 식품(Low Acid Food)은 제품의 내용물, 가공장소, 제조일자를 확인할 수 있는 기호를 표시하고 멸균공정 작업에 대한 기록을 보관하여야 한다.

㉢ pH가 4.6 이하인 산성식품은 가열 등의 방법으로 살균처리할 수 있다.

㉣ 제품은 저장성을 가질 수 있도록 그 특성에 따라 적절한 방법으로 살균 또는 멸균 처리하여야 하며 내용물의 변색이 방지되고 호열성 세균의 증식이 억제될 수 있도록 적절한 방법으로 냉각시켜야 한다.

㉤ 보존료는 일절 사용하여서는 아니 된다.

[규격]

㉠ 성상 : 외형이 팽창, 변형되지 아니하고, 내용물은 고유의 향미, 색택, 물성을 가지고 이미 · 이취가 없어야 한다.

㉡ 세균발육 : 음성이어야 한다.

㉢ 타르색소 : 검출되어서는 아니 된다.

③ 냉동식품

제조 · 가공 또는 조리한 식품을 장기보존할 목적으로 냉동처리, 냉동보관하는 것으로서 용기 · 포장에 넣은 식품을 말한다.

- 가열하지 않고 섭취하는 냉동식품 : 별도의 가열과정 없이 그대로 섭취할 수 있는 냉동식품을 말한다.
- 가열하여 섭취하는 냉동식품 : 섭취 시 별도의 가열과정을 거쳐야만 하는 냉동식품을 말한다.

[제조 · 가공기준]

살균제품은 그 중심부의 온도를 63℃ 이상에서 30분 가열하거나 이와 같은 수준 이상의 효력이 있는 방법으로 가열 살균하여야 한다.

[규격]

식육, 포장육, 유가공품, 식육가공품, 알가공품, 식육함유가공품(비살균제품), 어육가공품류(비살균제품), 기타 동물성가공식품(비살균제품)은 제외

㉠ 가열하지 않고 섭취하는 냉동식품

- 세균수 : $n=5$, $c=2$, $m=100,000$, $M=500,000$(다만, 발효제품, 발효제품 첨가 또는 유산균 첨가제품은 제외한다)
- 대장균군 : $n=5$, $c=2$, $m=10$, $M=100$(살균제품에 해당된다)
- 대장균 : $n=5$, $c=2$, $m=0$, $M=10$(다만, 살균제품은 제외한다)
- 유산균수 : 표시량 이상(유산균 첨가제품에 해당된다)

㉡ 가열하여 섭취하는 냉동식품

- 세균수 : $n=5$, $c=2$, $m=1,000,000$, $M=5,000,000$(살균제품은 $n=5$, $c=2$, $m=100,000$, $M=500,000$, 다만, 발효제품, 발효제품 첨가 또는 유산균 첨가제품은 제외한다)
- 대장균군 : $n=5$, $c=2$, $m=10$, $M=100$(살균제품에 해당된다)
- 대장균 : $n=5$, $c=2$, $m=0$, $M=10$(다만, 살균제품은 제외한다)
- 유산균수 : 표시량 이상(유산균 첨가제품에 해당된다)

※ 주 : 간편조리세트(특수의료용도식품 중 간편조리세트형 제품 포함)는 가열조리하여 섭취하는 재료 중 다른 재료와 교차오염되지 않도록 구분 포장된 농·축·수산물 재료를 제외하고, 나머지 구성 재료를 모두 혼합하여 규격을 적용

(5) 식품별 기준 및 규격(식품공전상 식품유형별 정의)

(6) 식품접객업소(집단급식소 포함)의 조리식품 등에 대한 기준 및 규격

'식품접객업소(집단급식소 포함)의 조리식품'이란 유통판매를 목적으로 하지 아니하고 조리 등의 방법으로 손님에게 직접 제공하는 모든 음식물(음료수, 생맥주 등 포함)을 말한다.

① 기준 및 규격의 적용 : 식품첨가물의 사용에 대하여 식품접객업소(집단급식소 포함)에서 조리하여 판매하는 식품이 제5. 식품별 기준 및 규격에 따른 가공식품과 동일하거나 유사한 경우, 해당 가공식품에 적용되는 「식품첨가물의 기준 및 규격」(식품의약품안전처 고시)을 적용할 수 있다.

② 원료 기준

㉠ 원료의 구비요건

- 원료는 선도가 양호한 것으로서 부패·변질되었거나 유독·유해물질 등에 오염되지 아니한 것이어야 한다.
- 원료 및 기구 등의 세척, 식품의 조리, 먹는물 등으로 사용되는 물은 「먹는물관리법」의 수질기준에 적합한 것이어야 하며, 노로바이러스가 검출되어서는 아니 된다(수돗물은 제외).
- 식품접객업소에서 사용하는 얼음은 세균수가 1mL당 1,000 이하, 대장균 및 살모넬라가 250mL당 음성이어야 하며, 기타 이화학적 규격은 '제5. 식품별 기준 및 규격 → 2. 빙과류 → 2-4. 얼음류'의 기준 및 규격에 적합한 것이어야 한다.
- 식용을 목적으로 채취, 취급, 가공, 제조 또는 관리되지 아니한 동·식물성 원료는 식품의 조리용으로 사용하여서는 아니 된다.

㉡ 원료의 보관 및 저장

- 공통
  - 모든 식품 등은 위생적으로 취급하여야 하며 쥐, 바퀴벌레 등 위해생물에 의하여 오염되지 않도록 보관하여야 한다.

– 식품 등은 세척제나 인체에 유해한 화학물질, 농약, 독극물 등과 함께 보관하여서는 아니 된다.
– 기준규격이 정해진 식품 등은 정해진 기준에 따라 보관 · 저장하여야 하며, 농 · 임 · 축 · 수산물 중 선도를 유지해야 하는 원료의 경우에는 냉장 또는 냉동 보관하여야 한다.
– 세척 등 전처리를 거쳐 식품에 바로 사용할 수 있는 식품이나 가공식품은 바닥으로부터 오염되지 않도록 용기 등에 담아서 청결한 장소에 보관하여야 한다.
– 개별표시된 식품 등을 제외하고, 냉장으로 보관하여야 하는 경우에는 10℃ 이하, 냉동으로 보관하여야 하는 경우에는 −18℃ 이하에서 보관하여야 한다.
– 냉동식품의 해동
  냉동식품의 해동은 위생적으로 실시하여야 한다.
  해동된 후에는 조리 시까지 냉장 보관하여야 한다.
  한 번 해동한 식품의 경우 다시 냉동하여서는 아니 된다. 다만, 냉동식품을 분할하는 경우에는 그러하지 아니할 수 있으나 작업 후 즉시 냉동하여야 한다.

• 식품별
  – 곡류(쌀, 보리, 밀가루 등)
    건조하고 서늘한 곳에 위생적으로 보관하여야 한다.
    곰팡이가 피거나 색깔이 변하지 않도록 보관하여야 한다.
  – 유지류(참기름, 들기름, 현미유, 옥수수기름, 콩기름 등) 및 유지함유량이 많은 견과류 등은 직사광선을 받지 아니하는 서늘한 곳에 보관하거나, 냉장 또는 냉동 보관하여야 한다.
  – 축 · 수산물(소고기, 돼지고기, 생선 등)은 각각 위생적으로 포장하여 다른 식품과 용기, 포장 등으로 구분하여 냉장 또는 냉동 보관하여야 한다.
  – 과일 및 채소류(사과, 배, 복숭아, 포도, 배추, 무, 양파, 오이, 양배추, 시금치 등)는 세척한 과일 · 채소와 세척하지 않은 과일 · 채소가 섞이지 않도록 따로 보관하여야 한다.
  – 기타 식품
    조미식품은 이물의 혼입이나 오염방지를 위하여 마개나 덮개를 닫아 보관하여야 한다.
    두부는 냉장 보관하여야 한다.

ⓒ 규격

• 조리식품 등
  – 성상 : 고유의 색택과 향미를 가지고 이미 · 이취가 없어야 한다.
  – 이물 : 식품은 원료의 처리과정에서 그 이상 제거되지 아니하는 정도 이상의 이물과 오염된 비위생적인 이물을 함유하여서는 아니 된다. 다만, 다른 식품이나 원료식물의 표피 또는 토사 등과 같이 실제에 있어 정상적인 조리과정 중 완전히 제거되지 아니하고 잔존하는 경우의 이물로서 그 양이 적고 일반적으로 인체의 건강을 해할 우려가 없는 정도는 제외한다.

– 대장균 : 1g당 10 이하(단순 절단을 포함하여 직접 조리한 식품에 한함)
– 세균수 : 3,000/g 이하이어야 한다(슬러쉬에 한한다. 다만, 유가공품, 유산균, 발효식품 및 비살균제품이 함유된 경우에는 제외한다).
– 식중독균 : 식품접객업소(집단급식소 포함)에서 조리된 식품은 살모넬라(*Salmonella* spp.), 황색포도상구균(*Staphylococcus aureus*), 리스테리아 모노사이토제네스(*Listeria monocytogenes*), 장출혈성 대장균(*Enterohemorrhagic Escherichia coli*), 캠필로박터 제주니/콜리(*Camplyobacter jejuni/coli*), 여시니아 엔테로콜리티카(*Yersinia enterocolitica*), 비브리오 패혈증균(*Vibrio vulnificus*), 비브리오 콜레라(*Vibrio cholerae*) 등 식중독균이 음성이어야 하며, 장염비브리오(*Vibrio parahaemolyticus*), 클로스트리디움 퍼프린젠스(*Clostridium perfringens*) g당 100 이하, 바실루스 세레우스(*Bacillus cereus*) g당 10,000 이하이어야 한다. 다만, 조리과정 중 가열처리를 하지 않거나 가열 후 조리한 식품의 경우 황색포도상구균(*Staphylococcus aureus*)은 g당 100 이하이어야 한다.

- 접객용 음용수
  – 대장균 : 음성/250mL
  – 살모넬라 : 음성/250mL
  – 여시니아 엔테로콜리티카 : 음성/250mL
- 조리기구 등
  – 수족관물
  세균수 : 1mL당 100,000 이하
  대장균군 : 1,000 이하/100mL
  – 행주(사용 중인 것은 제외한다)
  대장균 : 음성이어야 한다.
  – 칼 · 도마 및 숟가락, 젓가락, 식기, 찬기 등 음식을 먹을 때 사용하거나 담는 것(사용 중인 것은 제외한다)
  살모넬라 : 음성이어야 한다.
  대장균 : 음성이어야 한다.

(7) 검체의 채취 및 취급방법

검사대상의 분석 진행을 위해 일부의 검체를 채취할 때의 검체채취의 일반원칙 및 취급요령에 대해서 다룬다. 검체의 채취 시에는 변질이 일어나지 않도록 제품의 원상태를 그대로 유지하여 실험실까지 운반하는 것을 원칙으로 한다. 아래는 식품공전에서 규정하는 검체의 채취 및 취급요령이다.

▼ 검체의 채취 및 취급요령

검체채취 시에는 검사 목적, 대상 식품의 종류와 물량, 오염 가능성, 균질 여부 등 검체의 물리 · 화학 · 생물학적 상태를 고려하여야 한다.

1. 검체의 채취 요령
  1) 검사대상식품 등이 불균질할 때
    ① 검체가 불균질할 때에는 일반적으로 다량의 검체가 필요하나 검사의 효율성, 경제성 등으로 부득이 소량의 검체를 채취할 수밖에 없는 경우에는 외관, 보관상태 등을 종합적으로 판단하여 의심스러운 것을 대상으로 검체를 채취할 수 있다.
    ② 식품 등의 특성상 침전 · 부유 등으로 균질하지 않은 제품(예 식품첨가물 중 향신료올레오레진류 등)은 전체를 가능한 한 균일하게 처리한 후 대표성이 있도록 채취하여야 한다.
  2) 검사항목에 따른 균질 여부 판단
    검체의 균질 여부는 검사항목에 따라 달라질 수 있다. 어떤 검사대상식품의 선도 판정에 있어서는 그 식품이 불균질하더라도 이에 함유된 중금속, 식품첨가물 등의 성분은 균질한 것으로 보아 검체를 채취할 수 있다.
  3) 포장된 검체의 채취
    ① 깡통, 병, 상자 등 용기 · 포장에 넣어 유통되는 식품 등은 가능한 한 개봉하지 않고 그대로 채취한다.
    ② 대형 용기 · 포장에 넣은 식품 등은 검사대상 전체를 대표할 수 있는 일부를 채취할 수 있다.
  4) 선박의 벌크검체 채취
    ① 검체채취는 선상에서 하거나 보세장치장의 사일로(Silo)에 투입하기 전에 하여야 한다. 다만, 부득이한 사유가 있는 경우에는 그러하지 아니할 수 있다.
    ② 같은 선박에 선적된 같은 품명의 농 · 임 · 축 · 수산물이 여러 장소에 분산되어 선적된 경우에는 전체를 하나의 검사대상으로 간주하여 난수표를 이용하여 무작위로 장소를 선정하여 검체를 채취한다.
  5) 냉장 · 냉동 검체의 채취
    냉장 또는 냉동식품을 검체로 채취하는 경우에는 그 상태를 유지하면서 채취하여야 한다.
  6) 미생물 검사를 하는 검체의 채취
    ① 검체를 채취 · 운송 · 보관하는 때에는 채취 당시의 상태를 유지할 수 있도록 밀폐되는 용기 · 포장 등을 사용하여야 한다.
    ② 미생물학적 검사를 위한 검체는 가능한 미생물에 오염되지 않도록 단위포장상태 그대로 수거하도록 하며, 검체를 소분 채취할 경우에는 멸균된 기구 · 용기 등을 사용하여 무균적으로 행하여야 한다.
    ③ 검체는 부득이한 경우를 제외하고는 정상적인 방법으로 보관 · 유통 중에 있는 것을 채취하여야 한다.
    ④ 검체는 관련 정보 및 특별수거계획에 따른 경우와 식품접객업소의 조리식품 등을 제외하고는 완전 포장된 것에서 채취하여야 한다.
  7) 기체를 발생하는 검체의 채취
    ① 검체가 상온에서 쉽게 기체를 발산하여 검사결과에 영향을 미치는 경우는 포장을 개봉하지 않고 하나의 포장을 그대로 검체단위로 채취하여야 한다.
    ② 다만, 소분 채취하여야 하는 경우에는 가능한 한 채취된 검체를 즉시 밀봉 · 냉각시키는 등 검사 결과에 영향을 미치지 않는 방법으로 채취하여야 한다.
  8) 페이스트상 또는 시럽상 식품 등
    ① 검체의 점도가 높아 채취하기 어려운 경우에는 검사결과에 영향을 미치지 않는 범위 내에서 가온 등 적절한 방법으로 점도를 낮추어 채취할 수 있다.
    ② 검체의 점도가 높고 불균질하여 일상적인 방법으로 균질하게 만들 수 없을 경우에는 검사결과에 영향을 주지 아니하는 방법으로 균질하게 처리할 수 있는 기구 등을 이용하여 처리한 후 검체를 채취할 수 있다.
  9) 검사 항목에 따른 검체채취 주의점
    ① 수분 : 증발 또는 흡습 등에 의한 수분함량 변화를 방지하기 위하여 검체를 밀폐 용기에 넣고 가능한 한 온도 변화를 최소화하여야 한다.
    ② 산가 및 과산화물가 : 빛 또는 온도 등에 의한 지방 산화의 촉진을 방지하기 위하여 검체를 빛이 차단되는 밀폐 용기에 넣고 채취 용기 내의 공간 체적과 가능한 한 온도 변화를 최소화하여야 한다.

2. 검체채취내역서의 기재
  검체채취자는 검체채취 시 당해 검체와 함께 '제8. 일반시험법 → 12. 부표 → 12.11 검체채취내역서'를 첨부하여야 한다. 다만, 검체채취내역서를 생략하여도 기준 · 규격검사에 지장이 없다고 인정되는 때에는 그러하지 아니할 수 있다.

3. 식별표의 부착
수입식품검사(유통수거 검사는 제외한다)의 경우 검체채취 후 검체를 수거하였음을 나타내는 '제8. 일반시험법 → 12. 부표 → 12.12 식별표'를 보세창고 등의 해당 식품에 부착한다.

4. 검체의 운반 요령
1) 채취된 검체는 오염, 파손, 손상, 해동, 변형 등이 되지 않도록 주의하여 검사실로 운반하여야 한다.
2) 검체가 장거리로 운송되거나 대중교통으로 운송되는 경우에는 손상되지 않도록 특히 주의하여 포장한다.
3) 냉동 검체의 운반
① 냉동 검체는 냉동 상태에서 운반하여야 한다.
② 냉동 장비를 이용할 수 없는 경우에는 드라이아이스 등으로 냉동상태를 유지하여 운반할 수 있다.
4) 냉장 검체의 운반
냉장 검체는 온도를 유지하면서 운반하여야 한다. 얼음 등을 사용하여 냉장온도를 유지하는 때에는 얼음 녹은 물이 검체에 오염되지 않도록 주의하여야 하며 드라이아이스 사용 시 검체가 냉동되지 않도록 주의하여야 한다.
5) 미생물 검사용 검체의 운반
① 부패 · 변질 우려가 있는 검체 : 미생물학적인 검사를 하는 검체는 멸균용기에 무균적으로 채취하여 저온(5℃ ±3 이하)을 유지시키면서 24시간 이내에 검사기관에 운반하여야 한다. 부득이한 사정으로 이 규정에 따라 검체를 운반하지 못한 경우에는 재수거하거나 채취일시 및 그 상태를 기록하여 식품 등 시험 · 검사기관 또는 축산물 시험 · 검사기관에 검사 의뢰한다.
② 부패 · 변질의 우려가 없는 검체 : 미생물 검사용 검체일지라도 운반과정 중 부패 · 변질 우려가 없는 검체는 반드시 냉장온도에서 운반할 필요는 없으나 오염, 검체 및 포장의 파손 등에 주의하여야 한다.
③ 얼음 등을 사용할 때의 주의사항 : 얼음 등을 사용할 때에는 얼음 녹은 물이 검체에 오염되지 않도록 주의하여야 한다.
6) 기체를 발생하는 검체의 운반
소분 채취한 검체의 경우에는 적절하게 냉장 또는 냉동한 상태로 운반하여야 한다.

이 외 식품 유형에 따른 규격과 각 유형별 제조 및 가공기준은 식품공전을 참고한다.

2. 식품첨가물 공전

1) 정의

「식품위생법」 제7조 제1항에 따른 식품첨가물의 제조 · 가공 · 사용 · 보존 방법에 관한 기준과 성분에 관한 규격을 정함으로써 식품첨가물의 안전한 품질을 확보하고, 식품에 안전하게 사용하도록 하여 국민 보건에 이바지함을 목적으로 한다.

2) 구성

(1) 총칙

공전에서 사용되는 용어의 정의 및 중량 · 용적 및 온도, 시험에 대한 규정

▼ 용어의 정의

구분	내용
가공보조제	식품의 제조 과정에서 기술적 목적을 달성하기 위하여 의도적으로 사용되고 최종제품 완성 전 분해, 제거되어 잔류하지 않거나 비의도적으로 미량 잔류할 수 있는 식품첨가물을 말한다. 식품첨가물의 용도 중 '살균제', '여과보조제', '이형제', '제조용제', '청관제', '추출용제', '효소제'가 가공보조제에 해당

구분	내용
용도	식품의 제조 · 가공 시 식품에 발휘되는 식품첨가물의 기술적 효과를 말하는 것
감미료	식품에 단맛을 부여하는 식품첨가물
고결방지제	식품의 입자 등이 서로 부착되어 고형화되는 것을 감소시키는 식품첨가물
거품제거제	식품의 거품 생성을 방지하거나 감소시키는 식품첨가물
껌기초제	적당한 점성과 탄력성을 갖는 비영양성의 씹는 물질로서 껌 제조의 기초 원료가 되는 식품첨가물
밀가루개량제	밀가루나 반죽에 첨가되어 제빵 품질이나 색을 증진시키는 식품첨가물
발색제	식품의 색을 안정화시키거나, 유지 또는 강화시키는 식품첨가물
보존료	미생물에 의한 품질 저하를 방지하여 식품의 보존기간을 연장시키는 식품첨가물
분사제	용기에서 식품을 방출시키는 가스 식품첨가물
산도조절제	식품의 산도 또는 알칼리도를 조절하는 식품첨가물
산화방지제	산화에 의한 식품의 품질 저하를 방지하는 식품첨가물
살균제	식품 표면의 미생물을 단시간 내에 사멸시키는 작용을 하는 식품첨가물
습윤제	식품이 건조되는 것을 방지하는 식품첨가물
안정제	두 가지 또는 그 이상의 성분을 일정한 분산 형태로 유지시키는 식품첨가물
여과보조제	불순물 또는 미세한 입자를 흡착하여 제거하기 위해 사용되는 식품첨가물
영양강화제	식품의 영양학적 품질을 유지하기 위해 제조공정 중 손실된 영양소를 복원하거나, 영양소를 강화시키는 식품첨가물
유화제	물과 기름 등 섞이지 않는 두 가지 또는 그 이상의 상(Phases)을 균질하게 섞어주거나 유지시키는 식품첨가물
이형제	식품의 형태를 유지하기 위해 원료가 용기에 붙는 것을 방지하여 분리하기 쉽도록 하는 식품첨가물
응고제	식품 성분을 결착 또는 응고시키거나, 과일 및 채소류의 조직을 단단하거나 바삭하게 유지시키는 식품첨가물

(2) 식품첨가물 및 혼합제제류

① 제조기준

㉠ 식품첨가물 일반

- 식품첨가물은 식품원료와 동일한 방법으로 취급되어야 하며, 제조된 식품첨가물은 개별 품목별 성분규격에 적합하여야 한다.
- 식품첨가물을 제조 또는 가공할 때에는, 그 제조 또는 가공에 필요 불가결한 경우 이외에는 산성백토, 백도토, 벤토나이트, 탤크, 모래, 규조토, 탄산마그네슘 또는 이와 유사한 불용성의 광물성 물질을 사용하여서는 아니 된다.
- 식품첨가물의 제조 또는 가공할 때에 사용하는 용수는 「먹는물관리법」에 따른 먹는물 수질기준에 적합한 것이어야 한다.
- 향료는 식품에 사용되기에 적합한 순도로 제조되어야 한다. 다만, 불가피하게 존재하는 불순물이 최종 식품에서 건강상 위해를 나타내는 수준으로 잔류하여서는 아니 된다.

㉡ 혼합제제류

- 혼합제제류의 제조에 사용하는 식품첨가물은 이 고시에 수재된 품목으로서 품목별 규격에 적합한 것이어야 한다. 다만, 한시적 기준 및 규격을 필한 식품첨가물은 혼합제제류의 성분이 될 수 있다.
- 혼합제제류를 제조할 때는 그 사용 목적이 타당하여야 하며, 원래의 성분에 변화를 주는 제조방법이어서는 아니 된다.
- 혼합제제류에는 별도의 규정이 없는 한 식품첨가물의 취급, 사용을 용이하게 하기 위하여 식품성분인 희석제를 첨가할 수 있다. 이 경우 희석제는 식품첨가물을 용해, 희석, 분산시키는 목적으로 사용하여야 하며 식품첨가물의 기능에 변화를 주어서는 아니 된다.
- 혼합제제를 제조할 때는 품질안정, 형태 형성을 위하여 필요불가결한 경우 산화방지제, 보존료, 유화제, 안정제, 용제 등의 식품첨가물을 사용할 수 있으며, 그 양은 기술적 효과를 달성하는 데 필요한 최소량으로 하여야 한다.

㉢ 유전자변형식품첨가물 : 유전자변형기술에 의해 얻어진 미생물을 이용하여 제조한 식품첨가물은 「식품위생법」 제18조에 따른 「유전자변형식품 등의 안전성 심사에 관한 규정」(식품의약품안전처 고시)에 따라 승인된 것으로서 품목별 기준 및 규격에 적합한 것이어야 한다.

㉣ 식품첨가물의 원료 및 추출용매

- 젤라틴의 제조에 사용되는 우내피 등의 원료는 크롬처리 등 경화공정을 거친 것을 사용하여서는 아니 된다.
- 키틴, 키토산, 글루코사민, 카라기난, 알긴산 및 코치닐추출색소(카민 포함) 등의 제조원료는 수집. 보관 · 운송 과정에서 위생적으로 취급되어야 한다.
- 동물, 식물, 광물 등을 원료로 하여 제조되는 식품첨가물에 사용되는 추출용매는 물, 주정과 이 고시에 수재된 것으로서 개별규격에 적합한 것이나, 삼염화에틸렌, 염화메틸렌으로서 [별표 3]의 품목별 규격에 적합한 것이어야 한다. 다만, 사용된 용매(물, 주정 제외)는 최종제품 완성 전에 제거하여야 한다.
- 1-하이드록시에틸리덴-1,1-디포스포닌산은 과산화초산의 제조에 한하여 사용되어야 하고, [별표 3]의 성분규격에 적합한 것이어야 한다.

㉤ 가스 형태의 식품첨가물 : 아산화질소는 내용량 2.5L 이상의 고압금속제용기에만 충전하여야 한다.

㉥ 효소제 : 효소를 고정화하기 위해 지지체 등을 사용할 수 있으며 이 경우 지지체 등은 「식품의 기준 및 규격」, 「식품첨가물의 기준 및 규격」 또는 「기구 및 용기 · 포장의 기준 및 규격」에서 규정하고 있는 것으로서 각 해당 기준 및 규격에 적합한 것이거나 국제식품규격위원회(CAC ; Codex Alimentarius Commission)에서 효소 고정화제 및 지지체(Enzyme immobilization agents & supports)로 등재된 것을 사용하여야 하며, 고정화를 위하여 사용된 물질들은 식품으로 이행되면 아니 된다.

② 일반사용기준

- 식품 중에 첨가되는 식품첨가물의 양은 물리적, 영양학적 또는 기타 기술적 효과를 달성하는 데 필요한 최소량으로 사용하여야 한다.
- 식품첨가물은 식품 제조 · 가공 과정 중 결함 있는 원재료나 비위생적인 제조방법을 은폐하기 위하여 사용되어서는 아니 된다.
- 식품 중에 첨가되는 영양강화제는 식품의 영양학적 품질을 유지하거나 개선시키는 데 사용되어야 하며, 영양소의 과잉 섭취 또는 불균형한 섭취를 유발해서는 아니 된다.
- 식품첨가물은 식품을 제조 · 가공 · 조리 또는 보존하는 과정에 사용하여야 하며, 그 자체로 직접 섭취하거나 흡입하는 목적으로 사용하여서는 아니 된다.
- 식용을 목적으로 하는 미생물 등의 배양에 사용하는 식품첨가물은 이 고시에서 정하고 있는 품목 또는 국제식품규격위원회(CAC)에서 미생물 영양원으로 등재된 것으로 최종식품에 잔류하여서는 아니 된다. 다만, 불가피하게 잔류할 경우에는 품목별 사용기준에 적합하여야 한다.
- 각각의 식용색소에서 정한 사용량 범위 내에서 사용하여야 하고 병용한 식용색소의 합계는 아래 표의 식품유형별 사용량 이하이어야 한다.

식품유형	사용량
빙과	0.15g/kg
두류가공품, 서류가공품	0.2g/kg
과자, 츄잉껌, 빵류, 떡류, 아이스크림류, 아이스크림믹스류, 과 · 채음료(다만, 희석하여 음용하는 제품에 있어서는 희석한 것으로서), 탄산음료(다만, 희석하여 음용하는 제품에 있어서는 희석한 것으로서), 탄산수, 혼합음료(다만, 희석하여 음용하는 제품에 있어서는 희석한 것으로서), 음료베이스(다만, 희석하여 음용하는 제품에 있어서는 희석한 것으로서), 청주(주정을 첨가한 제품에 한함), 맥주, 과실주, 위스키, 브랜디, 일반증류주, 리큐르, 기타 주류, 소시지류, 즉석섭취식품	0.3g/kg
캔디류, 기타 잼	0.4g/kg
기타 코코아가공품	0.45g/kg
기타 설탕, 당시럽류, 기타 엿, 당류가공품, 식물성크림, 기타 식용유지가공품, 소스, 향신료조제품(고추냉이가공품 및 겨자가공품에 한함), 절임식품(밀봉 및 가열살균 또는 멸균 처리한 제품에 한함. 다만, 단무지는 제외), 당절임(밀봉 및 가열살균 또는 멸균 처리한 제품에 한함), 전분가공품, 곡류가공품, 유함유가공품, 어육소시지, 젓갈류(명란젓에 한함), 기타 수산물가공품, 만두류, 기타 가공품	0.5g/kg
초콜릿류, 건강기능식품(정제의 제피 또는 캡슐에 한함), 캡슐류	0.6g/kg

③ 보존 및 유통기준

- 식품첨가물은 위생적으로 보관 판매하여야 하며, 그 보관 및 판매장소가 불결한 곳에 위치하여서는 아니 된다. 또한, 방서 및 방충 관리를 철저히 하여야 한다.
- 식품첨가물의 취급 장소는 비, 눈 등으로부터 보호될 수 있어야 하며, 인체에 유해한 화공약품, 농약, 독극물 등과 같은 것을 함께 보관하지 말아야 한다.

- 이물이 혼입되지 않도록 주의하여야 하며, 식품첨가물의 풍미 등 품질에 영향을 줄 수 있는 다른 식품첨가물과는 분리 보관하여야 한다.
- 흡습의 우려가 있는 식품첨가물은 흡습되지 않도록 주의하여야 한다.
- 식품첨가물의 운반 및 포장과정에서 용기 · 포장이 파손되지 않도록 주의하여야 하며 가능한 한 심한 충격을 주지 않도록 하여야 한다.
- 따로 규정이 없는 한 직사광선을 피한 실온에서 보관 · 유통하여 식품첨가물을 넣은 용기 · 포장의 물리적인 변형이나 녹 등이 발생되지 않도록 하여야 한다.
- 효소제는 개별 성분규격에서 별도로 보존기준을 정하고 있더라도, 제조자가 제품의 특성을 고려하여 효소 활성이 저하되지 않는 보존 및 유통 조건을 제품에 표시한 경우, 해당 조건에 따라 보존 및 유통할 수 있다.

④ 품목별 성분규격
- 품목별 성분규격(식품첨가물)
- 품목별 성분규격(혼합제제류)

⑤ 품목별 사용기준
- 품목별 사용기준(식품첨가물)
- 품목별 사용기준(혼합제제류)
- 품목별 사용기준(조제유류 등)

(3) 기구 등의 살균 · 소독제

① 제조기준

㉠ 제조성분 일반 : 기구 등의 살균 · 소독제에 사용할 수 있는 성분을 규정하고 있다. 다만, 우리나라에서 허용된 식품첨가물(최종제품 완성 전에 중화 또는 제거하여야 하는 것은 제외)이거나 식품원료로 인정된 경우에는 기구 등의 살균 · 소독제의 보조성분으로 사용할 수 있다.

㉡ 기구 등의 살균 · 소독제 일반
- 기구 등의 살균 · 소독제는 유해 미생물에 대해 살균 · 소독 작용을 하는 유효성분을 함유하여야 한다.
- 제조된 기구 등의 살균 · 소독제는 개별 품목별 성분규격에 적합하여야 한다.
- 기구 등의 살균 · 소독제의 제조에 사용하는 물은 「먹는물관리법」의 먹는물 수질기준에 적합한 것이어야 한다.
- 기구 등의 살균 · 소독제 품목으로 등재되지 아니한 품목이거나 등재된 품목을 혼합하여 제조하고자 하는 경우에는 「식품 등의 한시적 기준 및 규격 인정 기준」(식약처 고시)에 따라 한시적 기준 및 규격을 인정받아야 한다.

② 일반사용기준

㉠ 기구 등의 살균 · 소독제는 기구 등의 살균 · 소독 목적으로 개별품목에서 정해진 사용기준

에 적합하게 사용하여야 하고, 사용한 살균 · 소독제 용액은 식품과 접촉하기 전에 자연건조, 열풍건조 등의 방법으로 제거하여야 한다.

㉡ 기구 등의 살균 · 소독제는 기구 등의 표면을 침지하거나 표면에 직접 뿌리는 방법으로 사용하여야 하며, 공간 등에 분무하여서는 아니 된다.

- 기구 등의 살균 · 소독제는 세척제나 다른 살균 · 소독제 등과 혼합하여 사용하여서는 아니 된다.
- 기구 등의 살균 · 소독제는 그 자체로 직접 섭취하거나 흡입하는 목적으로 사용하여서는 아니 된다.

③ 보존 및 유통기준

㉠ 제품의 보관 및 판매 장소는 청결하고 통풍이 잘 되는 곳에 위치하여야 한다.

㉡ 제품은 변질되지 않도록 직사광선 및 열을 피한 서늘하고 건조한 곳에서 밀봉하여 보관하여야 한다.

㉢ 제품은 식품, 식품첨가물 등을 오염시키지 않도록 분리 보관하여야 한다.

㉣ 제품은 화공약품, 농약, 독극물 등 다른 제품과 함께 보관하지 말아야 한다.

㉤ 제품의 운반 및 포장과정에서 용기 · 포장이 파손되지 않도록 하여야 하며, 가능한 한 심한 충격을 주지 않도록 주의하여야 한다.

㉥ 보관과정 중 부주의로 인하여 변질 또는 파손된 제품은 판매하지 말아야 한다.

④ 품목별 성분규격(13항목)

⑤ 품목별 사용기준(13항목)

3. 건강기능식품 공전

1) 정의

(1) 목적

① 이 고시는 판매를 목적으로 하는 건강기능식품의 제조 · 가공, 생산, 수입, 유통 및 보존 등에 관한 기준 및 규격을 정하기 위한 것이다.

② 건강기능식품에 사용되는 원료와 제품의 기준 및 규격을 정함으로써 표준화된 건강기능식품의 유통을 도모하고 소비자 안전을 확보하고자 한다.

③ 또한 관계 공무원에게 건강기능식품의 관리에 관한 지침을 제공하여 국내 건강기능식품 관리를 체계적이고 과학적으로 구축하고자 한다.

(2) 수록 범위

① 「건강기능식품에 관한 법률」 제14조의 규정에 의한 건강기능식품의 제조 · 가공, 생산, 수입, 유통 및 보존 등에 관한 기준 및 규격

② 「건강기능식품에 관한 법률」 제15조의 규정에 따른 건강기능식품의 원료 또는 성분

▼ 용어의 정의

구분		내용
제품의 형태에 관한 정의	정제(Tablet)	일정한 형상으로 압축된 것
	캡슐(Capsule)	• 캡슐기제에 충전 또는 피포한 것 • 종류 : 경질캡슐, 연질캡슐
	환(Pill)	구상(球狀)으로 만든 것
	과립(Granule)	입자형태로 만든 것
	액체 또는 액상(Liquid)	유동성이 있는 액체상태의 것 또는 액체상태의 것을 그대로 농축한 것
	분말(Powder)	입자의 크기가 과립제품보다 작은 것
	편상(Flake)	얇고 편편한 조각상태의 것
	페이스트(Paste)	고체와 액체의 중간상태로 점성이 강한 유동성의 반 고상의 것
	시럽(Syrup)	고체와 액체의 중간상태로 점성이 약한 유동성의 반 액상의 것
	겔(Gel)	액상에 펙틴, 젤라틴, 한천 등 겔화제를 첨가하여 만든 유동성이 있는 고체나 반고체 상태의 것
	젤리(Jelly)	액상에 펙틴, 젤라틴, 한천 등 겔화제를 첨가하여 만든 유동성이 없는 고체나 반고체 상태의 것
	바(Bar)	막대 형태의 것
	필름(Film)	얇은 막 형태로 만든 것
붕해 특성에 따른 제품의 정의	장용성(Delayed Release) 제품	섭취 시 위(胃)의 산성조건에서 붕해되지 않고 장(腸)에서 붕해되는 특성을 가진 제품
	지속성 제품 (Long-acting)	일반적인 제품보다 천천히 붕해되는 특성을 가진 제품을 말하며, 수용성 비타민(비타민 B_1, 비타민 B_2, 나이아신, 판토텐산, 비타민 B_6, 엽산, 비타민 B_{12}, 비오틴, 비타민 C)에 한함

2) 구성

(1) 공통 기준 및 규격

① 건강기능식품의 제조에 사용되는 원료의 공통 기준 및 규격

㉠ 기능성 원료

- 건강기능식품의 제조에 사용되는 기능성을 가진 물질로서 다음에 해당되어야 한다.
  ⓐ 동물 · 식물 · 미생물 · 물(水) 등 기원의 원재료를 그대로 가공한 것
  ⓑ ⓐ의 추출물 · 정제물
  ⓒ ⓑ 정제물의 합성물
  ⓓ ⓐ부터 ⓒ까지의 복합물
- 기능성 원료의 범위는 다음과 같다.
  - 이 공전의 개별 기준 및 규격에서 정한 것
  - 「건강기능식품에 관한 법률」 제15조와 「건강기능식품 기능성 원료 및 기준 · 규격 인정에 관한 규정」에 따라 인정된 것. 다만, 이 경우는 인정서가 발급된 자에 한하여

사용할 수 있음

ⓛ 영양성분 : 비타민 · 무기질, 식이섬유, 단백질, 필수지방산 등을 말한다.

ⓒ 기타 원료

- 별도의 규격을 설정하지 않고 건강기능식품의 제조에 사용할 수 있는 원료 또는 성분을 말한다.
- 기타 원료의 범위는 다음과 같다.
  - 「식품의 기준 및 규격」에 적합한 것
  - 「식품첨가물의 기준 및 규격」에 적합한 것
  - 기능성 원료, 영양성분. 다만, 이때에는 섭취 시 주의사항을 반드시 고려하고, 식품의약품안전처장이 정한 일일섭취량 미만으로 사용하여야 한다. 또한 「건강기능식품에 관한 법률」 제15조와 「건강기능식품 기능성 원료 및 기준 · 규격 인정에 관한 규정」에 따라 인정된 기능성 원료는 인정서가 발급된 자에 한하여 사용할 수 있다.

ⓔ 원재료

- 원료를 제조하기 위하여 사용되는 기원물질을 말한다.
- 원재료의 구비요건은 다음과 같아야 한다.
  - 품질과 선도가 양호하고 부패 · 변질되지 아니하여야 함
  - 중금속, 식중독균, 곰팡이독소, 방사능 등의 유해한 오염물질과 농약, 동물용 의약품 등의 잔류물질 및 이물 등은 「식품의 기준 및 규격」 제 2. 식품일반에 대한 공통기준 및 규격, 3. 식품일반의 기준 및 규격에 적합하여야 함
  - 사용되는 원재료는 흙, 모래, 티끌 등과 같은 이물을 충분히 제거하고 먹는물로 깨끗이 씻어야 하며, 비가식 부분을 충분히 제거하여야 함
  - 건강기능식품에 사용하는 주정은 「주세법」에 따른 품질기준에, 원료소금 및 수처리제 등은 「식품의 기준 및 규격」에, 축산물 및 그 가공품은 「축산물 위생관리법」에 적합한 것이어야 함

② 건강기능식품의 기준 및 규격 적용

ⓖ 기능성 원료 및 이를 사용하여 제조 · 가공한 제품의 규격은 제2. 공통 기준 및 규격과 제3. 개별 기준 및 규격 또는 「건강기능식품 기능성 원료 및 기준 · 규격 인정에 관한 규정」에 따라 인정된 기준 및 규격을 함께 적용하는 것을 원칙으로 한다.

ⓛ 제3. 개별 기준 및 규격과 「건강기능식품 기능성 원료 및 기준 · 규격 인정에 관한 규정」에 따라 인정된 기능성 원료의 기능성분(또는 지표성분)의 규격은 소비자에게 직접 판매되지 아니하는 원료성 제품과 이를 사용하여 제조 · 가공한 최종제품으로 구분하여 적용한다. 다만, 기능성 원료에 과당, 전분, 포도당, 유당, 덱스트린 등을 혼합하여 원료성 제품으로 사용하는 경우, 기능성분(또는 지표성분)의 함량은 배합비를 고려하여 환산하였을 때 해당 기능성 원료의 제조기준에 적합하여야 한다.

㉢ 두 가지 이상의 기능성 원료를 사용하는 경우에는 해당하는 기능성 원료의 규격을 모두 적용하며, 규격이 중복되는 경우에는 기능성 원료의 배합비를 고려하여 적용한다.

㉣ 제품의 형태에 따른 규격은 다음과 같다.

- 정제제품, 캡슐제품, 환제품, 과립제품, 필름제품에 한하여 붕해시험 규격을 적용하며, 시험법은 이 공전 제4. 2-1 붕해시험법을 따른다. 다만, 다음의 어느 하나에 해당하는 경우에는 예외로 한다.
  - 씹어 먹거나 녹여 먹는 경우
  - 35호(500μm)체에 잔류하는 것이 5% 이하인 과립제품
  - 지속성 제품[제2. 공통 기준 및 규격 → 4. 기준 및 규격의 적부 판정 → 4) 국제적으로 통용되는 공인 시험방법에 따라 영업자가 제출한 시험방법에 따른다.]
- 액상제품에 한하여 세균수 규격(1mL당 100 이하)을 적용하며, 시험법은 「식품의 기준 및 규격」 제8. 일반시험법 → 4. 미생물시험법 → 4.5.1 일반 세균수를 따른다. 다만, 다음의 어느 하나에 해당하는 경우에는 예외로 한다.
  - 프로바이오틱스를 기능성 원료로 사용한 제품
  - 유(油)상인 제품
  - 멸균공정을 거친 제품(이 경우 세균수의 기준은 음성으로 한다.)

㉤ 제3. 개별 기준 및 규격에서 정하고 있지 않은 기능성 원료의 중금속 규격은 납은 1.0mg/kg 이하, 카드뮴은 0.3mg/kg 이하로 한다.

㉥ 비타민 및 무기질이 제3. 개별 기준 및 규격에서 정한 최소함량기준 이상으로 첨가된 제품은 「건강기능식품의 표시기준」에 따라 영양성분의 함량과 영양성분기준치에 대한 비율(%)을 모두 표시하고 「건강기능식품의 기준 및 규격」 제3. 개별 기준 및 규격에서 정한 비타민 및 무기질의 규격을 적용하여야 한다.

㉦ 수출을 목적으로 하는 건강기능식품의 기준 및 규격은 이 공전의 기준 및 규격에도 불구하고 「건강기능식품에 관한 법률」 제14조 제4항의 규정에 의해 수입자가 요구하는 기준과 규격에 의할 수 있다.

㉧ 「건강기능식품의 기준 및 규격」에서 따로 정한 것 이외에는 총칙과 공통기준 및 규격에 의한다.

(2) 개별 기준 및 규격

① 영양성분 : 식품의약품안전처장이 품목별로 제조, 사용 및 보존 등에 대하여 기준, 규격을 고시한 것으로 총 28가지가 있다.

㉠ 비타민과 무기질 제품은 일상식사에서 부족될 수 있는 비타민과 무기질을 보충하는 것이 목적이므로 식사를 대용하거나 다른 성분의 섭취가 목적이 되어서는 아니 되며, 정제 · 캡슐 · 환 · 과립 · 액상 · 분말 등으로 한 번에 섭취하기 편한 형태로 제조되어야 한다.

㉡ 각각의 비타민과 무기질 개별 또는 혼합된 형태로 제조 · 가공할 수 있다.

㉢ 비타민과 무기질의 최소함량은 [별표 2] 1일 영양성분기준치의 30% 이상으로 한다. 다만, 섭취 대상을 특별히 정하는 경우에는 [별표 3] 한국인 영양소 섭취기준에서 정한 대상 연령군의 권장섭취량 또는 충분섭취량의 30% 이상이어야 하며, 대상 연령군에 해당하는 권장섭취량 또는 충분섭취량이 2개 이상인 경우 그 중 높은 값을 사용한다.

㉣ 비타민과 무기질의 과잉섭취로부터 안전성을 확보하기 위해 설정된 최대 함량기준은 최종제품의 표시량에 대한 임의기준으로 적용한다.

㉤ 1일 영양성분기준치의 30% 이상을 함유하고 있는 영양성분의 경우에는 영양정보란에 모두 표시하여야 하나 표시한 영양성분의 기능성 내용을 모두 표시할 필요는 없다.

㉥ 이 공전은 비타민과 무기질 제품의 제조 · 가공에 사용할 수 있는 각 원료의 목록을 제시하며, 해당 원료의 기준 및 규격은 식품 또는 식품첨가물의 기준 및 규격을 적용한다.

㉦ ㉥의 규정에도 불구하고, 이 공전에서 정하는 원료의 목록에는 제시되어 있으나 식품 또는 식품첨가물의 기준 및 규격에서 기준과 규격이 정하여 지지 않은 원료에 대하여는 식품의약품안전처장은 국제식품규격위원회(CAC) 규정 등 외국의 기준 및 규격을 적용할 수 있다.

② 기능성원료 : 식품의약품안전처장이 품목별로 제조, 사용 및 보존 등에 대하여 기준, 규격을 고시한 것으로 총 69가지가 있다.

(3) 건강기능식품 시험법

[일반원칙]

1. 시료채취 방법
   1) 시료는 채취된 검체에서 시험에 직접 사용되는 물질을 말한다.
   2) 시료채취는 시험의 대표성을 가질 수 있도록 균질하여 해당 시험항목에서 기재된 필요한 양을 정확히 채취한다.
   3) 시험에 사용된 시료는 규격항목에 따라 채취 방법을 달리한다.
      (1) 미생물, 부정물질, 붕해 및 성상캡슐은 외피를 포함하여 시험의 시료로 사용한다.
      (2) (1)항을 제외한 규격항목
         ① 캡슐은 외피를 제거하고 내용량을 취하여 균질화시킨 후 시험의 시료로 사용한다.
         ② 과립, 정제 및 환은 분쇄하여 균질화시킨 후 시험의 시료로 사용한다.
         ③ 분말 및 액상은 균질화시킨 후 시험의 시료로 사용한다.

2. 용어의 정의 및 단위
   1) 이 공전에서 계량의 단위는 다음의 기호를 사용한다.

구분	내용	구분	내용	구분	내용
길이	m, cm, mm, μm, nm	질량	kg, g, mg, μg, ng, pg	열량	kcal, kJ
용량	L, mL, μL	넓이	cm^2, m^2, mm^2	온도	℃

   2) 원자량은 최신 국제원자량표에 의하고, 분자량은 국제원자량표에 의하여 계산한다.
   3) 질량백분율을 표시할 때에는 %의 기호를 쓰며, 용액 100mL 중의 물질함량(g)을 표시할 때에는 w/v%로, 용액 100mL 중의 물질함량(mL)을 표시할 때에는 v/v%의 기호를 쓴다. 질량백만분율을 표시할 때에는 mg/kg을 사용하며, mg/L도 사용할 수 있다.

4) 표준온도는 20℃, 상온은 15~25℃, 실온은 1~35℃, 미온은 30~40℃로 한다.
5) "찬 곳(냉소)"이라 함은 따로 규정이 없는 한 0~15℃의 장소를 말한다.
6) 시험은 따로 규정이 없는 한 상온에서 실시하고 조작 후 30초 이내에 관찰한다. 다만, 온도의 영향이 있는 것에 대하여는 표준온도에서 행한다.
7) 시험에 쓰는 물은 따로 규정이 없는 한 증류수 또는 정제수로 한다.
8) 액성을 산성, 알카리성 또는 중성으로 표시한 것은 따로 규정이 없는 한 pH 미터기 또는 리트머스지를 써서 시험한다. 액성을 상세히 나타낼 때에는 pH값을 쓴다. 또한, 강산성은 pH 약 3.0 이하, 약산성은 pH 약 3.0~5.0, 미산성은 pH 약 5.0~6.5, 중성은 pH 약 6.5~7.5, 미알카리성은 pH 약 7.5~9.0, 약알카리성은 pH 약 9.0~11.0, 강알카리성은 pH 약 11.0 이상을 말한다.
9) 혼액을 (1 : 1), (4 : 2 : 1) 등으로 나타낸 것은 액체시약의 혼합 용량비 또는 고체시약의 혼합 무게비를 말한다. 또한, 용액의 농도 (1 → 5), (1 → 10), (1 → 100) 등으로 나타낸 것은 고체 시약 1g 또는 액체시약 1mL를 용매에 녹여 전량을 각각 5mL, 10mL, 100mL 등으로 하는 것을 뜻한다.
10) 무게를 "정밀히 단다"라 함은 달아야 할 최소단위를 고려하여 0.1mg, 0.01mg 또는 0.001mg까지 다는 것을 말한다. 또 무게를 "정확히 단다"라 함은 규정된 수치의 무게를 그 자릿수까지 다는 것을 말한다.
11) 검체를 취하는 양에 "약"이라고 한 것은 따로 규정이 없는 한 기재량의 90~110%의 범위 내에서 취하는 것을 말한다.
12) 건조 혹은 강열할 때 "항량"이라고 기재한 것은 다시 계속하여 1시간 더 건조 혹은 강열할 때에 전후의 칭량차가 전회 측정한 무게의 0.1% 이하임을 말한다. 다만, 칭량차가 화학천칭을 썼을 때 0.5mg 이하, 마이크로 화학천칭을 썼을 때 0.01mg 이하인 경우에는 항량으로 본다.
13) 데시케이터의 건조제는 따로 규정이 없는 한 실리카겔로 한다.
14) 감압은 따로 규정이 없는 한 15mmHg 이하로 한다.
15) 시약, 시액, 표준용액을 보존하는 유리용기는 용해도 및 알칼리도가 매우 낮고 납 및 비소를 될 수 있는 대로 함유하지 아니하는 것을 사용한다.
16) 용매는 특별한 규격이 없는 한 "HPLC용"을 사용한다.
17) 따로 규정이 없는 한 시약, 표준품은 최순품을 사용한다.
18) 따로 규정이 없는 한 표준용액을 이용하여 검량선을 작성할 경우 3가지 이상의 농도로 검량선을 작성하여야 하고 시험용액 중 분석하고자 하는 농도가 검량선 내에 포함될 수 있도록 표준용액 농도를 조절하여 사용한다.
19) 따로 규정이 없는 한 시험용액 시험 시 반드시 공시험을 함께 한다.
20) 영양정보에 표시된 열량, 탄수화물, 단백질, 지방 및 나트륨의 시험법은 식품공전 제8. 일반시험법에 따른다.
21) 이 공전에 별도로 규정이 없는 시험법에 대해서는 식품공전 시험법을 따른다.

① 일반시험법 : 붕해시험법, 내용량 시험법, 입도시험법, 산도시험법, 유해물질 시험법, 화학적 시험법, 성상시험법, 용출시험법

② 개별성분별 시험법 : 비타민 A, D, E, K, B_1, B_2, 나이아신 등 81가지 시험법이 수록되어 있다.

4. 식품 등의 표시 · 광고에 관한 법률 중 식품 등의 표시기준(고시 제2024-41호)

1) 총칙

식품표시광고법은 식품 등에 대하여 올바른 표시 · 광고를 하도록 하여 소비자의 알 권리를 보장하고 건전한 거래질서를 확립함으로써 소비자 보호에 이바지함을 목적으로 한다.

→ 식품 등의 표시기준 : 식품, 축산물, 식품첨가물, 기구 또는 용기 · 포장의 표시기준에 관한 사항 및 영양성분 표시대상 식품의 영양표시에 관하여 필요한 사항을 규정이 고시와 관련된 내용으로 「식품의 기준 및 규격」, 「식품첨가물의 기준 및 규격」 및 「기구 및 용기 · 포장의 기준 및 규격」의 변경이 있는 경우에는 변경된 사항을 우선 적용할 수 있다.

▼ 용어의 정의

구분	내용
제품명	개개의 제품을 나타내는 고유의 명칭
식품유형	「식품위생법」 제7조 제1항 및 「축산물 위생관리법」 제4조 제2항에 따른 「식품의 기준 및 규격」의 최소분류단위
제조연월일	포장을 제외한 더 이상의 제조나 가공이 필요하지 아니한 시점(포장 후 멸균 및 살균 등과 같이 별도의 제조공정을 거치는 제품은 최종공정을 마친 시점)을 말한다. 다만, 캡슐제품은 충전 · 성형완료시점으로, 소분 판매하는 제품은 소분용 원료제품의 제조연월일로, 포장육은 원료포장육의 제조연월일로, 식육즉석판매가공업 영업자가 식육가공품을 다시 나누어 판매하는 경우는 원료제품에 표시된 제조연월일로, 원료제품의 저장성이 변하지 않는 단순 가공처리만을 하는 제품은 원료제품의 포장시점으로 한다.
소비기한	식품 등에 표시된 보관방법을 준수할 경우 섭취하여도 안전에 이상이 없는 기한(소비기한 영문명 및 약자 예시 : Use by date, Expiration date, EXP, E)
품질유지기한	식품의 특성에 맞는 적절한 보존방법이나 기준에 따라 보관할 경우 해당 식품 고유의 품질이 유지될 수 있는 기한(품질유지기한 영문명 및 약자 예시 : Best before date, Date of Minimum Durability, Best before, BBE, BE)
원재료	식품 또는 식품첨가물의 처리 · 제조 · 가공 또는 조리에 사용되는 물질로서 최종제품 내에 들어 있는 것
성분	제품에 따로 첨가한 영양성분 또는 비영양성분이거나 원재료를 구성하는 단일물질로서 최종제품에 함유되어 있는 것
영양성분	식품에 함유된 성분으로서 에너지를 공급하거나 신체의 성장, 발달, 유지에 필요한 것 또는 결핍 시 특별한 생화학적, 생리적 변화가 일어나게 하는 것
당류	「식품 등의 표시 · 광고에 관한 법률 시행규칙」(이하 "규칙"이라 한다) 제6조 제2항 제4호에 따른 당류로서 당류 함량은 모든 단당류와 이당류의 합
트랜스지방	트랜스구조를 1개 이상 가지고 있는 비공액형의 모든 불포화지방
1회 섭취참고량	만 3세 이상 소비계층이 통상적으로 소비하는 식품별 1회 섭취량과 시장조사 결과 등을 바탕으로 설정한 값
영양성분표시	제품의 일정량에 함유된 영양성분의 함량을 표시하는 것
영양강조표시	제품에 함유된 영양성분의 함유사실 또는 함유정도를 "무", "저", "고", "강화", "첨가", "감소" 등의 특정한 용어를 사용하여 표시하는 것으로서 다음의 것 1) "영양성분 함량강조표시" : 영양성분의 함유사실 또는 함유정도를 "무○○", "저○○", "고○○", "○○함유" 등과 같은 표현으로 그 영양성분의 함량을 강조하여 표시하는 것 2) "영양성분 비교강조표시" : 영양성분의 함유사실 또는 함유정도를 "덜", "더", "강화", "첨가" 등과 같은 표현으로 같은 유형의 제품과 비교하여 표시하는 것

구분	내용
1일 영양성분 기준치	소비자가 하루의 식사 중 해당 식품이 차지하는 영양적 가치를 보다 잘 이해하고, 식품 간의 영양성분을 쉽게 비교할 수 있도록 식품표시에서 사용하는 영양성분의 평균적인 1일 섭취 기준
주표시면	용기 · 포장의 표시면 중 상표, 로고 등이 인쇄되어 있어 소비자가 식품 또는 식품첨가물을 구매할 때 통상적으로 소비자에게 보여지는 면
정보표시면	용기 · 포장의 표시면 중 소비자가 쉽게 알아볼 수 있도록 표시사항을 모아서 표시하는 면
복합원재료	두 종류 이상의 원재료 또는 성분으로 제조 · 가공하여 다른 식품의 원료로 사용되는 것으로서 행정관청에 품목제조 보고되거나 수입신고된 식품
통 · 병조림 식품	통 또는 병에 넣어 탈기와 밀봉 및 살균 또는 멸균한 것
레토르트(Retort) 식품	제조 · 가공 또는 위생처리된 식품을 12개월을 초과하여 실온에서 보존 및 유통할 목적으로 단층 플라스틱필름이나 금속박 또는 이를 여러 층으로 접착하여 파우치와 기타 모양으로 성형한 용기에 제조 · 가공 또는 조리한 식품을 충전하고 밀봉하여 가열살균 또는 멸균한 것
냉동식품	제조 · 가공 또는 조리한 식품을 장기 보존할 목적으로 냉동처리, 냉동보관하는 것으로서 용기 · 포장에 넣은 식품
품목보고번호	「식품위생법」 제37조에 따라 제조 · 가공업 영업자 또는 「축산물 위생관리법」 제25조에 따라 축산물가공업, 식육포장처리업 영업자가 관할기관에 품목제조를 보고할 때 부여되는 번호
표시사항	제품명, 식품유형, 영업소(장)의 명칭(상호) 및 소재지, 제조연월일, 소비기한 또는 품질유지기한, 내용량 및 내용량에 해당하는 열량, 원재료명, 성분명 및 함량, 영양성분 등 Ⅲ. 개별표시사항 및 표시기준에서 식품 등에 표시하도록 규정한 사항
기계발골육	살코기를 발라내고 남은 뼈에 붙은 살코기를 기계를 이용하여 분리한 식육
산란일	닭이 알을 낳은 날
얼음막	수산물을 동결하는 과정에서 수산물의 표면에 얼음으로 막을 씌우는 것
포인트	한국산업표준 KS A 0201(활자의 기준 치수)이 정하는 바에 따라 활자의 크기를 표시하는 단위

2) 구성

▼ **식품 등의 표시 · 광고에 관한 법률 구성**

No.	식품 등의 표시 · 광고에 관한 법률	식품 등의 표시 · 광고에 관한 법률 시행령	식품 등의 표시 · 광고에 관한 법률 시행규칙	식품 등의 표시 · 광고에 관한 법률 시행규칙 구성
제1조	목적	목적	목적	「식품 등의 표시 · 광고에 관한 법률」 및 같은 법 시행령에서 위임된 사항과 그 시행에 필요한 사항을 규정
제2조	정의	부당한 표시 또는 광고 행위의 금지 대상	일부 표시사항	–
제3조	다른 법률과의 관계	부당한 표시 또는 광고의 내용	표시사항	1. 식품유형, 품목보고번호 2. 성분명 및 함량 3. 용기 · 포장의 재질 4. 조사처리(照射處理) 표시 5. 보관방법 또는 취급방법 6. 식육(食肉)의 종류, 부위 명칭, 등급 및 도축장명 7. 포장일자, 생산연월일 또는 산란일

No.	식품 등의 표시 · 광고에 관한 법률	식품 등의 표시 · 광고에 관한 법률 시행령	식품 등의 표시 · 광고에 관한 법률 시행규칙	식품 등의 표시 · 광고에 관한 법률 시행규칙 구성
제4조	표시의 기준	표시 또는 광고의 심의 기준 등	표시의무자	1. 식품위생법 시행령에 따른 식품제조 · 가공업, 즉석판매제조 · 가공업, 식품첨가물제조법, 식품소분업, 식용얼음판매업자, 집단급식소 식품판매업, 용기 · 포장류제조업 2. 축산물 위생관리법 시행령에 따른 도축업, 축산물가공업, 식용란선별포장업, 식육포장처리업, 식육판매업, 식육부산물전문판매업, 식용란수집판매업, 식육즉석판매가공업 3. 건강기능식품에 관한 법률에 따른 건강기능식품제조업 4. 수입식품안전관리 특별법 시행령에 따른 수입식품 등 수입 · 판매업 5. 축산법에 따른 식용란을 출하하는 자 6. 농산물 · 임산물 · 수산물 또는 축산물을 용기 · 포장에 넣거나 싸서 출하 · 판매하는 자 7. 법 제2조 제3호에 따른 기구를 생산, 유통 또는 판매하는 자
제5조	영양표시	자율심의기구의 등록 요건	표시방법 등	–
제6조	나트륨 함량 비교 표시	표시 또는 광고 심의 결과에 대한 이의신청	영양표시	1. 열량 2. 나트륨 3. 탄수화물 4. 당류[식품, 축산물, 건강기능식품에 존재하는 모든 단당류(單糖類)와 이당류(二糖類)를 말한다. 다만, 캡슐 · 정제 · 환 · 분말 형태의 건강기능식품은 제외한다] 5. 지방 6. 트랜스지방(Trans Fat) 7. 포화지방(Saturated Fat) 8. 콜레스테롤(Cholesterol) 9. 단백질 10. 영양표시나 영양강조표시를 하려는 경우 : [별표 5]의 1일 영양성분 기준치에 명시된 영양성분
제7조	광고의 기준	교육 및 홍보 위탁	나트륨함량 비교 표시	1. 조미식품이 포함되어 있는 면류 중 유탕면(기름에 튀긴 면), 국수 또는 냉면 2. 즉석섭취식품(동 · 식물성 원료에 식품이나 식품첨가물을 가하여 제조 · 가공한 것으로서 더 이상의 가열 또는 조리과정 없이 그대로 섭취할 수 있는 식품을 말한다) 중 햄버거 및 샌드위치
제8조	부당한 표시 또는 광고행위의 금지	영업정지 등의 처분을 갈음하여 부과하는 과징금의 산정기준	광고의 기준	–

No.	식품 등의 표시 · 광고에 관한 법률	식품 등의 표시 · 광고에 관한 법률 시행령	식품 등의 표시 · 광고에 관한 법률 시행규칙	식품 등의 표시 · 광고에 관한 법률 시행규칙 구성
제9조	표시 또는 광고 내용의 실증	과징금의 부과 및 납부	실증방법 등	식품 등을 표시 또는 광고한 자가 표시 또는 광고에 실증(實證)하기 위하여 제출해야 하는 자료 1. 시험 또는 조사 결과 2. 전문가 견해 3. 학술문헌 4. 그 밖에 식품의약품안전처장이 실증을 위하여 필요하다고 인정하는 자료
제10조	표시 또는 광고의 자율심의	과징금의 납부기간 연기 및 분할납부	표시 또는 광고 심의 대상 식품 등	식품 등에 관하여 표시 또는 광고하려는 자가 법 제10조 제1항 본문에 따른 자율심의기구에 미리 심의를 받아야 하는 대상 1. 특수영양식품(영아 · 유아, 비만자 또는 임산부 · 수유부 등 특별한 영양관리가 필요한 대상을 위하여 식품과 영양성분을 배합하는 등의 방법으로 제조 · 가공한 식품을 말한다) 2. 특수의료용도식품(정상적으로 섭취, 소화, 흡수 또는 대사할 수 있는 능력이 제한되거나 질병 또는 수술 등의 임상적 상태로 인하여 일반인과 생리적으로 특별히 다른 영양요구량을 가지고 있어, 충분한 영양공급이 필요하거나 일부 영양성분의 제한 또는 보충이 필요한 사람에게 식사의 일부 또는 전부를 대신할 목적으로 직접 또는 튜브를 통해 입으로 공급할 수 있도록 제조 · 가공한 식품의 말한다) 3. 건강기능식품 4. 기능성표시식품
제11조	심의위원회의 설치 · 운영	과징금 미납자에 대한 처분	수수료	–
제12조	표시 또는 광고 정책 등에 관한 자문	기금의 귀속비용	자율심의기구의 등록	–
제13조	소비자 교육 및 홍보	부당한 표시 · 광고에 따른 과징금 부과 기준 및 절차	등록사항의 변경	–
제14조	시정명령	위반사실의 공표	교육 및 홍보의 내용	–
제15조	위해 식품 등의 회수 및 폐기처분 등	권한의 위임	회수 · 폐기처분 등의 기준	회수, 압류 · 폐기처분 대상 식품 등 1. 표시 대상 알레르기 유발물질을 표시하지 않은 식품 등 2. 제조연월일 또는 소비기한을 사실과 다르게 표시하거나 표시하지 않은 식품 등 3. 그 밖에 안전과 관련된 표시를 위반한 식품 등

(1) 표시의 기준(식품표시광고법 제4조)

식품 등의 표시 또는 광고에 관하여 다른 법률에 우선하여 이 법을 적용한다.
식품 등에는 다음의 구분에 따른 사항을 표시하여야 한다. 다만, 총리령으로 정하는 경우에는 그 일부만을 표시할 수 있다.

① 식품, 식품첨가물 또는 축산물
- 제품명, 내용량 및 원재료명
- 영업소 명칭 및 소재지
- 소비자 안전을 위한 주의사항
- 제조연월일, 소비기한 또는 품질유지기한
- 그 밖에 소비자에게 해당 식품, 식품첨가물 또는 축산물에 관한 정보를 제공하기 위하여 필요한 사항으로서 총리령으로 정하는 사항

② 기구 또는 용기 · 포장
- 재질
- 영업소 명칭 및 소재지
- 소비자 안전을 위한 주의사항
- 그 밖에 소비자에게 해당 기구 또는 용기 · 포장에 관한 정보를 제공하기 위하여 필요한 사항으로서 총리령으로 정하는 사항

③ 건강기능식품
- 제품명, 내용량 및 원료명
- 영업소 명칭 및 소재지
- 소비기한 및 보관방법
- 섭취량, 섭취방법 및 섭취 시 주의사항
- 건강기능식품이라는 문자 또는 건강기능식품임을 나타내는 도안
- 질병의 예방 및 치료를 위한 의약품이 아니라는 내용의 표현
- 「건강기능식품에 관한 법률」 제3조 제2호에 따른 기능성에 관한 정보 및 원료 중에 해당 기능성을 나타내는 성분 등의 함유량
- 그 밖에 소비자에게 해당 건강기능식품에 관한 정보를 제공하기 위하여 필요한 사항으로서 총리령으로 정하는 사항

(2) 부당한 표시 또는 광고행위의 금지(식품표시광고법 제8조)

누구든지 식품 등의 명칭 · 제조방법 · 성분 등 대통령령으로 정하는 사항에 관하여 다음의 어느 하나에 해당하는 표시 또는 광고를 하여서는 아니 된다.

① 질병의 예방 · 치료에 효능이 있는 것으로 인식할 우려가 있는 표시 또는 광고
② 식품 등을 의약품으로 인식할 우려가 있는 표시 또는 광고

③ 건강기능식품이 아닌 것을 건강기능식품으로 인식할 우려가 있는 표시 또는 광고
④ 거짓 · 과장된 표시 또는 광고
⑤ 소비자를 기만하는 표시 또는 광고
⑥ 다른 업체나 다른 업체의 제품을 비방하는 표시 또는 광고
⑦ 객관적인 근거 없이 자기 또는 자기의 식품 등을 다른 영업자나 다른 영업자의 식품 등과 부당하게 비교하는 표시 또는 광고
⑧ 사행심을 조장하거나 음란한 표현을 사용하여 공중도덕이나 사회윤리를 현저하게 침해하는 표시 또는 광고
⑨ 총리령으로 정하는 식품 등이 아닌 물품의 상호, 상표 또는 용기 · 포장 등과 동일하거나 유사한 것을 사용하여 해당 물품으로 오인 · 혼동할 수 있는 표시 또는 광고
⑩ 제10조 제1항에 따라 심의를 받지 아니하거나 같은 조 제4항을 위반하여 심의 결과에 따르지 아니한 표시 또는 광고

(3) 시정명령(식품표시광고법 제14조)

식품의약품안전처장, 시 · 도지사 또는 시장 · 군수 · 구청장은 다음의 어느 하나에 해당하는 자에게 필요한 시정을 명할 수 있다.

① 제4조 제3항, 제5조 제3항 또는 제6조 제3항을 위반하여 식품 등을 판매하거나 판매할 목적으로 제조 · 가공 · 소분 · 수입 · 포장 · 보관 · 진열 또는 운반하거나 영업에 사용한 자
② 제7조를 위반하여 광고의 기준을 준수하지 아니한 자
③ 제8조 제1항을 위반하여 표시 또는 광고를 한 자
④ 제9조 제3항을 위반하여 실증자료를 제출하지 아니한 자

(4) 위해식품 등의 회수 및 폐기처분 등(식품표시광고법 제15조)

① 판매의 목적으로 식품 등을 제조 · 가공 · 소분 또는 수입하거나 식품 등을 판매한 영업자는 해당 식품 등이 제4조 제3항 또는 제8조 제1항을 위반한 사실(식품 등의 위해와 관련이 없는 위반사항은 제외한다)을 알게 된 경우에는 지체 없이 유통 중인 해당 식품 등을 회수하거나 회수하는 데에 필요한 조치를 하여야 한다.
② 제1항에 따른 회수 또는 회수하는 데에 필요한 조치를 하려는 영업자는 회수계획을 식품의약품안전처장, 시 · 도지사 또는 시장 · 군수 · 구청장에게 미리 보고하여야 한다. 이 경우 회수결과를 보고받은 시 · 도지사 또는 시장 · 군수 · 구청장은 이를 지체 없이 식품의약품안전처장에게 보고하여야 한다.
③ 식품의약품안전처장, 시 · 도지사 또는 시장 · 군수 · 구청장은 영업자가 제4조 제3항 또는 제8조 제1항을 위반한 경우에는 관계 공무원에게 그 식품 등을 압류 또는 폐기하게 하거나 용도 · 처리방법 등을 정하여 영업자에게 위해를 없애는 조치를 할 것을 명하여야 한다.

④ 제1항부터 제3항까지의 규정에 따른 위해 식품 등의 회수, 압류 · 폐기처분의 기준 및 절차 등에 관하여는 「식품위생법」 제45조 및 제72조를 준용한다.

▼ **공통표시기준(식품의약품안전처 고시 제2024-41호)**

1. 표시방법
   ① 규칙 제5조 관련 [별표 3] 제3호 본문에 따른 표시는 도 2 표시사항 표시서식도안을 활용할 수 있다.
   - 주표시면에는 제품명, 내용량 및 내용량에 해당하는 열량(단, 열량은 내용량 뒤에 괄호로 표시하되, 규칙 제6조 관련 [별표 4] 영양표시 대상 식품 등만 해당한다)을 표시하여야 한다. 다만, 주표시면에 제품명과 내용량 및 내용량에 해당하는 열량 이외의 사항을 표시한 경우 정보표시면에는 그 표시사항을 생략할 수 있다.
   - 정보표시면에는 식품유형, 영업소(장)의 명칭(상호) 및 소재지, 소비기한(제조연월일 또는 품질유지기한), 원재료명, 주의사항 등을 표시사항별로 표 또는 단락 등으로 나누어 표시하되, 정보표시면 면적이 100cm^2 미만인 경우에는 표 또는 단락으로 표시하지 아니할 수 있다.

   ② 달걀 껍데기의 표시사항은 6포인트 이상으로 할 수 있다.
   ③ 정보표시면의 면적(도 1에 따른 정보표시면 중 주표시면에 준하는 최소 여백을 제외한 면적)이 부족하여 10포인트 이상의 글씨크기로 표시사항을 표시할 수 없는 경우에는 규칙 제5조 관련 [별표 3] 제5호의 본문 규정을 따르지 않을 수 있다. 이 경우 정보표시면에는 이 고시에서 정한 표시(조리 · 사용법, 섭취방법, 용도, 주의사항, 바코드, 타법에서 정한 표시사항 포함)사항만을 표시하여야 한다.
   ④ 최소 판매단위 포장 안에 내용물을 2개 이상으로 나누어 개별포장(이하 "내포장"이라 한다)한 제품의 경우에는 소비자에게 올바른 정보를 제공할 수 있도록 내포장별로 제품명, 내용량 및 내용량에 해당하는 열량, 소비기한 또는 품질유지기한, 영양성분을 표시할 수 있다. 다만, 내포장한 제품의 표시사항 및 글씨크기는 규칙 제5조 관련 [별표 3] 제5호의 본문 규정을 따르지 않을 수 있다.
   ⑤ 용기나 포장은 다른 업소의 표시가 있는 것을 사용하여서는 아니 된다. 다만, 식품에 유해한 영향을 미치지 아니하는 용기로서 일반시중에 유통 판매할 목적이 아닌 다른 회사의 제품원재료로 제공할 목적으로 사용하는 경우와 「자원의 절약과 재활용촉진에 관한 법률」에 따라 재사용되는 유리병(같은 식품유형 또는 유사한 품목으로 사용한 것에 한한다)의 경우에는 그러하지 아니할 수 있다.
   ⑥ 시각장애인을 위하여 제품명, 소비기한 등의 표시사항을 알기 쉬운 장소에 점자표시, 바코드 또는 점자 · 음성변환용 코드로 추가 표시할 수 있다. 이 경우 점자표시 등은 스티커 등을 이용할 수 있다.
   ⑦ 「수입식품안전관리 특별법」 제18조에 따른 주문자상표부착방식위탁생산(OEM ; Original Equipment Manufacturing) 식품 등은 14포인트 이상의 글씨로 주표시면에 「대외무역법」에 따른 원산지 표시의 국가명 옆에 괄호로 위탁생산제품임을 표시하여야 한다(다만, 농 · 임 · 축 · 수산물로서 자연상태의 식품, 기구 또는 용기 · 포장과 유통전문판매업소가 표시된 제품은 제외한다).
   "원산지 : ○○(위탁생산제품)", "○○산(위탁생산제품)", "원산지 : ○○(위탁생산)", "○○산(위탁생산)", "원산지 : ○○(OEM)" 또는 "○○산(OEM)"
   ⑧ 세트포장(각각 품목제조보고 또는 수입신고된 완제품 형태로 두 종류 이상의 제품을 함께 판매할 목적으로 포장한 제품을 말함) 형태로 구성한 경우 세트포장의 외포장지에는 이를 구성하고 있는 각 제품에 대한 표시사항을 각각 표시하여야 한다. 이 경우 소비기한은 구성제품 가운데 가장 짧은 소비기한 또는 그 이내로 표시해야 하며, 세트포장을 구성하는 각 개별 제품에는 표시사항을 표시하지 아니할 수 있다. 다만, 상기 규정에도 불구하고, 세트포장을 구성하는 각 개별 제품에 표시를 한 경우로서, 소비자가 이를 명확히 확인할 수 있거나, 온라인 판매 페이지 등에서 표시사항이 확인되어 구매한 소비자에게 직접 배송되는 세트포장은 외포장지에 표시를 하지 아니할 수 있다.

2. 조리식품의 고카페인 표시(식품표시광고법 시행규칙 제5조의2 관련)
   카페인을 1mL당 0.15mg 이상 함유한 액체 식품(커피 및 다류)에 총카페인 함량, 주의문구("어린이, 임산부, 카페인 민감자는 섭취에 주의해 주시기 바랍니다." 등), "고카페인 함유" 표시

※ 표시사항별 세부표시기준 – 식품 등의 표시기준 [별지 1]

1. 식품(수입식품을 포함한다)

1) 제품명

(1) 제품명은 그 제품의 고유명칭으로서 허가관청(수입식품의 경우 신고관청)에 신고 또는 보고하는 명칭으로 표시하여야 한다.

(2) 제품명에 상호 · 로고 또는 상표 등의 표현을 함께 사용할 수 있다.

(3) 원재료명 또는 성분명을 제품명 또는 제품명의 일부로 사용할 수 있는 경우는 다음과 같다. 이 경우 원재료명은 6)의 (1) ②에 따라 표시하여야 한다.

① 식품의 처리 · 제조 · 가공 시에 사용한 원재료명, 성분명 또는 과실 · 채소 · 생선 · 해물 · 식육 등 여러 원재료를 통칭하는 명칭을 제품명 또는 제품명의 일부로 사용하고자 하는 경우에는 해당 원재료명(식품의 원재료가 추출물 또는 농축액인 경우 그 원재료의 함량과 그 원재료에 함유된 고형분의 함량 또는 배합 함량을 백분율로 함께 표시한다) 또는 성분명과 그 함량(백분율, 중량, 용량)을 주표시면에 14포인트 이상의 글씨로 표시하여야 한다. 다만, 제품명의 글씨크기가 22포인트 미만인 경우에는 7포인트 이상의 글씨로 표시할 수 있다.

(예시) 흑마늘○○(흑마늘 ○○%)

(예시) 딸기○○[딸기추출물 ○○%(고형분 함량 ○○%)]

(예시) 과일○○(사과 ○○%, 배 ○○%)

② ①의 규정에도 불구하고, 해당 식품유형명, 즉석섭취 · 편의식품류명 또는 요리명을 제품명 또는 제품명의 일부로 사용하는 경우는 그 식품유형명, 즉석섭취 · 편의식품류명 또는 요리명의 함량표시를 하지 않을 수 있다.

(식품유형명 사용 예시) "○○토마토케첩"(식품유형 : 토마토케첩)

"○○조미김"(식품유형 : 조미김)

(즉석섭취 · 편의 식품류명 사용 예시) "○○햄버거", "○○김밥", "○○순대"

(요리명 사용 예시) "수정과○○", "식혜○○", "불고기○○", "피자○○", "짬뽕○○", "바비큐○○", "갈비○○", "통닭○○"

③ "맛" 또는 "향"을 내기 위하여 사용한 원재료로 향료만을 사용하여 제품명 또는 제품명의 일부로 사용하고자 하는 때에는 원재료명 또는 성분명 다음에 "향" 자를 사용하되, 그 글씨크기는 제품명과 같거나 크게 표시하고, 제품명 주위에 "합성○○향 첨가(함유)" 또는 "합성향료 첨가(함유)" 등의 표시를 하여야 한다. 다만, 해당 원재료의 "맛" 또는 "향"을 내기 위해 향료물질로 사용한 것이 합성향료물질로만 구성된 것에 한한다.

(예시) 딸기향캔디(합성딸기향 첨가)

④ 수출국에서 표시한 수입식품의 제품명을 한글로 표시할 때 「외래어표기법」에 따라 표시하거나 번역하여 표시하여야 하며, 한글로 표시한 제품명은 표시기준에 적합하여야 한다.

2) 영업소(장) 등의 명칭(상호) 및 소재지

(1) 업종별 영업소(장)의 명칭(상호) 및 소재지의 표시사항은 다음과 같다.

① 식품 등 제조·가공업 : 영업등록 또는 영업신고 시 등록 또는 신고관청에 제출한 영업소(장)의 명칭(상호) 및 소재지를 표시하되, 업소의 소재지 대신 반품교환업무를 대표하는 소재지를 표시할 수 있다. 다만, 식품 제조·가공업자가 제조·가공시설 등이 부족하여 식품 제조·가공업의 영업신고를 한 자에게 위탁하여 식품을 제조·가공한 경우에는 위탁을 의뢰한 영업소(장)의 명칭(상호) 및 소재지로 표시하여야 한다. 이 경우, 위탁을 의뢰받은 영업소(장)의 명칭(상호) 및 소재지를 제조위탁업소(위탁제조원)으로서 추가 표시할 수 있다.

② 유통전문판매업 : 영업신고 시 신고관청에 제출한 영업소(장)의 명칭(상호) 및 소재지(또는 반품교환업무를 대표하는 소재지)를 표시하고 해당 식품의 제조·가공업의 영업소(장)의 명칭(상호) 및 소재지를 함께 표시하여야 한다.

(예시) 유통전문판매업소 : 영업소(장)의 명칭(상호), 소재지
제조업소 : 영업소(장)의 명칭(상호), 소재지

③ 식품소분업 : 영업신고 시 신고관청에 제출한 영업소(장)의 명칭(상호) 및 소재지(또는 반품교환업무를 대표하는 소재지)를 표시하고 해당 식품의 제조·가공업의 영업소(장)의 명칭(상호) 및 소재지를 함께 표시하여야 한다. 소분하고자 하는 식품이 수입식품인 경우 식품 등의 수입판매업 영업소(장)의 명칭(상호) 및 소재지도 함께 표시하여야 한다.

(예시) 식품소분업소 : 영업소(장)의 명칭(상호), 소재지
제조업소 : 영업소(장)의 명칭(상호), 소재지

(예시) 식품소분업소 : 영업소(장)의 명칭(상호), 소재지
수입판매업소 : 영업소(장)의 명칭(상호), 소재지
제조업소 : 업소명

④ 수입식품 등 수입판매업 : 영업등록 시 등록관청에 제출한 영업소(장)의 명칭(상호) 및 소재지(또는 반품교환업무를 대표하는 소재지, 이 경우 '반품교환업무 소재지'임을 표시하여야 한다)를 표시하되, 해당 수입식품의 제조업소명을 표시하여야 한다. 이 경우 제조업소명이 외국어로 표시되어 있는 경우에는 그 제조업소명을 한글로 따로 표시하지 아니할 수 있다.

(예시) 수입판매업소 : 영업소(장)의 명칭(상호), 소재지(또는 반품교환업무 소재지)
제조업소 : 업소명

⑤ 식육포장처리업, 축산물가공업 : 영업 허가 시 허가관청에 제출한 영업소(장)의 명칭(상호)과 소재지를 표시하되, 영업장의 소재지 대신 반품교환업무를 대표하는 소재지를 표시할 수 있다.

⑥ 축산물유통전문판매업 : 영업 신고 시 신고관청에 제출한 영업소(장)의 명칭(상호) 및 소재지(또는 반품교환업무를 대표하는 소재지)를 표시하고, 축산물가공업 또는 식육포장처리업(수입축산물의 경우 축산물수입판매업)의 영업소(장)의 명칭(상호)과 소재지를 함께 표시하여야 한다.

⑦ 식용란수집판매업 : 영업 신고 시 신고관청에 제출한 식용란수집판매업의 영업소(장)의 명칭(상호)과 소재지를 표시하여야 한다.

⑧ 도축업(닭 · 오리의 식육에 한함) : 영업의 허가 시 허가관청에 제출한 도축장의 명칭과 소재지를 표시하여야 한다.

⑨ 식용란선별포장업 : 영업 신고 시 신고관청에 제출한 식용란선별포장업의 영업소(장)의 명칭(상호)과 소재지를 표시하여야 한다.

(2) 그 밖에 판매업소의 영업소(장)의 명칭(상호) 및 소재지를 표시하고자 하는 경우에는 (1)의 규정에 따라 표시한 영업소(장)의 명칭(상호) 및 소재지의 글씨 크기와 같거나 작게 표시하여야 한다.

(예시) 판매업소 : ○○백화점, 소재지

제조업소 : 영업소(장)의 명칭(상호), 소재지

3) 제조연월일(이하 "제조일"로 표시할 수 있다)

(1) 제조일은 "○○년○○월○○일", "○○.○○.○○", "○○○○년○○월○○일" 또는 "○○○○.○○.○○"의 방법으로 표시하여야 한다. 다만, 축산물의 경우 "○○년○○월○○일", "○○.○○.○○", "○○○○년○○월○○일", "○○○○.○○.○○." 또는 "○○년○○월", "○○.○○.", "○○○○년○○월", "○○○○.○○" 등 방법으로 표시할 수 있다.

(2) 제조일을 주표시면 또는 정보표시면에 표시하기가 곤란한 경우에는 해당 위치에 제조일의 표시위치를 명시하여야 한다.

(3) 수입되는 식품 등에 표시된 수출국의 제조일의 "연월일"의 표시순서 (1)의 기준과 다를 경우에는 소비자가 알아보기 쉽도록 "연월일"의 표시순서를 예시하여야 한다.

(4) 제조연월일이 서로 다른 각각의 제품을 함께 포장하였을 경우에는 그중 가장 빠른 제조연월일을 표시하여야 한다. 다만, 소비자가 함께 포장한 각 제품의 제조연월일을 명확히 확인할 수 있는 경우는 제외한다.

(5) 제조일자 표시대상이 아닌 식품 등에 제조일자를 표시한 경우에는 (1)부터 (5)까지의 표시방법을 따라 표시하여야 하며, 표시된 제조일자를 지우거나 변경하여서는 아니 된다. 다만, 축산물의 경우 제품의 소비기한이 3개월 이내인 경우에는 제조일자의 "년" 표시를 생략할 수 있다.

4) 소비기한 또는 품질유지기한

(1) 소비기한은 "○○년○○월○○일까지", "○○.○○.○○까지", "○○○○년○○월○○일까지", "○○○○.○○.○○까지" 또는 "소비기한 : ○○○○년○○월○○일"로 표시하여야 한다. 다만, 축산물의 경우 제품의 소비기한이 3월 이내인 경우에는 소비기한의 "년" 표시를 생략할 수 있다.

(2) 제조일을 사용하여 소비기한을 표시하는 경우에는 "제조일로부터 ○○일까지", "제조일로부터 ○○월까지" 또는 "제조일로부터 ○○년까지", "소비기한 : 제조일로부터 ○○일"로 표시할 수 있다.

(3) 제품의 제조 · 가공과 포장과정이 자동화 설비로 일괄 처리되어 제조시간까지 자동 표시할 수 있는 경우에는 "○○월○○일○○시까지" 또는 "○○.○○.○○ 00:00까지"로 표시할 수 있다.

(4) 품질유지기한은 "○○년○○월○○일", "○○.○○.○○", "○○○○년○○월○○일" 또는 "○○○○.○○.○○"로 표시하여야 한다.

(5) 제조일을 사용하여 품질유지기한을 표시하는 경우에는 "제조일로부터 ○○일", "제조일로부터 ○○월" 또는 "제조일로부터 ○○년"으로 표시할 수 있다.

(6) 소비기한 또는 품질유지기한을 주표시면 또는 정보표시면에 표시하기가 곤란한 경우에는 해당 위치에 소비기한 또는 품질유지기한의 표시위치를 명시하여야 한다.

(7) 수입되는 식품 등에 표시된 수출국의 소비기한 또는 품질유지기한의 "연월일"의 표시순서가 (1) 또는 (4)의 기준과 다를 경우에는 소비자가 알아보기 쉽도록 "연월일"의 표시순서를 예시하여야 하며, "연월"만 표시되었을 경우에는 "연월일" 중 "일"의 표시는 제품의 표시된 해당 "월"의 1일로 표시하여야 한다.

(8) 소비기한 또는 품질유지기한 표시가 의무가 아닌 국가로부터 소비기한 또는 품질유지기한이 표시되지 않은 제품을 수입하는 경우 그 수입자는 제조국, 제조회사로부터 받은 소비기한 또는 품질유지기한에 대한 증명자료를 토대로 하여 한글표시사항에 소비기한 또는 품질유지기한을 표시하여야 한다.

(9) 소비기한 또는 품질유지기한의 표시는 사용 또는 보존에 특별한 조건이 필요한 경우 이를 함께 표시하여야 한다. 이 경우 냉동 또는 냉장보관 · 유통하여야 하는 제품은 『냉동보관』 및 냉동온도 또는 『냉장보관』 및 냉장온도를 표시하여야 한다(냉동 및 냉장온도는 축산물에 한함).

(10) 소비기한이나 품질유지기한이 서로 다른 각각의 여러 가지 제품을 함께 포장하였을 경우에는 그 중 가장 짧은 소비기한 또는 품질유지기한을 표시하여야 한다. 다만, 소비기한 또는 품질유지기한이 표시된 개별제품을 함께 포장한 경우에는 가장 짧은 소비기한만을 표시할 수 있다.

(11) 자연상태 식품 등 소비기한 표시대상 식품이 아닌 식품에 소비기한을 표시한 경우에는 (1)부터 (10)까지의 표시방법을 따라 표시하여야 한다(자연상태 식품인 경우 (2)와 (5) 중 "제조일"은 "생산연월일 또는 포장일"로 본다). 이 경우, 표시된 소비기한이 경과된 제품을 수입 · 진열 또는 판매하여서는 아니 되며, 이를 변경하여서도 아니 된다.

5) 내용량

(1) 내용물의 성상에 따라 중량 · 용량 또는 개수로 표시하되, 개수로 표시할 때에는 중량 또는 용량을 괄호 속에 표시하여야 한다. 이 경우 용기 · 포장에 표시된 양과 실제량과의 부족량의 허용오차(범위)는 다음과 같다.

적용분류	표시량	허용오차	적용분류	표시량	허용오차
중량	50g 이하	9%	용량	50mL 이하	9%
	50g 초과 100g 이하	4.5g		50mL 초과 100mL 이하	4.5mL
	100g 초과 200g 이하	4.5%		100mL 초과 200mL 이하	4.5%
	200g 초과 300g 이하	9g		200mL 초과 300mL 이하	9mL
	300g 초과 500g 이하	3%		300mL 초과 500mL 이하	3%
	500g 초과 1kg 이하	15g		500mL 초과 1L 이하	15mL
	1kg 초과 10kg 이하	1.5%		1L 초과 10L 이하	1.5%
	10kg 초과 15kg 이하	150g		10L 초과 15L 이하	150mL
	15kg 초과	1%		15L 초과	1%

※ %로 표시된 허용오차는 표시량에 대한 백분율임. 단, 두부류는 500g 미만은 10%, 500g 이상은 5%로 한다.

PART 05 안전관리

(2) 먹기 전에 버리게 되는 액체(제품의 특성에 따라 자연적으로 발생하는 액체를 제외한다) 또는 얼음과 함께 포장하거나 얼음막을 처리하는 식품은 액체 또는 얼음(막)을 뺀 식품의 중량을 표시하여야 한다.

(3) 정제형태로 제조된 제품의 경우에는 판매되는 한 용기 · 포장 내의 정제의 수와 총중량을, 캡슐형태로 제조된 제품의 경우에는 캡슐수와 피포제 중량을 제외한 내용량을 표시하여야 한다. 이 경우 피포제의 중량은 내용물을 포함한 캡슐 전체 중량의 50% 미만이어야 한다.

(4) 영양성분 표시대상식품에 대하여 내용량을 표시하는 경우에는 그 내용량에 괄호로 하여 해당하는 열량을 함께 표시하여야 한다.

(예시) 100g(240kcal)

(5) 포장육 및 수입하는 식육 등 주표시면에 표시하기가 어려운 경우에는 해당 위치에 표시위치를 명시할 수 있다(축산물에 한함).

(6) 식용란은 개수로 표시하고 중량을 괄호 안에 표시하여야 한다.

(7) 닭 · 오리의 식육은 마리수로 표시하고 중량을 괄호 안에 표시하여야 한다. 다만, 내용량이 1마리인 경우에는 중량만을 표시할 수 있다.

(8) 식품의 내용량을 변경(감소한 경우에 한한다)한 경우, 변경한 날로부터 3개월 이상의 기간 동안 제조 · 가공 · 소분하거나 수입하는 제품의 내용량 주위에 변경 사실을 표시하여야 한다. 이 경우 스티커를 사용할 수 있으나 떨어지지 아니하게 부착하여야 하며, 소비자가 변경 전의 내용량을 쉽게 알아볼 수 있도록 표시하여야 한다. 다만, 다음의 경우에는 표시하지 아니할 수 있다.

① 단위가격(출고가격을 기준으로 한다)이 상승하지 않은 경우

② 내용량 변경(감소) 비율이 5% 이하인 경우

③ 「식품위생법 시행령」 제21조 제1호부터 제3호의 식품제조 · 가공업, 즉석판매제조 · 가공업 및 식품첨가물제조업, 「축산물 위생관리법 시행령」 제21조 제3호의 축산물가공업 및 제8호에 따른 식육즉석판매가공업에 사용될 목적으로 공급되는 원료용 식품 등의 경우

④ 자연상태의 농 · 임 · 축 · 수산물(단, 「축산물 위생관리법」에서 정한 축산물 중 식육가공품, 유가공품, 알가공품은 제외한다)의 경우

⑤ 「식품위생법 시행령」 제21조 제2호에 따른 즉석판매제조 · 가공업의 영업자가 「식품위생법 시행규칙」 제37조 관련 [별표 15]에 따른 즉석판매제조 · 가공 대상식품을 판매하는 경우

⑥ 「축산물 위생관리법 시행령」 제21조 제8호에 따른 식육즉석판매가공업 영업자가 식육가공품을 만들거나 다시 나누어 판매하는 경우

⑦ 소비자에게 직접 판매되지 아니하고, 「식품위생법 시행령」 제21조 제8호의 식품접객업에 조리를 목적으로 공급하는 식품 및 「식품위생법」 제2조 제12호의 집단급식소에 급식용도로 납품되는 식품의 경우

(예시) 내용량 00g(내용량 변경 제품, 00g → 00g 또는 00% 감소), 내용량 00g(이전 내용량 00g) 등

6) 원재료명

(1) 식품에 대한 표시는 다음과 같이 하여야 한다.

① 식품의 처리 · 제조 · 가공 시 사용한 모든 원재료명(최종제품에 남지 않는 물은 제외한다. 이하 같다)을 많이 사용한 순서에 따라 표시하여야 한다. 다만, 중량비율로서 2% 미만인 나머지 원재료는 상기 순서 다음에 함량 순서에 따르지 아니하고 표시할 수 있다.

② 원재료명은 「식품위생법」 제7조 및 「축산물 위생관리법」 제4조에 따른 「식품의 기준 및 규격」, 표준국어대사전 등을 기준으로 대표명을 선정한다.

㉠ 수산물의 경우에는 「식품의 기준 및 규격」에 고시된 명칭(기타 명칭 또는 시장명칭, 외래어의 경우 한글표기법에 따른 외국어 명칭 포함)으로 표시하여야 한다.

㉡ ㉠에도 불구하고 시장에서 널리 통용되는 형태학적 분류에 따른 명칭으로 표시할 수 있다. 다만, 민어과에 대해서는 ㉠에 따른 명칭으로 표시하여야 한다.

㉢ ㉠ 또는 ㉡에 따라 표시한 명칭 바로 뒤에 괄호로 생물 분류 중 "○○속" 또는 "○○과"의 명칭을 추가로 표시할 수 있다.

(예시) 긴가이석태(민어과)

③ 품종명을 원재료명으로 사용할 수 있다.

(예시) 청사과, ○○소고기, ○○돼지고기

④ 제조 · 가공 과정을 거쳐 원래 원재료의 성상이 변한 것을 원재료로 사용한 경우에는 그 제조 · 가공 공정의 명칭 및 성상을 함께 표시하여야 한다.

(예시) ○○농축액, ○○추출액, ○○발효액, 당화 ○○

⑤ 복합원재료를 사용한 경우에는 그 복합원재료를 나타내는 명칭(제품명을 포함한다) 또는 식품의 유형을 표시하고 괄호로 물을 제외하고 많이 사용한 순서에 따라 5가지 이상의 원재료명 또는 성분명을 표시하여야 한다. 다만, 복합원재료가 당해 제품의 원재료에서 차지하는 중량비율이 5% 미만에 해당하는 경우 또는 복합원재료를 구성하고 있는 복합원재료의 경우에는 그 복합원재료를 나타내는 명칭(제품명을 포함한다) 또는 식품의 유형만을 표시할 수 있다.

⑥ 원재료명을 주표시면에 표시하는 경우 해당 원재료명과 그 함량을 주표시면에 12포인트 이상의 글씨로 표시하여야 한다. 다만, [별지 1] 1. 1) (3) ①에 해당하는 경우는 그에 따른다.

⑦ 기계적 회수 식육만을 원재료로 사용할 경우에는 원재료명 다음에 괄호를 하고 '기계발골육' 사용 표시를 하여야 한다. 다만, 원재료가 일반정육과 기계발골육이 혼합되어 있을 경우에는 혼합비율을 표시하여야 한다.

(예시) 원재료로 기계발골육 100% 사용 시 : 닭고기(기계발골육)

원재료로 일반정육과 기계발골육이 혼합되어 사용 시 : 닭고기 00%(정육 00%, 기계발골육 00%) 또는 닭고기정육 00%, 닭고기(기계발골육) 00%

⑧ 아마씨(아마씨유 제외)를 원재료로 사용한 때에는 해당 식품에 그 함량(중량)을 주표시면에 표시하여야 한다.

(2) 식품첨가물에 대한 표시는 다음과 같이 하여야 한다.

① [표 4]에 해당하는 용도로 식품을 제조 · 가공 시에 직접 사용 · 첨가하는 식품첨가물은 그 명칭과 용도를 함께 표시하여야 한다.

(예시) 사카린나트륨(감미료) 등

▼ 명칭과 용도를 함께 표시하여야 하는 식품첨가물

식품첨가물의 명칭		용도
• 사카린나트륨 • 아스파탐 • 글리실리진산이나트륨 • 수크랄로스 • 아세설팜칼륨 • 감초추출물 • 네오탐 • D－리보오스 • 스테비올배당체 • D－자일로오스 • 토마틴	• 효소처리스테비아 • 락티톨 • 만니톨 • D－말티톨 • 말티톨시럽 • D－소비톨 • D－소비톨액 • 에리스리톨 • 이소말트 • 자일리톨 • 폴리글리시톨시럽	감미료
• 식용색소녹색 제3호 • 식용색소녹색 제3호 알루미늄레이크 • 식용색소적색 제2호 • 식용색소적색 제2호 알루미늄레이크 • 식용색소적색 제3호 • 식용색소적색 제40호 • 식용색소적색 제40호 알루미늄레이크 • 식용색소적색 제102호 • 식용색소청색 제1호 • 식용색소청색 제1호 알루미늄레이크 • 식용색소청색 제2호 • 식용색소청색 제2호 알루미늄레이크 • 식용색소황색 제4호	• 식용색소황색 제4호 알루미늄레이크 • 식용색소황색 제5호 • 식용색소황색 제5호 알루미늄레이크 • 동클로로필 • 동클로로필린나트륨 • 철클로로필린나트륨 • 삼이산화철 • 이산화티타늄 • 수용성 안나토 • 카민 • β－카로틴 • 동클로로필린칼륨 • β－아포－$8'$－카로티날	착색료
• 데히드로초산나트륨 • 소브산 • 소브산칼륨 • 소브산칼슘 • 안식향산 • 안식향산나트륨 • 안식향산칼륨	• 안식향산칼슘 • 파라옥시안식향산메틸 • 파라옥시안식향산에틸 • 프로피온산 • 프로피온산나트륨 • 프로피온산칼슘	보존료
• 디부틸하이드록시톨루엔 • 부틸하이드록시아니솔 • 몰식자산프로필 • 에리토브산 • 에리토브산나트륨	• L－아스코빌스테아레이트 • L－아스코빌팔미테이트 • 이 · 디 · 티 · 에이이나트륨 • 이 · 디 · 티 · 에이칼슘이나트륨 • 터셔리부틸히드로퀴논	산화방지제
• 산성아황산나트륨 • 아황산나트륨 • 차아황산나트륨	• 무수아황산 • 메타중아황산칼륨 • 메타중아황산나트륨	표백용은 "표백제"로, 보존용은 "보존료"로, 산화방지제는 "산화방지제"로 한다.

식품첨가물의 명칭		용도
• 차아염소산칼슘 • 차아염소산나트륨		살균용은 "살균제"로, 표백용은 "표백제"로 한다.
• 아질산나트륨 • 질산나트륨	• 질산칼륨	발색용은 "발색제"로, 보존용은 "보존료"로 한다.
• 카페인 • L-글루탐산나트륨		향미증진제

② [표 5]에 해당하는 식품첨가물의 경우에는「식품첨가물 기준 및 규격」에서 고시한 명칭이나 같은 표에서 규정한 간략명으로 표시하여야 한다.

③ [표 6]에 해당하는 식품첨가물의 경우에는 「식품첨가물 기준 및 규격」에서 고시한 명칭이나 같은 표에서 규정한 간략명 또는 주용도(중복된 사용 목적을 가질 경우에는 주요 목적을 주용도로 한다.)로 표시하여야 한다. 다만, 표 6에서 규정한 주용도가 아닌 다른 용도로 사용한 경우에는 고시한 식품첨가물의 명칭 또는 간략명으로 표시하여야 한다.

④ 혼합제제류 식품첨가물은 「식품첨가물 기준 및 규격」에서 고시한 혼합제제류의 명칭을 표시하고 괄호로 혼합제제류를 구성하는 식품첨가물 명칭 등을 모두 표시하여야 한다. 이 경우 식품첨가물 명칭은 「식품첨가물의 기준 및 규격」에서 고시한 명칭 대신 [표 5] 또는 [표 6]에서 규정한 간략명으로 표시할 수 있다.

(예시) 면류첨가알칼리제(탄산나트륨, 탄산칼륨)

(3) 다음에 해당하는 경우에는 (1)와 (2)의 규정에 불구하고 다음과 같이 표시할 수 있다.

① 복합원재료를 사용하는 경우에는 복합원재료의 식품의 유형 표시를 생략하고 이에 포함된 모든 원재료를 많이 사용한 순서대로 표시할 수 있다. 다만, 중복된 명칭은 한 번만 표시할 수 있다.

② 혼합제제류 식품첨가물의 경우에는 고시된 혼합제제류의 명칭 표시를 생략하고 이에 포함된 식품첨가물 또는 원재료를 많이 사용한 순서대로 모두 표시할 수 있다. 다만, 중복된 명칭은 한 번만 표시할 수 있다.

(예시) 물, 설탕, 식물성 크림(야자수, 설탕, 유화제), 혼합제제(설탕, 안식향산나트륨) → 물, 설탕, 야자수, 유화제, 안식향산나트륨

③ 식용유지는 "식용유지명" 또는 "동물성유지", "식물성유지(올리브유 제외)"로 표시할 수 있다. 다만, 수소첨가로 경화한 식용유지에 대하여는 경화유 또는 부분경화유임을 표시하여야 한다.

(예시) 식물성유지(부분경화유) 또는 대두부분경화유 등

④ 전분은 "전분명(○○○전분)" 또는 "전분"으로 표시할 수 있다.

⑤ 총 중량비율이 10% 미만인 당절임과일은 "당절임과일"로 표시할 수 있다.

⑥ 「식품의 기준 및 규격」 제1. 4. 식품원료 분류 (1), (2)에 해당하는 원재료 중 개별 원재료의 중량비율이 2% 미만인 경우에는 분류명칭으로 표시할 수 있다.

⑦ 제품에 직접 사용하지 않았으나 식품의 원재료에서 이행(Carry-over)된 식품첨가물이 당해 제품에 효과를 발휘할 수 있는 양보다 적게 함유된 경우에는 그 식품첨가물의 명칭을 표시하지 아니할 수 있다.

⑧ 식품의 가공과정 중 첨가되어 최종제품에서 불활성화되는 효소나 제거되는 식품첨가물의 경우에는 그 명칭을 표시하지 아니할 수 있다.

⑨ 주표시면의 면적이 30cm^2 이하인 것은 물을 제외하고 많이 사용한 5가지 이상의 원재료명만을 표시할 수 있다.

⑩ 식품첨가물 중 향료를 사용한 경우 "향료"로 표시하여야 한다. 다만, 향료의 명칭을 추가로 표시할 수 있으며, 다음의 특성에 따라 "천연" 또는 "합성"을 추가로 표시할 수 있다.

(예시) 향료, 향료(바닐라향), 천연향료, 천연향료(바닐라추출물), 합성향료, 합성향료(딸기향)

㉠ 향료에 "천연"을 추가로 표시할 수 있는 경우는 합성향료물질을 전혀 사용하지 않고 제조한 향료에 한한다.

㉡ ㉠에 해당하는 경우를 제외한 향료에는 "합성"을 추가로 표시할 수 있다.

(4) 식품의 원재료로서 사용한 추출물(또는 농축액)의 함량을 표시하는 때에는 추출물(또는 농축액)의 함량과 그 추출물(또는 농축액)중에 함유된 고형분 함량(백분율)을 함께 표시하여야 한다. 다만, 고형분 함량의 측정이 어려운 경우 배합 함량으로 표시할 수 있다.

(예시) 딸기 추출물(또는 농축액) ○○%(고형분 함량 ○○% 또는 배합 함량 ○○%)

(예시) 딸기 바나나 추출물(또는 농축액) ○○%(고형분 함량 딸기 ○○%, 바나나 ○○% 또는 배합 함량 딸기 ○○%, 바나나 ○○%)

7) 성분명 및 함량

제품에 직접 첨가하지 아니한 제품에 사용된 원재료 중에 함유된 성분명을 표시하고자 할 때에는 그 명칭과 실제 그 제품에 함유된 함량을 중량 또는 용량으로 표시하여야 한다. 다만, 이러한 성분명을 영양성분 강조표시에 준하여 표시하고자 하는 때에는 영양성분 강조표시 관련 규정을 준용할 수 있다.

8) 영양성분 등

(1) 영양성분 표시단위 기준

① 영양성분 함량은 총 내용량(1포장)당 함유된 값으로 표시하여야 한다. 다만, 총 내용량이 100g(mL)을 초과하고 1회 섭취참고량의 3배를 초과하는 식품은 총 내용량당 대신 100g(mL)당 함량으로 표시할 수 있다. 영양성분 함량 단위는 규칙 제6조 관련 [별표 5] 1일 영양성분 기준치의 영양성분 단위와 동일하게 표시하여야 하고, 1회 섭취참고량과 총 제공량(1포장)을 함께 표시하는 때에는 그 단위를 동일하게 표시하여야 한다.

② 영양성분 함량은 식품 중 먹을 수 있는 부위를 기준으로 산출한다. 이 경우 먹을 수 있는 부위는 동물의 뼈, 식물의 씨앗 및 제품의 특성상 품질유지를 위하여 첨가되는 액체(섭취 전 버리게 되는 액체) 등 통상적으로 섭취하지 않는 먹을 수 없는 부위는 제외하고 실제 섭취하는 양을 기준으로 한다.

③ ①에도 불구하고 개 또는 조각 등으로 나눌 수 있는 단위(이하 "단위"라 한다) 제품에서 그 단위 내용량이 100g(mL) 이상이거나 1회 섭취참고량 이상인 경우에는 단위 내용량당 영양성분

함량으로 표시하여야 한다(다만, 희석 · 용해 · 침출 등을 통해 음용하는 제품의 경우에는 제품의 섭취방법에 따라 소비자가 최종 섭취하는 용량(mL)을 만드는 데 필요한 용량(mL) 또는 중량(g)을 단위 내용량으로 할 수 있다). 이 경우 총 내용량(1포장) 및 단위 제품의 중량(g) 또는 용량(mL)을 표시하고 단위 제품의 개수를 표시하여야 한다.

(예시) 핫도그의 경우, 총 내용량 1,000g(100g×10개)

④ ①부터 ③까지의 규정에도 불구하고 단위 내용량이 100g(mL) 미만이고 1회 섭취참고량 미만인 경우 단위 내용량당 영양성분 함량을 표시할 수 있다. 이 경우에는 총 내용량(1포장)당 영양성분 함량을 병행표기하여야 한다. ①의 규정에 따라 총 내용량이 100g(mL)을 초과하고 1회 섭취참고량의 3배를 초과하는 식품은 100g(mL)당으로 병행표기할 수 있다.

⑤ ①부터 ④까지의 규정에도 불구하고 영양성분 함량을 1회 섭취참고량당 영양성분 함량으로 표시할 수 있다(다만, 희석 · 용해 · 침출 등을 통하여 음용하는 제품의 경우, 식품유형별의 1회 섭취참고량을 만드는 데 필요한 용량(mL) 또는 중량(g)을 1회 섭취참고량으로 할 수 있다). 이 경우에도 총 내용량(1포장)당 영양성분 함량을 병행표기하여야 하며, ①의 규정에 따라 총 내용량이 100g(mL)을 초과하고 1회 섭취참고량의 3배를 초과하는 식품은 100g(mL)당 영양성분 함량 표시와 병행표기할 수 있다.

⑥ 서로 유형 등이 다른 2개 이상의 제품이라도 1개의 제품으로 품목 제조보고한 제품이라면 그 전체의 양으로 표시한다.

(예시) 라면은 면과 스프를 합하여 표시함

(2) 표시방법

① 공통사항

㉠ 영양성분 표시대상 식품은 열량, 나트륨, 탄수화물, 당류, 지방, 트랜스지방, 포화지방, 콜레스테롤 및 단백질에 대하여 그 명칭, 함량 및 규칙 제6조 관련 [별표 5]의 1일 영양성분 기준치에 대한 비율(%)을 표시하여야 한다. 다만, 열량, 트랜스지방에 대하여는 1일 영양성분 기준치에 대한 비율(%) 표시를 제외한다.

㉡ 영양성분 함량이 없는 경우(영양성분별 세부표시방법에 따라 "0"으로 표시하는 경우는 제외한다)에는 그 영양성분의 명칭과 함량을 표시하지 않거나, 영양성분 함량을 "없음" 또는 "–"로 표시하여야 한다.

㉢ 영양성분 함량을 두 가지 이상의 표시단위로 병행 표기하는 경우, 총 내용량당 영양성분 함량이 "0"으로 표시되지 않으면, 다른 표시단위의 영양성분 함량도 "0"으로 표시할 수 없다. 이 경우 실제 함량을 그대로 표시하거나 "00g 미만"으로 표시한다. 다만, "00g 미만"은 영양성분별 세부표시방법에 따라 "0"으로 표시할 수 있는 규정에 한하여 표시할 수 있다.

(예시) 총 내용량당 당류 함량이 "1g"이고 1회 섭취참고량당 함량이 "0.3g"인 경우 1회 섭취참고량당 당류 함량은 "0.3g" 또는 "0.5g 미만"으로 표시

㉣ 규칙 제6조 관련 [별표 5]의 1일 영양성분 기준치에 대한 비율(%)은 각 영양성분의 표시함량을 사용하여 1일 영양성분 기준치에 대한 비율(%)을 산출한 후 이를 반올림하여 정수로

표시하여야 한다. 다만, 함량이 "00g 미만"으로 표시되어 있는 경우에는 그 실제 함량을 그대로 사용하여 1일 영양성분 기준치에 대한 비율(%)을 산출하여야 한다.

ⓜ 영양성분 표시는 소비자가 알아보기 쉽도록 바탕색과 구분되는 색상으로 다음의 기준에 따라 도 3 표시서식도안을 사용하여 표시하여야 한다.

ⓐ 중량(g) 또는 용량(mL)을 표시함에 있어 10g(mL) 미만은 그 값에 가까운 0.1g(mL) 단위로, 10g(mL) 이상은 그 값에 가까운 1g(mL) 단위로 표시하여야 한다.

ⓑ 영양성분을 주표시면에 표시하려는 경우에는 다음의 기준에 따라도 4 표시서식도안을 사용하여 표시하여야 한다.

ⓐ 영양성분 표시는 도 4 표시서식도안의 형태를 유지하는 범위에서 변형할 수 있다. 이 경우 특정 영양성분을 강조하여서는 아니 된다.

ⓑ 도 4에 따라 표시된 열량이 내용량에 해당하는 열량이 되는 경우에는 내용량에 해당하는 열량의 표시는 생략할 수 있다.

ⓒ 주표시면에 도 4를 표시한 경우에는 정보표시면의 영양성분 표시를 생략할 수 있다.

ⓓ 그 밖에 표시방법은 ㉠부터 ㉤을 준용한다.

② 영양성분별 세부표시방법(※ 중요)

㉠ 열량

ⓐ 열량의 단위는 킬로칼로리(kcal)로 표시하되, 그 값을 그대로 표시하거나 그 값에 가장 가까운 5kcal 단위로 표시하여야 한다. 이 경우 5kcal 미만은 "0"으로 표시할 수 있다.

ⓑ 열량의 산출기준은 다음과 같다.

- 영양성분의 표시함량을 사용("00g 미만"으로 표시되어 있는 경우에는 그 실제 값을 그대로 사용한다)하여 열량을 계산함에 있어 탄수화물은 1g당 4kcal를, 단백질은 1g당 4kcal를, 지방은 1g당 9kcal를 각각 곱한 값의 합으로 산출하고, 알코올 및 유기산의 경우에는 알코올은 1g당 7kcal를, 유기산은 1g당 3kcal를 각각 곱한 값의 합으로 한다.
- 탄수화물 중 당알코올 및 식이섬유 등의 함량을 별도로 표시하는 경우의 탄수화물에 대한 열량 산출은 당알코올은 1g당 2.4kcal(에리스리톨은 0kcal), 식이섬유는 1g당 2kcal, 타가토스는 1g당 1.5kcal, 알룰로오스는 1g당 0kcal, 그 밖의 탄수화물은 1g당 4kcal를 각각 곱한 값의 합으로 한다.

㉡ 나트륨

ⓐ 나트륨의 단위는 밀리그램(mg)으로 표시하되, 그 값을 그대로 표시하거나, 120mg 이하인 경우에는 그 값에 가장 가까운 5mg 단위로, 120mg을 초과하는 경우에는 그 값에 가장 가까운 10mg 단위로 표시하여야 한다. 이 경우 5mg 미만은 "0"으로 표시할 수 있다.

㉢ 탄수화물 및 당류

ⓐ 탄수화물에는 당류를 구분하여 표시하여야 한다.

ⓑ 탄수화물의 단위는 그램(g)으로 표시하되, 그 값을 그대로 표시하거나 그 값에 가장 가까운 1g 단위로 표시하여야 한다. 이 경우 1g 미만은 "1g 미만"으로, 0.5g 미만은 "0"으로

표시할 수 있다.

ⓒ 탄수화물의 함량은 식품 중량에서 단백질, 지방, 수분 및 회분의 함량을 뺀 값을 말한다.

㉣ 지방, 트랜스지방, 포화지방

ⓐ 지방에는 트랜스지방 및 포화지방을 구분하여 표시하여야 한다.

ⓑ 지방의 단위는 그램(g)으로 표시하되, 그 값을 그대로 표시하거나 5g 이하는 그 값에 가장 가까운 0.1g 단위로, 5g을 초과한 경우에는 그 값에 가장 가까운 1g 단위로 표시하여야 한다. 이 경우(트랜스지방은 제외) 0.5g 미만은 "0"으로 표시할 수 있다.

ⓒ 트랜스지방은 0.5g 미만은 "0.5g 미만"으로 표시할 수 있으며, 0.2g 미만은 "0"으로 표시할 수 있다. 다만, 식용유지류 제품은 100g당 2g 미만일 경우 "0"으로 표시할 수 있다.

㉤ 콜레스테롤

ⓐ 콜레스테롤의 단위는 밀리그램(mg)으로 표시하되, 그 값을 그대로 표시하거나, 그 값에 가장 가까운 5mg 단위로 표시하여야 한다. 이 경우 5mg 미만은 "5mg 미만"으로, 2mg 미만은 "0"으로 표시할 수 있다.

㉥ 단백질

ⓐ 단백질의 단위는 그램(g)으로 표시하되, 그 값을 그대로 표시하거나, 그 값에 가장 가까운 1g 단위로 표시하여야 한다. 이 경우 1g 미만은 "1g 미만"으로, 0.5g 미만은 "0"으로 표시할 수 있다.

㉦ 그 밖에 영양성분에 대한 표시

ⓐ 규칙 제6조 관련 [별표 5] 1일 영양성분 기준치의 비타민과 무기질(나트륨은 제외한다)을 표시하거나 강조표시 하는 경우에는 해당 영양성분의 명칭, 함량 및 규칙 제6조 관련 [별표 5]의 1일 영양성분 기준치에 대한 비율(%)을 표시하여야 한다.

ⓑ 비타민과 무기질의 명칭 및 단위는 규칙 제6조 관련 [별표 5]의 1일 영양성분 기준치에 따라 표시하며, 1일 영양성분 기준치의 2% 미만은 "0"으로 표시할 수 있다.

ⓒ 1일 영양성분 기준치가 설정되지 아니한 지방산류 및 아미노산류 등을 표시하거나 영양강조표시를 하는 때에는 그 영양성분의 명칭 및 함량을 표시하여야 한다.

ⓓ 영·유아, 임신·수유부, 환자 등 특정집단을 대상으로 하는 특수용도식품에 대하여 ㉠부터 ㉥ 또는 ⓐ부터 ⓒ까지의 규정에 의한 영양성분 표시를 하는 때에는 규칙 제6조 관련 [별표 5]의 1일 영양성분 기준치에 대한 비율(%)로 표시하거나 표 2의 한국인 영양섭취기준 중 해당 집단의 권장섭취량 또는 충분섭취량을 기준치로 하여 기준치에 대한 비율(%)로 표시할 수 있다. 다만, 해당 집단의 권장섭취량 또는 충분섭취량을 기준치로 사용할 경우에는 영양성분표 하단에 [별표]로 "1일 영양성분 기준치에 대한 비율(%)"이 특정 해당 집단의 섭취기준에 대한 비율(%)임을 명시하여야 한다.

(예) 도 3 표시서식도안 가목의 도안일 경우

※ 1일 영양성분 기준치에 대한 비율(%) : 한국인 성인 남자(19~64세) 영양섭취기준에 대한 비율

(3) 영양강조 표시기준

① "저", "무", "고(또는 풍부)" 또는 "함유(또는 급원)" 용어 사용

㉠ 일반기준

ⓐ "무" 또는 "저"의 강조표시는 ㉡의 규정에 따른 영양성분 함량강조표시 세부기준에 적합하게 제조 · 가공과정을 통하여 해당 영양성분의 함량을 낮추거나 제거한 경우에만 사용할 수 있다. 다만, 영양성분 함량강조표시 중 "저지방"에 대한 표시조건은 「축산물 위생관리법」 제4조 제2항에 따른 「식품의 기준 및 규격」에서 정한 기준을 적용할 수 있다.

㉡ 영양성분 함량강조표시 세부기준

영양성분	강조표시	표시조건
열량	저	식품 100g당 40kcal 미만 또는 식품 100mL당 20kcal 미만일 때
	무	식품 100mL당 4kcal 미만일 때
나트륨/ 소금(염)	저	식품 100g당 120mg 미만일 때 *소금(염)은 식품 100g당 305mg 미만일 때
	무	식품 100g당 5mg 미만일 때 *소금(염)은 식품 100g당 13mg 미만일 때
당류	저	식품 100g당 5g 미만 또는 식품 100mL당 2.5g 미만일 때
	무	식품 100g당 또는 식품 100mL당 0.5g 미만일 때
지방	저	식품 100g당 3g 미만 또는 식품 100mL당 1.5g 미만일 때
	무	식품 100g당 또는 식품 100mL당 0.5g 미만일 때
트랜스지방	저	식품 100g당 0.5g 미만일 때
포화지방	저	식품 100g당 1.5g 미만 또는 식품 100mL당 0.75g 미만이고, 열량의 10% 미만일 때
	무	식품 100g당 0.1g 미만 또는 식품 100mL당 0.1g 미만일 때
콜레스테롤	저	식품 100g당 20mg 미만 또는 식품 100mL당 10mg 미만이고, 포화지방이 식품 100g당 1.5g 미만 또는 식품 100mL당 0.75g 미만이며, 포화지방이 열량의 10% 미만일 때
	무	식품 100g당 5mg 미만 또는 식품 100mL당 5mg 미만이고, 포화지방이 식품 100g당 1.5g 미만 또는 식품 100mL당 0.75g 미만이며, 포화지방이 열량의 10% 미만일 때
식이섬유	함유 또는 급원	식품 100g당 3g 이상, 식품 100kcal당 1.5g 이상일 때 또는 1회 섭취참고량당 1일 영양성분기준의 10% 이상일 때
	고 또는 풍부	함유 또는 급원 기준의 2배
단백질	함유 또는 급원	• 식품 100g당 1일 영양성분 기준치의 10% 이상 • 식품 100mL당 1일 영양성분 기준치의 5% 이상 • 식품 100kcal당 1일 영양성분 기준치의 5% 이상일 때 또는 1회 섭취참고량당 1일 영양성분기준치의 10% 이상일 때
	고 또는 풍부	함유 또는 급원 기준의 2배
비타민 또는 무기질	함유 또는 급원	• 식품 100g당 1일 영양성분 기준치의 1.5% 이상 • 식품 100mL당 1일 영양성분 기준치의 7.5% 이상 • 식품 100kcal당 1일 영양성분 기준치의 5% 이상일 때 또는 1회 섭취참고량당 1일 영양성분기준치의 15% 이상일 때
	고 또는 풍부	함유 또는 급원 기준의 2배

② "덜", "더", "감소 또는 라이트", "낮춘", "줄인", "강화", "첨가" 등과 같은 용어 사용

㉠ 영양성분 함량의 차이를 다른 제품의 표준값과 비교하여 백분율 또는 절댓값으로 표시할 수 있다. 이 경우 다른 제품의 표준값은 동일한 식품유형 중 시장점유율이 높은 3개 이상의 유사식품을 대상으로 산출하여야 한다.

㉡ 영양성분 함량의 차이가 다른 제품의 표준값과 비교하여 열량, 나트륨, 탄수화물, 당류, 식이섬유, 지방, 트랜스지방, 포화지방, 콜레스테롤, 단백질의 경우는 최소 25% 이상의 차이가 있어야 하고, 나트륨을 제외한 규칙 제6조 관련 [별표 5] 1일 영양성분 기준치에서 정한 비타민 및 무기질의 경우는 1일 영양성분 기준치의 10% 이상의 차이가 있어야 한다.

㉢ ㉡에 해당하는 제품 중 "덜, 감소, 라이트, 낮춘, 줄인" 등과 같은 용어를 사용하고자 하는 경우에는 해당 영양성분의 함량차이의 절댓값이 ①의 규정에 따른 "저"의 기준값보다 커야 하고, "더, 강화, 첨가" 등과 같은 용어를 사용하고자 하는 경우에는 해당 영양성분의 함량 차이의 절댓값이 ①의 규정에 따른 "함유"의 기준값보다 커야 한다.

㉣ ㉠~㉢ 규정에도 불구하고 특정 영양성분과 식품유형에 대해서는 영양성분 비교강조표시 기준 등을 별도로 정할 수 있다.

③ 다음의 모두에 해당하는 경우 "설탕 무첨가", "무가당"을 표시할 수 있다.

㉠ 당류를 첨가하지 않은 제품

㉡ 당류를 기능적으로 대체하는 원재료(꿀, 당시럽, 올리고당, 당류가공품 등. 다만, 당류에 해당하지 않는 식품첨가물은 제외)를 사용하지 않은 제품

㉢ 당류가 첨가된 원재료(잼 · 젤리 · 감미과일 등)를 사용하지 않은 제품

㉣ 농축, 건조 등으로 당함량이 높아진 원재료(말린 과일페이스트, 농축과일주스 등)를 사용하지 않은 제품

㉤ 효소분해 등으로 식품의 당함량이 높아지지 않은 제품

④ 다음의 ㉠부터 ㉢까지 모두에 해당하는 경우 "나트륨 무첨가" 또는 "무가염"을 표시할 수 있다. 다만, 해당 제품이 ①의 ㉠ 및 ㉡에 따른 나트륨/소금(염)의 "무" 강조표시 조건에 적합하지 않은 경우에는 "무염 제품이 아님" 또는 "나트륨 함유 제품임"을 해당 강조표시 근처에 함께 표시하여야 한다.

㉠ 염화나트륨, 삼인산나트륨 등 나트륨염을 첨가하지 않은 제품

㉡ 나트륨염을 첨가한 원재료(젓갈류, 소금에 절인 생선 등)를 사용하지 않은 제품

㉢ 나트륨염을 기능적으로 대체하기 위하여 사용하는 원재료(건조 해조류, 건조 해산물 등)를 사용하지 않은 제품

⑤ ① ㉠ 및 ㉡에 따른 '무당', ③에 따른 '무가당' 및 이와 동일한 표현으로 당류에 대해 강조하는 경우에는 다음을 추가로 표시해야 한다.

㉠ 감미료(감미료를 원재료로 사용한 식품 포함)를 사용하는 경우에는 '감미료 함유'를 해당 강조표시 주위(강조표시의 인접한 둘레)에 14포인트 이상 활자 크기(강조표시가 14포인트 미만인 경우 해당 강조표시와 동일한 활자 크기)로 표시해야 한다. 다만, 당알코올인 감

미료를 사용하는 경우에는 '감미료 함유' 대신 '당알코올 함유'로도 표시할 수 있다.

㉡ ① ㉠ 및 ㉡ 중 '저열량' 또는 ② ㉠부터 ㉢에 따른 '열량 감소' 등의 기준에 적합하지 않은 경우에는 '총 내용량에 해당하는 열량'을 해당 강조표시 주위(강조표시의 인접한 둘레)에 14포인트 이상 활자 크기(강조표시가 14포인트 미만인 경우 해당 강조표시와 동일한 활자 크기)로 표시해야 하며, 해당 강조표시가 주표시면에 있는 경우 내용량 뒤에 괄호로 표시하는 열량은 생략할 수 있다. 다만, '총 내용량에 해당하는 열량' 표시를 대신하여 '저열량 제품이 아님' 또는 '열량을 낮춘 제품이 아님'을 해당 강조표시 주위(강조표시의 인접한 둘레)에 14포인트 이상 활자 크기(강조표시가 14포인트 미만인 경우 해당 강조표시와 동일한 활자 크기)로 표시할 수 있으며, 이 경우 내용량 뒤에 괄호로 표시하는 열량을 생략해서는 안 된다.

㉢ '무당', '무가당' 및 이와 동일한 강조표시가 주표시면에 2회 이상 반복되어 있는 제품은 소비자가 정확하게 알 수 있도록 주표시면에 가장 큰 강조표시 주위(강조표시의 인접한 둘레)에 ㉠, ㉡을 표시해야 하며, 그 외의 강조표시 주위(강조표시의 인접한 둘레)에는 ㉠, ㉡에 따른 표시를 생략할 수 있다.

(4) 영양성분 표시량과 실제 측정값의 허용오차 범위

① 열량, 나트륨, 당류, 지방, 트랜스지방, 포화지방 및 콜레스테롤의 실제 측정값은 표시량의 120% 미만이어야 한다. 다만, 배추김치의 경우 나트륨의 실제 측정값은 표시량의 130% 미만이어야 한다.

② ① 본문에도 불구하고 식품 내에 함유량이 다음 구분에 해당하는 영양성분의 경우에는 표시량과 실제 측정값의 허용오차 범위는 다음 구분에 따른 값과 같다.

㉠ 100g(mL)당 25mg 미만의 나트륨 : +5mg 미만

㉡ 100g(mL)당 2.5g 미만의 당류 : +0.5g 미만

㉢ 100g(mL)당 4g 미만의 포화지방 : +0.8g 미만

㉣ 100g(mL)당 25mg 미만의 콜레스테롤 : +5mg 미만

③ 탄수화물, 식이섬유, 단백질, 비타민, 무기질, 필수지방산(리놀레산, 알파－리놀레산, EPA와 DHA의 합)의 실제 측정값은 표시량의 80% 이상이어야 한다.

④ ①부터 ③까지 규정에도 불구하고 「식품위생법」 제7조 및 「축산물 위생관리법」 제4조의 규정에 따른 「식품의 기준 및 규격」의 성분규격이 "표시량 이상"으로 되어 있는 경우에는 실제 측정값은 표시량 이상이어야 하고, 성분규격이 "표시량 이하"로 되어 있는 경우에는 표시량 이하이어야 한다.

⑤ 실제 측정값이 ①부터 ④까지 규정하고 있는 범위를 벗어난다 하더라도 다음의 어느 하나에 해당하는 경우에는 허용오차를 벗어난 것으로 보지 아니한다.

㉠ 실제 측정값이 (2) ②의 영양성분별 세부표시방법의 단위 값 처리규정에서 인정하는 범위 이내인 경우

㉡ 다음 중 어느 하나에 해당하는 2개 이상의 기관(ⓐ 또는 ⓑ에 해당하는 기관을 1개 이상 포함하여야 한다)에서 1년마다 검사한 평균값과 표시된 값의 차이가 허용오차를 벗어나지 않은 경우(다만, 「식품의 기준 및 규격」에서 성분규격을 "표시량 이상" 또는 "표시량 이하"로 정하고 있는 경우는 해당하지 아니함)

ⓐ 식품과 건강기능식품 : 「식품 · 의약품 분야 시험 · 검사 등에 관한 법률」 제6조 제2항 제1호에 따른 식품 등 시험 · 검사기관

ⓑ 축산물 : 「식품 · 의약품 분야 시험 · 검사 등에 관한 법률」 제6조 제2항 제2호에 따른 축산물 시험 · 검사기관

ⓒ 「국가표준기본법」에서 인정한 시험 · 검사기관

2. 식품첨가물(수입식품첨가물을 포함한다)

1) 제품명 : 식품의 세부표시기준 1)을 준용한다.
2) 영업소(장)의 명칭(상호) 및 소재지 : 식품의 세부표시기준 2)를 준용한다.
3) 제조연월일 또는 소비기한 : 식품의 세부표시기준 3) 또는 4)를 각각 준용한다.
4) 내용량 : 식품의 세부표시기준 5)를 준용한다.
5) 원재료명 및 성분명 : 식품의 세부표시기준 6) 및 7)을 준용한다.

3. 기구 등의 살균 · 소독제(수입기구 등의 살균 · 소독제를 포함한다)

1) 제품명 : 식품의 세부표시기준 1)을 준용한다.
2) 영업소(장)의 명칭(상호) 및 소재지 : 식품의 세부표시기준 2)를 준용한다.
3) 제조연월일 또는 소비기한 : 식품의 세부표시기준 3) 또는 4)를 각각 준용한다.
4) 내용량 : 식품의 세부표시기준 5)를 준용한다.
5) 원재료명 및 성분명 : 식품의 세부표시기준 6) 및 7)을 준용한다.

4. 기구 또는 용기 · 포장(수입기구 또는 용기 · 포장을 포함한다)

1) 옹기류 : 영업소(장)의 명칭(상호)[수입옹기류의 경우에는 식품 등 수입판매업 영업소(장)의 명칭(상호)] 및 소재지를 식품의 세부표시기준 2)를 준용하여 표시하여야 한다.
2) 옹기류 외의 기구 또는 용기 · 포장 : 영업소(장)의 명칭(상호) 및 소재지를 식품의 세부표시기준 2)를 준용하여 표시하여야 한다. 다만, 기구의 경우에는 제조업소명 대신 제조위탁업소명을 표시할 수 있으며, 수입기구에 제조위탁업소명을 표시하고자 하는 경우 원산지를 함께 표시하여야 한다.
(예시) "제조업소명 : ○○" 또는 "제조위탁업소명 : ○○", 수입기구의 경우 "제조업소명 : ○○" 또는 "제조위탁업소명 : ○○(원산지)"

※ 소비자 안전을 위한 표시사항(제5조 제1항 관련) – 식품 등의 표시 · 광고에 관한 법률 시행규칙 [별표 2]

식품, 식품첨가물 또는 축산물, 기구 또는 용기 · 포장의 표시에 필수적으로 들어가야 하는 안전에 관한 주의사항

1. 공통사항

1) 알레르기 유발물질 표시

식품 등에 알레르기를 유발할 수 있는 원재료가 포함된 경우 그 원재료명을 표시해야 하며, 알레르기 유발물질, 표시 대상 및 표시방법은 다음과 같다.

(1) 알레르기 유발물질

알류(가금류만 해당한다), 우유, 메밀, 땅콩, 대두, 밀, 고등어, 게, 새우, 돼지고기, 복숭아, 토마토, 아황산류(이를 첨가하여 최종제품에 이산화황이 1킬로그램당 10밀리그램 이상 함유된 경우만 해당한다), 호두, 닭고기, 쇠고기, 오징어, 조개류(굴, 전복, 홍합을 포함한다), 잣

(2) 표시 대상

① (1)의 알레르기 유발물질을 원재료로 사용한 식품 등

② ①의 식품 등으로부터 추출 등의 방법으로 얻은 성분을 원재료로 사용한 식품 등

③ ① 및 ②를 함유한 식품 등을 원재료로 사용한 식품 등

(3) 표시방법

원재료명 표시란 근처에 바탕색과 구분되도록 알레르기 표시란을 마련하고, 제품에 함유된 알레르기 유발물질의 양과 관계없이 원재료로 사용된 모든 알레르기 유발물질을 표시해야 한다. 다만, 단일 원재료로 제조 · 가공한 식품이나 포장육 및 수입 식육의 제품명이 알레르기 표시대상 원재료명과 동일한 경우에는 알레르기 유발물질 표시를 생략할 수 있다.

(예시) 달걀, 우유, 새우, 이산화황, 조개류(굴) 함유

2) 혼입(混入)될 우려가 있는 알레르기 유발물질 표시

알레르기 유발물질을 사용한 제품과 사용하지 않은 제품을 같은 제조과정(작업자, 기구, 제조라인, 원재료 보관 등 모든 제조과정을 포함한다)을 통해 생산하여 불가피하게 혼입될 우려가 있는 경우 "이 제품은 알레르기 발생 가능성이 있는 메밀을 사용한 제품과 같은 제조 시설에서 제조하고 있습니다.", "메밀 혼입 가능성 있음", "메밀 혼입 가능" 등의 주의사항 문구를 표시해야 한다. 다만, 제품의 원재료가 1) (1)에 따른 알레르기 유발물질인 경우에는 표시하지 않는다.

3) 무(無) 글루텐의 표시

다음의 어느 하나에 해당하는 경우 "무 글루텐"의 표시를 할 수 있다.

(1) 밀, 호밀, 보리, 귀리 또는 이들의 교배종을 원재료로 사용하지 않고 총 글루텐 함량이 1킬로그램당 20밀리그램 이하인 식품 등

(2) 밀, 호밀, 보리, 귀리 또는 이들의 교배종에서 글루텐을 제거한 원재료를 사용하여 총 글루텐 함량이 1킬로그램당 20밀리그램 이하인 식품 등

4) 고카페인의 함유 표시

(1) 표시대상

1밀리리터당 0.15밀리그램 이상의 카페인을 함유한 액체 식품 등

(2) 표시방법

① 주표시면(식품 등의 표시면 중 상표 또는 로고 등이 인쇄되어 있어 소비자가 식품 등을 구매할 때 통상적으로 보이는 면을 말한다. 이하 같다)에 "고카페인 함유" 및 "총카페인 함량 000밀리그램"의 문구를 표시할 것

② "어린이, 임산부 및 카페인에 민감한 사람은 섭취에 주의해 주시기 바랍니다." 등의 문구를 표시할 것

(3) 총카페인 함량의 허용오차

실제 총카페인 함량은 주표시면에 표시된 총카페인 함량의 90% 이상 110% 이하의 범위에 있을 것. 다만, 커피, 다류(茶類) 또는 커피 · 다류를 원료로 한 액체 식품 등의 경우에는 주표시면에 표시된 총카페인 함량의 120% 미만의 범위에 있어야 한다.

2. 식품 등의 주의사항 표시

1) 식품, 축산물

(1) 냉동제품에는 "이미 냉동되었으니 해동 후 다시 냉동하지 마십시오." 등의 표시를 해야 한다. 다만, 「식품위생법」 제7조 제1항 및 「축산물 위생관리법」 제4조 제2항에 따라 기준 및 규격이 고시된 빙과류 중 빙과, 아이스크림류 또는 얼음류는 제외한다.

(2) 과일 · 채소류 음료, 우유류 등 개봉 후 부패 · 변질될 우려가 높은 제품에는 "개봉 후 냉장보관하거나 빨리 드시기 바랍니다." 등의 표시를 해야 한다.

(3) "음주전후, 숙취해소" 등의 표시를 하는 제품에는 "과다한 음주는 건강을 해칩니다." 등의 표시를 해야 한다.

(4) 아스파탐(Aspatame, 감미료)을 첨가 사용한 제품에는 "페닐알라닌 함유"라는 내용을 표시해야 한다.

(5) 당알코올류를 주요 원재료로 사용한 제품에는 해당 당알코올의 종류 및 함량과 "과량 섭취 시 설사를 일으킬 수 있습니다." 등의 표시를 해야 한다.

(6) 별도 포장하여 넣은 신선도 유지제에는 "습기방지제", "습기제거제" 등 소비자가 그 용도를 쉽게 알 수 있게 표시하고, "먹어서는 안 됩니다." 등의 주의문구도 함께 표시해야 한다. 다만, 정보표시면(용기 · 포장의 표시면 중 소비자가 쉽게 알아볼 수 있게 표시사항을 모아서 표시하는 면을 말한다. 이하 같다) 등에 표시하기 어려운 경우에는 신선도 유지제에 직접 표시할 수 있다.

(7) 식품 및 축산물에 대한 불만이나 소비자의 피해가 있는 경우에는 신속하게 신고할 수 있도록 "부정 · 불량식품 신고는 국번 없이 1399" 등의 표시를 해야 한다.

(8) 보존성을 증진시키기 위해 용기 또는 포장 등에 질소가스 등을 충전한 경우에는 "질소가스 충전" 등으로 그 사실을 표시해야 한다.

(9) 원터치 캔(한 번 조작으로 열리는 캔) 통조림 제품에는 "캔 절단 부분이 날카로우므로 개봉, 보관 및 폐기 시 주의하십시오." 등의 표시를 해야 한다.

(10) 아마씨(아마씨유는 제외한다)를 원재료로 사용한 제품에는 "아마씨를 섭취할 때에는 일일섭취량이 16그램을 초과하지 않아야 하며, 1회 섭취량은 4그램을 초과하지 않도록 주의하십시오." 등의 표시를 해야 한다.

2) 식품첨가물

수산화암모늄, 초산, 빙초산, 염산, 황산, 수산화나트륨, 수산화칼륨, 차아염소산나트륨, 차아염소산칼슘, 액체 질소, 액체 이산화탄소, 드라이아이스, 아산화질소, 아질산나트륨에는 "어린이 등의 손에 닿지 않는 곳에 보관하십시오.", "직접 먹거나 마시지 마십시오.", "눈 · 피부에 닿거나 마실 경우 인체에 치명적인 손상을 입힐 수 있습니다." 등의 취급상 주의문구를 표시해야 한다.

3) 기구 또는 용기 · 포장

(1) 식품포장용 랩을 사용할 때에는 섭씨 100℃를 초과하지 않은 상태에서만 사용하도록 표시해야 한다.

(2) 식품포장용 랩은 지방성분이 많은 식품 및 주류에는 직접 접촉되지 않게 사용하도록 표시해야 한다.

(3) 유리제 가열조리용 기구에는 "표시된 사용 용도 외에는 사용하지 마십시오." 등을 표시하고, 가열조리용이 아닌 유리제 기구에는 "가열조리용으로 사용하지 마십시오." 등의 표시를 해야 한다.

4) 건강기능식품

(1) "음주전후, 숙취해소" 등의 표시를 하려는 경우에는 "과다한 음주는 건강을 해칩니다." 등의 표시를 해야 한다.

(2) 아스파탐을 첨가 사용한 제품에는 "페닐알라닌 함유"라는 표시를 해야 한다.

(3) 별도 포장하여 넣은 신선도 유지제에는 "습기방지제", "습기제거제" 등 소비자가 그 용도를 쉽게 알 수 있도록 표시하고, "먹어서는 안 됩니다" 등의 주의문구도 함께 표시해야 한다. 다만, 정보표시면 등에 표시하기 어려운 경우에는 신선도 유지제에 직접 표시할 수 있다.

(4) 건강기능식품의 섭취로 인하여 구토, 두드러기, 설사 등의 이상 증상이 의심되는 경우에는 신속하게 신고할 수 있도록 제품의 용기 · 포장에 "이상 사례 신고는 1577-2488"의 표시를 해야 한다.

PART 05

CHAPTER

03 식품가공연구개발 위생관리

SECTION 01 개인위생관리

1. 식품위생 분야 종사자의 위생관리

1) 식품위생 분야 종사자 건강진단(「식품위생법」 제40조 제1항 및 「식품위생법 시행규칙」 제49조)

① 대상

㉠ 식품 또는 식품첨가물(화학적 합성품 또는 기구 등의 살균 · 소독제는 제외한다)을 채취 · 제조 · 가공 · 조리 · 저장 · 운반 또는 판매하는 일에 직접 종사하는 영업자 및 종업원(완전 포장된 식품 또는 식품첨가물을 운반하거나 판매하는 일에 종사하는 사람은 제외)

㉡ 학교급식종사자(업체 배송직원 포함)

② 주기 : 매 1년마다(학교급식종사자는 6개월), 건강진단은 건강진단의 유효기간 만료일 전후 각각 30일 이내에 실시

※ 건강진단을 받아야 하는 영업자 및 그 종업원은 영업 시작 전 또는 영업에 종사하기 전에 미리 건강진단을 받아야 한다.

③ 항목 : 폐결핵, 장티푸스, 파라티푸스

▼ 건강진단 항목의 개선 사항

기존	변경
폐결핵, 장티푸스, 전염성 피부질환(한센병 등 세균성 피부질환)	폐결핵, 장티푸스, 파라티푸스

※ 파라티푸스 : 살모넬라균에 감염되어 발생하는 소화기계 급성 감염병(제2급 감염병)

2) 식품위생 분야 종사자의 위생관리

식품위생 분야 종사자는 개인위생관리를 통해 제조 현장에 이물 발생 원인이 되는 이물질을 출입 전에 완전히 제거해야 한다. 더불어 작업자를 통해 발생할 수 있는 교차오염을 사전에 예방해야 한다.

구분	내용
손씻기	• 흐르는 온수로 손을 적시고, 일정량의 액체 비누를 바른다(일반적인 바 형태의 고체 비누는 세균으로 감염될 수 있다). • 비누와 물이 손의 모든 표면에 묻도록 한다. • 손바닥과 손바닥을 마주대고 문질러 준다. • 손바닥과 손등을 마주대고 문질러 준다. • 손바닥을 마주대고 손깍지를 끼고 문질러 준다. • 손가락 등을 반대편 손바닥에 대고 문질러 준다. • 엄지손가락을 다른 편 손바닥으로 돌려주면서 문질러 준다. • 손가락을 반대편 손바닥에 놓고 문지르며 손톱 밑을 깨끗하게 한다. • 흐르는 온수로 비누를 헹구어 낸다. • 종이 타월이나 깨끗한 마른 수건으로 손의 물기를 제거한다(젖은 타월에는 세균이 서식할 수 있다). ※ 흐르는 물에 비벼서 손을 씻을 경우 세균의 98% 이상이 제거되며, 손을 씻은 후 소독액 분사 시 세균의 99.9% 이상이 제거된다.
위생모 및 마스크 착용	[위생모] • 위생모는 머리카락이 나오지 않도록, 머리 뒷부분과 귀가 보이지 않도록 덮개를 내려 착용하고, 턱끈은 잘 매도록 한다. • 모발에 세균이 부착되어 있으므로 바르게 착용하여야 한다. • 작업장에 출입하는 모든 인원(방문객 포함)은 반드시 규정에 따라 위생모를 착용하도록 한다. • 두발은 짧게 하고, 긴 머리는 반드시 묶어서 모자 속으로 넣어 외부로부터 오염물질이나 머리카락이 들어가서 식품을 오염시키지 않도록 한다. [마스크] • 마스크는 백색으로 된 것을 착용한다. • 입과 코가 보이지 않도록 써야 하며, 코 부위를 눌러 착용한다. • 기침이나 재채기를 통하여 각종 세균의 오염 가능성이 있으므로 제조 · 포장 라인에는 반드시 마스크를 착용해야 하며, 항상 깨끗하게 관리해야 한다.
작업장 출입	• 작업장 출입 시 위생복을 착용한다. • 위생복의 지퍼는 위까지 채워서 착용하여야 한다. • 손과 발 일부를 제외한 신체부위가 노출되지 않아야 한다. • 깨끗한 위생복을 착용하여 몸을 가림으로써 먼지, 이물, 세균 등이 제품을 오염시키지 않도록 한다. • 위생복장 차림으로 외부 출입하지 않도록 하고, 세탁을 자주하여 청결하게 위생복 관리를 한다.
개인용품	장신구 · 휴대품(시계, 반지, 휴대폰, 라이터 등)은 틈새에 교차오염의 매개체가 될 수 있으며, 식품 내 이물 혼입의 원인이 되거나 기계에 들어가 안전사고의 원인이 될 수 있으므로 작업장에 반입하지 않도록 한다.

▼ 세척 또는 소독 기준 수립

(1) 영업자는 다음의 사항에 대한 세척 또는 소독 기준을 정하여야 한다.
- 종업원
- 위생복, 위생모, 위생(장)화 등
- 작업장 주변
- 작업실별 내부
- 식품제조시설(이송배관 포함)
- 냉장 · 냉동 설비
- 용수저장시설
- 보관 · 운반시설
- 운송차량, 운반도구 및 용기
- 모니터링 및 검사 장비
- 환기시설(필터, 방충망 등 포함)
- 폐기물 처리용기
- 세척 · 소독 도구
- 기타 필요사항

(2) 세척 또는 소독 기준은 다음의 사항을 포함하여야 한다.
- 세척 · 소독 대상별 세척 · 소독 부위
- 세척 · 소독 방법 및 주기
- 세척 · 소독 책임자

- 세척 · 소독 기구의 올바른 사용 방법
- 세제 및 소독제(일반명칭 및 통용명칭)의 구체적인 사용 방법

※ 세척 · 소독 시설에는 종업원이 잘 보이는 곳에 올바른 세척 방법 등에 대한 지침이나 기준을 게시하여야 한다.

2. 개인위생 세척 · 소독 기준 예시

부위	세척 또는 소독방법	사용도구	주기	담당자
위생복	중성세제를 이용하여 세탁	세탁기	1회/일	작업자
위생모	중성세제를 이용하여 세탁	세탁기	1회/일	작업자
마스크	중성세제를 이용하여 세탁	세탁기	1회/일	작업자
토시	중성세제를 이용하여 세탁	세탁기	1회/일	작업자
위생장갑	중성세제를 이용하여 세탁	세탁기	1회/일	작업자
앞치마	중성세제를 이용하여 세탁	세탁기	1회/일	작업자
장화	• 연성세제를 이용하여 세탁 • 건조 후 소독수를 분무	세척조	1회/일	작업자

▼ 선행요건 – 개인위생관리(식품 및 축산물 안전관리인증기준 [별표 1])

작업장 내에서 작업 중인 종업원 등은 위생복 · 위생모 · 위생화 등을 항시 착용하여야 하며, 개인용 장신구 등을 착용하여서는 아니 된다.

3. 위생상태 점검

1) 핸드 플레이트(Hand Plate)

① 식품위생 분야 작업자의 위생 상태 점검을 위해 검사
② 현장 작업자의 손 오염도 측정
③ 검출하고자 하는 균종의 선택적 검출 가능(황색포도상구균, 대장균)
④ 신속한 검출 가능

▌다양한 핸드 플레이트▐

2) 로닥 플레이트(RODAC Plate)

① 작업 환경(작업대, 설비, 기계 등)의 오염 상태 점검을 위해 검사
② 검출하고자 하는 균종의 선택적 검출 가능(배지에 따라 일반 세균, 대장균, 황색포도상구균, 비브리오, 살모넬라 등)
③ 작업 환경 표면에 Stamp 형식으로 접촉시켜 간편하게 검출 가능

SECTION 02 기계 · 설비의 위생관리

1. 식품취급시설 등

- 식품을 제조 · 가공하는 데 필요한 기계 · 기구류 등 식품취급시설은 식품의 특성에 따라 식품 등의 기준 및 규격에서 정하고 있는 제조 · 가공기준에 적합한 것이어야 한다.
- 식품취급시설 중 식품과 직접 접촉하는 부분은 위생적인 내수성 재질[스테인레스 · 알루미늄 · 유리섬유강화플라스틱(FRP) · 테프론 등 물을 흡수하지 아니하는 것을 말한다. 이하 같다]로서 씻기 쉬운 것이거나 위생적인 목재로서 씻는 것이 가능한 것이어야 하며, 열탕 · 증기 · 살균제 등으로 소독 · 살균이 가능한 것이어야 한다.
- 냉동 · 냉장시설 및 가열처리시설에는 온도계 또는 온도를 측정할 수 있는 계기를 설치하여야 한다.

1) 기계 · 설비의 청결을 유지하기 위한 세척, 청소 및 소독

CIP와 COP 세척을 실시한다.

※ 기계 · 설비 세척 방법
- CIP(Clean In Place) : 설비를 분해하지 않고, 조립된 상태에서 물, 열, 세제를 순환시켜 설비 내부를 세척(액상식품 가공 공장)
- COP(Clean Out of Place) : 설비를 세척 장소로 이동하거나 일부를 분해하여 수작업 세척
- SIP(Sterilization In Place) : 정치 증기 멸균으로 설비 분해 없이 스팀으로 멸균(Aseptic 포장)

▼ **CIP 세척 과정**

1. 생산 잔류물 회수 : 생산 잔류물을 장비 조작 마지막에 회수하여 손실을 줄이고 세척을 용이하게 한다.
2. 물에 의한 헹굼 : 파이프 표면 잔류물은 미온수로 세척한다.
3. 세척제(알칼리, 산)에 의한 세척 : 세척액의 농도, 시간, 온도의 조합이 중요하며, 단백질, 지방 등의 잔류물을 용해한다.
4. 물에 의한 사후 헹굼 : 세척 잔류물과 세척제 잔류물을 세척수로 헹군다.

▼ 미생물의 제어

> (1) 멸균
> 살아 있는 미생물인 영양세포와 포자까지 사멸하여 무균의 상태로 만드는 조작
> - 영양세포 : 미생물이 활발히 대사하는 상태의 세포
> - 포자 : 균류가 무성생식의 수단으로 형성하는 생식세포이지만 일부 세균류 등의 생물군에서는 불리한 환경에서 살아남는 생존 형태이기도 하며, 일부 식중독균은 생존이 어려운 환경에서 포자를 형성하며 생성되는 포자는 100℃ 가열, 산, 알칼리, 건조, 방사선 조건에 매우 강한 내성을 보임
>
> (2) 살균(Sterilization)
> 모든 세균, 진균의 영양세포는 사멸시키나 포자는 잔존하는 조작
>
> (3) 소독
> 대부분의 병원성 세균, 진균은 사멸시키나 비병원성 미생물은 사멸하지 않아도 무방한 상태
>
> (4) 방부
> 부패미생물의 생육 억제

① 물리적 소독법

㉠ 건열멸균법 : 160~170℃의 건열멸균기에서 1~2시간 가열(초자기구)

㉡ 화염멸균법 : 알코올램프나 가스 버너 등으로 가열(백금이, 시험관 입구)

㉢ 자비소독법 : 끓는 물(100℃)에서 30분 가열(식기, 도마, 주사기)

㉣ 증기소독법 : 100℃의 유동 수증기를 사용하는 방법

㉤ 고압증기멸균법 : 고압증기멸균기(Autoclave)에서 15lb, 121℃, 15~20분 처리(초자기구, 고무제품, 배지 등 약액)

㉥ 간헐멸균법 : 100℃, 30분, 3일에 걸쳐서 처리

㉦ 일광소독법 : 일광에 1~2시간 처리(결핵 등 일반 감염병 환자의 의복, 침구류)

㉧ 자외선살균법 : 260nm로 50cm 내에서 조사(공기, 물, 무균실 등에 사용)

※ 자외선 중에서 파장이 260nm인 자외선이 가장 살균력이 강하여, 보통 파장이 263.7nm인 자외선을 사용하여 미생물를 살균한다. 영양형 세균 외에도 바이러스, 세균의 내생포자(아포) 등에도 작용하여 살균한다.

㉨ 방사선살균법 : Co－60의 선을 이용(포장된 통조림에 적용)

㉩ 여과제균법 : 여과기를 이용하여 세균 제거(비가열 배지 등에 사용)

② 화학적 소독법

㉠ 승홍($HgCl_2$) : 단백질 응고작용으로 살균, 0.1% 이용(손소독)

㉡ 머큐로크롬 : 단백질 응고작용으로 살균, 2% 이용(상처소독)

㉢ 과산화수소(H_2O_2) : 산화작용으로 살균, 3% 이용(상처소독, 구내염)

㉣ 석탄산(Phenol)수 : 단백질 응고작용으로 살균, 3% 이용(선박, 기차소독)

㉤ 크레졸 : 단백질 응고작용으로 살균, 3% 용액 이용(배설물 소독)

㉥ 양성비누 : 세포막 파괴로 살균, 0.1% 이용(손소독)

㉦ 에틸알코올 : 단백질 응고와 탈수작용에 의한 살균, 70% 이용(손소독)

㉧ 포르말린 : 단백질 응고작용으로 살균, 0.1% 용액(창고 등 훈증소독)

2. 기계 · 설비 세척 · 소독 기준 예시

대상	부위	세척 또는 소독방법	사용도구	주기	담당자
냉장 · 냉동고	내부, 외부 동력부분, 손잡이, 선반 등	• 전원을 차단하고 식재료를 모두 제거 • 선반을 분리하여 세척제로 세척 · 헹굼 • 흐르는 물로 내부 세척, 성에 등 제거 • 수세미에 세척제를 묻혀 냉장고 내벽, 문을 닦은 후 젖은 행주로 세제를 닦아냄 • 마른 행주로 닦아 건조시킴	세제, 수세미, 행주	1회/2일	현장 종업원
기구류 (칼, 도마, 국자, 가위, 끌대 등)	상단, 하부	• 찌꺼기 제거 후 세척 • 기구 등의 소독제를 분무 후 각 보관함에 보관 및 살균	세제, 수세미, 분무기(소독수)	사용 시 마다	현장 종업원
작업대	상단, 하부	• 찌꺼기 제거 및 세척 • 내부 및 외부 세척제로 세척 • 흐르는 물로 내부 세척 • 흐르는 물에 헹군 후 소독	수세미, 분무기(소독수)	1회/일	현장 종업원
정선 석발기, 입자 분리기, 탈피기, 마쇄기	외부, 내부	• 호스 분사력으로 찌꺼기 제거 • 내부 및 외부를 세척제로 세척 • 흐르는 물에 헹군 후 소독	수세미, 분무기(소독수)	1회/일	현장 종업원
탈피기, 가열기, 탈염탱크	외부, 내부	• 깨끗한 물로 외부, 내부를 세척 • 수세미를 이용하여 세척제로 세척 • 흐르는 물에 세척제를 헹굼 • 소독수 분무	세제, 수세미, 분무기(소독수)	1회/일	현장 종업원
여과기, 여과망, 탈취기, 혼합기, 균질기, 살균기, 멸균기	외부, 내부 탈수통	• 온수로 내부 찌꺼기 제거 • 염기성 세제를 이용하여 배관 내부 등을 세척 • 온수로 3회 헹굼 • 산성 세제를 이용하여 세척 • 온수로 1회 헹굼 • 리트머스지를 이용하여 세제 잔류 여부 확인	세제, 리트머스지	1회/일	현장 종업원
컨베이어	상단, 하부	• 호스 분사력으로 찌꺼기 제거 • 깨끗한 행주를 적셔서 닦기	세제, 수세미	1회/3일	현장 종업원
진공포장기	외부	깨끗한 행주를 적셔서 닦은 후 소독수 분무	행주, 분무기(소독수)	사용 시 마다	현장 종업원
금속검출기	외부	깨끗한 수건을 적셔서 닦은 후 소독수 분무	행주, 분무기(소독수)	사용 시 마다	현장 종업원
대차	상단, 하부	• 수세미에 세척제 묻혀 문지르기 • 호스 분사력으로 찌꺼기 제거 및 헹굼 • 소독수를 분무	세제, 수세미, 분무기(소독수)	사용 시 마다	현장 종업원
에어커튼	내부, 외부	• 청소기 흡인력으로 먼지 및 이물 제거 • 깨끗한 수건을 적셔서 닦은 후 소독수 분무	청소기, 분무기(소독수)	사용 시 마다	현장 종업원

3. 위생상태 점검

1) 일상 점검

기계 설비의 동작, 파손, 청소상태를 유관 부서에서 점검 관리 후 수리가 필요한 경우 수리 의뢰한다.

2) 예방 점검

① 기계 설비의 대한 매뉴얼을 확인하고 관리 주기에 따라 관리한다.
② 수리가 필요하거나 정비가 필요할 경우 계획을 수립한다.

3) 외부 점검

자체 점검이 불가할 경우 검교정기관에 의뢰한다.

4) 기구 위생상태 점검

구분	목적	사용 용액	실험방법
탄수화물 정성	전분의 정성 (기구, 용기의 잔류물 여부)	아이오딘화칼륨 용액	1. 아이오딘화칼륨을 녹인 수용액에 아이오딘을 넣어 아이오딘 용액을 제조한다. 2. 식기 표면에 아이오딘 용액을 여러 방울 떨어뜨린다. 3. 식기에 방치한 후 색깔 변화를 확인하다. 4. 전분 검출 → 청색
지질 정성	지질의 정성 (기구, 용기의 잔류물 여부)	버터옐로우 0.2% +알코올 용액	1. 식기에 버터옐로우 알코올 용액을 얇게 가한다. 2. 10분 정도 방치 후 물을 부어 색소를 씻어낸다. 3. 지질 검출 → 황색
단백질 정성	아미노산, 펩타이드, 단백질의 정성 (기구, 용기의 잔류물 여부)	닌하이드린(Ninhydrin) 시약	1. 식기에 0.2%의 닌하이드린(Ninhydrin) 용액을 얇게 가한다. 2. 사용된 닌하이드린 용액을 증발 접시에 옮겨 중탕 가온하여 용액을 증발시킨다. 3. 아미노산 · 펩타이드 · 단백질 검출 → 보라색, Pro · Hypro는 황색

▼ **선행요건(식품 및 축산물 안전관리인증기준 [별표 1])**

[제조 · 가공 시설 · 설비 관리]
제조시설 및 기계 · 기구류 등 설비관리

- 제조 · 가공 · 선별 · 처리 시설 및 설비 등은 공정 간 또는 취급시설 · 설비 간 오염이 발생되지 아니하도록 공정의 흐름에 따라 적절히 배치되어야 하며, 이 경우 제조가공에 사용하는 압축공기, 윤활제 등은 제품에 직접 영향을 주거나 영향을 줄 우려가 있는 경우 관리대책을 마련하여 청결하게 관리하여 위해요인에 의한 오염이 발생하지 아니하여야 한다.
- 식품과 접촉하는 취급시설 · 설비는 인체에 무해한 내수성 · 내부식성 재질로 열탕 · 증기 · 살균제 등으로 소독 · 살균이 가능하여야 하며, 기구 및 용기류는 용도별로 구분하여 사용 · 보관하여야 한다.
- 온도를 높이거나 낮추는 처리시설에는 온도변화를 측정 · 기록하는 장치를 설치 · 구비하거나 일정한 주기를 정하여 온도를 측정하고, 그 기록을 유지하여야 하며 관리계획에 따른 온도가 유지되어야 한다.
- 식품취급시설 · 설비는 정기적으로 점검 · 정비를 하여야 하고 그 결과를 보관하여야 한다.

[냉장 · 냉동시설 · 설비 관리]
냉장시설은 내부의 온도를 10℃ 이하(다만, 신선편의식품, 훈제연어, 가금육은 5℃ 이하 보관 등 보관온도 기준이 별도로 정해져 있는 식품의 경우에는 그 기준을 따른다), 냉동시설은 −18℃ 이하로 유지하고, 외부에서 온도변화를 관찰할 수 있어야 하며, 온도 감응 장치의 센서는 온도가 가장 높게 측정되는 곳에 위치하도록 한다.

[시설 설비 기구 등 검사]
- 냉장 · 냉동 및 가열처리 시설 등의 온도측정 장치는 연 1회 이상, 검사용 장비 및 기구는 정기적으로 교정하여야 한다. 이 경우 자체적으로 교정검사를 하는 때에는 그 결과를 기록 · 유지하여야 하고, 외부 공인 국가교정기관에 의뢰하여 교정하는 경우에는 그 결과를 보관하여야 한다.
- 작업장의 청정도 유지를 위하여 공중낙하세균 등을 관리계획에 따라 측정 · 관리하여야 한다. 다만, 제조공정의 자동화, 시설 · 제품의 특수성, 식품이 노출되지 아니하거나, 식품을 포장된 상태로 취급하는 등 작업장의 청정도가 식품에 영향을 줄 가능성이 없는 작업장은 그러하지 아니할 수 있다.

SECTION 03 작업장 위생관리

1. 식품의 제조시설의 위치

- 건물의 위치는 축산폐수 · 화학물질, 그 밖에 오염물질의 발생시설로부터 식품에 나쁜 영향을 주지 아니하는 거리를 두어야 한다.
- 건물의 구조는 제조하려는 식품의 특성에 따라 적정한 온도가 유지될 수 있고, 환기가 잘 될 수 있어야 한다.
- 건물의 자재는 식품에 나쁜 영향을 주지 아니하고 식품을 오염시키지 아니하는 것이어야 한다.

1) 작업장

① 제조과정상 발생할 수 있는 오염을 최소화하기 위해 청결구역을 분리한다.
※ 청결구역 : 가열공정 이후부터 내포장 공정까지 해당

② 분리가 어려울 경우 청결구역의 위치를 정하여 바닥 등에 선을 이용하여 구분하며, 청결구역 작업과 다른 작업이 동시에 이루어지지 않도록 시간차를 두어 교차오염이 발생하지 않도록 관리한다.

▼ 구역 설정 예시

구분	내포장 이전에 가열 (또는 소독)공정이 있는 경우	내포장 이후에 가열 (또는 소독)공정이 있는 경우	전체 공정에 가열 (또는 소독)공정이 없는 경우
청결구역	가열공정 이후의 작업구역 중 식품이 노출상태로 취급되는 제조 · 가공구역 및 내포장 작업구역	식품이 노출상태로 취급되는 작업구역 중 제조 · 가공 작업구역 및 내포장 작업구역	식품이 노출상태로 취급되는 작업구역 중 제조 · 가공 작업구역 및 내포장 작업구역
준청결구역	가열공정이 포함된 작업구역	식품이 노출상태로 취급되는 작업구역 중 전처리 외 구역	식품이 노출상태로 취급되는 작업구역 중 전처리 외 구역
일반구역	식품을 내포장 상태로 취급하는 구역, 전처리 작업구역	식품을 내포장 상태로 취급하는 구역, 전처리 작업구역	식품을 내포장 상태로 취급하는 구역, 전처리 작업구역

③ 작업장 내에서 옷을 갈아입게 되면 제품에 이물이 혼입되거나, 식중독균이 교차오염될 수 있기 때문에, 작업장 외부에 옷을 갈아입을 수 있는 공간을 정한다. 또한 일반 외출복장과 깨끗한 위생복장을 같은 공간에 보관할 경우 교차오염이 발생할 수 있기 때문에 구분하여 보관한다.

㉠ 작업장은 독립된 건물이거나 식품 제조 · 가공 외의 용도로 사용되는 시설과 분리(별도의 방을 분리함에 있어 벽이나 층 등으로 구분하는 경우를 말한다. 이하 같다)되어야 한다.

㉡ 작업장은 원료처리실 · 제조가공실 · 포장실 및 그 밖에 식품의 제조 · 가공에 필요한 작업실을 말하며, 각각의 시설은 분리 또는 구획(칸막이 · 커튼 등으로 구분하는 경우를 말한다. 이하 같다)되어야 한다. 다만, 제조공정의 자동화 또는 시설 · 제품의 특수성으로 인하여 분리 또는 구획할 필요가 없다고 인정되는 경우로서 각각의 시설이 서로 구분(선 · 줄 등으로 구분하는 경우를 말한다. 이하 같다)될 수 있는 경우에는 그러하지 아니하다.

㉢ 작업장의 바닥 · 내벽 및 천장 등은 다음과 같은 구조로 설비되어야 한다.
- 바닥은 콘크리트 등으로 내수처리를 하여야 하며, 배수가 잘 되도록 하여야 한다.
- 내벽은 바닥으로부터 1.5m까지 밝은 색의 내수성으로 설비하거나 세균방지용 페인트로 도색하여야 한다. 다만, 물을 사용하지 않고 위생상 위해발생의 우려가 없는 경우에는 그러하지 아니하다.
- 작업장의 내부 구조물, 벽, 바닥, 천장, 출입문, 창문 등은 내구성, 내부식성 등을 가지고, 세척 · 소독이 용이하여야 한다.

㉣ 작업장 안에서 발생하는 악취 · 유해가스 · 매연 · 증기 등을 환기시키기에 충분한 환기시설을 갖추어야 한다.

㉤ 작업장은 외부의 오염물질이나 해충, 설치류, 빗물 등의 유입을 차단할 수 있는 구조이어야 한다.

㉥ 작업장은 폐기물 · 폐수 처리시설과 격리된 장소에 설치하여야 한다.

2. 작업장 세척 · 소독 기준 예시

대상	세척 또는 소독방법	사용도구	주기	담당자
바닥	• 빗자루로 쓰레기 제거 • 세척제를 뿌린 뒤 대걸레나 솔로 바닥 구석구석을 문지르기 • 호스로 물을 끼얹어 세척액을 제거 • 바닥의 물기 제거 • 바닥 등의 소독제를 사용하여 소독	빗자루, 청소솔, 세제, 분무기(소독수)	1회/일	현장 종업원
내벽	• 세제를 묻힌 청소용 행주로 이물질을 제거 • 젖은 청소용 행주로 세제를 닦아내기	청소용 행주, 세제,	1회/주	현장 종업원
배수구	• 배수로 덮개 걷어내기 • 배수로 덮개는 세척하고 깨끗한 물로 씻어내기 • 호수의 분사력을 이용하여 배수로 내 찌꺼기 제거 • 솔을 이용하여 닦은 후 물로 씻어내기 • 배수구 뚜껑을 열고 거름망을 꺼내어 이물 제거 • 거름망과 뚜껑 내부를 세척제로 세척 후 물로 헹구기	청소솔, 세제, 수세미	1회/2일	현장 종업원

대상	세척 또는 소독방법	사용도구	주기	담당자
배기 후드	• 청소 전 후드 아래의 조리기구는 비닐로 덮기 • 후드 내 거름망 떼어내기 • 거름망은 세척제에 불린 후 세척 헹굼 • 수세미에 세척제를 묻혀 후드 내 · 외부 닦기	비닐, 세제, 수세미	1회/주	현장 종업원
천장	• 전기함 차단 및 조리기구 비닐 등으로 덮기 • 솔 등을 사용하여 먼지 및 이물 제거 • 청소용 행주를 세척제에 적셔 닦기 • 청소용 행주를 깨끗한 물에 적셔 닦은 후 자연건조	청소솔, 청소용 행주, 세제	1회/주	현장 종업원
조명시설	청소용 행주로 먼지, 검은 때 등을 제거	청소용 행주	1회/월	현장 종업원
세면대	• 세면대 배수구에서 찌꺼기 제거 • 세척제로 수도꼭지를 포함한 표면을 세척 후 헹굼 • 세면대 주위에 있는 손소독기 등 표면도 세척	청소용 행주, 세제,	1회/월	현장 종업원
쓰레기통	• 쓰레기 비우기 • 쓰레기통 및 뚜껑을 세척제로 세척 • 흐르는 물로 헹군 후 뒤집어서 건조	청소솔, 세제	1회/일	현장 종업원
세척소독 도구 (청소도구)	• 세제를 묻힌 수세미를 사용하여 이물질을 제거하고 물로 세척 • 소독수를 분무	세제, 수세미, 분무기 (소독수)	1회/주	현장 종업원
옷장	옷장 내부와 외부의 먼지를 청소용 행주로 닦아내기	청소용 행주	1회/주	현장 종업원
신발장	신발장 내부와 외부의 먼지를 청소용 행주로 닦아내기	청소용 행주	1회/주	현장 종업원

3. 위생상태 점검

1) ATP 측정법

① 작업 환경이나 기구, 설비, 칼 등의 오염도를 신속하게 측정

② 검체의 표면에서 ATP(Adenosine Tri-Phosphate)양을 측정하여 세척 정도와 위생 상태를 확인

③ 멸균된 면봉을 이용하여 Swap 하여 검사

④ 시약과 반응하여 측정기를 통해 오염도를 수치로 파악한다.

▼ 선행요건 – 영업장 관리(식품 및 축산물 안전 관리 인증기준 [별표 1])

(1) 작업장

- 작업장은 독립된 건물이거나 식품취급 외의 용도로 사용되는 시설과 분리(벽 · 층 등에 의하여 별도의 방 또는 공간으로 구별되는 경우를 말한다. 이하 같다)되어야 한다.
- 작업장(출입문, 창문, 벽, 천장 등)은 누수, 외부의 오염물질이나 해충 · 설치류 등의 유입을 차단할 수 있도록 밀폐 가능한 구조이어야 한다.
- 작업장은 청결구역(식품의 특성에 따라 청결구역은 청결구역과 준청결구역으로 구별할 수 있다)과 일반구역으로 분리하고, 제품의 특성과 공정에 따라 분리, 구획 또는 구분할 수 있다.

(2) 건물 바닥, 벽, 천장
원료처리실, 제조 · 가공실 및 내포장실의 바닥, 벽, 천장, 출입문, 창문 등은 제조 · 가공하는 식품의 특성에 따라 내수성 또는 내열성 등의 재질을 사용하거나 이러한 처리를 하여야 하고, 바닥은 파여 있거나 갈라진 틈이 없어야 하며, 작업 특성상 필요한 경우를 제외하고는 마른 상태를 유지하여야 한다. 이 경우 바닥, 벽, 천장 등에 타일 등과 같이 홈이 있는 재질을 사용한 때에는 홈에 먼지, 곰팡이, 이물 등이 끼지 아니하도록 청결하게 관리하여야 한다.

(3) 배수 및 배관
작업장은 배수가 잘 되어야 하고 배수로에 퇴적물이 쌓이지 아니하여야 하며, 배수구, 배수관 등은 역류가 되지 아니하도록 관리하여야 한다.

(4) 출입구
작업장의 출입구에는 구역별 복장 착용 방법을 게시하여야 하고, 개인위생관리를 위한 세척, 건조, 소독 설비 등을 구비하여야 하며, 작업자는 세척 또는 소독 등을 통해 오염 가능성 물질 등을 제거한 후 작업에 임하여야 한다.

(5) 통로
작업장 내부에는 종업원의 이동경로를 표시하여야 하고 이동경로에는 물건을 적재하거나 다른 용도로 사용하지 아니하여야 한다.

(6) 창
창의 유리는 파손 시 유리조각이 작업장 내로 흩어지거나 원 · 부자재 등으로 혼입되지 아니하도록 하여야 한다.

(7) 채광 및 조명
- 작업실 안은 작업이 용이하도록 자연채광 또는 인공조명장치를 이용하여 밝기는 220lux 이상을 유지하여야 하고, 특히 선별 및 검사구역 작업장 등은 육안확인이 필요한 조도(540lux 이상)를 유지하여야 한다.
- 채광 및 조명시설은 내부식성 재질을 사용하여야 하며, 식품이 노출되거나 내포장 작업을 하는 작업장에는 파손이나 이물 낙하 등에 의한 오염을 방지하기 위한 보호장치를 하여야 한다.

(8) 부대시설 – 화장실, 탈의실 등
- 화장실, 탈의실 등은 내부 공기를 외부로 배출할 수 있는 별도의 환기시설을 갖추어야 하며, 화장실 등의 벽과 바닥, 천장, 문은 내수성, 내부식성의 재질을 사용하여야 한다. 또한, 화장실의 출입구에는 세척, 건조, 소독 설비 등을 구비하여야 한다.
- 탈의실은 외출복장(신발 포함)과 위생복장(신발 포함) 간의 교차오염이 발생하지 아니하도록 분리 또는 구분 · 보관하여야 한다.

PART 05

CHAPTER

04 식품가공연구개발 안전관리

연구실에서 연구활동과 관련하여 연구활동종사자가 부상, 질병, 신체장애, 사망 등 생명 및 신체상의 손해를 입거나 연구실의 시설 · 장비 등이 훼손되는 사고를 연구실사고라 한다. 연구개발 활동을 할 때 장비를 이용한 실험 시 실험기구 사용 미숙, 부주의, 예기치 못한 안전사고 등이 많이 발생할 수 있기 때문에 이를 사전에 예방하기 위해 반드시 주의해야 하며, 안전 매뉴얼을 평상시에도 인지하고 있어야 한다. 연구실 사고는 다음과 같이 6개 분야, 13개의 사고 유형으로 분류한다.

▼ **연구실 사고의 유형**

구분	사고 유형	구분	사고 유형
화학	• 화학물질 누출 · 접촉 • 화학물질 화재 · 폭발	생물	• 병원성 물질 유출 • 동물 물림, 바늘 등에 의한 부상 • 생물안전작업대(BSC) 내 유출
가스	• 가연성 가스 누출 · 폭발 • 독성 가스 누출	기계	• 끼임 및 절단
전기	• 감전 • 전기화재	기타	• 화상 • 상처 및 출혈 • 유해광선 접촉

출처 : 과학기술정보통신부, 국가연구안전정보시스템(labs.go.kr)

차별화, 다양화된 시제품을 개발하는 과정에서 발생될 수 있는 위해요인을 사전에 예방하고 각 사고 유형에 따라 예방 및 대응방법을 숙지하여 응급처치를 할 수 있는 능력을 항상 갖추어야 한다.

SECTION 01 개인안전준수

1. 재해 발생 종류

1) 재해

근로자에게 상해를 입힌 기인물로 인해 사람의 생명과 재산 손실을 유발할 수 있는 것

2) 추락

사람이 중력에 의해 건축물, 구조물, 사다리 등의 높은 장소에서 떨어져 발생하는 경우

3) 전복

사람이 경사면 또는 계단에서 구르거나 넘어져서 미끄러지거나 거꾸로 전복된 경우

4) 충돌

기인물에 사람과 실험 기계가 접촉 또는 부딪히는 것

5) 협착 감김

두 물체가 움직여 직선으로 움직이거나 회전부와 고정부 사이에 끼임 현상 발생, 롤러 등 회전체 사이에 감기는 경우

6) 폭발

용기 내, 건축물 또는 대기 중에서 화학적 · 물리적 변화가 갑자기 발생하여 열과 폭음 등이 수반되어 발생하는 경우

7) 전류 접촉

전기 설비의 충전부에 신체의 일부가 직접 접촉되거나 전류가 흐르는 기구 등을 통해 신체에 위해를 줄 수 있는 경우

8) 전도

미끄러져 넘어지는 경우, 장애물에 걸려 넘어지는 경우(정리정돈 미흡, 시야확보 불가, 바닥에 고정된 물체가 있을 경우, 작업자 피로 · 부주의)

2. 사고 유형별 사례 및 행동 절차

분류		사고 상황	사고 예방 및 대비	사고의 대응
화학	화학 물질 누출	황산병을 떨어뜨려 황산액이 바닥에 누출	• MSDS/GHS 비치 및 교육 • 화학물질 성상별 분류 보관	• 주변 연구활동종사자들에게 사고 전파 • 안전담당부서(필요시 소방서, 병원)에 약품 누출 발생사고 상황 신고(위치, 약품 종류 및 양, 부상자 유무 등) • 유해물질에 노출된 부상자의 노출된 부위를 깨끗한 물로 20분 이상 씻어줌 • 금수성 물질이나 인 등 물과 반응하는 물질이 묻었을 경우 물로 세척 금지 • 위험성이 높지 않으면 정화 및 폐기작업

PART 05 안전관리

분류		사고 상황	사고 예방 및 대비	사고의 대응
화학	화학물질 화재·폭발	톨루엔(유기화합물) 용기 내 압력 증가로 톨루엔(유기화합물)이 비산되어 화재 발생	• MSDS/GHS 비치 및 교육 • 화학물질 성상별 분류 보관 • 폭발 대비 대피소 지정	• 주변 연구활동종사자들에게 사고 전파 • 위험성이 높지 않다고 판단되면, 초기 진화 실시 • 2차 재해에 대비하여 현장에서 멀리 떨어진 안전한 장소에서 물 분무 • 금수성 물질이 있는 경우 물과의 반응성을 고려하여 화재 진압 실시 • 유해가스 또는 연소생성물의 흡입 방지를 위한 개인보호구 착용 • 유해물질에 노출된 부상자의 노출된 부위를 깨끗한 물로 20분 이상 씻어줌 • 초기 진화가 힘든 경우 지정대피소로 신속히 대피

※ MSDS(물질안전보건자료, Material Safety Data Sheets) : 화학물질의 명칭, 유해성 · 위험성, 물리 · 화학적 특성, 누출 사고 시의 대처방법 등을 설명해주는 자료로서 화학제품의 안전한 사용을 위한 정보 자료

분류		사고 상황	사고 예방 및 대비	사고의 대응
가스	가연성 가스 누출·폭발	실험중 분석장비(GC : 가스크로마토그래피)에 연결되어 있는 가스배관 이음부에서 가연성 가스(수소) 누출	• 가연성 가스용기는 통풍이 잘 되는 옥외장소에 설치 • 가연성 가스 검지기 설치 및 관리 • 가스용기 고정장치 설치 • 상시 가스누출 검사 실시	• 가스 누출 사실 전파 및 건물 내에 체류 중인 사람이 대피할 수 있도록 알림 • 안전이 확보되는 범위 내에서 사고확대 방지를 위하여 밸브 차단 및 환기 등 적절한 조치 취함 • 누출규모가 커서 대응이 불가능할 경우 즉시 대피
전기	전기 화재	누전차단기의 작동 불량인 상태에서 절연 불량의 전기기기(또는 전선피복의 노출부) 접촉으로 감전	• 용량을 초과하는 문어발식 멀티콘센트 사용 금지 • 전기기기의 수리는 전문가에게 의뢰 • 비규격 및 안전인증 미취득 전기제품 사용 금지 • 전열기 근처에 가연물 방치 금지 • 전기기기 사용 시에는 필히 접지	• 사고발생 전기기기의 전원을 신속히 차단 • 연기에 의한 피해자나 화재에 의한 화상자 발생 시 응급처치 • 화재 발생 시 해당 기기에 물을 뿌리면 감전 위험 있으므로 물 분사 금지 • 소화기는 가능하면 C급 소화기 사용하여 초기 진화 • 필요시 유관기관(소방서, 병원 등)에 신고

※ 분말소화기의 종류 : A급(일반화재), B급(유류화재), C급(전기화재), D급(금속화재), K급(주방화재)

분류		사고 상황	사고 예방 및 대비	사고의 대응
생물	병원성 물질 유출	병원체, 유전자변형생물체 유출로 인한 2차 감염	• 연구실 책임자 및 연구활동종사자 정기안전교육 이수 • 연구실은 승인받은 자만 출입하고 출입문은 항상 닫아 둠 • 연구실별 생물사고 대응 도구(Biological spill kit) 구비 • 병원체 특성별 병원 연계체계 구축 • 자체 생물안전위원회에서 위해성 평가를 완료한 생물실험체, 병원체, LMO에 한하여 실험	• 부상자의 오염된 보호구는 즉시 탈의하여 멸균봉투에 넣고 오염부위를 세척한 뒤 소독제 등으로 오염 부위 소독 • 부상자 발생 시 부상 부위 및 2차 감염 가능성 확인 후 기관 내 보건담당자에게 알리고, 필요시 소방서 신고 • 흡수지로 오염부위를 덮은 뒤 그 위에 소독제를 충분히 부어 오염의 확산을 방지한 뒤 퇴실 • 2차 피해 우려 시 접근금지 표시를 하여 2차 유출 확대 방지
	생물안전작업대(BSC) 내 유출	실험 중 생물안전작업대 내에서 병원체 유출		• 생물안전작업대 내 팬을 가동하는 것을 확인하고 문을 밑에까지 내린 뒤 대피 • 생물사고 대응 도구(Biological Spill Kit) 내에서 새 장갑과 1회용 보호구로 착용 후 탈오염 작업 • 적절한 살균 소독제를 생물안전작업대(BSC) 내부 벽면, 작업대 표면, 이용 도구 및 장비에 도포

분류		사고 상황	사고 예방 및 대비	사고의 대응
생물	생물안전작업대(BSC) 내 유출	실험 중 생물안전작업대 내에서 병원체 유출		• 감염성 폐기물 전용 용기 또는 멸균봉투에 생물안전작업대 유출 사고 시 사용한 물질 폐기 • 유출 물질이 생물안전작업대 안에서 흘러나왔을 경우 연구책임자, 생물안전관리자에게 통보하고 지시에 따라 사고대응
기계	끼임 및 절단	실험 중 기계에 끼임, 물림, 접촉 등에 의해 신체 절단, 골절, 타박상, 찰과상 등의 사고 발생	• 기계 안전장치 설치(방호덮개, 비상정지 장치 등) • 기계별 방호조치 수립 • 기계 사용 시 적정 개인보호구 착용	• 안전이 확보된 범위 내에서 사고 발견 즉시 사고 기계의 작동 중지(전원 차단) • 사고 상황 파악 및 부상자를 안전이 확보된 장소로 옮기고 적절한 응급조치 시행 • 손가락이나 발가락 등이 잘렸을 때 출혈이 심하므로 상처에 깨끗한 천이나 거즈를 두툼하게 댄 후 단단히 매어서 지혈 조치 • 절단된 손가락이나 발가락은 깨끗이 씻은 후 비닐에 싼 채로 얼음을 채운 비닐봉지에 젖지 않도록 넣어 빨리 접합전문병원에서 수술을 받을 수 있도록 조치
기타	화상	Oil Bath를 이용하여 고온 · 고압반응 실험을 하던 중 Oil Bath 내부의 반응튜브가 터지면서 고온의 기름(200℃)이 안면부 및 손등에 튀는 화상	• 안전보건표지 부착 및 준수 • 개인보호구 착용 후 실험	• 해당 실험장치 작동 중지 • 사고 상황 파악 및 부상자를 안전이 확보된 장소로 옮기고 적절한 응급조치 시행 • 화학물질이 액체가 아닌 고형물질인 경우 물로 씻기 전에 털어냄 • 가벼운 화상의 경우 화상부위를 찬물에 담그거나 물에 적신 차가운 천을 대어 통증 감소 • 심한 화상인 경우 깨끗한 물에 적신 헝겊으로 상처부위를 덮어 냉각하고 감염 방지 등 응급조치 후 병원 이송 조치 • 화상부위나 물집은 건드리지 말고 2차 감염을 막기 위해 상처부위를 거즈로 덮음
	상처 및 출혈	비커 깨짐으로 베임, 실험기기 충돌로 인한 출혈, 낙하하는 실험장비에 의해 멍이 듦		• 사고 상황 파악 및 부상자를 안전이 확보된 장소로 옮기고 적절한 응급조치 시행 • 베인 경우 상처 소독보다 지혈에 신경 쓰고 작은 상처는 1회용 밴드로 감아주고 큰 상처의 경우 붕대를 감은 후 상처부위를 심장보다 높은 곳에 위치 • 피부가 까진 경우 소독하기 전에 흐르는 깨끗한 물로 씻고 소독액 사용 • 멍이 든 부위를 얼음주머니나 찬물로 찜질을 하고 시간이 지나 다친 부위를 움직이지 못하면 골절이나 염좌가 의심되므로 병원진료 실시 • 지혈 등 응급조치 시행

3. 유해 화학물질 특성 및 종류

1) 폭발성 물질

마찰, 가열 등 다른 화학물질과의 접촉으로 인해 폭발하는 물질(유기과산화물, 질산에스테르류, 나이트로 화합물, 아조 화합물)

2) 발화성 물질

발화가 용이, 가연성 가스를 발생시키는 물질(황화인, 적린, 우황, 알칼리 금속, 인화성 고체 등)

3) 인화성 물질

대기압 조건에서 인화점 65℃ 이하인 가연성 액체(n-헥산, 산화프로필렌, 에틸에테르, 아세톤, 에탄올, 메탄올)

4) 산화성 물질

산화력이 강하고 다른 화학 물질과 접촉으로 격렬히 분해 및 반응하는 물질(과산화수소, 염소산, 무기과산화물, 아이오딘산염류, 초산, 중크롬산)

5) 부식성 물질

금속 등을 빠르게 부식시키거나 인체 접촉 시 심한 상해를 유발(질산, 염산, 황산, 인산, 붕산, 아세트산, 수산화나트륨, 수산화칼륨)

▼ 시약 성분의 수칙

- 산화 분해 성분 : 기타 화학 성분과 접촉 · 반응하여 급속히 분해되는 현상이 나타남
- 소수성 성분 : 물 등의 액체와 접촉 시 단시간에 급격한 반응으로 가연성 기체와 열이 발생되어 화재를 유발
- 인화성 성분 : 정전기 및 불꽃으로 인해 쉽게 점화되는 현상 발생
- 폭발 가능 성분 : 산소가 없는 밀폐된 공간에서 가열 · 마찰 · 충격 및 다른 화학 물질과의 반응 등으로 인해 폭발 현상 발생
- 산 · 알칼리 성분 : 눈, 코 등에 염증, 통증 및 피부 화상 등을 유발
- 가스 성분 : 가스는 유해물질이 인체에 흡입될 경우 질식, 마비 등을 유발

4. 개인 안전 수칙

구분	내용
실험실 안전수칙	[일반사항] • 실험 수행 시 실험복을 항상 착용하며 고온 및 저온 물체, 화학물질, 병원성 미생물 및 감염성 물질을 취급하는 실험을 하는 경우에 따라 적합한 보호구를 착용할 것 • 실험실 종사자는 보호구가 분실, 파손 또는 오염되지 않도록 지정장소에 보관 · 관리할 것 • 실험실 내에 음식물 및 음료수를 반입하거나 보관하지 않으며 음식 섭취를 금할 것 • 모든 실험실은 비상시 안전하게 대피할 수 있도록 출입구 통로를 사용 가능한 상태로 유지하여야 하고 복도 및 비상계단에 실험장비 등 장애물 방치를 금할 것 • 실험 수행 중 부상당한 실험실종사자의 응급치료를 위하여 제반 약품 및 구급함 등을 비치할 것 • 병원성 미생물 및 감염성 물질, 화학물질을 취급하는 실험실의 유출사고에 대비하여 유출물 처리함 등을 비치할 것 [개인안전] • 눈 주위로 튀어 안구 등 신체에 상해를 가할 위험이 있는 화학약품이나 파열 · 폭발할 수 있는 가압된 진공용기를 사용하여 시험 · 검사를 하는 경우에는 보호안경 등을 착용한다.

구분	내용
실험실 안전수칙	• 시험 · 검사 특성별로 필요한 개인 보호장비를 확인하여 구비하고 목록을 작성하여 비치한다. • 가장 기본적인 보호장비로서 면 등 신체를 보호할 수 있는 소재로 된 실험복을 착용하고 시험한다. • 산, 알칼리 등 부식성 화학물질을 취급하는 경우에는 실험실종사자가 접근하기 쉬운 장소에 샤워장치를 설치한다. • 화학물질이 눈에 들어갔을 경우 일차적인 응급조치로 세안장치를 확실히 알아볼 수 있는 표시와 함께 설치한다. • 가연성 · 유독성 고체, 액체, 증기, 가스를 사용하여 시험 · 검사하는 경우에는 국소배기가 가능한 곳 또는 흄 후드 내에서 작업하고, 후드의 환기속도는 「산업안전보건기준에 관한 규칙」 제429조에 따라 0.4m/sec 이상이 되어야 한다.
실험실 안전장치	실험실에서 사용되는 개인보호 장비는 실험복, 장갑, 보안경, 방독면, 귀마개, 헬멧, 신발 및 안면보호구 등으로 구분된다. • 실험복 및 장갑 – 실험실 안에서 착용하는 것을 원칙으로 한다. – 실험실 바깥에서는 실험복에 묻어 있는 화학물 등이 다른 사람에게 옮길 수 있어 절대 착용을 금한다. – 합성섬유는 열과 산 등에 약하므로 면으로 된 것을 사용한다. – 장갑의 오염물질이 다른 곳에 오염되지 않도록 주의한다. • 안전모 – 작업 시 비대, 낙하물에 의한 위험성 방지 – 작업자의 추락 및 감전으로 인한 머리 부위 상해 위험 방지 • 보안경(Safety Goggle 또는 Glasses) – 화학물이나 유리파편 등으로부터 눈을 보호하기 위하여 반드시 착용한다. – 자외선이나 레이저 빛을 차단하기 위해서는 특수 보안경을 사용해야 한다. – 안면 전체의 보호가 필요할 때에는 안면보호구를 착용한다. • 방독면(보안면) – 종이로 된 마스크는 분진 등을 막는 데 한하여 사용한다. – 방독면을 사용할 때 사용하는 물질에 따라 알맞은 카트리지를 사용하여야 한다. • 귀마개 및 헬멧 : 85dB 이상의 과도한 소음이 발생하는 곳에서는 반드시 보호 장비를 착용한다. • 안전화 – 무거운 물체의 떨어짐, 끼임 등에서 보호 – 날카로운 물체에 의한 찔림 – 감전사고 및 각종 화학물질 보호 – 방수 재질, 미끄럼방지 아웃솔, 절연소재 • 흄후드(Fume Hood) – 후드를 시약보관 장소로 사용하지 말아야 한다. – 후드 안에서 화학물질을 가지고 작업할 때에는 보호 장비 등을 착용하여야 한다. • 생물안전캐비닛(Biological Safety Cabinet) – 미생물을 다루는 연구에서 생기는 미립자나 에어졸로부터 연구자를 보호하기 위하여 사용한다. – 생물안전캐비닛에는 반드시 HEPA 필터를 장착해야 한다. – HEPA 필터는 가스 상태의 화합물은 걸러내지 못하므로 유기물을 가지고 연구하는 것은 삼가야 한다. • 자외선 및 레이저 관련 장비 – 자외선이 직접적이거나 산란 등에 의해 빠져나가지 않도록 연구 장비를 충분히 막고 연구한다. – 피부가 직접 자외선에 노출되지 않도록 주의한다. – 레이저를 사용하는 연구실에서는 반드시 사용표시를 부착해 두어야 한다.
실험실 바닥	• 실험실 바닥이 매우 미끄럽거나 부식 · 파손되어 결함이 있는 등 위험할 경우 위험 표지판을 설치하고 해당 구역을 폐쇄한다. • 항상 청결을 유지한다. • 배수가 잘 되고 미끄럽지 않은 재질로 구성하여 시공한다. • 미끄러짐 방지용 안전화를 착용한다. • 배수가 용이하도록 배수로를 설치한다.

<table>
<tr><th>구분</th><th colspan="4">내용</th></tr>
<tr><td rowspan="5">실험실
조명</td><td colspan="4">• 실험 공간이 너무 어둡지 않고 눈부시지 않도록 알맞은 밝기를 유지한다.</td></tr>
<tr><td>작업내용</td><td>조도(lux)</td><td>작업내용</td><td>조도(lux)</td></tr>
<tr><td>초정밀작업</td><td>750 이상</td><td>보통작업</td><td>150 이상</td></tr>
<tr><td>정밀작업</td><td>300 이상</td><td>그 밖의 작업</td><td>75 이상</td></tr>
<tr><td colspan="4">• 실험 공간에서 실험자의 눈의 피로감이 적도록 조명기기의 빛을 적절하게 분산, 실험실 내 실험 기계의 표면은 빛의 반사율이 낮아야 한다.
• 실험실 내 자외선 살균 등은 평상시 점등을 하고 있으나 출입 시 소등하고 출입하여 피부 질환 발생에 유의하여야 한다.</td></tr>
</table>

5. 안전보건표지

작업장에서 작업자의 판단이나 행동의 잘못을 일으킬 위험이 있는 장소, 실수하면 중대한 재해를 일으킬 위험이 있는 장소에 안전 확보를 위해 표시하는 표지로, 국제기준(ISO 7010)을 반영하여 제작한다.

1) 원칙

① 색상 : 안전색상과 대비되는 색상
② 기호 : 원, 삼각형, 사각형

형태	색상	의미	예시
⊘	빨간색 원형, 흰색 바탕	금지	• 보행자 금지 • 출입금지
●	파란색 원형, 흰색 그림	지시	안전모 착용
△	노란색 삼각형, 검은색 그림	주의 · 경고	• 감전 주의 • 미끄럼 주의
■	초록색	안전/피난/위생/구호	비상구, 대피소
	빨간색	소방/긴급/고도위험	소화기, 소화전, 비상경보

▼ **안전보건표지 색상의 의미**

빨간색	금지	정지신호, 소화설비 및 그 장소, 유해행위 금지
노란색	경고	화학물질 취급장소에서의 유해 · 위험 경고, 주의표지 또는 기계방호물
파란색	지시	특정 행위의 지시 및 사실의 고지
녹색	안내	비상구 및 피난로, 사람 · 차량의 통행표지
흰색	–	파란색 또는 녹색에 대한 보조색
검은색	–	문자 및 빨간색 또는 노란색에 대한 보조색

2) 안전보건표지의 종류와 형태(산업안전보건법 시행규칙 [별표 6])

1. 금지표지	101 출입금지	102 보행금지	103 차량통행금지	104 사용금지	105 탑승금지	106 금연
107 화기금지	108 물체이동금지	2. 경고표지	201 인화성물질 경고	202 산화성물질 경고	203 폭발성물질 경고	204 급성독성물질 경고
205 부식성물질 경고	206 방사성물질 경고	207 고압전기 경고	208 매달린 물체 경고	209 낙하물 경고	210 고온 경고	211 저온 경고
212 몸균형 상실 경고	213 레이저광선 경고	214 발암성 · 변이원성 · 생식독성 · 전신 독성 · 호흡기 과민성물질 경고	215 위험장소 경고	3. 지시표지	301 보안경 착용	302 방독마스크 착용
303 방진마스크 착용	304 보안면 착용	305 안전모 착용	306 귀마개 착용	307 안전화 착용	308 안전장갑 착용	309 안전복 착용
4. 안내표지	401 녹십자표지	402 응급구호표지	403 들 것	404 세안장치	405 비상용 기구 (비상용 기구)	406 비상구
407 좌측비상구	408 우측비상구	5. 관계자 외 출입금지	501 허가대상물질 작업장 관계자 외 출입금지 (허가물질 명칭) 제조/사용/보관 중 보호구/보호복 착용 흡연 및 음식물 섭취 금지	502 석면취급/해체 작업장 관계자 외 출입금지 석면 취급/해체 중 보호구/보호복 착용 흡연 및 음식물 섭취 금지	503 금지대상물질의 취급실험실 등 관계자 외 출입금지 발암물질 취급 중 보호구/보호복 착용 흡연 및 음식물 섭취 금지	

6. 문자 추가 시 예시문

- 내 자신의 건강과 복지를 위하여 안전을 늘 생각한다.
- 내 가정의 행복과 화목을 위하여 안전을 늘 생각한다.
- 내 자신의 실수로써 동료를 해치지 않도록 안전을 늘 생각한다.
- 내 자신이 일으킨 사고로 인한 회사의 재산과 손실을 방지하기 위하여 안전을 늘 생각한다.
- 내 자신의 방심과 불안전한 행동이 조국의 번영에 장애가 되지 않도록 하기 위하여 안전을 늘 생각한다.

SECTION 02 실험실 안전사고 예방 및 비상시 행동요령

1. 안전사고 예방 요령

① 실험용 가운을 입거나 목장갑을 끼고 실험용 기계를 가동하지 않아야 한다.
② 실험 전에는 비상 스위치 가동 여부를 사전에 확인한다.
③ 실험은 항상 2명이 1조가 되어 수행한다.
④ 실험 기계의 고장이 발생한 경우, 일시 정지 후 '고장 수리 중' 등의 표지를 부착하고 즉시 수리를 의뢰한다.
⑤ 실험실 장비 및 부속 도구는 쉽게 찾을 수 있도록 보관 · 관리되어야 한다.
⑥ 실험자가 실험실 바닥 누전에 의한 안전사고 방지를 위해 바닥면에 물이 고여 있는지 여부를 확인한다.
⑦ 실험실 내에서 넥타이는 착용하지 않아야 한다.
⑧ 운행 중인 실험 장비에 손가락을 넣어 확인하지 않아야 한다.
⑨ 실험실 안전사고가 발생하면 즉시 내용을 공유하여 유사한 안전사고가 재발되지 않도록 조치한다.
⑩ 회전하는 컨베이어 등에 실험복 소매, 목걸이 등이 말려서 감기지 않도록 주의한다.
⑪ 실험자는 정기적으로 안전에 대한 교육을 이수하여야 한다.
⑫ 실험실에 MSDS(물질안전보건자료)는 상시 비치하여 숙지하고 있어야 한다.
⑬ 몸의 상태가 좋지 않거나 과음 후 실험은 안전사고 예방을 위하여 지양하여야 한다.
⑭ 가열에 의한 농축기 등을 사용할 경우에는 자리를 비우거나 실험 중에 발생하는 실험기기 가동 상태 이상 유무를 항상 점검한다.

2. 비상시 행동요령

① 실험 기계에 부착되어 있는 비상 스위치가 있으면 기계를 즉시 정지시킨다.
② 주위에 있는 실험자들에게 큰 소리로 도움을 청하여 응급처치를 한다.
③ 응급처치는 환자의 부상 상태를 더 이상 악화시키지 않게 한다.
④ 주변에 있는 실험자는 보유하고 있는 응급 약품 및 도구를 활용하기 위해 유경험자 또는 교육을 이수한 자가 실시한다.
⑤ 가능한 한 빨리 사고가 확대되지 않도록 재발 방지 조치를 한다.
⑥ 환자의 기도 및 의식 여부를 확인하고 부상 상태를 확인 후 119와 안전 책임자에게 즉시 통보한다.
⑦ 응급 요원에게 사고 장소, 혹시 고립된 사람이 있는지 유무, 위험 물질 등을 알려준다.
⑧ 안전 책임자는 침착하고 신속하게 발생 경위를 파악한다. 재해 발생 구역은 실험자의 출입을 차단하고 발생 당시 현장 사진을 찍어 증거물을 확보한다.

⑨ 화염에 의해 국소 부위에 경미한 화상을 입었을 때 통증과 부풀어 오르는 것을 방지하기 위해 얼음 또는 얼음물에 화상 부위를 접촉시킨다.

⑩ 화상 부위가 중증일 경우 환자를 실온에서 젖은 수건으로 감싸주며, 구조대에 연락하여 즉시 의료진의 치료를 받도록 한다.

⑪ 전기로 인한 화상은 외관을 통해 피해 정도를 알 수 없기 때문에 즉시 의료진의 치료를 받도록 조치한다.

⑫ 화학물질에 의한 화상은 즉시 물로 씻도록 하며, 화학약품에 오염된 의류는 제거하여 피부와 격리시킨다.

⑬ 옷에 불이 붙었을 때에는 바닥에 누워 구르거나 주변에 있는 다른 옷이나 담요로 화염을 덮어 진화시켜야 한다. 이때 소화기는 사람을 향해 사용해서는 안 된다.

⑭ 외부 출혈 시 지혈을 위해 상처 부위에 직접 압박을 가한다. 출혈 부위가 손, 발, 다리일 경우 심장보다 높게 올려 출혈을 줄여야 한다.

⑮ 실험자가 감전된 경우, 마른 나무 등으로 접촉을 차단시키기 위하여 조속히 격리시킨다. 환자가 호흡이 약한 경우, 즉시 인공호흡을 실시하고 응급 구조대에 도움을 요청한다.

⑯ 의료진에게 검진을 받을 때까지 환자 옆에서 심리적인 안정을 취하도록 돕는다.

▼ **「중대재해처벌법」**

'중대재해'란 '중대산업재해'와 '중대시민재해'를 포함한다.

(1) 중대산업재해

산업안전보건법 제2조 제1호에 따른 산업재해 중 다음의 어느 하나에 해당하는 결과를 야기한 재해를 말한다.

- 사망자가 1명 이상 발생
- 동일한 사고로 6개월 이상 치료가 필요한 부상자가 2명 이상 발생
- 동일한 유해 요인으로 급성 중독 등 대통령령으로 정하는 직업성 질병자가 1년 이내에 3명 이상 발생

(2) 중대시민재해

특정 원료 또는 제조물, 공중이용시설 또는 공중교통수단의 설계, 제조, 설치, 관리상의 결함을 원인으로 하여 발생한 재해로서 다음의 어느 하나에 해당하는 결과를 야기한 재해를 말한다. 다만, 중대산업재해에 해당하는 재해는 제외한다.

- 사망자가 1명 이상 발생
- 동일한 사고로 2개월 이상 치료가 필요한 부상자가 10명 이상 발생
- 동일한 원인으로 3개월 이상 치료가 필요한 질병자가 10명 이상 발생

실전예상문제

01 다음 사고유형별 응급처치방법에 관련하여 ○, ×를 올바르게 표시하시오.

① 베인 경우 지혈보다 상처 소독을 우선하여 실시한다. ( )

② 멍이든 부위는 온찜질을 실시한다. ( )

③ 실험 중 기계에 끼었을 경우 사고 발견 즉시 사고 기계의 전원을 차단한다. ( )

④ 금수성 물질이나 인 등 물과 반응하는 물질이 묻었을 경우 절대로 물로 세척을 하지 않는다. ( )

해답

① ×
베인 경우 상처 소독보다 지혈에 신경을 쓰고, 큰 상처의 경우 붕대를 감아 상처부위를 심장보다 높은 곳에 위치하게 한다.

② ×
멍이든 부위는 얼음주머니나 찬물로 찜질한다.

③ ○

④ ○

02 안전보건표지 중 다음이 나타내는 표지의 의미를 쓰시오.

①

②

③

해답

① 출입금지, ② 위험장소 경고, ③ 미끄럼 주의

03 화재 발생 구성요소와 실험실에서 화재의 원인이 될 수 있는 인화성 물질 3가지를 쓰시오.

해답

화재 발생 구성요소는 위험물(인화성 물질)+산소공급원(공기, 산화재)+점화원(충격, 마찰, 자연발화, 전기불꽃, 정전기 등)이 있으며, 이 중 인화성 물질은 아세틸렌, 알코올류, 유기용제, LPG, 유류(휘발유), 세척용제, 금속 등이 있다.

04 드라이 오븐(건열멸균기)을 사용할 때 주의사항 2가지를 쓰시오.

해답

- 가동 시 자리를 이탈하지 않고 실험과정을 관찰한다.
- 고온에서 장기간 가동하지 않는다.

05 MSDS에 대하여 간략하게 설명하시오.

해답

MSDS(물질안전보건자료, Material Safety Data Sheets)는 화학물질의 명칭, 유해성·위험성, 물리·화학적 특성, 누출 사고 시의 대처방법 등을 설명해주는 자료로서 화학제품의 안전한 사용을 위한 정보 자료로 상시 비치하여 숙지하고 있어야 한다.

06 다음 빈칸을 채우시오.

연구실에서 정밀작업을 할 때 작업면 조도는 (　　　)lux 이상이다.

해답

300

실험실 조명은 실험 공간이 너무 어둡지 않고 눈부시지 않도록 알맞은 밝기를 유지한다.

작업내용	조도(lux)
초정밀작업	750 이상
정밀작업	300 이상
보통작업	150 이상
그 밖의 작업	75 이상

07 화재 발생 시 발화원을 초기 진압하기 위하여 소화기를 사용한다. 소화기의 알맞은 사용 방법을 쓰시오.

해답

소화기의 사용 방법

① 화재 발생 장소로 소화기를 가지고 접근한다.
② 안전핀을 제거한다.
③ 호스를 불 쪽으로 향하고, 왼손 또는 오른손으로 노즐을 잡고 손잡이를 강하게 누른다.
④ 바람을 등지고 골고루 분사한다.

08 다음 유형별 화재에 따른 예방요령과 관련하여 알맞게 선을 이으시오.

① 전기화재 •	• (a) 실험실에 무인카메라를 설치하고, 외부인의 출입을 차단한다.
② 불꽃화재 •	• (b) 사용한 휴대용 가스통은 필히 구멍을 뚫어 폭발하지 않도록 한다.
③ 가스화재 •	• (c) 기준, 규격에 적합한 기구를 사용하고, 노후 또는 파손 유무를 확인한다.
④ 유류화재 •	• (d) 실험 기계 용접은 반드시 전문가에게 의뢰하여야 한다.
⑤ 방화화재 •	• (e) 인화성과 휘발성이 매우 강해 작은 불씨와 접촉 시 순식간에 불이 붙어 화재가 발생하므로 취급에 유의한다.

해답

- ① – (c)
- ② – (d)
- ③ – (b)
- ④ – (e)
- ⑤ – (a)

09 다음은 3정 5S에 관한 설명이다. 빈칸을 채우시오.

3정 5S란 3정 : (㉠), (㉡), (㉢)와 5S : (㉣), (㉤), (㉥), (㉦), (㉧)의 줄임말로 안전한 현장을 조성하기 위해 사용되는 활동이다.

해답

- ㉠ : 정품
- ㉡ : 정량
- ㉢ : 정위치
- ㉣ : 정리
- ㉤ : 정돈
- ㉥ : 청소
- ㉦ : 청결
- ㉧ : 습관화

10 다음 빈칸을 채우시오.

식품위생 분야 종사자의 건강진단은 매 (㉠) 마다[학교급식종사자의 경우 (㉡) 마다] 실시한다. 건강진단 항목은 (㉢)이 포함된다.

해답

- ㉠ : 1년
- ㉡ : 6개월
- ㉢ : 장티푸스, 폐결핵, 파라티푸스

※ 2024년 1월부터 폐결핵, 장티푸스, 파라티푸스로 건강진단 항목이 변경되었다.

11 다음 그림에 해당하는 것의 명칭과 사용 용도에 관하여 쓰시오.

해답

핸드 플레이트(Hand Plate)

- 식품위생 분야 작업자의 위생 상태 점검을 위해 검사
- 현장 작업자의 손 오염도 측정
- 검출하고자 하는 균종의 선택적 검출이 가능(황색포도상구균, 대장균)

12 우유나 주스 같은 유동성 식품의 제조 시 장치를 청소, 세척하는 CIP 방법이란 무엇인지 쓰시오.

해답

CIP는 Clean In Place로, 고정되어 움직이긴 힘든 장치를 세정하는 방법이다. 유동성 식품의 경우 파이프를 통해 식품이 이동하게 된다. 이때에는 설비를 이동하거나 분해하지 않고 설치된 상태에서 세척제와 물을 흘려 세정한다.

13 CIP와 COP의 차이점을 쓰시오.

해답

- CIP(Clean In Place) : 설비를 분해하지 않고, 조립된 상태에서 물, 열, 세제를 순환시켜 설비 내부를 세척(액상식품 가공 공장)
- COP(Clean Out of Place) : 설비를 세척 장소로 이동하거나 일부를 분해하여 수작업 세척

※ SIP(Sterilization in Place) : 정치 증기 멸균으로 설비 분해 없이 스팀으로 멸균(Aseptic 포장)

14 식품취급시설 중 식품을 제조 · 가공하는 데 필요한 기계 · 기구류 등에 사용할 수 있는 재질에 대해 쓰시오.

해답

스테인레스 · 알루미늄 · 유리섬유강화플라스틱(FRP) · 테프론 등 물을 흡수하지 아니하는 것

식품제조기기는 식품이랑 직접 접촉하는 표면이기에, 금속이 식품으로 용출되지 않아야 하며, 부식되지 않는 특징을 가져야 한다. 이때 사용하는 것이 18–8 스테인리스강이다. 18–8 스테인리스강은 크롬 18%, 니켈 8%를 철에 가하여 만든 스테인리스강으로 부식되지 않는 특징을 가지고 있어 식품가공기기를 만들 때 주로 사용한다.

15 다음 그림은 세균 배양에 이용되는 도구들이다. 이들 기구를 사용할 때 불꽃을 사용해 멸균하는 물리적 소독법의 명칭과 그에 대해 간략히 서술하시오.

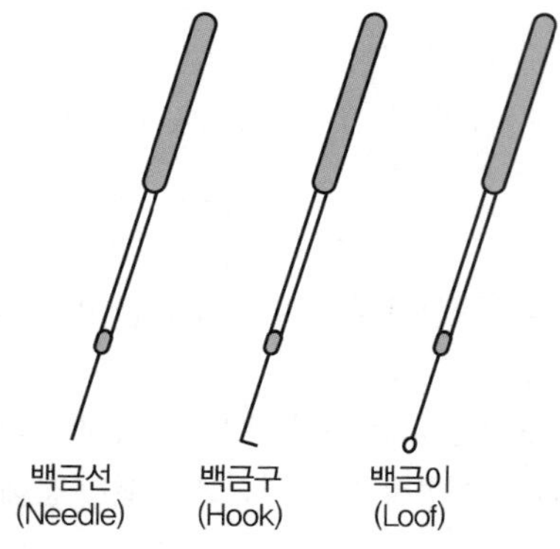

해답

화염멸균법

- 내열성 기구를 알코올램프나 가스버너 등의 불꽃 등의 화염으로 직접 살균한다. 백금이, 백금선, 시험관 입구 등에 사용되며, 충분히 식힌 후 사용한다.
- 실험 기기 · 기구 등의 멸균 방법에 대한 내용이다.

16 다음에서 설명하는 것은 무엇인지 쓰시오.

> 이 측정법은 검체의 표면에 멸균된 면봉을 이용해 Swap 하여 검사, 시약과 반응하여 측정기를 통해 오염도를 수치로 파악한다. 작업 환경이나 기구, 설비, 칼 등의 오염도를 측정하여 세척 정도와 위생 상태를 확인할 수 있다.

해답

ATP 측정법

17 식품 관련 종사자의 손세척 시기에 대하여 ○, ×를 올바르게 표시하시오.

① 청결구역에서 일반구역으로 이동한 경우 ( )

② 화장실을 다녀온 후 ( )

③ 머리카락을 만진 경우 ( )

④ 식품 설비 청소 전 ( )

⑤ 생채소를 취급한 경우 ( )

해답

① ×
일반구역(오염 작업구역)에서 청결구역(비오염 작업구역)으로 이동한 경우 손을 씻는다.

② ○

③ ○

④ ×
청소 후 손을 씻는다.

⑤ ○

18 식품기구의 세척이 완전하게 되었는지 파악하기 위해 잔류검사를 실시하기도 한다. 이때 아미노산, 펩타이드 등의 단백질 잔류물을 검사할 때 사용되는 용액과 검출되었을 때 시약 색깔을 쓰시오.

해답

닌하이드린(Ninhydrin) 시약, 보라색

TIP 기구 위생상태 점검

구분	목적	사용 용액	실험 방법
탄수화물 정성	전분의 정성 (기구, 용기의 잔류물 여부)	아이오딘화칼륨 용액	1. 아이오딘화칼륨을 녹인 수용액에 아이오딘을 넣어 아이오딘 용액을 제조한다. 2. 식기 표면에 아이오딘 용액을 여러 방울 떨어뜨린다. 3. 식기에 방치한 후 색깔 변화를 확인하다. 4. 전분 검출 → 청색

구분	목적	사용 용액	실험 방법
지질 정성	지질의 정성 (기구, 용기의 잔류물 여부)	버터옐로우 0.2% + 알코올용액	1. 식기에 버터옐로우 알코올 용액을 얇게 가한다. 2. 10분 정도 방치 후 물을 부어 색소를 씻어낸다. 3. 지질 검출 → 황색
단백질 정성	아미노산, 펩타이드, 단백질의 정성 (기구, 용기의 잔류물 여부)	닌하이드린 (Ninhydrin) 시약	1. 식기에 0.2%의 닌하이드린(Ninhydrin) 용액을 얇게 가한다. 2. 사용된 닌하이드린 용액을 증발 접시에 옮겨 중탕 가온하여 용액을 증발시킨다. 3. 아미노산 · 펩타이드 · 단백질 검출 → 보라색, Pro · Hypro는 황색

19 다음 용어에 대한 정의를 쓰시오.

• 소비기한 :

• 품질유지기한 :

해답

• 소비기한 : 식품 등에 표시된 보관방법을 준수할 경우 섭취하여도 안전에 이상이 없는 기한
• 품질유지기한 : 식품의 특성에 맞는 적절한 보존방법이나 기준에 따라 보관할 경우 해당 식품 고유의 품질이 유지될 수 있는 기한

20 원산지의 정의와 원산지를 표시해야 하는 의무 대상 식품 3가지를 쓰시오.

해답

• 원산지 : 농산물이나 수산물이 생산 · 채취 · 포획된 국가 · 지역이나 해역
• 의무 대상 식품 : 농수산물, 농수산물 가공품, 농수산물 가공품의 원료

21 **다음은 식품공전에 규정된 '원료 등의 구비요건'에 해당하는 내용이다. 빈칸을 채우시오.**

- 식품의 제조에 사용되는 원료는 (㉠)을 목적으로 채취, 취급, 가공, 제조 또는 관리된 것이어야 한다.
- 원료는 품질과 선도가 양호하고 (㉡)·(㉢)되었거나, (㉣) 등에 오염되지 아니한 것으로 안전성을 가지고 있어야 한다.

해답

- ㉠ : 식용
- ㉡ : 부패
- ㉢ : 변질
- ㉣ : 유독 유해물질

22 **식품원료의 판단 기준 중 원료에 독성이나 부작용이 없고 식욕 억제, 약리효과 등을 목적으로 섭취한 것 외에 국내에서 식용근거가 있는 경우 '식품에 제한적으로 사용할 수 있는 원료'로 사용이 가능한데, 이에 해당하는 것 3가지를 쓰시오.**

해답

- 향신료, 침출차, 주류 등 특정 식품에만 제한적 사용근거가 있는 것
- 독성이나 부작용 원인 물질을 완전 제거하고 사용해야 하는 것
- 독성이나 부작용 원인 물질의 잔류기준이 필요한 것

23 **임의의 식품원료로부터 어떤 새로운 추출물을 발견하였다. 이는 기존에 국내에서 식품원료로 사용하던 것이 아닌 추출물이다. 이를 식품원료로 사용하고자 한다면 어떻게 다루어야 하는지 기술하시오.**

해답

식품원료로 사용이 불가능한 원료는 「식품 등의 한시적 기준 및 규격인정기준」(식품위생법 시행규칙 제5조 관련)에 따라 식품원료의 한시적 기준 및 규격으로 신청 가능하다.
식품의약품안전처장은 다음의 제출 자료에 따라 기술검토를 하여 한시적으로 기준 및 규격을 인정할 수 있다.

- 제출 자료의 요약본
- 원료명
- 기원 및 개발경위, 국내 · 외 인정, 사용현황 등에 관한 자료
- 제조방법에 관한 자료
- 원료의 특성에 관한 자료
- 안전성에 관한 자료

24 **레토르트 식품의 제조 · 가공기준을 적고, 멸균 공정 시 멸균 여부를 확인할 수 있는 기준균은 무엇인지 적으시오.**

해답

- 제조 · 가공기준
  - 멸균은 제품의 중심온도가 120℃ 이상에서 4분 이상 열처리하거나 또는 이와 동등 이상의 효력이 있는 방법으로 열처리하여야 한다.
  - pH 4.6을 초과하는 저산성 식품(Low Acid Food)은 제품의 내용물, 가공장소, 제조일자를 확인할 수 있는 기호를 표시하고 멸균공정 작업에 대한 기록을 보관하여야 한다.
  - pH가 4.6 이하인 산성식품은 가열 등의 방법으로 살균처리할 수 있다.
  - 제품은 저장성을 가질 수 있도록 그 특성에 따라 적절한 방법으로 살균 또는 멸균 처리하여야 하며, 내용물의 변색이 방지되고 호열성 세균의 증식이 억제될 수 있도록 적절한 방법으로 냉각시켜야 한다.

– 보존료는 일절 사용하여서는 아니 된다.
- 멸균 기준 미생물 : *Clostridium botulinum*

> **TIP 레토르트(Retort) 식품**
> 제조 · 가공 또는 위생처리된 식품을 12개월을 초과하여, 실온에서 보존 및 유통할 목적으로 단층 플라스틱필름이나 금속박 또는 이를 여러 층으로 접착하여 파우치와 기타 모양으로 성형한 용기에 제조 · 가공 또는 조리한 식품을 충전하고 밀봉하여 가열살균 또는 멸균한 것

25 소비기한이 3일인 A식품과 소비기한이 6개월인 B식품이 있다. 각각 행하여야 하는 소비기한 설정 실험방법을 쓰시오.

- A :

- B :

해답

- A : 실측실험
  소비기한의 약 1.3~2개월 기간 동안 실제 보관 또는 유통 조건으로 저장하면서 선정한 설정실험 지표가 품질안전한계에 이를 때까지 일정 간격으로 실험을 진행 → 소비기한 3개월 미만의 식품, 축산물 및 건강기능식품에 해당
- B : 가속실험
  실제 보관 또는 유통 조건보다 가혹한 조건에서 실험하여 단기간에 제품의 소비기한을 예측하는 방법으로, 실제 보관 또는 유통 온도와 최소 2개 이상의 비교 온도에 저장하면서 선정한 설정실험 지표가 품질안전한계에 이를 때까지 일정 간격으로 실험을 진행하여 얻은 결과를 아레니우스 방정식(Arrhenius Equation)을 사용하여 실제 보관 및 유통 온도로 외삽한 후 소비기한을 예측하여 설정하는 것 → 소비기한 3개월 이상의 식품, 축산물 및 건강기능식품에 해당

TIP 설정실험 지표에 이용될 수 있는 실험항목

구분	실험항목
이화학적	수분, 수분활성도, pH, 산가, TBA가, 휘발성 염기질소(VBN), 산도, 당도, 영양성분(비타민 등), 기능성분(또는 지표성분) 등
미생물학적	세균수, 대장균, 대장균군, 곰팡이수, 진균수, 유산균수, 식중독균(바실루스 세레우스, 장염비브리오균, 살모넬라, 황색포도상구균, 클로스트리디움 퍼프리젠스, 리스테리아 모노사이토제네스) 등
물리학적	점도, 색도, 탁도, 용해도, 경도, 비중 등
관능적	외관(곰팡이, Drip 수, 침전물, 케이킹, 분리상태, 색택, 외형 등), 풍미(향, 냄새, 산패취 등), 조직감(물성, 점성, 표면균열, 표면건조 등), 맛 등

26 다음 빈칸을 채우시오.

장기보존식품 중 레토르트 식품의 제조가공 공정 중 (㉠)를 사용하여서는 아니 되며, 완제품 중에 (㉡)색소가 검출되어서는 아니 된다.

해답

- ㉠ : 보존료
- ㉡ : 타르

PART

06

기출복원문제

01 2004~2019년 기출복원문제

01 식품 제조

곡류 및 서류 제조

01 D.E(Dextrose Equivalent)란 무엇인지 간단히 서술하시오.

해답

D.E란 당화율을 뜻하는 용어로 전분의 가수분해 정도를 표시하는 수치이다.

$$D.E = \frac{\text{포도당}}{\text{고형분}} \times 100$$

02 전분당 제조 시 Amylase, Glucoamylase에 의해 나타나는 D.E와 점도 변화에 대해 쓰시오.

해답

전분당 제조 시에는 Amylase와 Glucoamylase에 의해 분해되어 D.E가 증가하고 점도는 감소한다. D.E(Dextrose Equivalent)는 전분 가수분해 정도를 표시한다.

03 다음 문장의 빈칸을 채우시오.

엿당이 (㉠)에 의해 분해되어 (㉡)이 생성되고, D.E=(㉢)이 높아지면 감미도가 (㉣)지고, 점도는 (㉤)진다.

해답

- ㉠ : Maltase
- ㉡ : 포도당
- ㉢ : $\frac{\text{포도당}}{\text{고형분}} \times 100$
- ㉣ : 높아
- ㉤ : 낮아

04 전분의 산, 효소 당화과정 중 분해되어 생성되는 중간 생성물(A), A가 α-amylase에 의해 점도가 감소하게 되는 공정 이름(B), Glucoamylase에 의해 포도당이 형성되는 공정 이름(C)을 쓰시오.

해답

- A : 덱스트린
- B : 액화
- C : 당화

05 밀의 제분 과정에서 밀기울과 배젖을 분리하는 공정은 무엇인지 서술하시오.

해답

밀의 제분과정 중에는 조질공정과 컨디셔닝 공정을 통해 밀기울과 배젖을 분리한다.

- 조질(Tempering)은 밀의 수분을 조절하여 45℃ 이하로 가열하는 공정으로 외피와 배젖을 효과적으로 분리할 수 있다.

• 컨디셔닝(Conditioning)은 조질 시 온도를 45℃ 이상으로 높여서 그 효과를 극대화시키는 것이다. 컨디셔닝을 한 후 원료밀을 가열하고 냉각시키면 밀이 팽창 · 수축되어 밀기울과 배젖의 분리가 더욱 용이해진다.

06 전분의 노화를 억제하는 방법을 3가지 이상 기술하시오.

해답

• 노화가 가장 잘 발생하는 온도는 0℃이다. 원료를 60℃ 이상 −20℃ 이하로 유지시키면 노화가 억제된다.
• 수분함량 30~60%는 노화가 일어나기 쉬우므로 수분함량을 30% 이하, 60% 이상으로 유지한다.
• 대부분의 염류는 노화를 억제하므로 황산염을 제외한 염류를 첨가한다.
• 당은 탈수작용으로 노화를 억제하므로 당을 첨가한다.
• 알칼리성은 노화를 억제하므로 pH를 높여준다.

07 전분의 호화에 영향을 미치는 조건을 설명하시오.

해답

• 수분 : 수분의 함량이 많을수록 잘 일어난다.
• 전분의 종류 : 전분입자가 작은 쌀(68~78℃), 옥수수(62~70℃) 등 곡류전분은 입자가 큰 감자(53~63℃), 고구마(59~66℃) 등 서류전분보다 호화온도가 높다.
• 온도 : 온도가 높을수록 호화시간이 빠르다.
• pH : 알칼리성에서 팽윤을 촉진하여 호화가 촉진되며 산성에서는 전분입자가 분해되어 점도가 감소한다.
• 염류 : 대부분 염류는 팽윤제로 호화를 촉진하지만 황산염은 호화를 억제한다.
• 당(탄수화물) : 당을 첨가하면 호화온도가 상승하고 호화속도는 감소한다.

08 **전분을 포도당으로 만드는 공정에서 액화된 상태의 Glucoamylase와 Pullulanase를 함께 넣었다. 이때 Glucoamylase만 넣을 경우에는 어떤 변화가 일어나는지 서술하시오.**

해답

Pullulanase는 α-1,6 결합을 특이적으로 가수분해하는 효소이다. 이에 Glucoamylase만 단독으로 첨가 시에는 포도당 제조시간이 동시첨가 시보다 길어진다.

09 **전분을 당화시키는 기술 중 효소당화법과 산당화법의 특성을 비교하여 설명하시오.**

해답

구분	효소당화법	산당화법
원료전분	정제할 필요 없음	완전정제 필요
당화전분농도	50%	약 25%
분해한도	97~99%	약 90%
당화시간	48~72시간	약 60분
당화설비	특별한 설비 필요 없음	내산 · 내압설비 필요
당화액 상태	쓴맛이 없고 착색물이 생성되지 않음	쓴맛이 강하며 착색물이 생성
당화액 정제	산당화보다 약간 더 필요	활성탄 0.2~0.3% 이온교환수지
관리	보온(55℃) 시 중화 필요 없음	중화가 필요
수율	결정포도당으로 80% 이상, 분말포도당으로 100%	결정 포도당으로서 약 70%

10 전분을 가공할 때 액화와 당화 시 첨가하는 효소를 각각 쓰시오.

• 액화 시 :

• 당화 시 :

해답

• 액화 시 : α-amylase
• 당화 시 : β-amylase

11 다음의 효소가 식품가공에서 활용되는 분야를 쓰시오.

• α-amylase :

• β-amylase :

• Glucoamylase :

해답

• α-amylase(액화효소) : 산당화엿, 코지 제조
• β-amylase(당화효소) : 맥아엿, 식혜
• Glucoamylase(당화효소) : 포도당 제조

• α-amylase : α-1,4-glucan 결합을 비특이적으로 가수분해
• β-amylase : α-1,4-glucan 결합을 비환원성 말단에서부터 Maltose 단위로 규칙적 가수분해
• Glucoamylase : α-1,4-glucan 결합을 비환원성 말단에서부터 Glucose 단위로 규칙적 가수분해

12 밀가루 대신 전분으로 빵을 만들 때의 특성과 원인성분은 무엇인지 쓰시오.

해답

밀가루 대신 전분으로 빵을 만들게 되면 밀가루 빵에 비하여 부피감이 작고 퍽퍽한 식감의 빵이 만들어진다. 이는 전분에는 글루텐이 존재하지 않는 대신 전분 속의 Amylose와 Amylopectin이 호화됨으로써 발생되는 현상이다.

13 밀가루 대신 전분으로 빵을 만들 때의 물리적 특성 변화와 원리에 대해 쓰시오.

해답

전분으로 빵의 제조 시 가열로 인한 온도 증가에 따라 전분이 호화하면서 빵의 맛과 색 변화를 가져온다. 하지만 밀가루에 비해 글루텐 함량이 낮아 빵의 팽창력이 약하다.

14 밀가루 20g에 10mL의 물을 넣어 습부량(Wet Gluten)을 측정한 결과가 4g일 때 습부율은 몇 %인지 계산하시오.

해답

$$\text{습부율} = \frac{\text{습부량}}{\text{밀가루중량}} \times 100 = \frac{4}{20} \times 100 = 20\%$$

PART 06 기출복원문제

15 **100g의 밀가루를 건조하여 15g의 글루텐을 얻었다. 이 밀가루의 건부율을 구하고, 제과용이나 튀김용으로 적합한지 판정 여부를 건부율과 연관하여 설명하시오.**

해답

▼ **밀가루의 품질과 용도**

종류	건부량	습부량	원료밀	용도
강력분	13% 이상	40% 이상	유리질 밀	식빵
중력분	10~13%	30~40%	중간질 밀	면류
박력분	10% 이하	30% 이하	분상질 밀	과자

- $\text{건부율}(\%) = \frac{\text{건부량}}{\text{밀가루중량}} \times 100$

  $= \frac{15}{100} \times 100 = 15\%$

- 건부율이 13% 이상이면 강력분에 해당하는데, 해당 밀가루의 경우 건부율이 15%이므로 강력분에 해당한다. 강력분은 식빵 등의 제조에 적합하고 과자나 튀김용 밀가루의 경우 박력분으로 만드는 것이 적합하므로 해당 밀가루는 튀김용으로 적합하지 않다.

16 **밀가루의 숙성공정 시 과산화벤조일, 아조디카르본아미드, 이산화염소 등의 밀가루 개량제를 사용하는데, 밀가루 개량제를 첨가했을 때의 장점은 무엇인지 간략히 서술하시오.**

해답

밀가루 개량제 첨가 시 밀가루가 산화되며 표백이 되는 시간이 줄어든다. 시간 감소로 인한 저장비용 절감효과가 있고 가공효율을 높일 수 있다.

17 **밀의 제분과정 중 조질에 해당하는 과정은 2가지로 구분된다. 조질의 2단계 명칭 및 역할을 기술하시오.**

해답

밀의 제분과정 중 조질은 템퍼링과 컨디셔닝을 통해 밀의 외피와 배유를 도정하기 좋은 상태로 만들기 위해 물성을 변화시키는 공정이다.

- 1단계 템퍼링(Tempering) : 밀의 수분함량을 15% 전후로 상향시킨다.
- 2단계 컨디셔닝(Conditioning) : 수분을 상향조정한 밀을 45°에서 2~3시간 방치시킴으로써 템퍼링의 효과를 높이는 단계이다. 컨디셔닝을 진행한 원료밀을 가열한 후 냉각시키면 밀이 팽창과 수축을 반복하며 외피와 배유의 분리가 용이해진다.

18 **150kg의 밀을 제분하고자 한다. 이때 Tempering 과정에서 밀의 수분함량을 11%에서 16%로 상향시키고자 한다. 첨가해야 하는 수분의 양을 구하시오.**

해답

$$\text{수분함량} = \frac{\text{원료밀} \times (\text{목표 수분함량} - \text{현재 수분함량})}{100 - \text{목표 수분함량}}$$

$$= \frac{150 \times (16 - 11)}{100 - 16} = 8.9286 \fallingdotseq 8.9\text{kg}$$

PART 06 기출복원문제

두류 제조

19 **두부 제조 시 두부를 마쇄하여 두미(콩물)를 만든 후 100℃에서 10~15분간 가열 살균한다. 이때 가열 살균의 온도와 시간에 따라 생길 수 있는 현상에 대해 각각 서술하시오.**

해답

- 고온에서 장시간 가열할 경우 단백질의 변성으로 두부의 수율이 감소하고 단단해지며 지방의 산패로 인해 두부 맛의 변질을 가져온다.
- 저온에서 단시간 가열할 경우 콩 비린내를 발생시키는 Lipoxygenase를 불활성화시키지 못해 콩비린내가 발생하며 트립신 저해제가 불활성화되지 않아 영양상의 문제가 발생한다.

20 **두부의 마쇄과정 중 마쇄가 충분하지 못하였을 때의 문제점을 기술하시오.**

해답

두부 제조 시에는 원료 콩의 10배 내외의 물을 넣고 마쇄하게 되는데, 너무 미세하게 마쇄하게 되면 이후 비지를 분리하기가 어렵고 비지가 체를 막아버리게 된다. 또 마쇄가 충분하지 못했을 때에는 비지와 함께 대두단백질이 유실되어 두부수율이 감소한다.

21 두부의 침지과정에서 침치의 목적 및 침지를 짧게 하였을 때와 길게 하였을 때의 단점을 기술하시오.

해답

침지는 원료 콩에 물을 충분히 흡수하게 함으로써 마쇄를 용이하게 하는 것을 목적으로 한다. 고온에서 침지 시 물의 흡수가 빠르고 저온에서 침지 시 흡수가 늦어진다.
콩이 너무 장시간 침지될 때에는 발아가 시작되고 콩의 수용성 성분물질이 분해되며 콩 단백질이 변성되어 응고 상태를 불량하게 한다. 반면에 침지시간이 부족하면 팽윤이 부족하여 단백질 및 고형분의 추출이 어렵고 마쇄가 잘 이루어지지 않는다.

22 두부의 제조공정 중 빈칸을 채워 공정과정을 완성하고 두부 제조 시 첨가하는 응고제를 2가지 이상 기술하시오. [단, (C)의 경우 생성되는 물질을 쓰시오.]

콩 – (A) – 마쇄 – 두미 – 증자 – (B) – (C) – 응고 – (D) – 성형 – 절단 – 두부

• A :

• B :

• C :

• D :

• 응고제 :

해답

• A : 수침(또는 침지)
• B : 여과
• C : 두유
• D : 탈수
• 응고제 : 염화마그네슘($MgCl_2$), 황산칼슘($CaSO_4$), 염화칼슘($CaCl_2$), Glucono-δ-lactone

23 두부 제조와 가장 밀접한 단백질은 무엇인지 쓰시오.

해답

두부의 주단백질은 글리시닌과 알부민으로 이 단백질의 응고로 두부를 제조한다.

- 밀단백질 : 글루테닌, 글리아딘
- 두부단백질 : 글리시닌, 알부민
- 우유단백질 : 카제인

24 탄산칼슘을 응고제로 사용할 경우 두유의 변화에 대해 서술하시오.

해답

- 탄산칼슘은 난용성으로 물에 잘 녹지 않아 사용이 불편하고 수율이 매우 낮아 두부 제조 시 주로 사용하지 않는다.
- 두부 응고제별 장단점

응고제	장점	단점
염화마그네슘	반응이 빠르고 보수력이 좋으며 맛이 뛰어나고 급두부 제조에 좋다.	압착 시 물 배출이 어렵다.
황산칼슘	• 색상이 좋으며 조직이 연한 두부 생산에 좋고 수율이 좋다. • 가격이 저렴하다.	난용성이므로 물에 잘 녹지 않아 사용이 불편하고 맛 기호도가 낮다.
염화칼슘	응고 시간이 빠르고 압착 시 물 배출에 용이하다.	수율이 낮고 두부가 단단해지며 조직감이 거칠다.
글루코노 델타락톤	응고력이 우수하며 수율이 높다.	조직이 연하고 신맛이 잔존한다.

25 **고추를 1년 동안 저장해도 색이 유지되게 하려면 어떤 방법을 사용해야 하는지 설명하시오.**

해답

- 온도 : 농산물은 수확 후에도 호흡으로 인한 생리대사가 일어난다. 이에 호흡 및 저장에 의한 수분의 손실을 감소시키기 위해 8~10℃의 저온으로 옮겨야 한다. 더 낮은 온도에서 보관 시에는 초기 안전성은 유지되지만 장기간 보존 시 냉해의 위험이 있으므로 8~10℃에 보관하는 것이 효과적이다.
- 습도 : 주변 환경에 따른 수분손실을 방지하기 위해 상대습도는 95% 상태로 유지하여야 한다.
- 포장 : 0.03mm의 PE(Poly Ethylene) 필름으로 포장해야 한다.

26 **김치를 만들기 위해 원료배추 20kg을 전처리하였더니 배추의 폐기율은 20%(w/w)였다. 전처리된 배추를 절임한 다음 세척 · 탈수하여 얻어진 절임배추의 무게는 12kg이었고 이때 절임배추의 염 함량도는 2%(w/w)였다. 절임공정 중 절임수율과 원료배추의 수득률을 계산하시오.**

해답

절임수율은 절임공정에서 투입된 원료배추에 대한 절임배추의 비율이며, 수득률은 다듬기 전 원료에서 세척 · 탈수된 절임배추까지의 순수한 배추만의 변화율을 의미한다.

- 절임수율
  - 원료배추 : 20kg, 폐기율 20%(w/w) → 전처리 배추의 양 : 16kg
  - $\text{절임수율} = \frac{\text{절임배추}}{\text{전처리배추의 양}} \times 100 = \frac{12}{16} \times 100 = 75\%$
- 수득률
  - 원료배추 : 20kg
  - 절임배추의 순수배추의 양 : 12kg − (12kg × 0.02) = 11.76kg
  - $\therefore \text{수득률} = \frac{11.76}{20} \times 100 = 58.8\%$

27 **공장에서 김치 제조 시 염도가 2.0%인 절임배추의 무게가 1,000kg일 때 김치 양념의 무게는 100kg으로 가정한다. 최종 염도가 2.5%인 김치 10,000kg을 만들기 위해 필요한 절임배추의 무게, 김치 속 양념의 무게, 소금 첨가량을 구하시오.**

해답

절임배추의 무게 : x, 김치 속 양념의 무게 : $0.1x$, 소금 첨가량 : y

- 전체 배추의 무게
  $x + 0.1x + y = 10,000$
  $1.1x + y = 10,000$
- 총 소금량 = 절임배추의 소금량 + 소금 첨가량
  $0.025 \times 10,000\text{kg} = (0.02 \times x) + y$
  $0.02x + y = 250$
- $1.1x + y = 10,000 \rightarrow y = 10,000 - 1.1x$
  $0.02x + y = 250 \rightarrow y = 250 - 0.02x$
  $10,000 - 1.1x = 250 - 0.02x$
  $\therefore x = 9,027.78\text{kg},\ 0.1x = 902.78\text{kg},\ y = 69.44\text{kg}$

28 **감귤통조림 제조 시 속껍질을 제거하는 산박피법과 알칼리박피법의 박피조건을 비교하시오.**

해답

감귤통조림 제조 시 속껍질을 제거하는 공정은 백탁의 원인물질인 Hesperidine과 펙틴의 제거를 위한 공정이다.

구분	산박피법	알칼리박피법
온도조건	20℃	30~40℃
시간조건	30~60분	10~15분
사용용액	1~3%, HCl	1~3%, NaOH

29 냉동식품(채소류)을 냉동 저장하려고 하는데, Blanching 하면 좋은 점에 대해 서술하시오.

해답

데치기(Blanching)의 목적

- 식품 원료에 들어 있는 산화 효소 불활성화 및 미생물 살균효과로 장기보존에 용이
- 변색 및 변패의 방지로 품질 유지
- 이미 · 이취의 제거로 품질 향상
- 조직을 유연화

30 통조림 외관 변형 원인을 기술하시오.

해답

구분	현상	원인
Flipper	한쪽 면이 부풀어 누르면 소리가 나고 원상태로 복귀	충진 과다, 탈기 부족
Springer	한쪽 면이 심하게 부풀어 누르면 반대편이 튀어나옴	가스 형성, 세균, 충진 과다
Swell	관의 상하면이 부풀어 있는 것	살균 부족, 밀봉 불량에 의한 세균오염
Buckled can	관내압이 외압보다 커 일부 접합부분이 돌출한 변형	가열살균 후 급격한 감압
Panelled can	관내압이 외압보다 낮아 찌그러진 위축 변형	가압냉각 시
Pin hole	관에 작은 구멍이 생겨 내용물이 유출된 것	포장재의 불량

31 식품 통조림의 팽창 원인을 쓰시오.

해답

탈기 부족, 충진 과다, 살균 부족, 냉각 부족

32 통조림 제조 시 탈기의 목적과 효과를 기술하시오.

• 목적 :

• 효과 :

해답

• 목적 : 통조림 제조 중 헤드스페이스 및 식품 중 산소를 제거하는 공정이다.
• 효과
  - 가열살균 시 열 전달을 균일하게 하고 내압을 낮춰 파손을 방지한다.
  - 호기성 미생물의 생육 억제로 보존기간을 향상시킨다.
  - 식품의 화학 변화를 억제한다.
  - 용기의 부식 및 주석의 용출을 방지한다.
• 방법 : 가열 탈기, 진공 탈기

33 산성 통조림인 복숭아나 배의 가열 시 붉은색이 나타나는 이유를 쓰시오.

해답

과일과 채소에는 안토시아닌의 전구물질이며 성장촉진역할을 하는 무색의 류코안토시아닌(Leuco-anthocyanin)이 다량 함유되어 있다. 통조림을 가열한 후 냉각이 적절히 이루어지지 않고 35~45℃에서 장시간 머무를 시 류코안토시아닌이 시아닌(Cyanin)으로 변하며 제품의 홍변을 일으킨다.

34 통조림의 탈기방법 종류에 대해 설명하시오.

해답

탈기법의 종류
- 가열탈기법 : 가밀봉한 채 가열탈기 후 밀봉
- 열간충진법 : 뜨거운 식품을 담고 즉시 밀봉
- 진공탈기법 : 진공하에서 밀봉
- 치환탈기법 : 질소 등 불활성 가스로 공기치환

35 과일잼의 가당 후 농축공정 진행 시 농축률이 높아질수록 온도가 고온으로 상승하게 된다. 과일잼이 고온에서 장시간 존재할 때 나타나는 변화를 간단히 서술하시오.

해답

농축이란 식품 중의 수분을 제거하여 농도를 높이는 조작이다. 과일잼 제조 시에는 가당 후 수분을 제거하여 당도 및 농도를 높이기 위해서 농축공정을 진행하게 되는데, 이때 고온에서 장시간 농축하게 되면 방향성분이 휘발하면서 이취를 나타내고, 색소가 분해되고 가열로 인한 갈변반응이 일어나 색의 저하를 가져온다. 더불어 펙틴이 분해되어 젤리화하는 힘이 감소하게 되므로 잼을 농축 시 고온에서 장시간 머무르지 않도록 주의해야 한다.

36 통조림 살균지표 균 이름과 살균지표 효소는 무엇인지 쓰시오.

해답

- 살균지표 균 : *Clostridium botulinum*
- 살균지표 효소 : Phosphatase

37 감의 떫은맛을 없애는 공정의 이름과 성분 이름을 쓰시오.

해답

감의 떫은맛을 없애는 공정에서는 탈삽법을 쓰는데 감에서 떫은맛을 내는 성분인 가용성 탄닌(Tannin)을 불용성 탄닌으로 변화시키는 것이 원리이다. 탈삽법에는 열탕법, 알코올법, 탄산법 등이 사용된다.

38 감의 탈삽법 3가지를 쓰시오.

해답

감의 떫은맛을 없애는 방법으로 가용성 탄닌(Shibuol)을 불용성 탄닌으로 변화시키는 것

- 열탕법 : 감을 35～40℃의 물속에 12～24시간 유지
- 알코올법 : 감을 알코올과 함께 밀폐용기에 넣어서 탈삽
- 탄산법 : 밀폐된 용기에 공기를 CO_2로 치환시켜 탈삽

39 토마토퓨레의 제조 공정 중 열법에 대해 설명하시오.

해답

토마토퓨레 제조법에는 열법과 냉법 2가지가 있다.

열법은 토마토를 거칠게 분쇄한 후 증기를 쬐거나 가열 등의 가열처리를 통해 토마토 주스를 추출하여 생산하는 방법이다. 가열에 의해 효소 파괴와 동시에 아포로토펙틴이 펙틴으로 전환하여 점조도가 높아지는 장점이 있다. 다만, 가열처리과정에서 비타민 C 등의 미량 영양소가 파괴되는 단점이 존재한다.

40 과일 건조 시 유황 훈증하는 목적은 무엇인지 쓰시오.

해답

표면의 세포가 파괴되어 건조에 도움, 강력한 표백작용으로 산화에 의한 갈변 방지, 미생물 번식 억제, 고유 빛깔 유지

41 적포도를 HCl-methanol에 담갔을 때 추출되는 적포도 색소 성분, HCl-methanol에 의해 추출된 색, NaOH 주입 시 색 변화를 기술하시오.

해답

- 추출되는 적포도의 색소 성분 : 안토시아닌
- HCl-methanol에 의해 추출된 색 : 적색
- NaOH 주입 시 색 변화 : 청색

42 통조림의 저온 살균(100℃ 이하)이 가능한 한계 pH를 적고, 저온 살균이 가능한 이유를 설명하시오.

해답

저온 살균의 한계 pH는 4.5이다. pH 4.5 이하인 산성에서는 대부분의 병원성 미생물이나 식품 변질을 일으키는 미생물이 생육을 할 수 없다. 이에 pH 4.5 이하인 식품에서 생육 가능한 곰팡이나 효모류의 살균을 목적으로 하기에 100℃ 이하의 저온 살균이 가능하다.

43 **배, 복숭아 등의 산성 통조림을 만들기 위한 가열 시에 제품이 붉은색으로 변하는 홍변이 일어난다. 이러한 현상의 원인은 무엇인지 기술하시오.**

해답

과일과 채소에는 안토시아닌의 전구물질이며 성장촉진 역할을 하는 무색의 류코안토시아닌(Leucoanthocyanin)이 다량 함유되어 있다. 통조림을 가열 후 냉각이 적절히 이루어지지 않고 35~45℃에서 장시간 머무르면 류코안토시아닌이 시아닌(Cyanin)으로 변하며 제품의 홍변을 일으키는 원인이 된다.

44 **분무건조법에서 병류식과 향류식에 대하여 간단히 설명하시오.**

해답

분무건조법은 주로 액체식품을 직경 10~200㎛의 입자 크기로 분무하여 표면적이 극대화된 상태에서 열풍과 접촉시킴으로써 신속하게 건조시키는 방법이다. 열풍의 방향에 따라 병류식과 향류식이 있다.

- 병류식 : 열풍 방향과 식품의 방향이 같음, 초기 건조가 좋으나 최종 건조가 좋지 않음
- 향류식 : 열풍 방향과 식품의 방향이 엇갈림, 최종 건조가 높아 과열 우려

45 **채소류 등은 수확 후에도 호흡작용을 한다. 이러한 농산물의 저장을 위한 저장방법 및 저장고 내 기체와 온도의 조절방법은 무엇인지 쓰시오.**

해답

CA(Controlled Atmosphere) 저장법

과채류는 수확 후에도 호흡에 따른 호흡열이 발생하고 품온이 상승하여 추숙과정이 나타나므로 저장 시 CO_2와 O_2를 각각 4~5%로 조절하고 온도를 저온으로 하여 호흡을 억제하여 선도를 유지하는 방법이다. 온도는 0℃ 부근에서 호흡이 가장 억제되므로 온도를 낮게 유지한다.

46 가스치환법에 사용되는 기체 2가지와 역할을 쓰시오.

해답

가스치환법에 사용되는 기체와 역할

산소	적색육의 변색 방지와 혐기성 미생물의 성장 억제 목적으로 사용
이산화탄소	호기성 미생물과 곰팡이의 성장 및 산화를 억제
질소	불활성가스로 식품의 산화를 방지하며 플라스틱 필름을 통해 확산되는 속도가 느려 충전 및 서포팅 가스로 사용
수소, 헬륨	분자량이 작아 주로 포장으로 인한 가스 누설검지를 위해 사용

47 젤리화에 필요한 조건 및 생성된 젤리의 강도에 영향을 미치는 요인을 기술하시오.

해답

- 젤리화에 필요한 조건 : 과실 중 펙틴(1～1.5%), 유기산(0.3%, pH 2.8～3.3), 당(60～65%)에 의해 형성된다.
- 젤리의 강도에 영향을 미치는 요인 : 젤리(Jelly)의 강도는 Pectin의 농도, Pectin의 Ester화 정도, Pectin의 결합도에 의해 결정된다.

48 저메톡실 펙틴의 젤화 기작을 서술하시오.

해답

저메톡실 펙틴은 메톡실기 함량이 7% 이하인 것으로 Ca^{2+}, Mg^{2+} 등 다가이온이 산기와 결합하여 망상 구조를 형성하며 펙틴젤리가 만들어진다.

49 **저메톡실 펙틴을 정의하고, 저메톡실 펙틴 젤리를 제조하기 위해 필요한 첨가물과 사용 목적을 간단하게 설명하시오.**

해답

- 저메톡실 펙틴 : methyl기를 7% 이하로 함유한 펙틴
- 첨가물 : Ca^{2+}, Mg^{2+} 등의 다가이온
- 사용 목적 : 산기와 이온결합하여 3차원의 망상구조 형성을 용이하게 한다.

유지 제조

50 **유지가공 시 수소를 첨가해주는 목적은 무엇인지 간단히 기술하시오.**

해답

불포화 지방산이 많은 액체유의 경우에는 수소를 첨가하여 보존을 용이하게 하기 위해 고체지방으로 가공해주는 공정을 거친다. 이를 통해 유지의 불포화도를 감소시켜 산화 안전성을 증가시키고, 가소성과 경도를 부여하여 물리적 성질을 개선하며, 냄새 · 맛 · 풍미를 개선할 수 있다.

51 **식품 중에 퓨란(Furan)이 생성되는 주요 경로와 제품 중 잔류하지 않는 이유를 설명하시오.**

해답

- 주요 경로 : 퓨란은 무색의 휘발성 액체로 식품조리 시 구성성분인 탄수화물, 단백질, 지질을 가열할 때 생성되므로 식품제조공정이나 조리 시에 손쉽게 생성된다.

• 잔류하지 않는 이유 : 퓨란은 휘발성의 액체이기 때문에 조리가공 중에 생성되었더라도 공기 중으로 쉽게 휘발되기 때문에 최종 완제품이나 조리된 식품에서 잔존하는 경우는 낮다. 하지만 지질이 섞인 물질 속에서는 휘발되지 못하기 때문에 주의하여야 한다.

52 유지의 정제과정 중 탈납공정(Winterization)의 정의와 목적을 기술하시오.

해답

탈납공정은 유지를 냉각시켜 발생되는 고체 결정체를 제거하는 공정으로 저온에서 보관되는 샐러드유 제조 시의 지방결정체 생성 방지 및 제거를 위해 진행하는 공정이다.

53 유지를 고온 가열할 때 발생하는 현상을 물리적, 화학적으로 각각 기술하시오.

• 물리적 변화 :

• 화학적 변화 :

해답

• 물리적 변화
  – 점도가 높아진다.
  – 어둡게 변색이 일어난다.
• 화학적 변화
  – 중합체가 형성된다.
  – 발연점이 낮아진다.
  – 카르보닐 화합물이 형성된다.
  – 요오드가가 낮아지고 색도 탁해진다.

54 튀김유의 품질열화를 최대한 줄일 수 있는 방법을 기술하시오.

해답

- 튀김유를 과도하게 사용하지 않고 자주 교체하여 발연점 저하 및 변색을 방지한다.
- 발연점이 높게 유지될 수 있도록 관리하며 과도한 사용으로 발연점이 낮아지는 것을 방지하기 위해 튀김유를 교체한다.

55 상어간유와 식물성유에 많이 함유되어 있는 불포화 탄화수소를 쓰시오.

해답

스쿠알렌 : 상어간유와 쌀겨, 맥아 등 식물성유에 많이 함유되어 있는 불포화 탄화수소이다.

56 요오드가의 정의와 목적에 대해 쓰시오.

- 정의 :
- 목적 :

해답

- 정의 : 100g의 유지가 흡수하는 요오드의 g수
- 목적 : 첨가되는 요오드의 양으로 불포화도를 측정하는 것을 목표로 한다.
- 이중결합 수에 비례하여 증가하므로 고체지방은 50 이하, 불건성유는 100 이하, 건성유 130 이상, 반건성유는 100~130 정도로 측정된다.

57 유지의 측정요소인 TBA가에 대해서 설명하시오.

해답

TBA가는 유지의 산패를 측정하는 척도 중 하나로 유지의 산화 시에 생성되는 1차 산화생성물인 Malonaldehyde의 양으로 나타낸다.

유제품 제조

58 원유의 수유검사방법을 기술하시오.

해답

관능검사, 알코올검사, 적정산도검사, 비중검사, 지방검사, 세균검사, 항생물질검사, 유방염유검사, Phosphatase 시험 등

59 우유 200mL의 비중을 측정할 때 15℃에서 비중계 눈금이 31을 나타냈다고 한다. 우유의 비중을 측정하는 계산과정과 답을 쓰시오.

해답

$$비중 = 1 + \left(\frac{눈금}{1,000}\right) = 1 + 0.031 = 1.031$$

60 원유의 선별방법 중 하나인 알코올검사법에 대해 설명하시오.

해답

우유의 신선도를 판단하기 위한 방법 중 하나로 알코올의 탈수작용으로 인해 산도가 높은 우유는 카제인이 응고되는 원리를 이용하였다. 정상유의 pH 범위는 6.4~6.6 정도이며 우유의 pH가 비정상적으로 낮은 경우는 부적합한 것으로 판단한다.

61 우유나 주스 같은 유동성 식품의 제조 시 장치를 청소, 세척하는 CIP 방법이란 무엇인지 쓰시오.

해답

CIP란 Cleaning In Place로 고정되어 움직이기 힘든 장치를 세정하는 방법이다. 유동성 식품의 경우 파이프를 통해 식품이 이동하게 된다. 이때에는 설비를 이동하거나 분해하지 않고 설치된 상태에서 세척제와 물을 흘려 세정한다.

62 우유의 품질관리 시험법 중 Phosphatase 검사의 목적과 원리를 쓰시오.

- 목적 :

- 원리 :

해답

- 목적 : 저온 살균유의 살균 여부를 판정하기 위한 시험법이다.
- 원리 : Phosphatase는 61.7℃에서 30분 가열로 완전 불활성되는 효소이다. 이에 Phosphatase의 잔류 여부로 살균 여부를 판정한다.

63 버터 제조공정 중 교동처리를 하는 이유는 무엇인지 쓰시오.

해답

교동(Churning)은 크림을 교반하여 지방구에 기계적인 충격을 주는 공정이다. 이를 통해 지방구가 뭉쳐 버터 입자가 형성되면서 버터 밀크와 버터 입자가 분리될 수 있다.

64 원유 균질화의 개념과 목적을 기술하시오.

- 개념 :
- 목적 :

해답

- 개념 : 균질화는 균질기의 미세한 구멍을 약 2,000psi의 압력으로 통과시킬 때 받는 전단력에 의해 우유지방구가 0.1~2μm로 형성되는 공정을 뜻한다.
- 목적 : 균질화는 지방구의 미세화를 통해 크림층의 생성을 방지하고, 점도를 향상시키며, 조직을 연성화시키고 소화력을 향상시킨다.

65 지방이 3.5%인 원유 2,000kg을 0.1% 지방 탈지유에 혼합시켜 지방 2.5% 표준화 우유를 만들고자 한다. 이때 첨가해야 할 탈지유의 양을 계산하시오.

해답

첨가해야 할 탈지유의 양 : 833.33kg

• 우유의 표준화공정

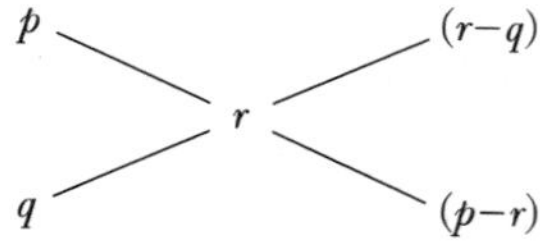

원유 지방률 > 목표 지방률 : 탈지유 첨가

$$y = \frac{x(p-r)}{(r-q)}$$

여기서, p : 원유 지방률(%)

q : 탈지유 지방률(%)

r : 목표 지방률(%)

x : 원유 중량(kg)

y : 탈지유 첨가량(kg)

• 탈지유의 양 계산

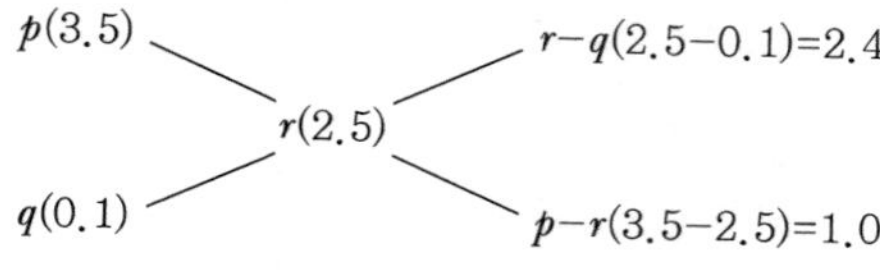

$$y = \frac{2,000 \times 1.0}{2.4} \fallingdotseq 833.33\text{kg}$$

66 알루미늄박 식품포장재로 버터를 포장할 때의 장점과 단점을 쓰시오.

해답

과자 등의 포장에 주로 사용되는 알루미늄박 포장의 경우 녹이 슬지 않고 독성이 적으며 가열해도 제품의 영양이나 맛에 주는 영향이 적은 장점이 있어 과자나 버터 포장 시에 사용된다. 하지만 타 포장재에 비하여 가격이 비싸며 포장재의 변형이 쉽게 일어나는 단점이 있다.

67 연유 제조 시 가당을 하는 목적과 진공농축을 하는 이유를 기술하시오.

해답

- 가당의 목적 : 16~17%의 설탕을 첨가하여 단맛을 부여하고, 세균번식을 억제하며 제품의 보존성을 부여한다.
- 진공농축의 이유 : 진공상태에서 비가열 농축을 진행하기에 영양성분의 변화가 적으며 풍미를 유지할 수 있다. 농축속도가 빨라 산업에 이용하기에 적절하다.

68 원유의 3가지 살균조건을 간단히 설명하시오.

해답

- 저온 장시간 살균법(LTLT ; Low Temperature Long Time pasteurization) : 63~65℃, 30분
- 고온 단시간 살균법(HTST ; High Temperature Short Time pasteurization) : 72~75℃, 15~20초
- 초고온 순간 멸균법(UHT ; Ultra High Temperature sterilization) : 130~150℃, 0.5~5초

69 아이스크림 Cone 과자 내부를 왜 초콜릿으로 코팅하는지 쓰시오.

해답

초콜릿 코팅을 통해 아이스크림 속의 수분이 과자 내부로 흡수되는 것을 방지한다.

70 아이스크림의 Overrun이란 무엇이며 최적의 Overrun 조건을 기술하시오.

해답

- 정의 : 증용률(Overrun)이란 아이스크림의 조직감을 좋게 하기 위해 동결기 내 교반에 의한 기포 형성으로 용적을 증가시키는 것을 뜻하며, 부피의 증가율을 말한다.
- 최적 Overrun : 80~100%의 상태를 최적의 Overrun으로 본다.

축산 · 수산식품 제조

71 우리나라 소도체의 육질등급과 육량등급 판정기준에 대해 서술하시오.

- 육질등급 :
- 육량등급 :

해답

- 육질등급 : 도체의 품질을 나타내는 등급으로 근내지방도, 육색, 성숙도, 조직감, 지방색에 따라 1^{++}, 1^{+}, 1, 2, 3의 5개 등급으로 구분한다.
- 육량등급 : 도체의 정육한 양을 추정 계산하여 나타내는 등급으로 등지방 두께, 배최장근단면적, 도체의 크기 및 중량에 따라 A, B, C의 3개 등급으로 구분한다.

72 **소고기를 도축하기 전 측정한 무게가 750kg이었다. 도축 후 머리, 꼬리, 다리 및 내장을 제거한 무게가 525kg이었고, 여기에서 분리한 뼈의 무게가 150kg이었다면 이 소고기의 도체율과 정육률을 구하시오.**

해답

도체율 : 70%, 정육률 : 71.43%

• 지육 : 머리, 꼬리, 다리 및 내장을 제거한 도체

$$\text{도체율(\%)} = \frac{\text{도체중량(지육중량)}}{\text{생체중량}} \times 100$$

$$= \frac{525}{750} \times 100 = 70\%$$

• 정육 : 지육으로부터 뼈를 분리한 고기

$$\text{정육률(\%)} = \frac{\text{도체중량} - \text{골중량}}{\text{도체중량}} \times 100$$

$$= \frac{525 - 150}{525} \times 100 = 71.4285 \fallingdotseq 71.43\%$$

73 **DFD육이란 무엇인지 간단히 기술하시오.**

해답

D(dark), F(firm), D(dry)한 고기를 뜻하는 말로 도체의 색이 지나치게 검고 단단하고 건조한 경우를 뜻한다.

74 햄이나 소시지 제조과정에서 가열과 급랭의 목적을 쓰시오.

• 가열의 목적 :

• 급랭의 목적 :

해답

• 가열의 목적 : 원료육에 함유된 기생충과 미생물을 사멸하는 살균효과, 풍미와 보존성의 향상, 원료육의 탄력성 부여, 육색 고정
• 급랭의 목적 : 수분 증발을 막아 햄 표면의 주름 방지, 박테리아 증식이 왕성한 25~35℃를 빠르게 통과하여 호열성 세균 생육 억제, 결착력과 보수력의 증가

75 돼지고기의 전수분이 69.6%이고, 유리수는 22.4%일 때 결합수와 보수력의 함량을 구하시오.

해답

결합수 : 47.2%, 보수력 : 67.8%

• 전수분 = 결합수 + 유리수
  69.6% = 결합수 + 22.4%
  결합수 = 47.2%
• 보수력 = 축육이 수분을 유지하는 능력

$$= \frac{\text{총수분 함량} - \text{유리수 함량}}{\text{결합수의 양}} \times 100$$

$$= \frac{69.6 - 22.4}{69.6} \times 100 = 67.8161 \fallingdotseq 67.8\%$$

TIP 보수력 $= \frac{\text{총수분 함량} - \text{자유수 함량}}{\text{총수분 함량}} \times 100$

76 식육 연화제로 사용되는 효소를 쓰시오.

해답

- Papain : 파파야에서 추출
- Bromelain : 파인애플에서 추출
- Protease : 배에서 추출
- Actinidin : 키위에서 추출
- Picin : 무화과에서 추출

77 육제품 제조 시 결착제를 첨가하는 이유와 사용되는 결착제의 종류를 쓰시오.

- 결착제 첨가 이유 :
- 결착제의 종류 :

해답

- 결착제 첨가 이유
  - 육조직을 결착시켜 조직감과 식감을 개선하며, 원료육의 사용을 줄인다.
  - 열처리 시 단백질이 수축하는 것을 방지하여 유수분리를 막아준다.
  - 유화안전성을 높여준다.
- 결착제의 종류 : 난백, 콜라겐, 밀단백, 대두단백, 전분, 콘시럽, 아가, 섬유소 등

78 육류의 저온단축 발생 조건 및 영향을 설명하시오.

해답

육류의 도살 후 사후강직이 완료되지 않은 상태에서 5℃ 이하의 저온으로 급랭하였을 때 골격근이 심하게 수축하여 고기가 질겨지는 현상을 저온단축이라 한다.

79 **지육의 온도가 20℃이고, 자연대류상태인 냉각실의 온도가 －20℃라고 가정한다. 이때 동결속도를 수정한 후 온도가 －20℃인 지육을 자연대류상태인 해동실(20℃)에서 해동시킬 때 해동속도를 측정하였더니 동결속도보다 상당히 느리다는 것을 알 수 있었다. 동일한 외부 환경조건에서도 동결속도와 해동속도가 다른 이유는 무엇인지 쓰시오.**

해답

해동 시에는 －20℃인 지육의 온도를 상승시키는 데 쓰이는 에너지와 더불어 빙결정을 해동시키는 융해잠열로도 에너지가 소모되기 때문에 온도 하강에만 에너지를 사용하는 동결에 비하여 온도 상승의 속도가 느리다.

> **TIP 지육의 냉각**
> - 예비냉각 : 미생물의 증식을 억제하기 위해 냉각수나 얼음조각을 뿌려 가능한 한 최단시간에 10℃ 이하가 되도록 온도를 내린 후 15℃로 유지한다.
> - 냉장실의 온도는 0~10℃, 습도는 80~90%, 유속은 0.1~0.2/초를 유지한다.
> - 냉동 시 -23~-16℃, 5~6시간의 저온 급속 동결 후 -20℃로 유지하며 저장한다.

80 **건조수산물 중 동건품, 염건품, 자건품, 소건품에 대해 쓰시오.**

- 동건품 :
- 염건품 :
- 자건품 :
- 소건품 :

해답

- 동건품 : 수산물을 일교차를 이용해 동결과 해동, 수분 증발을 반복하여 건조한 것
- 염건품 : 수산물을 소금에 절여 건조한 것

• 자건품 : 수산물을 자숙한 후 건조한 것
• 소건품 : 수산물을 단순 수세하여 조미하지 않고 그대로 건조한 것

발효식품 제조

81 와인의 제조공정에서 포도의 파쇄 시 아황산을 첨가하는 목적과 최종제품의 와인에서 아황산이 소실되는 이유를 쓰시오.

• 아황산 첨가 목적 :

• 아황산 소실 이유 :

해답

• 아황산 첨가 목적 : 포도주의 유해균을 억제시키며 산화효소를 억제한다. 더불어 적포도주의 경우 과피로부터 색소의 추출을 촉진하며 백포도주에서는 산화효소에 의한 갈변을 방지한다.
• 아황산 소실 이유 : 와인 제조 시 메타중아황산칼륨 200~300ppm을 첨가하게 된다. 아황산칼륨은 가열에 의해 분해되기 때문에, 소량 첨가한 아황산칼륨은 기체 중으로 소실된다.

82 포도주의 품질을 결정하는 요소인 테루아르(Terroir) 3가지를 기술하시오.

해답

테루아르는 와인을 재배하기 위한 제반 자연조건을 총칭하는 말로 토양, 기후, 자연조건을 뜻한다.
• 토양 : 자갈, 모래, 석회석, 진흙 등이 혼합된 상태로 배수가 잘되는 땅
• 기후 : 일조량을 많이 받을 수 있으며 여름엔 화창하고 가을에는 건조한 곳이 좋다. 주변에 하천이 있어 배수가 잘 되어야 한다.
• 자연조건 : 약간 경사진 지역이나 구릉지역이며 평균기온이 10~20℃인 온대성 지역이 좋다.

83 맥주 제조 시 맥아즙 자비의 목적 4가지를 기술하시오.

해답

맥아즙 자비의 목적

- 가열을 통해 살균 및 효소를 불활성화시킨다.
- 맥아즙을 농축한다.
- 단백질 등 맥주 제조에 불필요한 성분들을 석출한다.
- Hop에서 맥주 특유의 맛과 향 성분을 추출한다.

84 맥주를 제조할 때 Hop을 사용하는 이유 4가지를 쓰시오.

해답

- Humulon이 맥주 특유의 향기와 씁쓸한 맛을 부여한다.
- Hop의 탄닌 성분이 단백질과 결합하여 석출되므로 맥주의 청징에 도움을 준다.
- 거품의 지속성을 높여준다.
- 항균성을 부여한다.

85 맥주의 쓴맛을 내는 α-산의 주성분 3가지는 무엇인지 쓰시오.

해답

후물론(Humulone), 코후물론(Cohumulone), 아드후물론(Adhumulone)

86 제빵 중 굽기 과정에서 오븐라이즈와 오븐스프링에 대해 설명하시오.

- 오븐라이즈(Oven Rise) :

- 오븐스프링(Oven Spring) :

해답

- 오븐라이즈(Oven Rise) : 제빵 중 반죽이 오븐에 투입되어 0~5분간 일어나는 현상이다. 이는 반죽 내부의 온도가 40~60℃에 도달하지 않아 반죽 내부의 효모가 사멸하지 않고 CO_2를 발생시킴으로써 일어나는 현상이다.
- 오븐스프링(Oven Spring) : 오븐에 들어간 후 5~8분이 지난 후 빵 반죽이 급격히 팽창되는 현상을 뜻한다. 이는 오븐의 온도상승으로 반죽의 내부 온도가 60~65℃가 되면 효모가 활성화되면서 생성되는 CO_2와 더불어 전분의 호화로 인한 팽창으로 빵 반죽이 완제품의 40% 정도까지 팽창하게 된다. 빵의 내부 온도가 65℃ 이상으로 더 상승하게 되면 오븐스프링이 멈추게 된다.

87 된장이 숙성된 뒤에 신맛이 나는 이유를 기술하시오.

해답

- 맛의 상호작용에 의해 짠맛이 약할 시에는 신맛이 강해지므로 소금이 적게 들어간 경우 신맛이 강해진다.
- 소금이 적당량 들어갔을 시에는, 수분의 함량이 많을 때 신맛이 강해진다.
- 과발효가 이루어져 유기산의 함량이 높을 때 신맛이 강해진다.
- 콩이 덜 쑤어졌거나 원료의 혼합이 불충분하여 골고루 섞이지 않았을 때도 신맛이 강해진다.

88 장류에서 전분과 아미노산의 영향 및 역할은 무엇인지 쓰시오.

해답

- 전분은 미생물의 분해급원이 된다. 발효미생물에 의해 단당으로 분해되며 단맛을 제공한다.
- 단백질은 아미노산으로 분해되어 감칠맛과 풍미를 제공한다.

89 요구르트와 코지에 사용되는 Starter를 2가지씩 쓰시오.

- 요구르트 :
- 코지 :

해답

- 요구르트 : *Lactobacillus bulgaricus, Lactobacillus acidiphilus, Lactobacillus casei*
- 코지 : *Aspergillus oryzae, Aspergillus sojae, Aspergillus niger*

90 간장의 짠맛과 감칠맛, 김치의 신맛과 짠맛이 나타내는 맛의 상호작용에 대해 쓰시오.

해답

- 간장 제조 시 짠맛과 감칠맛이 혼합되었을 때 감칠맛은 강해지는 대비효과를 나타내며 짠맛은 약해지는 억제효과가 나타난다.
- 김치 제조 시 신맛과 짠맛은 맛의 상쇄작용으로 인해 조화로운 맛을 나타낸다.

91 산분해간장을 발효간장과 비교하여 장단점을 쓰시오.

해답

구분	산분해간장	발효간장
원료	탈지대두, 물, 염산	메주, 소금, 물
장점	• 탈지대두를 이용해 원료비 절감이 가능하다. • 간장덧 숙성기간을 단축시킨다. • 대량 생산이 가능하다.	발효로 인해 맛, 향, 풍미가 우수하다.
단점	• 맛, 향, 풍미가 부족하다. • 독성물질인 3-MCPD 생성리스크가 있다.	제조기간이 길다.

92 된장 곰팡이, 청국장의 세균을 1개씩 쓰고, 제조효소 2개를 적으시오.

• 된장 :

• 청국장 :

• 제조효소 :

해답

• 된장 : *Bacillus subtillis, Aspergillus oryzae*
• 청국장 : *Bacillus natto*
• 제조효소 : Amylase, Protease

93 청국장 제조에 많이 이용되는 고초균 이름과 생육 온도를 쓰시오.

• 고초균 이름 :

• 생육 온도 :

해답

• 고초균 이름 : *Bacillus natto*
• 생육 온도 : 40℃에서 최적 생육 온도를 가진다.

94 김치의 연부현상에 대하여 설명하시오.

해답

배추김치를 발효 시 배추의 조직이 물러지는 현상을 연부현상이라고 한다. 이는 배추의 세포에 존재하는 다당류 펙틴이 분해되어 발생하는 현상으로 칼슘, 마그네슘을 사용하면 연부현상을 늦출 수 있다.

95 차의 발효과정 중에 발생하는 오렌지색이나 붉은색을 나타내는 색소와 효소를 적으시오.

해답

차에서 떫은맛을 내는 성분인 Catechin은 무색으로 존재하나 Polyphenol Oxidase에 의하여 산화되어 오렌지색이나 붉은색을 내게 된다.

96 **젖산발효와 이상젖산발효의 차이점을 생산물 위주로 적고, 김치 포장팽창현상을 일으키는 미생물과 원인물질을 쓰시오.**

해답

젖산발효는 발효 시 젖산만을 생성하지만 이상젖산발효는 젖산, 에탄올, 초산, 이산화탄소, 수소를 생성한다. 이때 발생하는 이산화탄소로 인해 김치 포장팽창현상이 일어나며 김치발효에서 사용되는 대표적인 이상젖산발효균은 *Leuconostoc mesenteroides*이다.

97 **침채류인 김치발효에 관여하는 젖산균 3가지를 쓰시오.**

해답

발효 초기에는 *Leuconostoc mesenteroides*가 우점하며 발효 후기에는 *Lactobacillus plantarum, Lactobacillus brevis* 등이 우점한다. 발효온도가 낮거나 식염농도가 높을수록 *Lactobacillus pediococcus*의 증식이 유리하다.

98 **간장을 포함한 발효식품을 제조할 때, 발효조건을 준수하지 못하였을 경우 표면에 하얀색의 막이 생기는 경우가 있다. 이는 어떤 미생물의 영향이며 이를 방지하기 위해서는 어떤 방법을 취해야 하는지 기술하시오.**

해답

간장을 발효시킬 때 ① 당 혹은 염농도가 낮거나, ② 용기가 제대로 살균되지 않았거나, ③ 간장의 가열이 제대로 일어나지 않았거나, ④ 혹은 여타의 오염으로 인해 잡균이 침투하여 발효가 제대로 일어나지 않았을 때 표면에 하얗게 막이 생기는 경우가 있는데, 이는 *Pichia* spp., *Hansenula* spp., *Candida* spp. 등의 산막효모에 의하여 생기는 산막이라 칭한다. 이러한 산막효모의 생성을 방지하기 위해서는 ① 제조 용기 및 기구의 살균을 철저하게 진행하여 잡균의 침입을 막아야 하며, ② 효모 생성을 방지하기 위해 호기조건이 생성되지 않도록 유지해야 한다.

식품 제조공정

99 $100m^3$의 발효조를 이용하여 아미노산을 하루에 50ton 생산하려고 한다. 발효조는 몇 개를 사용해야 하는지 계산하시오.(단, 발효되는 정도 60%, 최종농도 100g/L, Cycle 30시간)

해답

- $100m^3 = 100{,}000L,\ 50ton = 50{,}000{,}000g,\ 30h = 1.25day$
- $\dfrac{100{,}000L \times 60\% \times 100g/L}{1.25day} \times x = 50{,}000{,}000g/day$

$48x = 500$

$\therefore\ x = 10.42$(개)

100 식품 제조공장 기계의 Torque는 무엇을 뜻하는지 쓰시오.

해답

돌림힘을 뜻하는 Torque는 물체의 회전축으로부터 일정한 거리에 존재하는 물체에 힘을 가하여 물체를 회전시키는 힘을 뜻한다. 회전축에서 힘을 가하는 위치까지의 변위와 가해진 힘을 곱하여 나타낸다.

101 **식품 제조 중 수분을 제거하는 건조공정에는 대표적으로 열풍건조와 동결건조가 있다. 열풍건조와 동결건조의 장단점 및 이때 수분의 흐름에 대하여 기술하시오.**

해답

구분	열풍건조	동결건조
장점	• 설비비용 및 운영비용이 낮음 • 단시간 내에 건조가 가능	• 맛과 향 등 미량영양소의 변화 최소화 • 영양성분의 손실 최소화 • 식품의 외관을 그대로 유지해 재용해성이 뛰어나므로 고품질의 건조물 생산가능
단점	• 비타민 무기질을 포함한 영양성분의 손실 • 단백질의 열변성 가능성 존재	• 설비비용 및 운영비용이 높음 • 열풍건조에 비하여 건조시간이 길
수분의 흐름	수분이 바로 기체상으로 기화	수분이 동결된 후 감압을 통한 승화

102 **식품공장에서 11ton을 가공하는 데 batch 한 대당 200kg 수용이 가능하며 40분이 걸린다. 8시간 일을 할 때와 10시간 일을 할 때 필요한 기계 대수는 얼마인지 구하시오.**

해답

• 8시간

40분 : $200 \times x$ = 480분 : 11,000

$x = 4.58$

∴ 약 5대

• 10시간

40분 : $200 \times x$ = 600분 : 11,000

$x = 3.67$

∴ 약 4대

103 **어느 공장에서 물건을 만들 때 불량품일 확률이 5%라 한다. 이때 5개를 생산할 때 1개만 불량품일 확률을 구하시오.**

해답

- 하나의 제품 생산 시 불량일 확률 5%$\left(\frac{5}{100}\right)$

  하나의 제품 생산 시 적합일 확률 95%$\left(\frac{95}{100}\right)$
- 1번 제품이 불량이고 2, 3, 4, 5번 제품이 적합일 확률

  $\frac{5}{100}\times\frac{95}{100}\times\frac{95}{100}\times\frac{95}{100}\times\frac{95}{100}$
- 2번 제품이 불량이고 1, 3, 4, 5번 제품이 적합일 확률

  $\frac{95}{100}\times\frac{5}{100}\times\frac{95}{100}\times\frac{95}{100}\times\frac{95}{100}$
- 이러한 방식으로 1~5번 중 하나의 불량이 발생할 확률

  $5\times\frac{5}{100}\times\left(\frac{95}{100}\right)^4=0.2036$

$\therefore\ 0.2036\times100(\%)\fallingdotseq20\%$

104 **식품 제조공정 중 분쇄기의 3대 원리에 대하여 쓰시오.**

해답

압축력, 전단력, 충격력

105 진공농축기를 구성하는 3요소를 쓰시오.

해답

가열장치, 응축기, 진공장치

106 분무세척 시 분사압력이 강할 경우의 장점과 단점을 기술하시오.

해답

노즐을 이용한 분무세척 시 분사압력을 강하게 분사하게 되면 표면에 강하게 잔존하는 오염물질이나 세균을 제거할 수 있는 장점이 있으나 기기설비 파손의 위험이 있으므로 적절한 압력을 사용하는 것이 바람직하다. 또 분사거리가 가깝거나 너무 멀 경우에는 오염물질이 완전히 제거되지 않는 위험이 존재한다.

107 Membrane Filter의 장점과 단점을 기술하시오.

• 장점 :

• 단점 :

해답

• 장점 : 가열 · 진공 · 응축 · 원심분리 등의 장치가 필요 없으므로 연속조작이 가능하다. 더불어 분리과정에서 상의 변화가 발생하지 않아 에너지 절약에도 도움이 되며, 비가열조건에서 조작이 가능하므로 영양성분의 손실이 최소화되어 제품의 품질에 긍정적인 영향을 준다.
• 단점 : 다른 장비에 비하여 가격이 비싸며 농축한계가 약 30% 정도로 더 정밀한 농축이 어렵다.

108 한외여과법에서 여과속도에 영향을 미치는 요인 2가지는 무엇인지 쓰시오.

해답

온도, 유속, 압력, 유입 농도

109 한외여과(UF ; Ultra Filtration)와 역삼투(RO ; Reverse Osmosis)에 의한 막처리농축법을 가열농축공정방법과 비교해서 특징을 설명하시오.

해답

막처리농축법은 가열농축법과 비교하였을 때 열을 필요로 하지 않기 때문에 품질의 열화를 최소화하며 에너지의 소비량이 적다.

- 한외여과(UF ; Ultra Filtration) : 용액에 압력을 가해서 반투과막을 통과시키는 조작이다.
- 역삼투(RO ; Reverse Osmosis) : 농도가 낮은 용액의 용매가 농도가 높은 용액 쪽으로 흘러가는 삼투압을 반대로 이용하는 처리법이다. 농도가 높은 용액 쪽에서 압력을 가해주면 삼투압의 반대현상이 일어나 고농도 용액의 용매가 저농도 쪽으로 흘러가는 방법이다.

110 초임계 유체 추출이 적용 가능한 분야를 기입하고 그의 장점을 간단히 기술하시오.

해답

초임계 추출의 경우 무독성이며 저온에서 작업이 가능하므로 참기름, 들기름 등의 유지의 추출, 카페인의 추출을 통한 디카페인 커피 제조 등에 사용된다.

111 **냉동대구 Fillet의 보관기한이 −20℃에서 240일, −15℃에서 90일, −10℃에서 40일, −5℃에서 15일일 때, −20℃에서 50일, −10℃에서 15일, −5℃에서 2일 경과 시 −15℃에서의 판매 가능한 최대 일수를 계산하시오.**

해답

$$\frac{50}{240}+\frac{x}{90}+\frac{15}{40}+\frac{2}{15}<1$$

$\therefore x < 25.5$이므로 최대 25일간 판매가 가능하다.

02 식품분석법

미생물

112 **소시지에 대한 미생물실험을 하려고 한다. 미생물 검사 시 필요한 실험용액의 조제를 검체의 g 수와 사용되는 용액의 종류를 포함하여 기술하시오.**

해답

동일한 소시지 5개의 시료에서 25g씩 채취한다. 채취한 검체에 멸균생리식염수, 멸균인산완충액을 225mL 가해 시험용액으로 하며, 희석액을 필요에 따라 10배, 100배, 1,000배 단계적으로 희석하여 사용한다.

113 **오염된 식품에 대한 미생물 검사 중 총균수와 생균수를 분류하여 검사할 때가 있다. 총균수와 생균수의 차이를 설명하시오.**

• 총균수 :

• 생균수 :

해답

• 총균수 : 총균수는 주로 일정량의 샘플을 슬라이드 글라스 위에 도말하고 건조시켜 염색한 후 현미경으로 검경하여 염색된 세균량 수를 측정하는 방법이다. 검경에 의한 분석이기에 분석시간이 짧게 걸리나 검체 중에 존재하는 사균까지 측정이 된다. 주로 원유 중 오염된 세균을 측정하기 위하여 사용된다.
• 생균수 : 표준한천배지에 검체를 배양한 후 발생한 세균 집락 수를 계산하여 검체 중에 살아 있는 생균을 측정하는 방법이다. 표준한천배지 혹은 건조필름이 사용되며 시료에 따라서 48~72시간이 소요된다.

114 **미생물 실험에서 희석할 때 쓰는 용액 2가지와 시료에 지방이 많을 경우 첨가해주는 화학첨가물은 무엇인지 쓰시오.**

• 희석용액 :

• 화학첨가물 :

해답

• 희석용액 : 멸균인산완충액, 멸균생리식염수
• 화학첨가물 : Tween 80과 같은 세균에 독성이 없는 계면활성제

115 홀 슬라이드 글라스(Hole Slide Glass) 사용 시 실험 명칭과 목적에 대해 쓰시오.

해답

현적배양(Hanging-drop Culture)에 사용하며, 한 방울의 배양액에서 미생물이나 조직을 현미경으로 관찰하며 배양하는 데 사용된다.

116 그람염색 시 그람 양성균과 그람 음성균의 색 변화를 쓰시오.

해답

그람염색은 Crystal Violet에 의해 그람 양성균과 음성균을 모두 염색한 후 알코올 탈색을 진행하는데, 이때 20여 개 층의 Peptidoglycan과 Teichoic acid로 단단하게 구성된 세포벽을 가진 그람 양성균은 탈색이 되지 않아 보라색을 나타낸다. 알코올 염색 후 Safranin을 이용하여 대조염색을 하게 되면 2~3개 층의 Peptidoglycan과 Lipopolysaccharide로 구성된 세포벽을 가진 그람 음성균은 이때 대조염색이 되어 분홍색을 나타내게 된다.

117 다음은 식품샘플의 오염도를 측정하기 위하여 일반세균 Colony를 측정한 수치이다. 분석결과를 이용해 해당 샘플의 세균수를 계산하시오.

100배	1,000배	10,000배
250	30	2
256	40	4

해답

미생물 실험의 경우 평판당 15~300개의 집락을 생성한 평판을 택하여 집락 수를 계산하는 것을 원칙으로 하므로 해당 시험에서 10,000배의 분석결과는 계산하지 않는다.

$$\frac{\Sigma C}{\{(1 \times n_1) + (0.1 \times n_2)\} \times d}$$

여기서, N : 식품 g 또는 mL당 세균 집락 수(단위 : CFU/mL 또는 CFU/g)

C : 모든 평판에 계산된 유효 집락 수의 합

n_1 : 첫 번째 희석배수에서 계산된 유효평판의 수

n_2 : 두 번째 희석배수에서 계산된 유효평판의 수

d : 첫 번째 희석배수에서 계산된 유효평판의 희석배수

$$\frac{250 + 256 + 30 + 40}{\{(1 \times 2) + (0.1 \times 2)\} \times 10^{-2}} = \frac{576}{0.022} = 26,181$$

$\therefore$ 26,000CFU/g

※ CFU(Colony Forming Unit) : 콜로니 형성 단위를 뜻하는 미생물을 수치화하는 단위

118 가열하여 섭취하는 냉동식품에 대한 미생물 검사를 실시하였다. 검사결과가 다음 표와 같을 때 해당 제품의 적부 여부를 판단하시오.(단, 해당 제품은 발효식품 및 유산균이 첨가되지 않은 제품이다.)

구분	1번	2번	3번	4번	5번
세균수(CFU/g)	910,000	1,106,000	1,121,000	1,213,000	824,000
대장균수(CFU/g)	0	5	0	0	0

해답

세균수 기준 초과로 부적합하다.

5개의 샘플 중 총 3개의 샘플(2번, 3번, 4번)이 가열하여 섭취하는 냉동식품 기준규격 중 허용기준치(m)를 초과하므로 해당 제품은 기준규격에 부적합한 제품이다. 대장균의 경우 2번 샘플에서 허용기준치를 초과하였지만 최대 허용시료수(c)를 넘지 않았으므로 대장균 기준은 적합하다.

TIP 가열하여 섭취하는 냉동식품의 미생물 허용기준

- 세균수 : n=5, c=2, m=1,000,000, M=5,000,000(살균제품은 n=5, c=2, m=100,000, M=500,000, 다만, 발효제품, 발효제품 첨가 또는 유산균 첨가제품은 제외한다)
- 대장균군 : n=5, c=2, m=10, M=100(살균제품에 해당된다)
- 대장균 : n=5, c=2, m=0, M=10(다만, 살균제품은 제외한다)
- 유산균수 : 표시량 이상(유산균 첨가제품에 해당된다)

119 **김밥에 오염된 균을 표준평판배양법으로 희석하여 배양한 결과 Colony 수가 다음과 같을 때, g당 균수를 계산하시오.**

구분	1회	2회	3회
1,000배	2,600	3,400	3,000
10,000배	200	250	300

해답

$$(CFU/g) = \frac{200 + 250 + 300}{(0.1 \times 3) \times 10^{-3}} = 2,500,000 CFU/g$$

120 **다음은 그람염색에 사용되는 시약이다. 이를 사용 순서대로 나열하시오.**

알코올, 크리스탈 바이올렛, 사프라닌, 요오드 용액

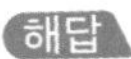

크리스탈 바이올렛 → 요오드 용액 → 알코올 → 사프라닌

TIP 그람염색에 사용되는 시약

- 크리스탈 바이올렛 : 그람 양성균과 그람 음성균을 모두 자색으로 염색한다.
- 요오드 용액 : 매염제인 요오드를 이용해 색소를 세포막에 고정한다. 크리스탈 바이올렛과 요오드의 반응으로 복합체가 형성되며 색소가 고정된다.
- 알코올 : 탈색처리를 한다. 이때 그람 음성균은 얇은 세포막으로 인해 보라색의 크리스탈 바이올렛 색소가 탈색되지만, 그람 양성균은 세포벽 내의 두꺼운 펩티도글리칸층으로 인해 크리스탈 바이올렛이 완전히 탈색되지 않는다.
- 사프라닌 : 대조염색과정이다. 분홍색의 사프라닌으로 염색하게 되면, 탈색이 되어 있는 그람 음성균만이 분홍색으로 염색이 된다.

※ 최종적으로 현미경 검경 시 그람 양성균은 보라색, 그람 음성균은 분홍색으로 관찰된다.

121 혐기성 세균 배양방법 3가지를 쓰시오.

해답

Anaerobic Jar법, Gas-pak법, 유동파라핀을 이용한 공기차단법, 환원물질(포도당, 티오글리콜레이트) 첨가법, 질소가스 배양법, 천자 배양법

122 미생물 증식곡선 그래프를 그리고, 각 해당하는 시기를 구분하여 적으시오.

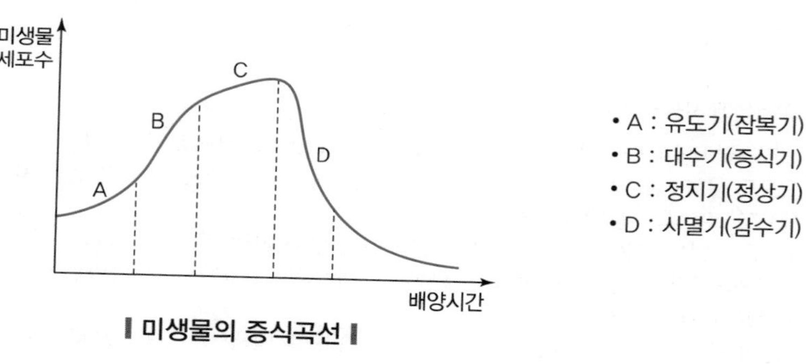

▌미생물의 증식곡선▐

- A : 유도기(Lag Phase, Induction Period)
  - 미생물이 증식을 준비하는 시기
  - 효소, RNA는 증가, DNA는 일정
  - 초기 접종균수를 증가하거나 대수증식기균을 접종하면 기간이 단축
- B : 대수기(Logarithmic Phase)
  - 대수적으로 증식하는 시기
  - RNA 일정, DNA 증가
  - 세포질 합성 속도와 세포수 증가속도가 비례
  - 세대시간, 세포의 크기 일정
  - 생리적 활성이 크고 예민
  - 증식속도는 영양, 온도, pH, 산소 등에 따라 변화

• C : 정지기(Stationary Phase)
  – 영양물질의 고갈로 증식수와 사멸수가 같음
  – 세포수 최대
  – 포자형성시기
• D : 사멸기(Death Phase)
  – 생균수보다 사멸균수가 많아짐
  – 자기소화(Autolysis)로 균체 분해

123 미생물 시험 검체를 채취할 때 멸균 면봉으로 몇 cm^2까지 채취해야 하는지 쓰시오.

해답

고체표면검체 : 검체 표면의 일정면적(10 × 10, 100cm^2)을 일정량(1～5mL)의 희석액으로 적신 멸균 거즈와 면봉 등으로 닦아내어 일정량(10～100mL)의 희석액을 넣고 강하게 진탕하여 부착균의 현탁액을 조제하여 시험용액으로 한다.

[8. 일반시험법 ▶ 4. 미생물시험법 ▶ 4.3 시험용액의 제조]
1) 액상검체 : 채취된 검체를 강하게 진탕하여 혼합한 것을 시험용액으로 한다.
2) 반유동상검체 : 채취된 검체를 멸균 유리봉 또는 시약스푼 등으로 잘 혼합한 후 그 일정량(10～25mL)을 멸균 용기에 취해 9배 양의 희석액과 혼합한 것을 시험용액으로 한다.
3) 고체검체 : 채취된 검체의 일정량(10～25g)을 멸균된 가위와 칼 등으로 잘게 자른 후 희석액을 가해 균질기를 이용해서 가능한 한 저온으로 균질화한다. 여기에 희석액을 가해서 일정량(100～250mL)으로 한 것을 시험용액으로 한다.
4) 고체표면검체 : 검체 표면의 일정면적(보통 100cm^2)을 일정량(1～5mL)의 희석액으로 적신 멸균거즈와 면봉 등으로 닦아내어 일정량(10～100mL)의 희석액을 넣고 강하게 진탕하여 부착균의 현탁액을 조제하여 시험용액으로 한다.
5) 분말상검체 : 검체를 멸균 유리봉과 멸균 시약스푼 등으로 잘 혼합한 후 그 일정량(10～25g)을 멸균용기에 취해 9배 양의 희석액과 혼합한 것을 시험용액으로 한다.
6) 버터와 아이스크림류 : 검체 일정량(10～25g)을 멸균용기에 취해 40℃ 이하의 온탕에서 15분 내에 용해시킨 후 희석액을 가하여 100～250mL로 한 것을 시험용액으로 한다.
7) 캡슐제품류 : 캡슐을 포함하여 검체의 일정량(10～25g)을 취한 후 9배 양의 희석액을 가해 균질기 등을 이용하여 균질화한 것을 시험용액으로 한다.
8) 냉동식품류 : 냉동상태의 검체를 포장된 상태 그대로 40℃ 이하에서 될 수 있는 대로 단시간에 녹여 용기, 포장의 표면을 70% 알코올 솜으로 잘 닦은 후 시험용액을 조제한다.
9) 칼 · 도마 및 식기류 : 멸균한 탈지면에 희석액을 적셔, 검사하고자 하는 기구의 표면을 완전히 닦아낸 탈지면을 멸균용기에 넣고 적당량의 희석액과 혼합한 것을 시험용액으로 사용한다.

124 Hurdle Technology(Combined Technology)의 정의와 장점 및 허들 기술을 사용한 예시를 서술하시오.

- 허들 기술의 정의 :

- 장점 :

- 사용 예시 :

해답

- 허들 기술의 정의 : 식품의 품질 변화에 영향을 미치는 여러 가지 제어 요소들을 단일 방법만으로는 완전히 억제할 수 없을 때, 2가지 이상의 제어 방법을 조합하여 미생물 증식을 억제하는 식품 저장 기술이다.
- 장점 : 2가지 이상의 방법을 함께 사용하면 낮은 온도에서도 미생물 제어가 가능하며, 영양소 파괴를 최소화할 수 있다. 또한 식품의 저장 기간을 연장하면서도 품질을 유지할 수 있다.
- 사용 예시 : 항균 펩타이드, pH 조절, 산화방지제, 당도 조절, 염도 조절, 저장 온도 조절, 포장 기술(진공포장, 가스치환 포장) 등이 복합적으로 사용된다.

125 식품품질과 관련하여 허들 기술의 개념을 쓰시오.

해답

식품 품질에 영향을 미치는 다양한 장애 요인들을 단일 방법만으로 완전히 제거하기 어려울 때, 2가지 이상의 제어 방법을 함께 적용하여 미생물 증식을 억제하는 식품 저장 기술이다. 이처럼 여러 가지 제어 요소(허들)를 조합하면 식품의 성분 변화가 최소화되면서도 저장성이 향상되므로, 식품 보존 기술로 널리 활용된다.

126 **L-글루타민산나트륨을 발효하는 미생물 속명을 라틴어로 쓰고, L-글루타민산나트륨의 제조 과정에서 페니실린을 첨가하는 이유를 쓰시오.**

해답

- *Corynebacterium glutamicum*
- 글루탐산발효 시 페니실린을 첨가하면 세포막 투과성이 증가하여 Glutamic acid의 세포 외 분비가 촉진되므로 정상발효로의 회복이 빠르기 때문에, 이러한 막투과성을 높이기 위하여 페니실린을 첨가해 준다. 그러므로 페니실린 첨가 시에는 비오틴의 제한 없이 대량의 글루탐산 생산을 가능하게 한다.

127 **미생물 검체 채취 시 드라이아이스를 사용하면 안 되는 이유를 쓰시오.**

해답

- 세포 손상 위험 : 드라이아이스는 극저온(−78.5℃)이므로 검체가 급격하게 냉각될 수 있다. 일부 미생물은 급격한 냉각으로 인해 세포벽이 손상되거나 파괴될 가능성이 있다.
- CO_2에 의한 pH 변화 : 드라이아이스가 승화하면 이산화탄소(CO_2) 기체가 발생하여 검체 주변 환경의 pH를 낮출 가능성이 있다. 이는 특정 미생물의 생존에 영향을 줄 수 있어 균 검출 결과에 변화를 일으킬 수 있다.
- 혐기성 미생물의 생육 저해 : 드라이아이스에서 발생하는 CO_2 농도가 높아지면 혐기성 미생물(예 *Clostridium* 등)의 생육이 저해될 가능성이 있어 검체의 미생물 분포가 왜곡될 수 있다.
- 배양 및 검출 오류 가능성 : 냉동 상태에서 일부 미생물이 비활성화되거나 사멸할 가능성이 있어 정확한 미생물 수 검출이 어려울 수 있다.

128 포도당 1kg으로부터 얻을 수 있는 이론적인 에탄올의 양과 초산의 양을 계산하시오.

해답

- 초산의 생성기작

  $C_6H_{12}O_6 \rightarrow 2C_2H_5OH + 2CO_2 + 56kcal$

  $C_2H_5OH + O_2 \rightarrow CH_3COOH + H_2O + 114kcal$

- C_2H_5OH의 분자량 : 46g, CH_3COOH의 분자량 60g

〈에탄올의 양〉

$$1,000g \times \frac{1mol}{180g} = 5.56mol$$

→ 1분자의 포도당 발효 시 2분자의 에탄올이 생성되므로 5.56mol 포도당 발효 시에는 11.12mol의 에탄올이 생성

$$11.12mol \times \frac{46g}{1mol} = 511.52g\ C_2H_5OH$$

〈초산의 양〉

1분자의 포도당 발효 시 분자의 초산이 생성되므로 5.56mol 포도당 발효 시에는 11.12mol 초산이 생성

$$11.12mol \times \frac{60g}{1mol} = 667.2g\ CH_2COOH$$

129 효모에 의한 알코올 발효의 반응식(Gay-Lussac)을 쓰고 포도당 100kg으로부터 이론상 몇 kg의 에틸알코올이 생성되는지 계산하시오.

해답

- Gay-Lussac 반응식 : $C_6H_{12}O_6 \rightarrow 2C_2H_5OH + 2CO_2$
- $C_6H_{12}O_6$의 분자량 180, C_2H_5OH의 분자량 : 46

• 포도당 1분자 발효 시 2분자의 에틸알코올 생성

$100kg\ C_6H_{12}O_6 \times \frac{1mol}{0.18kg} = 555.55mol\ C_6H_{12}O_6$이므로 100kg의 포도당 발효 시

$2 \times 555.55 = 1{,}111.1mol$의 C_2H_5OH이 생성된다.

$1{,}111.1mol \times \frac{0.046kg}{1mol} = 51.1106kg$

식품의 Rheology 및 관능

130 Rheology 특성 2가지와 성질을 설명하시오.

해답

Rheology란 식품의 경도, 탄성, 점성 등 질감과 관련된 식품의 변형과 유동성 등의 물리적인 성질이다.

- 소성(Plasticity) : 외부 힘에 의해 변형된 후 외부 힘을 제거해도 원상태로 되돌아가지 않는 성질(버터, 마가린, 생크림)을 말한다.
- 탄성(Elasticity) : 고무줄이나 젤리 등과 같이 외부 힘에 의해 변형된 후 외부 힘을 제거하게 되면 원상태로 되돌아가려는 성질을 말한다.
- 점탄성(Viscoelasticity) : 껌이나 빵반죽과 같이 외부 힘이 작용 시 점성유동과 탄성변형이 동시에 발생하는 성질을 말한다.

131 뉴턴 유체, 비뉴턴 유체의 특징과 이에 해당하는 식품 2가지를 쓰시오.

- 뉴턴 유체 :
- 비뉴턴 유체 :

해답

• 뉴턴 유체 : 전단력에 대하여 전단속도가 비례적으로 증감하는 것을 뉴턴 유체라 하며 단일물질, 저분자로 구성된 물, 청량음료, 식용유 등의 묽은 용액이 뉴턴 유체의 성질을 갖는다.
• 비뉴턴 유체 : 뉴턴 유체 성질이 없어 전단력과 전단속도가 비례하지 않는 유체로 Colloid 용액, 토마토케첩, 버터 등이 해당된다.

132 전단응력과 전단속도와의 관계로부터 뉴턴 유체와 시간독립성, 비뉴턴 유체의 유동속도의 관계를 그래프로 그리고 이들의 특성을 간단히 설명하시오.

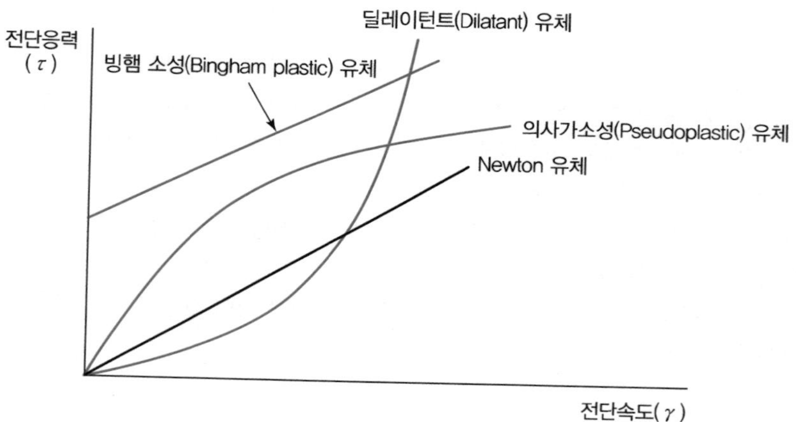

• 뉴턴 유체
  - 전단력에 대하여 속도가 비례적으로 증감하는 것을 뉴턴 유체라 하며 단일물질, 저분자로 구성된 물, 청량음료, 식용유 등의 묽은 용액이 뉴턴 유체의 성질을 갖는다.
  - 시간독립성(Time-independent Behavior)은 유체의 점도가 전단속도에 따라 변하지만 시간이 지나도 변하지 않는 특성을 가진 것으로, 뉴턴 유체의 경우 시간독립성 유체이다.
• 비뉴턴 유체 : 뉴턴 유체 성질이 없어 전단력과 전단속도 사이의 유동곡선이 곡선을 나타내는 유체로 Colloid 용액, 토마토케첩, 버터 등이 해당된다.

133 뉴턴 유체와 비뉴턴 유체의 전단속도-전단응력 관계 유동곡선을 그리고 뉴턴 유체, 딜레이턴트 유체, 의사가소성 유체, 빙햄 소성 유체의 예를 1가지씩 쓰시오.

해답

• 전단속도-전단응력 관계 유동곡선

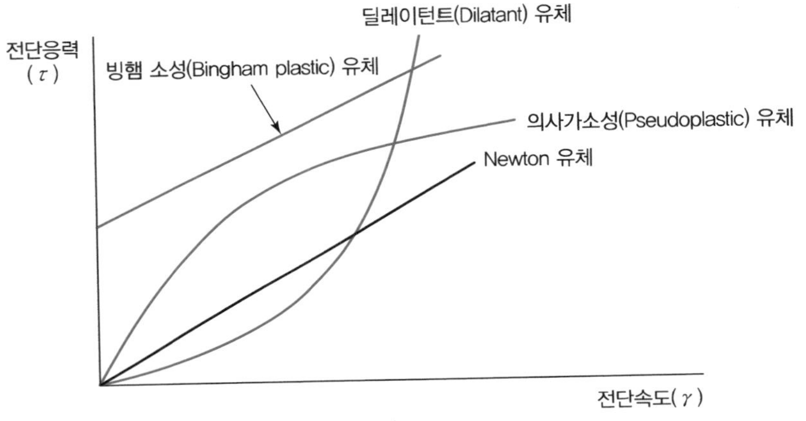

• 유체의 종류
  - 뉴턴 유체 : 물, 주스, 청량음료 등
  - 딜레이턴트 유체 : 슬러리, 녹말전분, 땅콩버터
  - 의사가소성 유체 : 연유, 시럽, 페인트 등
  - 빙햄 소성 유체 : 치약, 마요네즈

134 레이놀즈 수가 난류일 때 관의 지름, 관의 유속, 점도, 밀도를 설명하시오.

해답

관의 지름이 넓을수록, 밀도는 높을수록, 관의 유속이 빠를수록, 점도가 낮을수록 유체유동은 불안정해지며 난류가 된다.

135 **레이놀즈 수 관속을 흐르는 유체는 원형 직선관에서 레이놀즈 수가 (　　) 이하이면 층류, (　　) 이상이면 난류이다.**

해답

2,100, 4,000

레이놀즈 수는 점성력에 대한 관성력의 크기를 나타내는 수이다. 레이놀즈 수를 이용해서 난류와 층류를 구분할 수 있는데, 레이놀즈 수가 4,000 이상이면 난류를 나타내며 값이 클수록 유체의 흐름은 비주기적이며 무질서해진다. 레이놀즈 수가 2,100 이하이면 층류를 나타내는데, 층류의 액체는 유체가 흐트러지지 않고 일정한 흐름을 나타낸다.

136 **Texture(텍스처)의 정의와 반고체 식품의 Texture를 구성하는 1 · 2차 기계적 특성을 쓰시오.**

- 텍스처의 정의 :
- 1차 기계적 특성 :
- 2차 기계적 특성 :

해답

- 텍스처의 정의 : 텍스처란 식품의 구성요소가 가지는 물리 · 구조적 특징인 유체 변형성이 경험과 생리적 감각이라는 여러 가지 요소가 복잡하게 작용하여 나타나는 것으로, 이를 심리적 작용에 의하여 감지한다.
- 1 · 2차 기계적 특성

구분	1차 특성	2차 특성
기계적 특성	경도, 응집성, 점성, 탄성, 부착성	부서짐성, 씹힘성, 검성
기타 특성	수분함량, 지방함량	유상(Oily), 기름진 정도(Greasy)

- 텍스처의 2차 특성이란 1차적 특성들이 복합적으로 작용하여 생기는 특성이다.

137 텍스처의 1차적 특징인 경도, 응집성, 탄성, 부착성의 의미를 쓰시오.

해답

- 경도 : 일정한 변형에 도달하는 데 필요한 힘
- 응집성 : 물체가 있는 그대로의 형태를 유지하려는 힘
- 탄성 : 변형된 시료에 힘이 제거된 후에 시료가 원래의 상태로 돌아가려는 성질
- 부착성 : Probe가 시료에서 떼어지는 데 필요한 힘

138 다음 자료는 관능검사 중 어떤 검사법이며 목적과 최소 패널 수를 쓰시오.

[설문지]

당신 앞에는 3개의 검체로 이루어진 검사 Set가 있다. 하나는 R로 표시되어 있고 둘은 검체 번호가 기입되어 있다. R을 먼저 맛본 후, 번호가 기입된 두 검체를 맛보고 R과 동일한 검체를 선택하여 그 검체에 ✓표를 하시오.

116	910
( )	( )

해답

다음 검사법은 일-이점 검사법(Duo-trio Test)이다. 일-이점 검사법이란 기준 검체와 주어진 검체 사이의 유사성 여부를 판단하기 위해 주로 사용한다. 특히, 정기적 생산검체처럼 기준검체가 검사원에게 잘 알려져 있는 경우에 사용이 용이하며 삼점 검사가 적합하지 않을 경우에 사용된다. 하지만 후미가 많이 남는 시료의 경우에는 사용하기에 적합하지 않다. 검체 간의 차이가 큰 경우에는 최소 12명의 패널로 검사가 가능하지만 차이가 크지 않을 경우에는 20~40명의 패널이 적합하다.

139 식품의 기준 및 규격에 의하여 성상(관능평가)의 분석 시 이용되는 감각 5가지와 시험조작항목 4가지를 쓰고, 조작 항목별 공통으로 적용되는 기준을 쓰시오.

- 5가지 감각 :

- 시험조작항목 :

- 공통기준 :

해답

- 5가지 감각 : 시각, 후각, 미각, 촉각, 청각
- 시험조작항목 : 색깔, 풍미, 조직감, 외관
- 공통기준 : 채점한 결과가 평균 3점 이상이고, 1점 항목이 없어야 한다.

140 관능검사 중 후광효과의 개념과 방지법을 설명하시오.

해답

후광효과란 시료에서 2가지 이상의 항목을 평가할 때 서로의 순위가 서로 영향을 미치는 것이다. 예를 들어, 전체적인 기호도가 높이 평가된 제품의 경우 다른 특성, 즉 색, 맛, 향미 등도 전반적으로 다 좋게 평가될 수 있는 것이다. 이를 방지하기 위해서는 특별히 중요하게 판단하고자 하는 특성을 따로 분리하여 개별적으로 평가하거나, 블라인드 테스트를 활용한다.

141 다음 자료는 관능검사 중 어떤 검사법이며 목적과 최소 패널 수를 쓰시오.

[설문지]

시료 R을 먼저 맛본 후에 두 시료를 오른쪽에서 왼쪽 순으로 둔 후 다음 질문에 답하시오.

1. 기준 검사물 R과 같다고 생각되는 것에 ✓표를 하시오.

317	941
(　)	(　)

해답

종합적 차이검사 중의 하나인 일-이점 검사로 기준시료 하나와 2개의 시료를 제시하여 두 시료 가운데 기준시료와 동일한 시료를 고르게 하는 방법으로 최소 12명 이상의 패널이 필요하다.

142 식품의 관능평가 방법 중 시간-강도 분석이 실시되는 목적은 무엇인지 쓰시오.

해답

제품의 관능적 특성의 강도가 시간에 따라 변화하는 양상을 조사하여 제품의 특성을 평가한다.

143 식품공장에서 관능검사를 실시하는 목적 5가지를 쓰시오.

해답

관능평가 이용의 목적

- 신제품 개발 시 개발된 신제품과 유사제품과의 관능적 품질 차이 조사
- 신제품에 대한 소비자 기호도 조사
- 제품의 품질을 개선하고자 할 때 기존제품에 비하여 신제품의 품질이 향상되었는지 판단
- 원가 절감 및 공정 개선 : 제품의 원가를 절감할 목적으로 원료의 일부를 변경하였을 때, 기존제품과의 차이 여부 조사
- 생산공정 중 또는 최종제품의 유통 중 품질이 일정하게 유지되고 있는지를 평가
- 소비기한 설정 시 관능적 품질변화 판단

144 관능검사의 4가지 척도를 쓰시오.

해답

- 명목척도(명명)
- 서수척도(서열)
- 간격척도(등간)
- 비율척도(등비)

수분

145 식품 중 수분의 존재상태 중 자유수에 대해 설명하시오.

해답

식품 중의 물은 자유수와 결합수로 존재한다. 자유수는 화학반응이 일어날 수 있는 용매로 작용하며 끓는점과 녹는점이 높은 특징을 가진다. 비열이 크며, 미생물이 쉽게 이용할 수 있는 물로 건조에 의해 쉽게 제거된다.

146 등온흡습곡선의 정의를 쓰고, 그래프상 가로축과 세로축의 의미를 표시해 그래프를 그리시오.

해답

- 정의 : 식품 중 수분은 특정온도에서 상대습도와 평형에 이르게 되는 평형수분함량을 갖게 되며, 이러한 수분함량을 그래프로 나타낸 것이 등온 흡습 · 탈습 곡선이다.

• 그래프(가로축 : 수분활성도(A_w), 세로축 : 수분함량)

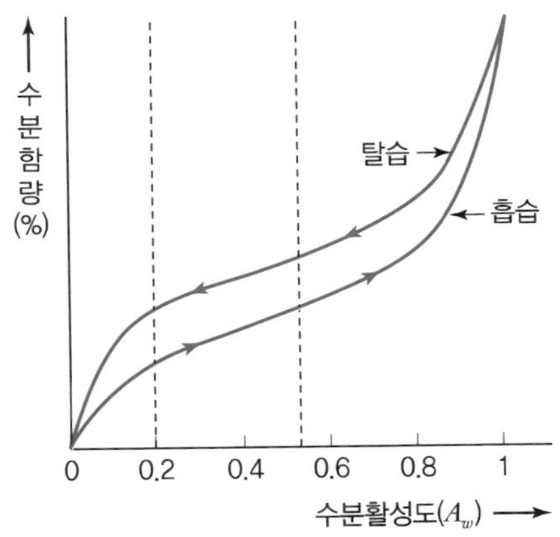

▎등온 흡습 · 탈습 곡선▐

147 다음은 식품의 등온흡습곡선이다. 다음에서 흡습곡선과 탈습곡선을 찾아서 표시하시오.

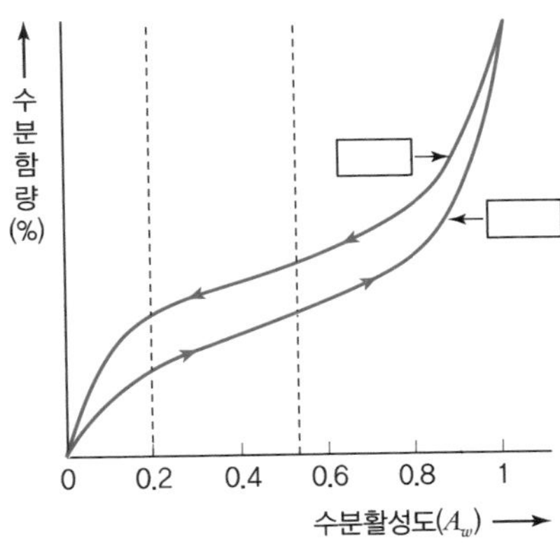

해답

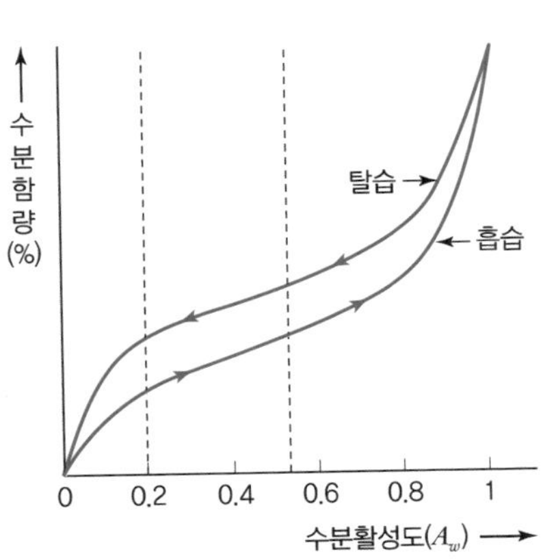

148 등온흡습곡선 그리고 이력현상의 정의와 그 발생이유에 대하여 서술하시오.

해답

등온흡습곡선이란 상대습도와 식품 수분함량과의 관계를 나타낸 그래프이다. 그래프에서 동일한 수분활성도에서 흡습곡선과 탈습곡선이 다르게 나타나는 것을 히스테리시스현상(이력현상)이라 하는데, 이는 물분자의 수소결합에 따른 결합력 때문으로 탈습과정에서 조직체의 수축으로 흡착장소가 줄어들어 가역적인 흡수가 진행되지 않고 항상 탈습곡선이 높게 나타나는 이유이다.

149 30%의 수분과 25%의 설탕을 함유하고 있는 식품의 수분활성도를 구하시오.(단, 분자량은 H_2O=18, $C_{12}H_{22}O_{11}$=342)

해답

$$A_w = \frac{M_w}{M_w + M_s}$$

여기서, M_w : 용매의 몰수

M_s : 용질의 몰수

M_w =용매의 몰수=30% 수분의 몰수=30g 수분으로 가정

$$=30\text{g} \times \frac{1\text{mol}}{18\text{g}} = \frac{30}{18}\text{mol}$$

M_s =용질의 몰수=25% 수분의 몰수=20g 수분으로 가정

$$=25\text{g} \times \frac{1\text{mol}}{342\text{g}} = \frac{25}{342}\text{mol}$$

$$\therefore A_w = \frac{\frac{30}{18}}{\left(\frac{30}{18}\right)+\left(\frac{25}{342}\right)} = 0.95798 \fallingdotseq 0.958$$

150 20%의 포도당, 설탕, 소금이 담겨 있는 물이 있다. 수분활성도가 큰 순서대로 쓰시오.

해답

설탕 > 포도당 > 소금

H_2O≒18g/mol, $C_6H_{12}O_6$≒180g/mol, $C_{12}H_{22}O_{11}$≒342g/mol, NaCl≒58g/mol

용질이 20% 존재하기에 수분이 80% 존재한다고 예상

- 20% 포도당 : $\dfrac{\frac{80}{18}}{\frac{80}{18}+\frac{20}{180}} ≒ 0.976$
- 20% 설탕 : $\dfrac{\frac{80}{18}}{\frac{80}{18}+\frac{20}{342}} ≒ 0.987$
- 20% 소금 : $\dfrac{\frac{80}{18}}{\frac{80}{18}+\frac{20}{58}} ≒ 0.928$

∴ 0.987 > 0.976 > 0.928

151 수분활성도(Activity of water)를 구하는 공식 2가지를 쓰시오.

해답

- $A_w = \dfrac{P(\text{식품이 나타내는 수증기압})}{P_0(\text{순수한 물의 수증기압})}$
- $A_w = \dfrac{M_w(\text{용매의 몰수})}{M_w(\text{용매의 몰수}) + M_s(\text{용질의 몰수})}$

152 액상 식품의 조성을 확인하였더니 포도당(분자량 180) 18%, 비타민 A(분자량 286) 5.5%, 비타민 C(분자량 176) 1%, 스테아린산(분자량 284) 3.5%, 나머지는 물(분자량 18)이었다. 이때 이 식품의 수분활성도는 얼마인지 쓰시오.

해답

$$A_w = \frac{\frac{72}{18}}{\frac{18}{180} + \frac{1}{176} + \frac{72}{18}} = 0.9743 \fallingdotseq 0.97$$

∴ 0.97

이때, 소수성인 스테아린산과 비타민 A는 물에 녹지 않기 때문에 이를 제외한 수용성 성분들을 용질로 계산한다.

153 이상유체라고 가정하는 샘플이 있다. 이 샘플은 포도당(분자량 180) 10%, 비타민 C(분자량 176) 5%, 전분(분자량 3,000,000) 40%, 물 45%로 구성되어 있다고 할 때, 이 샘플의 수분활성도를 구하시오.(단, 소수점 셋째 자리에서 반올림하여 둘째 자리까지 구한다.)

해답

$$A_w = \frac{\frac{45}{18}}{\left(\frac{10}{180}\right) + \left(\frac{5}{176}\right) + \left(\frac{40}{3,000,000}\right) + \left(\frac{45}{18}\right)} = 0.9674$$

∴ 0.97

154 A와 B는 같은 수분함량이다. 그런데 보존기간은 A가 훨씬 길다. 그 이유를 수분활성도를 근거로 하여 설명하시오.

해답

수분은 식품 내에서 자유수와 결합수 형태로 존재한다. 자유수는 미생물 생장과 물리 · 화학적 변질을 유발하는 반면, 결합수는 식품성분과 강하게 결합하여 이러한 변화를 억제한다. 수분활성도(A_w)는 식품 내 자유수의 정도를 나타내는 값(0~1 범위)으로, 미생물 성장 및 보존기간과 밀접한 관계가 있다. 일반적으로 $A_w \leq 0.6$에서는 거의 모든 미생물이 생장할 수 없고, $A_w \geq 0.95$일 경우 미생물 성장과 부패가 빠르게 진행된다.

A와 B는 모두 수분함량이 높은 식품이지만, B는 보존기간이 훨씬 길다. 이는 B의 A_w값이 상대적으로 낮아 자유수의 양이 적고, 미생물 증식과 품질 저하가 억제되기 때문이다. 예를 들어, 당절임 과일이나 건조식품은 수분함량이 높더라도 A_w가 낮아 장기간 보존이 가능하다. 또한, Drip 현상(해동 시 세포에서 유출되는 자유수)이나 동결 과정에서의 수분 이동도 보존기간에 영향을 미친다. B의 경우 이러한 영향을 덜 받아 보존성이 더욱 증가한다.

결론적으로, 수분활성도가 낮을수록 미생물 증식이 억제되고, 물리 · 화학적 변질이 줄어들어 보존기간이 길어진다. 따라서 수분활성도를 낮추는 것이 식품 보존성 향상에 중요한 요소가 된다.

155 얼음결정 그림을 보고 a, b 중 어느 것이 급속동결이고 완만동결인지 쓰시오.

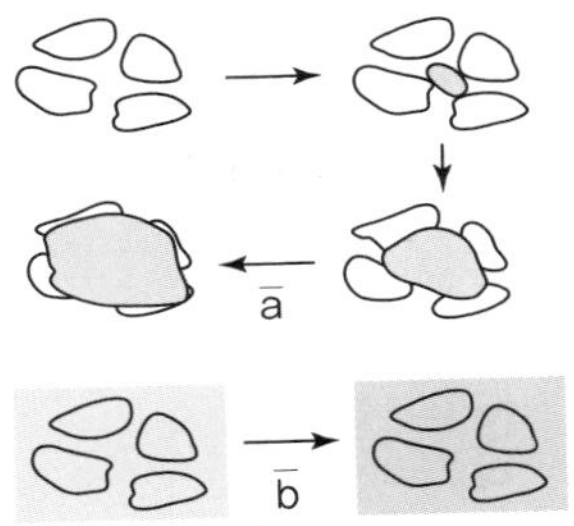

해답

- a : 완만동결
- b : 급속동결

156 다음 그림을 보고 적절한 용어를 기입하시오.

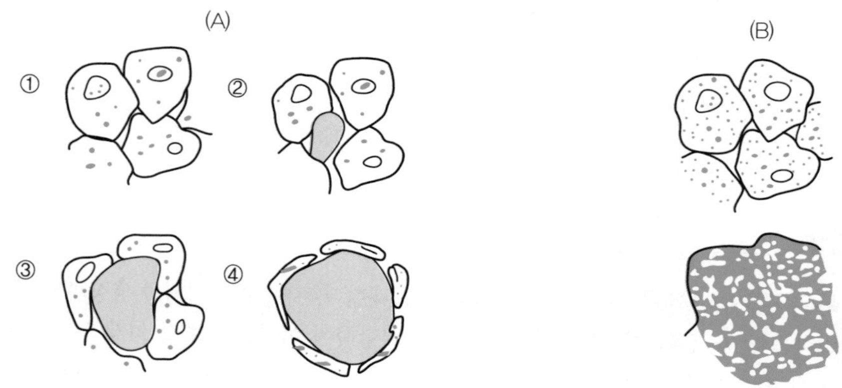

해답

- A : 완만냉동
- B : 급속냉동

157 고체와 액체식품의 냉점의 위치를 설명하시오.

해답

통조림 살균 시 내용물이 고체식품일 때 냉점의 위치는 1/2 지점이고, 그 이유는 전도에 의한 열전달이 일어나기 때문이다. 액체식품일 때 냉점의 위치는 1/3 지점이고, 그 이유는 대류에 의한 열전달이 일어나기 때문이다.

158 표면경화의 특징에 대하여 기술하시오.

해답

식품을 건조할 때 건조속도가 지나치게 빠르면 식품 표면에 수분이 통과하기 어려운 피막이 형성되어 투과성이 낮아지는 현상을 표면경화(Case Hardening)라고 한다. 주로 수용성 당이나 단백질 함유제품에서 쉽게 일어나며 표면경화가 발생 시 식품 내부의 성분이 보존되어 식품 고유의 맛과 향은 변하지 않는 장점이 있으나 표면의 경화로 내부 수분의 건조속도가 저하되어 최종 목표 건조수준에 도달하는 속도가 늦어지거나 목표 건조수준에 도달하지 못할 수가 있다. 이를 방지하기 위해서는 건조할 때 공기의 온도와 습도를 조절하여 건조속도가 지나치게 빠르지 않도록 조절해야 한다.

159 인스턴트 커피의 가공방법 중 향미가 잘 보존되는 건조법 및 가격이 저렴한 건조법에 대하여 설명하시오.

해답

- 동결건조법 : 식품을 낮은 온도로 유지하며 건조하기 때문에 용질의 이동, 수축 현상, 표면경화 등이 거의 발생하지 않아 향미의 손실이 적고 영양성분의 유지에도 효율적이기 때문에 가장 우수한 건조방법 중의 하나이나 건조설비가 비싸다.
- 분무건조법 : 액체식품을 건조하는 데 주로 사용하는 방법으로 액체식품을 10～200μm의 입자 크기로 분무하면 표면이 극대화된 상태에서 열풍과 접촉하여 급속하게 분말화되면서 건조하는 방법이다. 고온에서 제조되기 때문에 향미의 손실이 크지만 설비 및 운영비용이 저렴하여 산업에서 많이 사용된다.

160 동결건조의 원리를 설명하고, 동결건조의 장점과 단점을 각각 2가지씩 쓰시오.

• 원리 :

• 장점 :

• 단점 :

해답

• 원리 : 진공실 내부 압력을 5~10mmHg 이하로 떨어뜨린 진공상태에서 얼음을 승화시켜서 건조하는 방법이다. 얼음이 물의 상태를 거치지 않고 바로 승화되는 것이 특징이다. 식품을 낮은 온도로 유지하며 건조하므로 식품성분의 변화가 적으며, 재수화성도 좋기 때문에 고품질의 건조품을 얻을 수 있다.

• 장점
 - 식품의 조직 및 영양소 손상이 적어 품질 유지가 뛰어나다.
 - 수분함량이 낮아 장기 보관이 가능하고, 재수화(물에 다시 녹이는 과정)가 용이하다.

• 단점
 - 설비 비용이 높고, 건조 과정에서 많은 에너지가 소모되어 생산 비용이 증가한다.
 - 건조 시간이 길어 대량 생산에 어려움이 있으며, 일반 건조법보다 생산성이 낮다.

161 동결건조기에서 제품을 건조하는 데 중요한 역할을 하는 장치를 쓰시오.

해답

• 진공챔버(Vacuum Chamber) : 제품을 놓고 진공 상태를 유지하는 공간으로 내부 기압을 낮춰 승화를 촉진한다.
• 진공펌프(Vacuum Pump) : 챔버 내부를 감압하여 수분이 기체 상태로 승화될 수 있도록 한다.
• 가열장치(Heating System) : 승화 속도를 조절하기 위해 열을 공급하며, 1차 · 2차 건조 과정에서 중요한 역할을 한다.
• 응축기(Condenser) : 승화된 수증기를 응축하여 제거하는 장치로, 내부 환경을 일정하게 유지하는 데 필수적이다.

162 식품건조의 3가지 단계에 대해서 설명하시오.

• 1단계 :

• 2단계 :

• 3단계 :

해답

• 1단계 : 조절기간(Settling Down Period) – 식품의 표면이 공기와 평형을 이루는 단계
• 2단계 : 항률건조기간(Costant Rate Period) – 건조속도가 일정한 단계로 수분이 식품 내부에서 표면으로 이동하는 속도와 식품의 표면에서 수증기로 증발하는 속도가 같은 단계로 식품의 온도가 상승하지 않는다.
• 3단계 : 감률건조단계(Falling Rate Period) – 건조속도가 점점 감소하는 단계로 식품의 표면이 마르기 시작하면서 식품 내부에서 표면으로의 수분 이동 속도가 감소하며 식품의 온도가 점점 증가한다.

163 수분함량 75%인 소고기 10kg이 있다. 처음 온도 5℃, 최종 온도 −20℃에서 동결률이 0.90이고 냉동잠열이 334kJ/kg일 때, 얼음의 총 잠열은 몇 kJ인지 구하시오.

해답

• 총질량 : 10kg
• 수분함량 : 75% → 수분량 : 10kg×0.75=7.5kg
• 최초 온도 : 5℃
• 최종 온도 : −20℃
• 동결점에서의 빙결률 : 0.90
• 빙결 잠열 : 334kJ/kg

∴ 총 잠열=수분량×동결률×냉동잠열
=7.5kg×0.90×334kJ/kg
=2,254.5kJ

164 **−10℃의 얼음 500g을 100℃ 수증기로 바꿀 때 필요한 열량은 얼마인지 계산하시오.(단, 물의 비열은 1kcal/kg · ℃, 얼음의 비열은 0.5kcal/kg · ℃, 기화열은 540kcal/kg, 얼음 열량은 80kcal/kg)**

해답

열량=비열×질량×온도변화($Q = cm\Delta t$)

- −10℃ 얼음 → 0℃ 얼음

$$\frac{0.5\text{kcal}}{\text{kg}\cdot ℃}\times 0.5\text{kg}\times 10℃ = 2.5\text{kcal}$$

- 0℃ 얼음 → 0℃ 물

$$\frac{80\text{kcal}}{\text{kg}}\times 0.5\text{kg} = 40\text{kcal}$$

- 0℃ 물 → 100℃ 물

$$\frac{1\text{kcal}}{\text{kg}\cdot ℃}\times 0.5\text{kg}\times 100℃ = 50\text{kcal}$$

- 100℃ 물 → 100℃ 수증기

$$\frac{540\text{kcal}}{\text{kg}}\times 0.5\text{kg} = 270\text{kcal}$$

$\therefore\ 2.5 + 40 + 50 + 270 = 362.5\text{kcal}$

165 **25℃, 1톤 제품을 24시간 내에 −10℃로 동결하고자 할 때 냉동능력(냉동톤)은 얼마인지 계산하시오.(단, 1냉동톤은 3,320kcal/hr, 잠열은 79.68kcal/kg)**

해답

물의 비열 : 1kcal/kg, 얼음의 비열 : 0.5kcal/kg

- 25℃ 물 → 0℃ 물

$$1{,}000\text{kg}\times\frac{1\text{kcal}}{\text{kg}}\times 25\times\frac{1}{24\text{h}} = 1{,}041.67\text{kcal/h}$$

• 0℃ 물 → 0℃ 얼음

$$1{,}000\text{kg} \times \frac{79.68\text{kcal}}{\text{kg}} \times \frac{1}{24\text{h}} = 3{,}320\text{kcal/h}$$

• 0℃ 얼음 → −10℃ 얼음

$$1{,}000\text{kg} \times \frac{0.5\text{kcal}}{\text{kg}} \times 10 \times \frac{1}{24\text{h}} = 208.33\text{kcal/h}$$

$$\therefore (\text{냉동톤}) = \frac{1{,}041.67 + 3{,}320 + 208.33}{3{,}320} \fallingdotseq 1.38(\text{냉동톤})$$

166 열교환기에 사용되는 90℃ 온수는 1,000kg/h의 유량으로 열교환기에 들어가 40℃로 냉각되어 나온다. 기름의 유량은 5,000kg/h이고, 들어갈 때의 온도가 20℃라면 나올 때의 온도를 구하시오.(물 열용량 1.0kcal/kg · ℃, 기름 열용량 0.5kcal/kg · ℃)

해답

$$Q = c \cdot m \cdot \Delta t,\ Q_{\text{물}} = Q_{\text{식용유}}$$

$$1\frac{\text{kcal}}{\text{kg} \cdot ℃} \times \frac{1{,}000\text{kg}}{\text{h}} \times (90-40)℃ = 0.5\frac{\text{kcal}}{\text{kg} \cdot ℃} \times \frac{5{,}000\text{kg}}{\text{h}} \times (x-20)℃$$

$$\frac{50{,}000\text{kcal} \cdot \text{kg} \cdot ℃}{\text{kg} \cdot ℃ \cdot \text{h}} = \frac{2{,}500(x-20)\text{kcal} \cdot \text{kg} \cdot ℃}{\text{kg} \cdot ℃ \cdot \text{h}}$$

$$50{,}000\frac{\text{kcal}}{\text{h}} = 2{,}500(x-20)\frac{\text{kcal}}{\text{h}}$$

$$50{,}000 = 2{,}500x - 50{,}000$$

$$100{,}000 = 2{,}500x$$

$$\therefore x = 40℃$$

167 **열교환기에 90℃의 뜨거운 물을 2,000kg/hr 속도로 통과시키고 반대 방향에서 20℃의 식용유를 4,500kg/hr의 속도로 투입시켰다. 물이 40℃로 냉각될 때 배출되는 식용유의 온도를 계산하시오.(단, 식용유의 열용량(CP)은 0.5kcal/kg · ℃이며 소수점 첫째 자리까지 구한다.)**

해답

$$1\frac{\text{kcal}}{\text{kg}\cdot℃}\times\frac{2{,}000\text{kg}}{\text{h}}\times(90-40)℃=0.5\frac{\text{kcal}}{\text{kg}\cdot℃}\times\frac{4{,}500\text{kg}}{\text{h}}\times(x-20)℃$$

$$\frac{2{,}000\times50\text{kcal}}{\text{h}}=\frac{0.5\times4{,}500\times(x-20)\text{kcal}}{\text{h}}$$

$100{,}000=2{,}250\times(x-20)$

$100{,}000=2{,}250x-45{,}000$

$145{,}000=2{,}250x$

$\therefore x \fallingdotseq 64.4℃$

168 **식품 농축 과정에서 나타나는 비말동반이란 무엇인지 설명하시오.**

해답

- 비말동반 : 농축 시 미세한 액체 방울이 증기에 섞여 이동하는 현상
- 문제점 : 수율 저하, 제품 오염, 농축 효율 저하
- 해결 방법 : 가열 속도 조절, 진공 농축, 제습기 사용, 점도 조절

169 **증발기에서 5% 소금물 10kg을 20% 농축시킬 때 증발시켜야 할 수분량을 구하시오.**

해답

$10\text{kg}\times5\%=(10-x)\times20\%$

$2.5=10-x$

$\therefore x=7.5\text{kg}$

170 **70% 수분을 지닌 어떤 식품 1kg에서 80% 수분을 건조시켰을 때 건조된 수분량, 건조 후 고형분 및 수분의 무게를 구하시오.**

해답

- 건조 전 수분량 : $1\text{kg} \times 70\% = 0.7\text{kg}$
- 80% 수분 건조 : $0.7\text{kg} \times 80\% = 0.56\text{kg}$
- 건조 전(후) 고형분량 : $1\text{kg} \times 30\% = 0.3\text{kg}$
- 건조 후 수분량 : $0.7\text{kg} - 0.56\text{kg} = 0.14\text{kg}$

171 **30% 용액 A와 15% 용액 B를 혼합하여 25% 용액을 만들었을 때의 혼합비를 구하시오.**

해답

A : 30%, x(g)

B : 15%, y(g)

C : 25%, $x+y$(g)

$30x + 15y = 25(x+y)$

$5x = 10y$

$\frac{x}{y} = \frac{10}{5}$

$\therefore 2 : 1$

PART 06 기출복원문제

172 **5% 설탕용액 1,000kg을 농축시켜 25% 설탕액으로 제조하려고 한다. 어느 정도로 증발시켜야 하는지 구하시오.**

해답

$5\% \times 1,000 = 25\% \times (1,000 - x)$

$200 = 1,000 - x$

$\therefore\ x = 800\text{kg}$

173 **35% 소금물 100mL를 5%의 소금물로 희석하려면 첨가해야 하는 물의 양은 몇 mL인지 계산하시오.**

해답

$35\% \times 100\text{mL} = 5\% \times x\,\text{mL}$

$\therefore\ x\,\text{mL} = 700\text{mL}$

∴ 100mL의 물을 희석하는 것이므로 600mL의 물을 추가로 첨가해 주어야 한다.

174 **25% NaCl 수용액 1,000mL를 만들기 위한 NaCl과 물의 양을 구하시오.**

해답

$$1,000\text{mL} \times \frac{25}{100} = 250\text{g}$$

∴ NaCl 250g, 물 750g

175 **5% 소금물 10kg을 증발시켜 20%로 만들려고 한다. 증발시킬 물의 양을 구하시오.**

해답

$10\text{kg} \times 5\% = (10-x) \times 20\%$

$50 = 200 - 20x$

$20x = 150$

$\therefore\ x = 7.5\text{kg}$

176 **35% 소금물 100mL를 5%의 소금물로 희석하려면 첨가해야 하는 물의 양은 몇 mL인지 계산하시오.**

해답

이미 100mL가 들어 있으므로 첨가해야 할 물의 양은 600mL이다.

177 **설탕물 3% 100kg에 설탕을 첨가하여 15%로 만들고자 한다. 첨가해야 할 설탕의 양은 몇 kg인지 계산하시오.(단, 첨가하는 설탕은 무수설탕이다.)**

해답

- 3% 설탕물에 $x$kg의 설탕을 첨가

  $\dfrac{3+x}{100+x} = 15\% = \dfrac{15}{100}$

  $100(3+x) = 15(100+x)$

$300+100x=1,500+15x$

$85x=1,200$

$\therefore\ x=\dfrac{1,200}{85}=14.1176\text{kg} \fallingdotseq 14.12\text{kg}$

탄수화물

178 보기의 Mailard Reaction에 참여하는 당을 갈변속도가 빠른 순서대로 나열하시오.

Galactose, Sucrose, Arabinose, Ribose, Glucose, Xylose, Mannose

해답

- Ribose > Arabinose > Xylose > Galactose > Mannose > Glucose > Sucrose
- 당의 종류에 따라 갈변속도가 달라지는 5탄당 > 6탄당(Fructose > Glucose) > 2당류 순이다.

TIP Maillard 반응에 영향을 주는 요인

- 온도 : $Q_{10}=3$으로 온도가 10℃ 상승할 때 반응속도가 3배 정도 증가한다. 10℃ 이하에서 갈변은 억제되며 100℃ 이상에서 가열취가 발생한다.
- pH : 알칼리성일수록 갈변속도가 빨라지며 산성일수록 갈변속도가 느려진다.
- 당의 종류 : 5탄당>6탄당>이당류 순서이며 6탄당은 과당>포도당 순이다.
- Carbonyl 화합물 : Aldehyde류와 Furfural 유도체는 갈변이 쉽고 Ketone류는 갈변이 어렵다.
- 아미노산의 종류 : Lys, Arg 같은 염기성 아미노산이 반응이 빠르며 당과 아미노산 비율이 1 : 1일 때 갈변속도가 빠르다.
- 수분활성도 : Aw 0.6~0.8의 중간 수분활성도에서 반응이 빠르다.
- 금속 Ion의 영향 : Fe나 Cu는 Reductone의 산화에 촉매제로 갈변을 촉진한다.

179 효소적 갈변반응에서 갈변을 일으키는 원인 효소와 이를 방지하기 위한 방지법을 간단히 기술하시오.

- 갈변을 일으키는 효소 :

- 갈변 방지법 :

해답

• 갈변을 일으키는 효소

종류	특성
Polyphenol oxidase	사과, 배, 고구마 등에 있는 Catechin, Gallic acid, Chlorogenic acid 등을 산화하는 효소 O−diphenol —poyphenol oxidase→ O−quinone —중합→ melanin
Tyrosinase	감자의 절단면은 Tyrosinase에 의해 Melanin 색소 생성 tyrosine —tyrosinase→ DOPA ——→ DOPA quinone —비효소적→ melanin

• 갈변 방지법

– Blanching(데치기) : 물에 2/3 정도 잠기게 하고 83℃ 정도로 2~3분 열처리하면 효소가 불활성화된다.

– 아황산염 : 아황산염의 환원성에 의해 pH 6.0에서 갈변 억제

– 산소의 제거 : 진공처리, 탈기 등으로 산화 억제

– 유기산 처리 : 구연산, 사과산, Ascorbic acid 등으로 pH를 낮추어 효소 활성 억제

– 식염수 처리 : Cl^-에 의해 효소 작용 억제

– 물에 침지 : Tyrosinase는 수용성으로 감자를 물에 넣어 두면 갈변이 일어나지 않는다.

180 전분의 노화원리를 구조적으로 설명하시오.

해답

전분의 노화는 호화전분(α −전분)을 실온에 완만 냉각하면 전분입자가 수소결합을 다시 형성해 생전분과는 다른 미셀구조를 형성하는데 이 현상을 노화 또는 β화라고 한다. 노화된 전분은 효소의 작용을 받기 힘들게 되어 소화가 잘 되지 않는다.

181 **고구마전분에서 석회수를 첨가하여 pH가 염기성이 되었을 때 효과 3가지를 쓰시오.**

해답

- 단백질 혼입 방지에 의한 순도 향상
- 전분박 교질을 파괴하여 전분 수율 향상
- 폴리페놀에 의한 흡착을 억제하여 전분의 백색도 향상

182 **당도가 12Brix인 복숭아 음료 5,500kg에 75Brix 액상과당을 첨가해 12.4Brix 복숭아 음료로 만들려고 한다. 75Brix 액상과당의 첨가량(a)과 1캔에 240mL, 200can/min으로 생산할 때의 소요되는 시간(b)을 구하시오.(단, 비중은 1.0408)**

해답

(a) 35.14kg

(b) 110.82분

- 액상과당 첨가량(a)
  - 12Brix는 당의 농도가 12%, 즉 $\frac{12}{100}$ 를 뜻한다.
  - $(5,500 \times 0.12) + (x \times 0.75) = (5,500 + x) \times 0.124$

    $660 + 0.75x = 682 + 0.124x$

    $0.626x = 22$

    $x = 35.14\text{kg}$
- 분당 200캔 생산 시 소요시간(b)

$$\text{소요시간} = (5,500 + 35.14)\text{kg} \times \frac{1\text{캔}}{240 \times 1.0408\text{g}} \times \frac{1\text{분}}{200\text{캔}}$$

$$= 5,535.14\text{kg} \times \frac{1\text{캔}}{249.792\text{g}} \times \frac{1\text{분}}{200\text{캔}} \times \frac{1,000\text{g}}{1\text{kg}} = 110.79\text{분}$$

단백질

183 기능성, 용해성에 따른 근육단백질의 분류 3가지와 근육의 수축 · 이완에 가장 밀접한 근육이 무엇인지 쓰시오.

해답

- 근원섬유 단백질, 근장 단백질, 결합 단백질
- 액틴, 미오신 : 가는 필라멘트인 액틴과 굵은 필라멘트인 미오신이 결합하여 액토미오신을 형성하는 것이 근육수축의 기본이다.

184 단백질 열변성의 요인 3가지와 열변성에 의한 단백질 변화에 대해 쓰시오.

- 단백질 열변성의 요인 :
- 열변성에 의한 단백질 변화 :

해답

- 단백질 열변성의 요인 : 온도, 수분함량, 전해질, pH 등
  - 온도 : 60~70℃ 사이에서 주로 일어남
  - 수분 : 수분이 많을수록 낮은 온도에서 변성이 일어남
  - 염류 : 단백질에 염을 넣으면 변성온도는 낮아지고 속도는 빨라짐
  - pH : 등전점에서 응고가 빠름
- 열변성에 의한 단백질 변화 : 단백질 열변성 시에는 용해도가 감소하고 효소활성이 감소하며 점도가 상승한다.

185 **쌀, 메밀, 밤 등 시료 3가지가 있을 때 총 질소함량을 이용하여 조단백을 구하는 식을 적고, 각 질소계수가 5.95, 6.31, 5.30일 때 어떤 시료에 질소가 더 많이 함유되어 있는 아미노산을 함유하고 있는지 쓰고 그 이유를 적으시오.**

해답

- 조단백질량 : 총 질소량 × 6.25
- 질소계수는 식품 중의 단백질은 일정한 비율(약 16%)로 질소를 함유하고 있기 때문에 환산계수를 100 ÷ 16 = 6.25로 계산하여 조단백량을 계산한다. 식품별 개별 질소계수가 존재할 시에는 이를 따르고 개별 질소계수가 없을 경우에는 6.25를 질소계수로 사용한다. 아미노산의 비율이 높을수록 질소계수가 낮아지므로 질소계수가 낮은 밤의 아미노산 함량이 가장 높다.

186 **Kjeldahl 질소정량법은 분해, 증류, 중화, 적정의 단계를 거친다. 다음은 증류 화학식을 나타낸 것이다. 빈칸을 채우시오.**

$(NH_4)_2SO_4$ + (㉠) → (㉡) + (㉢) + $2H_2O$

해답

- ㉠ : 2NaOH
- ㉡ : $2NH_3$
- ㉢ : Na_2SO_4

187 **단백질 3차 구조에서 Side Chain을 형성하는 힘 3가지를 쓰시오.**

해답

단백질의 3차 구조는 이온결합(정전기적 결합), 수소결합, 소수성결합, 이황화결합(Disulfide Bond)에 의해 구성된다.

TIP
- 1차 구조 : Peptide 결합으로 인한 탈수축합
- 2차 구조 : 수소결합
- 4차 구조 : Van der Waals힘

188 킬달법을 통해 식품 중의 단백질을 정량하고자 한다. 주어진 시료 2g에서 측정된 질소량이 40mg이었을 때, 단백질의 함량은 얼마인지 계산하시오.(단, 질소계수는 6.25로 한다.)

해답

질소계수란 식품의 질소 함량에서 단백질의 함량을 계산하는 데 사용되는 계수이다. 단백질식품은 다른 식품구성성분(탄수화물, 지방)과는 다르게 일정한 비율로 질소가 함유되어 있다. 이는 식품마다 다르지만 일반적으로 6.25를 사용하며, 이는 단백질 식품의 약 16%는 질소로 구성되어 있음을 의미한다(100 ÷ 16=6.25). 그렇기에 시료에서의 질소량을 정량한 후 여기에 질소계수를 곱해주면 단백질의 함량을 역산할 수 있다.

$$\frac{0.04g}{2g} \times 100\% = 2\%$$

$$2\% \times 6.25 = 12.5g$$

189 단백질을 영양학적으로 평가하기 위해서 주로 생물가와 단백가를 이용한다. 단백질의 생물가와 단백가에 대하여 기술하시오.

해답

- 생물가 : 섭취한 단백질 중에서 체내의 유지와 성장에 이용되는 부분의 비율을 뜻하며 흡수된 질소량과 체내에 보유된 질소량의 비율로 구한다. 섭취된 단백질의 아미노산 조성이 신체에 필요한 단백질 섭취 시 높은 생물가를 보이며 그렇지 않아 체내에서 배설되는 질소가 증가할 경우 낮은 단백가를 보인다.

$$\text{생물가} = \frac{\text{보유질소(N)의 양}}{\text{흡수질소(N)의 양}} \times 100$$

• 단백가 : 식품 중 단백질의 영양학적 가치를 뜻하는 용어로 단백질 1g당 제한아미노산 양과 표준단백질 1g당 해당 아미노산의 비를 구해 %로 나타낸 것이다. 여기서 제한아미노산이라 함은 사람의 몸속에서 합성할 수 없는 9개의 필수아미노산 중에서 결정된다. 한 개의 아미노산이 필요량보다 적으면 나머지 아미노산이 아무리 많아도 정상 단백질이 만들어지지 않는데, 이때 가장 양이 적은 필수아미노산이 그 영양가를 제한하는 제한아미노산이 된다.

$$단백가 = \frac{제1제한아미노산량}{비교단백질\ 중\ 동\ 아미노산량} \times 100$$

지방

190 Soxhlet 추출장비를 이용한 조지방을 분석 시 시료준비단계에서 무수황산나트륨을 첨가하는 이유는 무엇인지 쓰시오.

해답

Soxhlet 추출법을 이용하여 조지방을 분석할 때, 시료 내 수분이 많으면 추출 용매와의 분리가 원활하지 않아 지방이 효율적으로 추출되지 못할 수 있다. 따라서 수분을 제거하기 위해 무수황산나트륨을 첨가하여 시료를 건조시킨 후 Soxhlet 추출을 진행한다. 무수황산나트륨은 강한 흡습성을 가지므로 시료의 수분을 효과적으로 흡수하여 추출 효율을 높이는 역할을 한다.

191 트랜스지방 함량(g/100g)을 구하는 공식을 쓰시오.

해답

트랜스지방 함량(g/100g) = (A × B) ÷ 100

여기서, A : 조지방 함량(g/100g)

B : 트랜스지방산 함량(g/100g)

192 **고체시료 7.24g을 취하여 Soxhlet 추출장비를 이용해 조지방을 측정하였다. 조지방을 추출하여 농축한 플라스크의 무게가 46.60027g이고 플라스크의 무게가 44.10024g일 때 조지방을 계산하시오.**

해답

$$조지방(\%) = \frac{W_1 - W_0}{S} \times 100$$
$$= \frac{46.60027 - 44.10024}{7.24} \times 100$$
$$= 34.5308 \fallingdotseq 34.53\%$$

여기서, W_1 : 조지방을 추출하여 농축한 플라스크의 무게(g)
W_0 : 플라스크의 무게(g)
S : 시료의 채취량(g)

193 **다음 그림의 장비의 원리 및 목적을 간단히 기술하시오.**

A : 지방추출관
B : 증류 플라스크
C : 냉각관
D : 원통여과지

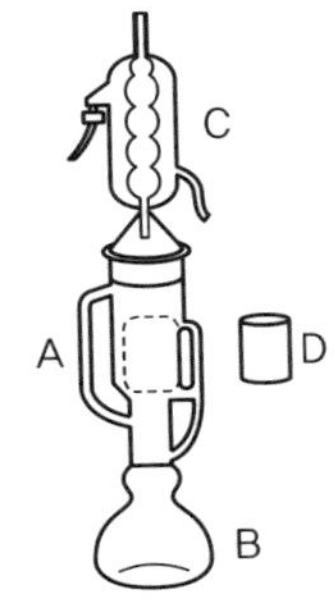

해답

- 그림은 에테르를 순환시켜 검체 중의 지방을 추출하여 정량할 수 있는 속슬렛(Soxhlet) 추출장치이다.
- 검사시료를 분말화하여 건조기에서 건조 후 속슬렛 추출장치의 지방추출관에 넣는다. 에테르를 첨가 후 50~60℃의 수욕상에서 8~16시간 추출한다. 추출이 끝난 후 냉각관을 추출관에 연결하여 수욕상에서 가온하여 에테르를 다시 완전히 증발시킨다. 에테르를 모두 증발시킨 후 남은 지방을 건조기에서 건조 후 칭량하여 정량하는 방법이다.

기타 성분 분석

194 1M NaCl, 0.4M KCl, 0.2M HCl 시약을 이용하여 0.2M NaCl, 0.2M KCl, 0.05M HCl 농도의 총부피 500mL 시료를 제조하려고 한다. 필요한 시약 용액의 부피를 각각 계산하시오.

해답

- MV = M′V′이므로
  - 1M NaCl × x = 0.2M HCl × 500mL → x = 100mL
  - 0.4M KCl × x = 0.2M KCl × 500mL → x = 250mL
  - 0.2M HCl × x = 0.05M HCl × 500mL → x = 125mL
- 부족한 부분은 물로 채워주므로 최종 100mL 1M NaCl, 250mL 0.4M KCl, 125mL 0.2M HCl과 증류수 25mL

195 포도당 20g을 물 80g에 녹였을 때 포도당 몰분율을 구하시오.

해답

$$몰분율 = \frac{해당\ 성분의\ 몰수}{혼합물의\ 총\ 몰수}$$

$$포도당(C_6H_{12}O_6)의\ 몰수 = \frac{20g}{180g/mol} = 0.111mol$$

$$물(H_2O)의\ 몰수 = \frac{80g}{18g/mol} = 4.444mol$$

$$\therefore\ 포도당의\ 몰분율 = \frac{0.111}{0.111 + 4.444} ≒ 0.024$$

196 황산수소 9.8g을 250mL에 희석하였을 때 노르말농도와 몰농도를 구하시오.

해답

노르말농도 : 0.8N, 몰농도 : 0.04M

- 노르말농도=용액 1L 속에 녹아 있는 용질의 g 당량수

  (당량수$=\dfrac{\text{분자량}}{\text{양이온의 전자가 수}}$)

  황산수소(H_2SO_4)의 당량수 $= 98.079 \fallingdotseq \dfrac{98g}{2eq} = \dfrac{49g}{eq}$

  $\therefore$ 노르말 농도$=\dfrac{\text{무게}}{\text{단량 무게}}\div$부피$=\dfrac{9.8g}{49g/eq}\times 250mL \times \dfrac{1,000mL}{1} = 0.8N$

- 몰농도=용액 1L 속에 녹아 있는 물질의 양을 몰(mol)로 나타낸 농도

  H_2SO_4 9.8g $\rightarrow 9.8g \times \dfrac{1mol}{98g} = 0.1mol$

  $\therefore \dfrac{0.1mol}{250mL} \times \dfrac{1,000mL}{1L} = \dfrac{0.4mol}{L} = 0.4M$

197 0.01N KOH 2mL가 반응하였을 때 KOH의 mg 수를 구하시오.

해답

1.1mg KOH

KOH=55g/mol

0.01N=0.01mol/L

0.01mol/L × 0.002L × 55g/mol=0.0011g KOH

0.0011g KOH × 1,000=1.1mg KOH

198 0.1N NaOH 수용액(F=1.010) 20mL를 0.1N HCl 수용액으로 적정하였더니 20.20mL가 소모되었다. 이때 0.1N HCl 수용액의 Factor값을 구하시오.

해답

HCl Factor = 1.001

$N \times V \times F = N' \times V' \times F'$

$0.1 \times 20 \times 1.010 = 0.1 \times 20.20 \times F'$

$$F' = \frac{0.1 \times 20 \times 1.010}{0.1 \times 20.20} = 1.000$$

199 0.1N NaOH 수용액(F=1.0039) 9.98mL를 0.1N HCl 수용액으로 적정하였더니 10mL가 소모되었다. 이때 사용된 HCl의 Factor값을 구하시오.(단, 소수점 넷째 자리에서 버림한다.)

해답

HCl Factor = 1.001

$N \times V \times F = N' \times V' \times F'$

$0.1 \times 9.98 \times 1.0039 = 0.1 \times 10 \times F'$

$$F' = \frac{0.1 \times 9.98 \times 1.0039}{0.1 \times 10} = 1.001$$

200 중화적정의 정의에 의한 표준용액, 종말점, 지시약을 설명하시오.

• 표준용액 :

• 종말점 :

• 지시약 :

해답

- 표준용액(Standard Solution) : 이미 정확한 농도를 알고 있으므로 다른 미지의 시료의 농도를 구할 때 표준으로 사용되는 용액
- 종말점(End Point) : 적정이 끝나서 용액의 성질이 변하는 지점
- 지시약(Indicator) : 종말점을 정확히 확인할 수 있도록 넣어주는 물질을 뜻하며 종말점 부근에서 물리적 성질이 변함

201 **시료의 양이 5.00g, 용해 후 여과기 항량이 10.80g, 건조 후 여과기 항량이 10.40g일 때 조섬유 함량을 계산하시오.**

해답

$$조섬유(\%) = \frac{(W_1 - W_2)}{S} \times 100 = \frac{(10.8 - 10.4)}{5} \times 100 = 8\%$$

여기서, W_1 : 유리여과기를 110℃로 건조하여 항량이 되었을 때의 무게(g)

W_2 : 회화로에서 가열하여 항량이 되었을 때의 무게(g)

S : 시료의 채취량(g)

202 **1N Oxalic acid($C_2H_2O_4$) 500mL를 만드는 데 필요한 Oxalic acid 양과 만드는 방법을 간단히 쓰시오.(단, Oxalic acid의 분자량은 126.07g/mol)**

해답

- Oxalic acid의 1g당량 : 분자량 ÷ 원자가 = 126.07 ÷ 2 = 63.035
  1N Oxalic acid : 63.035g ÷ 용액 1L = 31.5175g ÷ 용액 500mL

• 제조 방법

① 500mL의 증류수를 메스실린더에 계량한다.
② Oxalic acid 31.5175g을 비커에 넣은 후 측정해 놓은 증류수 중 일부를 첨가하여 용해한다.
③ 남은 증류수를 이용하여 Oxalic acid를 완전히 녹여준다.
④ 표준물질(1N NaOH)로 표정하여 Factor를 구한다.

203 **HPLC로 혼합물을 분석할 때 분리능을 높이기 위한 효과적인 방법 2가지와 분석 시 영향을 주는 요인 3가지를 쓰시오.**

• 방법 :

• 요인 :

해답

• 분리능을 높이기 위한 효과적인 방법 : 분석 시 컬럼관의 길이를 증가시키고 입자의 크기를 미세하게 줄인다면 용출성분의 피크의 폭이 좁으며 피크와 피크가 서로 겹치지 않게 검출되어 분리능이 높아진다.
• 분석 시 영향을 주는 요인 : HPLC의 분석능에 영향을 미치는 요인은 타깃 물질에 따른 온도, 이동상, 고정상 및 유속으로 이들을 조정함으로써 HPLC 분석 시의 분리능을 높일 수 있다.

204 **HPLC 분석 결과 당류의 함유량에 대해 $y=5.5x+2$라는 방정식을 얻었다. y는 당도(μg/mL)이고, x는 피크시간을 나타낸다. 피크시간이 20일 경우, 총 10g의 시료를 15mL로 하고 5배 희석하여 분석하였다면, 이 경우 100g의 시료에 함유된 총 당의 함유량을 구하시오.(mg/100g)**

해답

• y = 당도(μg/mL), x = 피크시간
$y = (5.5 \times 20) + 2 = 112\mu g/mL$

- 당의 총 함유량＝당도×희석배수×g당 용량＝$112\mu g/mL \times 5 \times \left(\frac{15mL}{10g}\right) = 840\mu g/g$
- 100g에 함유된 당의 함량 : $84,000\mu g/100g$

∴ 84mg/100g

205 **HPLC를 사용할 때 낮은 pH 영역의 물질을 분석하고 나면 산성으로 인해 컬럼이 부식될 수 있다. 이를 방지하기 위해 실험 후에는 어떤 조치를 취해야 하는지 기술하시오.**

해답

사용 후 HPLC grade water나 HPLC grade 유기용매를 펌프를 통해 흘려보내며 잔존하는 산성물질을 배출하고 세척한다.

206 **HPLC 분석 중 시료 5g을 산화방지제 10mL로 희석하여 농축 · 분석한 결과 표준액 5mg/kg의 피크의 넓이가 125이었다. 시료의 피크 넓이가 50일 때 시료의 산화방지제는 몇 mg/kg인지 구하시오.**

해답

5mg/kg : 125＝x : 50

x ＝2mg/kg

5g을 10mL로 희석했으므로 4mg/kg

207 HPLC 분배계수를 고정상과의 친화력과 통과속도를 통하여 비교하시오.

해답

분배계수가 클 경우 성분이 고정상과 친화력이 있어 성분이 천천히 통과함을 의미하며 분배계수가 작을 경우 성분이 고정상과 친화력이 없어 빨리 통과함을 의미한다.

208 HPLC에서의 Normal Phase와 Reverse Phase의 극성에 따른 용출특성을 서술하시오.

해답

Normal Phase(순상) 크로마토그래피는 극성 고정상에 비극성 이동상을 사용하며 소수성의 이동상이 먼저 용출되며, Reversed Phase(역상) 크로마토그래피는 비극성 고정상에 극성 이동상을 사용하며 친수성의 이동상이 먼저 이동한다. 이러한 시료물질의 고정상과 이동상에 대한 친화도에 따라 물질이 분리되는 것이 크로마토그래피의 원리이다.

209 발효공정에서 주로 사용하는 크로마토그래피에는 흡착(Adsorption) 크로마토그래피와 친화성(Affinity) 크로마토그래피가 있다. 각 크로마토그래피의 원리와 고정상에 대해 적으시오.

해답

- 흡착 크로마토그래피 : 분석물질을 활성탄 등 흡착성질이 있는 고정상을 이용하여 분리하는 크로마토그래피로, 고정상으로는 활성탄, 실리카, 마그네슘 옥사이드 등이 사용된다.

- 친화성 크로마토그래피 : 단백질과 특이적으로 결합하는 리간드나 단백질 등을 이용해 단백질 성분을 분리 정제하는 크로마토그래피의 한 방법이다. 고정상으로는 특정 단백질에 대한 항체, 글루타티온 전달 달백질, 니켈 등을 사용한다.

210 가스 크로마토그래피(GC)에 비하여 액체 크로마토그래피(LC)의 분석범위가 폭넓은데, 그 이유가 무엇인지 쓰시오.

해답

기체 크로마토그래피는 보통 분자량이 500 이하인 휘발성 물질의 분석에 사용되지만 액체 크로마토그래피는 분자량 2,000 이하인 휘발성/비휘발성 물질을 분석할 수 있기 때문에 액체 크로마토그래피의 분석범위가 더 넓다.

211 크로마토그래피를 이용한 분석과정에서 Resolution과 Retention Time이 뜻하는 것을 각각 쓰시오.

해답

- Resolution : 분석 중의 분리도를 뜻하며 하나의 성분이 다른 하나의 성분과 어느 정도 분리되어 있는지의 분해능을 나타낸다.
- Retention Time : 분석시료가 컬럼으로 들어가 용출될 때까지의 머무름 시간을 뜻한다.

212 **GC에서 가스가 들어오는 이동상과 데이터를 분석하는 부분을 제외한 주요 기관 3개를 쓰시오.**

해답

시료주입구(Injector), 고정상(Column), 검출기(Detector)

213 **가스 크로마토그래피(Gas Chromatography) 분석 시 Split Ratio가 100 : 1인 것은 무엇을 의미하는지 쓰시오.**

해답

GC 분석 시 시험용액을 컬럼으로 흘려 주며 성분을 분석하는데, 이때 시험용액이 컬럼으로 주입되는 비율을 뜻한다. Split Ratio가 100 : 1이란 것은 시료 1μl를 주입했을 때 실제 컬럼에서 분리되는 시료의 양은 $\frac{1}{100}\mu l$임을 의미한다.

214 **GC(Gas Chromatography) 사용 시 효율이 높은 것을 표시하시오.**

- 필름의 길이가 (얇게 / 두껍게)

- 컬럼의 넓이가 (좁게 / 넓게)

- 컬럼의 길이가 (짧게 / 길게)

해답

- 필름의 길이가 (얇게 / (두껍게))
- 컬럼의 넓이가 ((좁게) / 넓게)
- 컬럼의 길이가 (짧게 / (길게))

215 크로마토그래피에서 반높이 상수 5.54, $w_{1/2}$ 2.4min, t_R 12.5min일 때 반높이 너비법의 이론단수는 얼마인지 구하시오.

해답

$$N_{w_{1/2}} = a \times \left(\frac{t_R}{w_{1/2}}\right)^2 = 5.54 \times \left(\frac{t_R}{w_{1/2}}\right)^2$$

$$= 5.54 \times \left(\frac{12.5}{2.4}\right)^2$$

$$= 150.28$$

여기서, N : 이론상수

t_R : Retention Time(머무름 시간)

$w_{1/2}$: 피크의 1/2 위치에서의 너비

a : 반높이 너비법의 상수(변곡점법 : 4, 접선법 : 16)

216 식품 중 중금속 성분의 정량분석 과정을 기술하고 식품공전상의 중금속 시험법을 쓰시오.

해답

- 중금속 정량분석 과정
  분석시료의 매질 고려 – 분석 대상 원소 고려 – 분석 매질 결정 – 시험용액의 조제 – 기기분석
- 식품 중의 중금속 : 납(Pb), 카드뮴(Cd), 비소(As), 구리(Cu), 주석(Sn)
- 중금속 시험법 : 습식분해법(황산 –질산법), 마이크로웨이브법, 용매추출법, 유도결합플라스마법 (ICP ; Inductively Coupled Plasma)

217 식품 중의 유해물질인 납(Pb)과 카드뮴(Cd)의 분석법에 대하여 기술하시오.

해답

납과 카드뮴의 경우 동일한 분석법을 사용한다.

- 황산 : 질산법을 이용한 습식분해법이나, Microwave Digestion System에 넣고 질산 등으로 처리하여 분해하고 메스플라스크 등에 옮겨 일정량을 채취하는 마이크로웨이브법이나, 시료를 건조하여 탄화시킨 다음 회화하는 건식회화법으로 시험용액을 제조한다.
- 이후 MIBK(Methyl Isobuthyl Ketone) 또는 Silver를 포함하지 않은 DDTC(Diethyl Ditho-catbamic acid)를 이용하여 추출한 후 원자흡광광도법이나 유도결합플라스마법을 이용하여 결과를 측정한다.
  - 원자흡광광도법 : 시험용액 중의 금속원소를 적당한 방법으로 해리시켜 원자증기화하여 생성한 기저상태의 원자가 그 원자증기를 통과하는 빛으로부터 측정파장의 빛을 흡수하는 현상을 이용하여 광전측정 등에 따라 목적원소의 특정 파장에 있어서 흡광도를 측정하고 시험용액 중의 목적원소의 농도를 구하는 방법이다. 시료를 원자화하는 일반적인 방법은 화염방식과 무염방식이 있다.
  - 유도결합플라스마법(ICP ; Inductively Coupled Plasma) : 아르곤 가스에 고주파를 유도결합방법으로 걸어 방전되어 얻은 아르곤 플라스마에 시험용액을 주입하여 목적원소의 원자선 및 이온선의 발광광도 또는 질량값을 측정하여 시험용액 중의 목적원소의 농도를 구하는 방법이다.

218 식품공전에 따른 식품일반시험법에 대해 간략하게 기술하시오.

해답

- 성상 : 식품의 특성을 시각, 후각, 미각, 촉각 및 청각으로 감지되는 반응을 측정하여 시험하는 시험법이다.
- 이물 : 식품 중의 이물을 분석하는 법으로 분말, 액체 등 성상에 따른 일반이물 분석법과 식품에 따른 식품별 이물 분석법으로 구분한다.
- 식품 중의 내용량 시험법 : 식품의 형태, 제형, 포장방법 등 특성에 따라 내용량을 측정하여 표시량과 비교하는 시험법으로 통 · 병조림 식품 등에 적용한다.

- 진공도 : 통 · 병조림 식품의 진공도 측정에 적용한다.
- 젤리의 물성 : 컵모양 등 젤리의 압착강도 시험 시 적용한다. 검체를 일정한 크기로 절단하여 일정한 힘으로 압착하였을 때의 깨짐성을 측정하는 시험법이다.
- 붕해시험 : 내용고형제제의 시험액에 대한 저항성을 시험하는 것이다. 규정하는 시험기를 사용하여 상하이동에 의한 교반상태에서 눈으로 관찰하여 제형마다 규정되어 있는 붕해상태를 기준으로 일정 시간 내에 붕해하면 적합으로 판정한다.
- 곰팡이수(Howard Mold Counting Assay) : 고춧가루, 천연향신료, 향신료조제품 등에서 곰팡이를 계수하는 실험법이다.

219 다음은 식품 중 유해물질인 납(Pb)의 분석법 중 건식회화법에 대한 설명이다. 다음 중 빈칸에 적절한 단어를 기입하시오.

시료 5~20g을 도가니, 백금접시에 취해 건조하여 (㉠)시킨 다음 450℃에서 (㉡)한다. (㉡)가 잘 되지 않으면 일단 식혀 질산 또는 50% 질산마그네슘용액 또는 질산알루미늄 40g 및 질산칼륨 20g을 물 100mL에 녹인 액 2~5mL로 적시고 건조한 다음 (㉡)를 계속한다. (㉡)가 불충분할 때는 위의 조작을 1회 되풀이하고 필요하면 마지막으로 질산 2~5mL를 가하여 완전하게 (㉡)를 한다. (㉡)가 끝나면 (㉢)을 희석된 (㉣)으로 일정량으로 하여 시험용액으로 한다.

해답

- ㉠ : 탄화
- ㉡ : 회화
- ㉢ : 회분
- ㉣ : 질산

220 납(Pb)의 정성시험 중 시험용액에 5% 크롬산칼륨(K_2CrO_4) 몇 방울을 가하였다. 이때 납이 용출되면 어떤 반응이 일어나는지 쓰시오.

해답

크롬산납($PbCrO_4$)이 생성되면서 황색 침전을 나타낸다.

221 헌터 색차계에서 L, A, B가 각각 의미하는 것을 쓰시오.

해답

헌터 색차계는 식품의 색을 과학적으로 측정하는 방법으로 간편하고 신속하여 식품의 색 측정에 주로 사용된다. L은 명도, A는 적색~녹색도, B는 황색~청색도를 나타낸다.

222 다음을 읽고 빈칸을 채우시오.

> 비타민 C 정량 시 환원형인 (㉠)와 산화형인 (㉡)를 함께 정량, 탈수제로 (㉢)를 넣으면 적색이 되어서 520nm에서 확인이 가능하다.

해답

- ㉠ : Ascorbic acid
- ㉡ : Dehydroascorbic acid
- ㉢ : H_2SO_4

223 비타민 보관 시 Q_{10}=2.5일 때의 Z값을 구하시오.

해답

$$Z(℃) = \frac{10}{\log Q_{10}} = \frac{10}{\log 2.5}$$

∴ 25.13℃

224 Q_{10}값이 2, 20℃에서 반응속도가 10일 때, 30℃에서의 반응속도를 구하시오.

해답

Q_{10}은 온도계수로 Q_{10}=1.8이라면 온도가 10℃ 상승 시 화학반응이 1.8배 상승했음을 의미한다.
20℃에서의 반응속도가 10이며 Q_{10}=2이므로
(20℃에서의 반응속도) × Q_{10} = 30℃에서의 반응속도 = 20

225 질량분석계에서 E.I와 C.I의 차이점을 쓰시오.

해답

- E.I(Electron Ionization, 전자이온화법) : 기화된 시료분자에 전자선을 충돌시켜 이온화하는 방법이다.
- C.I(Chemical Ionization, 화학이온화법) : Methane과 같은 시약을 기체에 전자 충격시키면서 반응가스와 이온분자 간의 연쇄반응을 이용해 이온화하는 방법으로 전자이온화법보다 더 완만한 반응이다.

226 L-글루타민산나트륨이 신맛, 단맛, 쓴맛, 짠맛 등에 미치는 영향에 대해 쓰고, 이것을 생산하는 미생물의 종류를 쓰시오.

해답

- 식품에서 감칠맛을 부여하며 신맛과 쓴맛을 완화시키고, 단맛에 감칠맛을 부여하며 식품의 자연풍미를 끌어내는 기능을 한다.
- *Corynebacterium glutamicum*, *Brevibacterium flavum*

227 짠맛의 강도는 음이온에 의해 결정된다. 다음의 이온들의 강도를 큰 순서대로 쓰시오.

NO_3^-, Cl, Br, SO_4, HCO_3, I

해답

SO_4 > Cl > Br > I > HCO_3 > NO_3^-

- H^+의 맛으로 해리되지 않은 유기산이 신맛에 기여한다.
- 신맛의 강도비교 : HCl(100) > HNO_3 > H_2SO_4 > HCOOH(85) > Citric acid(80) > Malic acid(70) > Lactic acid(65) > Acetic acid(45) > Butyric acid(30)

228 LOD와 LOQ의 정의를 쓰시오.

해답

- LOD(Limits of Detection, 검출한계) : 검체 중에 존재하는 분석 대상물질을 검출 가능한 최소량
- LOQ(Limits of Quantitation, 정량한계) : 지정된 방법으로 정해진 물질계에서 어떤 성분의 정량분석이 가능한 최소한의 농도

229 고정화 효소 제조방법을 3가지 쓰시오.

해답

고정화 효소란 효소를 담체(Carrier)에 부착시켜 지속적으로 촉매활성을 하도록 만든 것으로 담체결합법, 가교법, 포괄법 등을 이용해 제조한다.

- 담체결합법 : 담체와 효소를 결합시키는 방법으로 불용성 담체와 효소를 공유결합시키는 공유결합법
  예 DEAD－cellulose · CM－cellulose · Sephadex 등의 이온교환수지를 이용한 이온결합법, 활성탄 · 산성백토 등을 사용하는 물리적 흡착법 등
- 가교법(Cross-linking Method) : 효소를 담체에 부착할 수 있는 기능기를 가진 가교로 연결하는 방법
- 포괄법(Entrapping Method) : 효소를 담체겔 속에 고정시키거나 반투과성 피막으로 감싸도록 하는 방법

230 효소 기질 생성물에 관한 설명이다. 빈칸을 채우시오.

효소명	기질	생성물
(㉠)	전분	덱스트린
(㉡)	덱스트린	맥아당
(㉢)	설탕	포도당, 과당
Lactase	유당	(㉣)
Lipase	지방	(㉤)

해답

- ㉠ : α-amylase
- ㉡ : β-amylase
- ㉢ : Invertase
- ㉣ : 갈락토오스, 포도당
- ㉤ : 지방산, 글리세롤

PART 06 기출복원문제

231 나트륨을 많이 섭취하면 고혈압이 발생하는 이유는 무엇인지 쓰시오.

해답

나트륨을 많이 섭취하면 혈중 나트륨 농도가 높아지고 이는 삼투압의 작용으로 인해 세포 내의 수분을 빠져나오게 만든다. 이는 혈관을 지나가는 혈액량을 증가시키는 작용을 함으로써 최종적으로 혈압 상승으로 인한 고혈압을 초래한다.

232 **시료 0.816g, 0.01N 티오황산나트륨 용액(역가 : 1.02)의 본시험 소비량이 14.7mL, 공시험 소비량이 0.18mL인 경우 과산화물가를 계산하시오.**

해답

- 과산화물가(PV ; Peroxide Value) : 유지 1kg에 의하여 요오드화칼륨에서 유리되는 요오드의 밀리 당량수

$$PV = \frac{(V_1 - V_0) \times F \times 0.01}{S} \times 1,000$$
$$= \frac{(14.7 - 0.18) \times 1.02 \times 0.01}{0.816} \times 1,000$$
$$= 181.5\text{meq/kg}$$

여기서, V_1 : 본시험 소비량
V_0 : 공시험 소비량
F : 0.01N 티오황산나트륨 용액의 역가
S : 시료량

03 식품안전관리

233 **유도기간의 정의를 쓰고 괄호를 채우시오.**

① 유도기간 :

② 노로바이러스는 (   )에서만 증식하고 세균배양이 되지 않는다.

해답

① 유도기간 : 미생물이 본격적인 증식을 시작하기 전 새로운 환경에 적응하며 효소를 형성하는 시기이다.
② 장내

234 노로바이러스의 감염경로, 원인규명과 감염경로 확인이 어려운 이유를 설명하시오.

• 감염경로 :

• 원인규명과 감염경로 확인이 어려운 이유 :

해답

• 감염경로 : 바이러스성 식중독인 노로바이러스의 경우 겨울철에 발생하는 대표적인 식중독이다. 주로 바이러스에 감염된 생굴 등의 식품이나 음용수를 섭취하였을 때, 감염자의 분변이나 구토물을 접촉하였을 때 감염된다.
• 원인규명과 감염경로 확인이 어려운 이유 : 감염경로가 다양하여 어떠한 경로를 통해서 감염이 되었는지 확인이 어렵다. 대체로 급성장염 증세를 나타내나 무증상 감염자가 존재하는 것도 감염경로 확인이 어려운 이유 중 하나이다. 또한 식품 중에서 증식하지 않고 사람의 장내에서만 증식하기 때문에 식품 중에서 바이러스의 검출이 어렵다.

235 노로바이러스의 무증상 작용, 외부 환경에서 오래 생존할 수 있는 이유, 배양이 어려운 이유를 쓰시오.

• 무증상 작용 :

• 외부 환경에서 장기간 생존 이유 :

• 배양이 어려운 이유 :

해답

• 무증상 작용 : 구토나 설사 등의 장염 증세가 없이 분변을 통해 바이러스를 배출한다.
• 외부 환경에서 장기간 생존 이유 : 60℃에서 30분 가열해도 전염성이 사라지지 않으며, 건조한 상태에서도 최대 8주까지 생존하는 등 외부 환경의 변화에 민감하지 않기 때문에 장기간 생존이 가능하다.
• 배양이 어려운 이유 : 사람의 장내에서만 증식하기 때문에 세포배양이 어렵다.

236 **최근 여러 학교의 식중독 사고 원인으로 노로바이러스가 지목됨에 따라 김치제조업체의 노로바이러스 오염 여부를 조사하였다. 김치에 넣는 어떤 재료 속에 노로바이러스가 있다고 의심되는지 쓰고, 세균성 식중독과 바이러스성 식중독을 비교하시오.**

• 노로바이러스 의심 재료 :

• 세균성 식중독과 바이러스성 식중독의 비교 :

해답

• 노로바이러스 의심 재료 : 지하수
• 세균성 식중독과 바이러스성 식중독의 비교

구분	세균성	바이러스성
특성	균 또는 균이 생산하는 독소에 의해 식중독 발생	크기가 작은 DNA, RNA가 단백질 외피에 둘러싸임
증식	온도, 습도, 영양성분 등이 적정하면 자체 증식 가능	자체 증식 불가능, 반드시 숙주가 존재해야 함
발병량	일정량(수백 – 수백만) 이상 균이 존재해야 발병 가능	미량(10～100) 개체로도 발병 가능
치료	항생제로 치료 가능, 일부 균 백신 개발	일반적인 치료법이나 백신이 없음
잠복기	잠복기가 짧음	바이러스 종류에 따라 다양함(12시간 내외에서 최장 한달 전후)
2차 감염	거의 없음	대부분 감염

237 **잠복기 관련해서 식중독과 감염병의 유행곡선 차이를 쓰시오.**

해답

세균성 식중독은 잠복기가 짧은 편이고 종말감염이기 때문에 환자 수가 급격히 늘어났다가 감소하는 추세를 보이지만, 감염병의 경우 식중독에 비하여 잠복기가 길고 미량으로도 감염이 가능하며 2차 감염이 가능하기 때문에 완만한 곡선을 보인다.

구분	경구감염병	세균성 식중독
감염 정도	2차 감염	종말감염
예방	어려움	식품위생을 통한 예방
잠복기	긴 편	짧은 편
필요균체	미량	다량
감염매체	음용수	식품

238 식중독을 일으키는 균과 원인물질 등을 표 안에 알맞게 쓰시오.

식중독	세균성	감염형	
		독소형	
	자연독	동물성	
		식물성	
	화학적	유해 화학물질	
	바이러스성	바이러스	
	곰팡이독	Mycotoxin	

해답

식중독	세균성	감염형	*Salmonella* spp., *Vibrio parahaemolyticus*, 장출혈성 대장균, *Listeria monocytogenes*
		독소형	*Staphylococcus aureus*, *Clostridium botulinum*
	자연독	동물성	복어, 조개류, 독어류
		식물성	독버섯, 감자, 독미나리
	화학적	유해 화학물질	농약, 중금속, 유해첨가물
	바이러스성	바이러스	노로바이러스, A형간염 바이러스
	곰팡이독	Mycotoxin	아플라톡신, 황변미독, 푸사리움독, 맥각독

239 식중독을 일으키는 균과 원인물질 등을 표 안에 알맞게 쓰시오.

구분	유형	원인균(물질)
세균성 식중독	감염형	*Salmonella* spp., *Vibrio paraheamolyticus*, *Campylobacter jejuni/coli*
	(㉠)	*Staphylococcus aureus*, *Clostridium botulinum*
	바이러스형	노로바이러스, A형간염 바이러스
(㉡) 식중독	식물성	감자독, 버섯독
	동물성	복어독, 시가테라독
	곰팡이	황변미독, 맥각독, 아플라톡신
유해물질	고의 또는 오용으로 첨가되는 유해물질	(㉢)
	본의 아니게 잔류, 혼입되는 유해물질	잔류농약, 유해성 금속화합물
	제조, 가공, 저장 중에 생성되는 유해물질	벤젠, 니트로소아민, 3-MCPD

해답

• ㉠ : 독소형 • ㉡ : 자연독 • ㉢ : 식품첨가물

240 동물 반수치사량을 뜻하는 용어와 어류 반수치사농도를 뜻하는 용어는 무엇인지 쓰시오.

해답

• 동물 : LD_{50}(Lethal Dose for 50 percent kill)
• 어류 : LC_{50}(Lethal Concentration for 50 percent kill)

241 산형보존제가 낮은 pH에서 보존효과가 큰 이유는 무엇인지 쓰시오.

해답

산형보존제의 낮은 pH로 인하여 H^+의 농도가 높아진다. H^+가 증가하여 해리를 억제하고 따라서 비해리 분자단이 증가하여 지질 친화성이 커지며 미생물의 세포막을 쉽게 투과하며 정균작용을 일으킨다. 정균작용은 미생물 세포 투과 능력에 따라 좌우된다.

242 염장이 미생물에 의한 부패를 지연하는 원리를 1가지 서술하시오.

해답

식품에 10% 이상의 소금을 이용하여 저장하는 염장법의 생육 억제 기작

- 탈수에 의한 미생물 사멸
- 염소 자체의 살균력
- 용존산소 감소효과에 따른 화학반응 억제
- 단백질 변성에 의한 효소의 작용 억제

243 부패, 변패, 산패, 발효의 정의를 쓰시오.

- 부패 :
- 변패 :
- 산패 :
- 발효 :

해답

- 부패(Putrefaction) : 단백질이 미생물에 의해 악취와 유해물질을 생성한다.
- 변패(Deterioration) : 미생물에 의해 탄수화물이나 지질이 변질된다.
- 산패(Rancidity) : 지질이 산소와 반응하여 변질되어 이미, 산패취, 과산화물 등을 생성한다.
- 발효(Fermentation) : 탄수화물이 효모에 의해 유기산이나 알코올 등을 생성한다.

244 식중독균 4가지를 쓰시오.

해답

Salmonella spp., *Escherichia coli* O157 : H7, *Clostridium perfringens, Campylobacter jejuni, Campylobacter coli, Staphylococcus aureus, Listeria monocytogenes, Staphylococcus aureus, Bacillus cereus, Yersinia enterocolitica, Vibrio parahaemolyticus*

245 교차오염의 정의에 대해 쓰시오.

해답

교차오염(Cross Contamination)이란 제조공정 혹은 식품의 조리과정 중 식재료, 제조도구, 작업자와의 접촉을 통해서 오염된 물질에서 비오염된 물질로의 미생물의 감염 및 오염이 일어나는 것을 뜻한다.

246 우리나라 식품의 방사선 기준에서 검사하는 방사선 핵종 2가지와 방사선 유발 급성질환 2가지를 쓰시오.

- 방사선 핵종 :

- 방사선 유발 급성질환 :

해답

- 방사선 핵종 : 세슘, 요오드
  ※ 위 핵종의 검출 시 플루토늄, 스트론튬 등 그 밖의 핵종에 대한 오염 여부를 추가로 확인
- 방사선 유발 급성질환 : 두통, 메스꺼움, 구토, 골수암, 갑상선암, 불임, 전신마비 등

247 방사선 기준상의 사용 방사선 선원 및 선종을 쓰고 사용하는 목적을 쓰시오.

- 방사선 선원 및 선종 :

- 사용 목적 :

해답

- 방사선 선원 및 선종 : 코발트 – 60(^{60}Co)의 감마선
- 사용 목적 : 발아 억제, 살균 및 살충, 숙도 조절

248 방사선을 조사하는 식품 3가지를 쓰시오.

해답

감자, 마늘, 양파, 밤, 버섯, 곡류, 건조식육 등

249 방사선 조사 목적을 서술하고 조사 도안을 그리시오.

- 방사선 조사 목적 :

- 방사선 조사 도안 :

해답

- 방사선 조사 목적 : 발아 억제, 살균 및 살충, 숙도 조절
- 방사선 조사 도안

250 식품공전상 감자, 양파의 발아 억제 등을 위해 실시하는 방사선 조사 기준을 쓰시오.

해답

^{60}Co를 이용해서 0.15kGy 이하로 조사해야 한다.

품목	조사 목적	선량(kGy)
감자, 양파, 마늘	발아 억제	0.15 이하
밤	살충, 발아 억제	0.25 이하
버섯(건조 포함)	살충, 숙도 조절	1 이하
난분 곡류(분말 포함), 두류(분말 포함) 전분	살균 살균 · 살충 살균	5 이하
건조식육 어류분말, 패류분말, 갑각류분말 된장분말, 고추장분말, 간장분말 건조채소류(분말 포함) 효모식품, 효소식품 조류식품 알로에분말 인삼(홍삼 포함) 제품류 조미건어포류	살균	7 이하
건조향신료 및 이들 조제품 복합조미식품 소스 침출차 분말차 특수의료용도 등 식품	살균	10 이하

251 **다음은 식품에서 방사선 조사를 할 수 있는 품목의 목적과 선량에 대한 기준 및 규격이다. 아래 표의 빈칸에 적절한 목적과 수치를 기입하시오.**

품목	조사목적	선량(kGy)
감자, 양파, 마늘	(㉠)	(㉡) 이하
밤	살충, 발아 억제	0.25 이하
버섯(건조 포함)	살충, 숙도 조절	1 이하
난분 곡류(분말 포함) 두류(분말 포함) 전분	살균 살균 · 살충 살균	5 이하
건조식육 어류분말, 패류분말, 갑각류분말 된장분말, 고추장분말, 간장분말 건조채소류(분말 포함) 효모식품, 효소식품 조류식품 알로에분말 인삼(홍삼 포함) 제품류 조미건어포류	(㉢)	7 이하
건조향신료 및 이들 조제품 복합조미식품 소스 침출차 분말차 특수의료용도 등 식품	(㉢)	10 이하

해답

• ㉠ : 발아 억제 • ㉡ : 0.15 • ㉢ : 살균

252 **자외선 살균 시 조사 시간이 긴 순서대로 쓰시오.**

세균, 효모, 곰팡이

해답

곰팡이, 효모, 세균 순이다.

TIP 수분활성도가 낮을수록 자외선 조사 시간이 길다.

253 한국인이 특히 소화하기 힘든 알레르기의 원인과 대표식품 3가지를 쓰시오.

• 원인 :

• 대표식품 :

해답

• 원인 : 아미노산의 탈탄산반응에 의해서 생성되는 Histamine은 면역체계 작용으로 신체 조직 내 면역계에서 과민반응을 일으켜 염증 및 알레르기 작용을 유발한다.
• 대표식품 : 알류(가금류에 한한다), 우유, 메밀, 땅콩, 대두, 밀, 고등어, 게, 새우, 돼지고기, 복숭아, 토마토, 호두, 닭고기, 쇠고기, 오징어, 조개류 등

254 대장균군 검사가 식품안전도의 지표로 사용되는 이유를 검사결과 양성과 대장균군 생존 특성을 포함하여 설명하고 이와 관련된 세균속(명)을 3가지 정도 쓰시오.

해답

• 사람과 동물의 장내에서 주로 서식하는 미생물이기에 장내를 통해 배출되는 분변오염의 지표가 된다. 대장균군은 병원성 미생물을 포함하고 있기 때문에, 대장균군의 양성 검출은 병원성 미생물의 생존가능성을 보여준다.
• *Escherichia coli, Shigella* spp., *Klebsiella* spp., *Erwinia* 속, *Pantoea* spp., *Enterobater* 속

255 식품 저장 중 미생물에 의한 오염을 막기 위해 조건을 변화시킬 수 없는 내적 인자와 저장성 향상을 위해 변화시킬 수 있는 외적 인자를 각각 3가지 쓰시오.

• 내적 인자 :

• 외적 인자 :

해답

- 내적 인자 : pH, 산화환원전위, 수분활성도, 물리적 구조
- 외적 인자 : 온도, 산소, 수분 등

256 즉석조리식품 중 국 · 탕류 제품에 대한 안전성 검증을 위해 세균발육실험을 하려고 한다. ① 세균발육시험이 필요한 식품유형 및 ② 세균발육시험법에 대하여 간단히 서술하시오.

해답

① 장기보존식품 중 통 · 병조림 식품, 레토르트 식품
② 시료 5개를 개봉하지 않은 용기 · 포장 그대로 배양기에서 35~37℃에서 10일간 보존한 후, 상온에서 1일간 추가로 방치한 후 관찰하여 용기 · 포장이 팽창 또는 새는 것은 세균발육 양성으로 한다.

257 식품의 살균을 나타내는 값 중 D값의 의미는 무엇인지 쓰시오.

해답

일정 조건하에서 최초 총균수의 90%를 사멸시켜 미생물 수를 1/10로 감소시키는 데 걸리는 시간으로 미생물의 내열성을 알 수 있다.

258 Z value, D value, F value의 정의를 간단히 기술하시오.

- Z value :

- D value :

- F value :

해답

- Z value : D value를 10배 변화시키는 온도 차이
- D value : 어떠한 특정 온도에서 미생물 수의 90%를 사멸시키는 데 필요한 시간
- F value : 일정온도에서 세균 또는 세균포자를 사멸시키는 데 필요한 가열치사시간

259 *Clostrium botulinum* 포자 현탁액을 121℃에서 열처리하여 초기 농도의 99.9999%를 사멸시키는 데 1.5분이 걸렸다. 이 포자의 D_{121}을 구하시오.

해답

$$D = \frac{t}{\log\frac{N_o}{N}} = \frac{1.5}{\log\frac{10^2}{10^{-4}}} = 0.25(\text{분})$$

여기서, D : 초기 균수를 90% 사멸시켜 미생물 수를 1/10 감소시키는 데 걸리는 시간

N_o : 초기 미생물 수(초기 균수를 100%로 보면 10^4으로 본다.)

N : t시간 살균 후 미생물 수

260 **초기 농도에서 99.9% 감소하는 데 0.74분이 걸린다. 10^{-12} 감소하는 데 걸리는 시간을 구하시오.**

해답

- 99.9% 감소

$$D = \frac{t}{\log\frac{A}{B}} = \frac{0.74}{\log\frac{10^2}{10^{-1}}} = 0.25(\text{분})$$

- 10^{-12} 감소

$$0.25 = \frac{t}{\log\frac{10^0}{10^{-12}}}$$

$$0.25 \times \log 10^{-12} = t$$

$\therefore\ t = 3(\text{분})$

261 ***Bacillus stearothermophilus*(Z=10℃)를 121.1℃에서 가열처리하여 균의 농도를 1/10,000로 감소시키는 데 15분이 소요되었다. 살균온도를 125℃로 높여 15분간 살균할 때의 치사율(L)을 계산하고, 치사율 값을 121.1℃와 125℃에서의 살균시간 관계로 설명하시오.**

- 치사율(L값) 계산식 :

- 치사율 값의 121.1℃와 125℃에서의 살균시간 관계 :

해답

- 치사율(L값) 계산식

$$L = 10^{\frac{T_2 - T_1}{Z}} = 10^{\frac{125-121.1}{10}} = 2.45$$

- 치사율 값의 121.1℃와 125℃에서의 살균시간 관계 : 125℃에서 1분간 가열했을 때와 동일한 살균효과를 가지는 121.1℃에서의 살균시간을 의미

262 **살모넬라균을 TSI 사면배지에 접종 시 붉은색의 결과가 나오는데 그 이유를 쓰시오.**

해답

살모넬라의 경우 포도당을 분해하지만 유당과 서당을 분해하지 못하기 때문에 하면부는 황색(포도당이 분해), 사면부는 적색(유당, 서당 비분해)으로 나타나게 된다.

263 **어류의 선도판정기준의 트리메틸아민(TMA)의 유도물질과 초기 부패 판정의 기준치를 쓰시오.**

- 유도물질 :
- 초기 부패 판정 기준치 :

해답

- 유도물질 : 트리메틸아민옥사이드(TMAO ; trimethylamine oxide)
- 초기 부패 판정 기준치 : 4∼6mg%

264 **육류와 어류의 신선도가 떨어질수록 나는 냄새의 주성분을 각각 쓰시오.**

- 육류 :
- 어류 :

해답

- 육류 : 암모니아, 니트로소아민
- 어류 : 트리메틸아민(TMA), 휘발성 염기질소

265 식품으로 감염되기 쉬운 법정감염병 이름을 쓰고 종류 3가지를 쓰시오.

- 법정감염병 이름 :

- 종류 :

해답

- 법정감염병 이름 : 제2급 감염병
- 종류 : 콜레라, 장티푸스, 파라티푸스, 세균성 이질, 장출혈성 대장균 감염증

266 ADI의 정의를 설명하고 다음의 보기에 대해 계산하시오.

- 대상 : 체중 30kg인 어린이
- 최대 무작용량은 1mg/kg
- 과자 30g 섭취 시 ADI를 구하시오.

해답

- ADI의 정의 : 1일섭취허용량을 뜻하는 말로, 사람이 일생 동안 매일 섭취해도 신체에 바람직하지 않은 영향이 없다고 판단되는 1일 섭취량
- ADI(mg/day) = NOAEL ÷ 안전계수 × 체중

$$= 1 \div 100 \times 30 = 0.3\text{mg/day}$$

여기서, NOAEL ; No Observed Adverse Effect Level, 최대 무작용량

267 어떤 식품첨가물의 1일섭취허용량(ADI)을 구하기 위하여 동물(쥐)실험을 한 결과 ADI가 200mg/kg/day였다면 안전계수를 1/100로 하여 체중 60kg인 사람의 ADI를 구하시오.

해답

ADI(mg/day) = NOAEL ÷ 안전계수 × 체중

$$= 200 \div 100 \times 60 = 120\text{mg/day}$$

PART 06 기출복원문제

268 **ADI(Acceptable Daily Intake)와 TMDI(Theoretical Maximum Daily Intake)를 간단히 설명하시오.**

• ADI :

• TMDI :

해답

• ADI : 1일섭취허용량을 뜻하는 말로, 사람이 일생 동안 매일 섭취해도 신체에 바람직하지 않은 영향이 없다고 판단되는 1일섭취량이다.
• TMDI : 이론적 최대 하루 섭취량을 뜻한다. 위해성분이 식품에 잔류허용기준치만큼 잔류한다는 가정 아래 대상 식품의 법적 기준치에 하루 섭취량을 곱하여 합산한 후 평균체중으로 나눈 값으로, 잔류농약과 같은 유독성분의 위해평가에 쓰이는 지표이다.

269 **어떤 식품첨가물의 1일섭취허용량(ADI)을 구하기 위하여 동물(쥐)실험을 한 결과 최대 무작용량이 230mg/kg/day일 때 체중 50kg인 사람의 ADI를 구하시오.**

해답

ADI(mg/day) = NOAEL ÷ 안전계수 × 체중

$= 230 \div 100 \times 50$

$= 115\text{mg/day}$

270 **프탈레이트의 생성 기작과 사용 목적에 대하여 기술하시오.**

• 생성 기작 :

• 사용 목적 :

해답

- 생성 기작 : 무수프탈산에 에스테르 반응을 통해 합성된다.
- 사용 목적 : 플라스틱을 부드럽게 하기 위해 첨가하는 화학적 가소제이다.

271 에틸카바메이트의 생성 원인과 저감화 방안을 간단히 기술하시오.

- 생성 원인 :
- 저감화 방안 :

해답

- 생성 원인 : 에틸카바메이트는 과일씨에 주로 함유된 시안화화합물이나 발효 중 생성되는 요소가 에탄올과 반응하여 생성되는 물질이다. 주로 과실주에서 에틸카바메이트 섭취 리스크가 존재한다.
- 저감화 방안
  - 적은 양의 요소(Urea)를 생산하는 효모를 사용
  - 숙성 및 저장 · 보관 시 온도를 낮춰서 저장
  - 포도 재배 시 질소(요소)비료의 사용을 최소화시킴

272 우리나라의 경우 유전자변형식품표시제에 따라 유전자변형식품의 비의도적 혼입을 일부 허용하고 있다. 이때 비의도적 혼입의 정의, 비의도적 혼입 허용기준 및 비의도적 혼입 방지방안을 간략히 서술하시오.

- 비의도적 혼입의 정의 :
- 비의도적 혼입 허용기준 :
- 비의도적 혼입 방지방안 :

해답

- 비의도적 혼입의 정의 : 일반농산물 사이에 비의도적 · 우발적으로 유전자변형 농산물이 혼입되는 것을 뜻한다.

- 비의도적 혼입 허용기준 : 3% 이하
- 비의도적 혼입 방지방안 : 제조 농가가 근접한 곳에 위치하거나 한 곳에서 일반 농산물과 유전자변형농산물을 모두 저장 · 가공 · 보관할 경우 비의도적 혼입이 발생할 수 있다. 그러므로 비의도적 혼입을 방지하기 위해서는 농산물의 구분유통이 중요한 관리지점이 된다.

273 국내에서 식품용으로 승인된 유전자변형 작물 7개는 무엇인지 기술하시오.

해답

대두, 옥수수, 면화, 카놀라, 사탕무, 알팔파, 감자

274 유전자변형식품에서 안전성을 평가하기 위한 방법 4가지를 쓰시오.

해답

신규성, Allergy성, 항생제 내성, 독성실험

275 LMO(Living Modified Organism)의 정의를 기술하시오.

해답

어떤 생물의 유전자 중 유용유전자를 다른 생물체의 DNA로 삽입하는 유전자변형기술을 생물체에 도입한 살아있는 유전자변형 생물체를 뜻한다.

276 **GMO(유전자변형식품)의 안전성 검사의 실질적 동등성의 의미를 쓰시오.**

해답

유전자변형기술을 이용한 식품과 기존 식품을 비교하여 두 제품이 기존의 지식으로 품질 차이가 없으며 안전성이나 유효성에 부정적인 영향을 주지 않을 것이라고 과학적인 데이터를 통해 판단되는 경우를 일컫는다. 물리적 · 화학적 · 생물학적 품질특성을 근거로 알레르기성, 항생제 내성, 독성 등을 평가하여 동등성이 확인되면 기존 농축산물과 안전성 · 영양성 측면에서 동일한 것으로 간주한다.

04 식품인증관리

277 **HACCP 준비 5단계를 쓰시오.**

①

②

③

④

⑤

해답

① HACCP팀 구성 : HACCP을 기획하고 운영할 수 있는 전문가로 구성된 HACCP팀을 구성
② 제품 및 제품의 유통방법 기술 : 제품에 대한 이해와 위해요소(Hazard)를 정확히 파악하기 위한 단계로, 개발하려는 제품의 특성 및 포장 · 유통방법을 자세히 기술
③ 의도된 제품의 용도 확인 : 개발하려는 제품의 타겟 소비층 및 사용용도를 확인하는 단계
④ 공정흐름도 작성 : 원료의 입고부터 완제품의 보관 및 출고까지의 전 공정을 한눈에 확인할 수 있도록 흐름도를 작성
⑤ 공정흐름도 현장 확인(검증) : 작성된 공정흐름도를 현장에서 검증하며 공정을 제대로 작성했는지를 검증

278 HACCP의 7가지 원칙을 제시하시오.

①

②

③

④

⑤

⑥

⑦

해답

① 위해요소 분석 : 생물학적(CCP-B), 화학적(CCP-C), 물리적(CCP-P) 위해요소를 분석
② 중요관리점(CCP) 결정 : 확인된 위해요소를 예방 · 제거하거나 허용수준 이하로 감소시키는 절차
③ 한계기준 설정 : 위해요소 관리가 허용범위 이내로 충분히 이루어지고 있는지 여부를 판단할 수 있는 기준이나 기준치
④ 모니터링 체계 확립 : 한계기준에 이탈되지 않는 수준으로 적절히 관리되고 있는지 주기적으로 측정하고 확인하는 일련의 활동
⑤ 개선조치방법 수립 : 모니터링 결과 한계기준을 벗어났을 때 즉각적으로 대응하는 조치
⑥ 검증 절차 및 방법 수립 : HACCP 계획이 효과적으로 시행되는지를 검증하는 것
⑦ 문서화 · 기록 유지 : HACCP 시스템을 문서화하기 위한 효과적인 기록유지 절차 설정

279 HACCP 준비단계 5절차와 적용단계 7원칙을 쓰시오.

• 준비단계 5절차

①

②

③

④

⑤

• 적용단계 7원칙

①

②

③

④

⑤

⑥

⑦

해답

• 준비단계 5절차
① HACCP팀 구성
② 제품 및 제품의 유통방법 기술
③ 의도된 제품의 용도 확인
④ 공정흐름도 작성
⑤ 공정흐름도 현장 확인(검증)

• 적용단계 7원칙
① 위해요소 분석
② 중요관리점(CCP) 결정
③ 한계기준 설정
④ 모니터링 체계 확립
⑤ 개선조치방법 수립
⑥ 검증 절차 및 방법 수립
⑦ 문서화 · 기록 유지

280 HACCP에서 제품설명서와 공정흐름도 작성의 주요 목적과 각각 포함되어야 하는 사항의 예시를 2가지씩 쓰시오.

• 제품설명서

① 목적 :

② 포함사항 :

• 공정흐름도

① 목적 :

② 포함사항 :

해답

• 제품설명서
  ① 목적 : 개발하려는 제품의 특성을 정확히 파악함으로써 효과적인 위해분석 및 중요관리점 등 기초정보를 파악하는 데 목적을 둔다.
  ② 포함사항 : 제품명, 제품의 유형 및 성상, 처리 · 가공(포장)단위, 완제품의 규격, 보관 · 유통상의 주의사항, 용도 및 소비기한, 포장방법 및 재질 등
• 공정흐름도
  ① 목적 : 원료의 입고부터 완제품의 보관 및 출고까지의 전 공정을 한눈에 확인할 수 있도록 작성하며 이를 통해 제품의 공정 · 단계별 위해요소를 파악하여 교차오염 또는 2차 오염 가능성 파악이 가능하다.
  ② 포함사항 : 제조공정도, 설비배치도, 작업원 이동경로, 급수 및 배수 체계도 등

281 HACCP에서 개선조치와 검증절차의 정의에 대해 설명하시오.

해답

• 개선조치 : 모니터링 결과 한계기준을 벗어났을 때 즉각적으로 대응하는 조치이다.
• 검증절차 : HACCP 계획이 효과적으로 시행되는지를 검증하는 것이다. 정기적 검증과 비정기적 검증이 있다.

TIP

정기적 검증	비정기적 검증
• 일상검증 : 점검표검증, 현장검증 • 정기검증 : 외부 정기검증, 내부 정기검증	• 식품안전이슈 발생 • 식품안전사고 발생 • 원료, 제조공정, CCP의 변경 • HACCP Plan 변경 • 신제품 개발 시

282 HACCP에서 물리적 위해요소의 정의와 원인을 쓰시오.

• 정의 :

• 원인 :

해답

• 정의 : 식품에서 일반적으로 발생하지 않으나 소비자에게 치명적인 위해나 상처를 입힐 수 있는 위해요소의 총칭
• 원인 : 원료 혹은 제조공정상 유입가능한 금속, 뼈, 유리, 돌 등의 물질

283 이력추적제도 마크를 그리시오.

해답

TIP 식품이력추적관리제도

식품을 제조 · 가공단계부터 판매단계까지 각 단계별로 이력추적정보를 기록 · 관리하여 소비자에게 제공함으로써 안전한 식품선택을 위한 '소비자의 알권리'를 보장하고자 하는 제도이다. 식품의 안전성 등에 문제가 발생할 경우, 신속한 유통차단과 회수조치를 할 수 있도록 관리가 가능하다.
제조 · 가공업소의 경우, 영 · 유아식품, 건강기능식품, 조제유류, 임산 · 수유부용 식품, 특수의료용도 등의 식품, 체중조절용 조절식품에 대해서는 단계적으로 의무도입하고 있다.

284 **식품제조 시의 위해방지와 사전 예방적인 식품안전관리체계의 구축을 위해 어묵류 등의 HACCP 의무적용을 시작으로 점차 의무적용 범위를 늘려가고 있다. 현재 HACCP을 의무로 적용해야 하는 식품 유형 5가지를 기재하시오.**

해답

1. 수산가공식품류의 어육가공품류 중 어묵 · 어육소시지
2. 기타 수산물가공품 중 냉동 어류 · 연체류 · 조미가공품
3. 냉동식품 중 피자류 · 만두류 · 면류
4. 과자류, 빵류 또는 떡류 중 과자 · 캔디류 · 빵류 · 떡류
5. 빙과류 중 빙과
6. 음료류[다류(茶類) 및 커피류는 제외한다]
7. 레토르트 식품
8. 절임류 또는 조림류의 김치류 중 김치(배추를 주원료로 하여 절임, 양념혼합과정 등을 거쳐 이를 발효시킨 것이거나 발효시키지 아니한 것 또는 이를 가공한 것에 한한다)
9. 코코아가공품 또는 초콜릿류 중 초콜릿류
10. 면류 중 유탕면 또는 곡분, 전분, 전분질원료 등을 주원료로 반죽하여 손이나 기계 따위로 면을 뽑아내거나 자른 국수로서 생면 · 숙면 · 건면
11. 특수용도식품
12. 즉석섭취 · 편의식품류 중 즉석섭취식품

12의 2. 즉석섭취 · 편의식품류의 즉석조리식품 중 순대

13. 식품제조 · 가공업의 영업소 중 전년도 총 매출액이 100억 원 이상인 영업소에서 제조 · 가공하는 식품

285 **GMP, SSOP에 대하여 쓰시오.**

- GMP :
- SSOP :

해답

- GMP : 우수제조기준이며, Good Manufacturing Practice의 약자로 품질이 우수한 식품을 제조하는 데 필요한 제조, 제조시설, 품질, 품질관리시설 등 제조의 전반에서 준수해야 할 사항을 제정한 관리기준이다.
- SSOP : 표준위생관리기준이며, Sanitation Standard Operation Procedure의 약자로 식품의 제조과정 중 각 단계별 위생적 안전성 확보에 필요한 작업의 기준으로 이러한 위생관리기준을 운영함으로써 식품 취급 중 외부에서 위해요소가 유입되는 것을 방지한다.

286 우수제조기준(GMP)의 정의와 목적에 대해 쓰시오.

해답

우수제조기준(GMP)이란 Good Manufacturing Practice의 약자로 품질이 우수한 식품을 제조하는 데 필요한 제조, 제조시설, 품질, 품질관리시설 등 제조의 전반에서 준수해야 할 사항을 제정한 관리기준이다.

287 식품공전에 의하여 성상(관능평가)의 분석 시 이용되는 ① 감각 5가지와 ② 시험조작 항목 4가지를 쓰고, ③ 조작 항목별 공통으로 적용되는 기준을 쓰시오.

해답

① 시각, 후각, 미각, 촉각, 청각
② 색깔, 풍미, 조직감, 외관
③ 채점한 결과가 평균 3점 이상이고, 1점 항목이 없어야 한다.

288 식품공전상에서 기재된 무게와 관련한 다음의 용어들이 뜻하는 바를 서술하시오.

용어	정의
정밀히 단다.	
정확히 단다.	
"약"	
"항량"	

해답

용어	정의
정밀히 단다.	달아야 할 최소단위를 고려하여 0.1mg, 0.01mg 또는 0.001mg까지 다는 것을 말한다.
정확히 단다.	규정된 수치의 무게를 그 자릿수까지 다는 것을 말한다.
"약"	따로 규정이 없는 한 기재량의 90~110%의 범위 내에서 취하는 것을 말한다.
"항량"	다시 계속하여 1시간 더 건조 혹은 강열할 때에 전후의 칭량차가 이전에 측정한 무게의 0.1% 이하임을 말한다.

289 식품의 소비기한 설정시험 중 가속실험에 대하여 서술하시오.

해답

- 가속실험의 정의
  실제 보관 또는 유통조건보다 가혹한 조건에서 실험하여 단기간에 제품의 소비기한을 예측하는 것을 말한다. 즉, 온도가 물질의 화학적 · 생화학적 · 물리학적 반응과 부패 속도에 미치는 영향을 이용하여 실제 보관 또는 유통온도와 최소 2개 이상의 남용 온도에 저장하면서 선정한 품질지표가 품질한계에 이를 때까지 일정 간격으로 실험을 진행하여 얻은 결과를 아레니우스 방정식(Arrhenius Equation)을 사용하여 실제 보관 및 유통온도로 외삽한 후 소비기한을 예측하여 설정하는 것을 말한다.
- 가속실험의 특징
  - 온도 증가에 따라 물리적 상태 변화 가능성이 있어 예상치 못한 결과를 초래할 수 있다.
  - 소비기한 3개월 이상의 식품에 적용한다.

290 다음 항량에 대한 정의 중 빈칸의 내용을 기입하시오.

건조 또는 강열할 때 "항량"이라고 기재한 것은 다시 계속하여 (㉠) 더 건조 혹은 강열할 때에 전후의 (㉡)가 이전에 측정한 무게의 (㉢) 이하임을 말한다.

해답

- ㉠ : 1시간
- ㉡ : 칭량차
- ㉢ : 0.1%

291 미생물 시험 검체를 채취할 때 멸균 면봉으로 몇 cm^2까지 채취해야 하는지 쓰시오.

해답

고체표면검체

검체 표면의 일정 면적(보통 $100cm^2$)을 일정량(1～5mL)의 희석액으로 적신 멸균거즈와 면봉 등으로 닦아내어 일정량(10～100mL)의 희석액을 넣고 강하게 진탕하여 부착균의 현탁액을 조제하여 시험용액으로 한다.

292 식품위생법령상 「회수대상이 되는 식품 등의 기준」에서 정한 내용이다. 식중독균 4가지를 쓰시오.

해답

Salmonella spp., *Escherichia coli* O157 : H7, *Listeria monocytogenes*, *Clostridium botulinum*, *Campylobacter jejuni*

293 레토르트 식품의 제조 · 가공기준을 쓰시오.

해답

레토르트(Retort)식품

- 식품을 포장하여 가열살균 또는 멸균한 장기보존식품의 하나이다.
- 제조 · 가공기준
  - 멸균은 제품의 중심온도가 120℃ 이상에서 4분 이상 열처리하거나 또는 이와 동등 이상의 효력이 있는 방법으로 열처리하여야 한다.
  - pH 4.6을 초과하는 저산성 식품(Low Acid Food)은 제품의 내용물, 가공장소, 제조일자를 확인할 수 있는 기호를 표시하고 멸균공정 작업에 대한 기록을 보관하여야 한다.
  - pH가 4.6 이하인 산성식품은 가열 등의 방법으로 살균 처리할 수 있다.
  - 제품은 저장성을 가질 수 있도록 그 특성에 따라 적절한 방법으로 살균 또는 멸균 처리하여야 하며 내용물의 변색이 방지되고 호열성 세균의 증식이 억제될 수 있도록 적절한 방법으로 냉각시켜야 한다.
  - 보존료는 일절 사용하여서는 아니 된다.

294 냉동식품의 정의와 분류를 쓰시오.

해답

- 냉동식품의 정의 : 냉동식품이란 제조 · 가공 또는 조리한 식품을 장기보존할 목적으로 냉동처리, 냉동보관하는 것으로서 용기 · 포장에 넣은 식품을 말한다.
- 냉동식품의 분류
  - 가열하지 않고 섭취하는 냉동식품 : 별도의 가열과정 없이 그대로 섭취할 수 있는 냉동식품
  - 가열하여 섭취하는 냉동식품 : 섭취 시 별도의 가열과정을 거쳐야만 하는 냉동식품

295 식품공전상 식초의 정의와 종류를 쓰시오.

해답

- 정의 : 식초는 조미식품 중 하나로 곡류, 과실류, 주류 등을 주원료로 하여 초산발효하거나 이에 곡물당화액, 과실착즙액 등을 혼합하여 숙성하는 등의 공정을 거쳐 제조한 발효식초와 빙초산 또는 초산을 주원료로 하여 먹는 물로 희석하는 등의 방법으로 제조한 희석초산을 말한다.
- 종류 : 발효식초, 희석초산

296 식품공전에 나온 간장의 종류에 따른 정의를 쓰시오.

해답

- 한식간장 : 메주를 주원료로 하여 식염수 등을 섞어 발효·숙성시킨 후 그 여액을 가공한 것을 말한다.
- 양조간장 : 대두, 탈지대두 또는 곡류 등에 누룩균 등을 배양하여 식염수 등을 섞어 발효·숙성시킨 후 그 여액을 가공한 것을 말한다.
- 산분해간장 : 단백질을 함유한 원료를 산으로 가수분해한 후 그 여액을 가공한 것을 말한다.

297 다음 형태의 식품 유형을 쓰시오.

1) 밀가루 99.9%, 니코틴산, 환원철, 비타민 C 등을 첨가한 제품의 식품유형
2) 옥수수, 보리차 등 티백포장된 형태의 식품유형

해답

1) 영양강화 밀가루 : 밀가루에 영양강화의 목적으로 식품 또는 식품첨가물을 가한 밀가루를 말한다.
2) 침출차 : 식물의 어린 싹이나 잎, 꽃, 줄기, 뿌리, 열매 또는 곡류 등을 주원료로 하여 가공한 것으로서 물에 침출하여 그 여액을 음용하는 기호성 식품을 말한다.

298 밀가루를 분류하는 기준을 기술하시오.

해답

• 건부량 · 습부량에 따른 분류

종류	건부량	습부량	원료 밀	용도
강력분	13% 이상	40% 이상	유리질 밀	식빵
중력분	10~13%	30~40%	중간질 밀	면류
박력분	10% 이하	30% 이하	분상질 밀	과자

• 회분함량에 따른 등급의 분류

항목 \ 유형	밀가루				영양강화 밀가루
	1등급	2등급	3등급	기타	
회분(%)	0.6 이하	0.9 이하	1.6 이하	2.0 이하	2.0 이하

299 식품공전상 다음 용어의 온도범위를 쓰시오.

• 표준온도 :

• 상온 :

• 실온 :

• 미온 :

해답

• 표준온도 : 20℃
• 상온 : 15~25℃
• 실온 : 1~35℃
• 미온 : 30~40℃

300 식품첨가물의 사용 용도에 대해 쓰시오.(-제 or -료)

• 안식향산나트륨 :

• 차아염소산나트륨 :

• 에리토브산나트륨 :

• 구연산 :

해답

• 안식향산나트륨 : 보존료
• 차아염소산나트륨 : 살균제
• 에리토브산나트륨 : 산화방지제
• 구연산 : 산도조절제

TIP
• 보존료 : 소브산, 안식향산, 데히드로초산나트륨, 프로피온산
• 살균제 : 차아염소산나트륨
• 산화방지제 : 아스코르브산, BHA, BHT, 토코페롤, 부틸하이드록시아니솔
• 표백제 : 아황산나트륨, 무수아황산
• 호료 : 메틸셀룰로오스, 카제인
• 발색제 : 아질산나트륨, 질산나트륨
• 조미료 : IMP, GMP, MSG
• 산미료 : 구연산
• 감미료 : 사카린나트륨, 글리실리진산, 자일리톨
• 팽창제 : 명반, 염화암모늄, 탄산수소나트륨
• 유화제 : 레시틴, 에스테르
• 품질개량제 : 인산염
• 추출용제 : 메틸알코올

301 식품첨가물공전에 따른 식품첨가물의 주요 용도를 쓰시오.

• 보존료 :

• 감미료 :

• 거품제거제 :

해답

• 보존료 : 미생물에 의한 품질 저하를 방지하여 식품의 보존기간을 연장시키는 식품첨가물을 말한다.
• 감미료 : 식품에 단맛을 부여하는 식품첨가물을 말한다.
• 거품제거제 : 식품의 거품 생성을 방지하거나 감소시키는 식품첨가물을 말한다.

302 Cyclodextrin의 사용 목적 또는 효과를 3가지 쓰시오.

해답

• 식품의 점착성 및 점도를 증가시키기 때문에 어묵 등의 점도 향상을 위해 사용
• 유화안정성을 증진하기 때문에 마요네즈의 유화성 개선제 등으로 사용
• 착향료 및 착색료의 안정제로 사용

303 숯과 활성탄의 원료와 제조방법, 식용 가능 여부, 식품첨가물 등재 여부, 첨가 기준에 대해 쓰시오.

해답

숯은 식용으로 사용이 불가능하며 활성탄은 식품첨가물공전에 등재되어 있어 식품첨가물로 사용이 가능하다.

구분	숯	활성탄
식용 가능 여부	N	N
첨가물 등재 여부	N	Y
첨가 기준		활성탄은 식품의 제조 또는 가공상 여과보조제(여과, 탈색, 탈취, 정제 등) 목적에 한하여 사용하여야 한다. 다만, 사용 시 최종 식품 완성 전에 제거하여야 하며, 식품 중의 잔존량은 0.5% 이하이어야 한다.
주 용도	–	여과보조제

304 **다음은 식품첨가물 기준 및 규격에 등록된 식품에 사용 가능한 첨가물이다. 아래 첨가물의 주용도를 기입하시오.**

첨가물	주용도
수크랄로스	
소브산	
식용색소청색 제1호	
카페인	
부틸하이드록시아니솔	

해답

첨가물	주용도
수크랄로스	감미료
소브산	보존료
식용색소청색 제1호	착색료
카페인	향미증진제
부틸하이드록시아니솔	산화방지제

305 **착색료와 비교하여 발색제의 특징을 쓰시오.**

- 착색료 :
- 발색제 :

해답

- 착색료 : 식품에 색을 부여하거나 복원시키는 식품첨가물
- 발색제 : 식품의 색을 안정화시키거나, 유지 또는 강화시키는 식품첨가물

TIP 식품첨가물공전상의 식품첨가물의 정의

구분	내용
가공보조제	식품의 제조 과정에서 기술적 목적을 달성하기 위하여 의도적으로 사용되고 최종제품 완성 전 분해 · 제거되어 잔류하지 않거나 비의도적으로 미량 잔류할 수 있는 식품첨가물
감미료	식품에 단맛을 부여하는 식품첨가물
고결방지제	식품의 입자 등이 서로 부착되어 고형화되는 것을 감소시키는 식품첨가물

구분	내용
거품제거제	식품의 거품 생성을 방지하거나 감소시키는 식품첨가물
껌기초제	적당한 점성과 탄력성을 갖는 비영양성의 씹는 물질로서 껌 제조의 기초 원료가 되는 식품첨가물
밀가루 개량제	밀가루나 반죽에 첨가되어 제빵 품질이나 색을 증진시키는 식품첨가물
발색제	식품의 색을 안정화시키거나, 유지 또는 강화시키는 식품첨가물
보존료	미생물에 의한 품질 저하를 방지하여 식품의 보존기간을 연장시키는 식품첨가물
분사제	용기에서 식품을 방출시키는 가스 식품첨가물
산도조절제	식품의 산도 또는 알칼리도를 조절하는 식품첨가물
산화방지제	산화에 의한 식품의 품질 저하를 방지하는 식품첨가물
살균제	식품 표면의 미생물을 단시간 내에 사멸시키는 작용을 하는 식품첨가물
습윤제	식품이 건조되는 것을 방지하는 식품첨가물
안정제	두 가지 또는 그 이상의 성분을 일정한 분산 형태로 유지시키는 식품첨가물
여과보조제	불순물 또는 미세한 입자를 흡착하여 제거하기 위해 사용되는 식품첨가물
영양강화제	식품의 영양학적 품질을 유지하기 위해 제조공정 중 손실된 영양소를 복원하거나, 영양소를 강화시키는 식품첨가물
유화제	물과 기름 등 섞이지 않는 두 가지 또는 그 이상의 상(Phases)을 균질하게 섞어주거나 유지시키는 식품첨가물
이형제	식품의 형태를 유지하기 위해 원료가 용기에 붙는 것을 방지하여 분리하기 쉽도록 하는 식품첨가물
응고제	식품 성분을 결착 또는 응고시키거나, 과일 및 채소류의 조직을 단단하거나 바삭하게 유지시키는 식품첨가물
제조용제	식품의 제조 · 가공 시 촉매, 침전, 분해, 청징 등의 역할을 하는 보조제 식품첨가물
젤형성제	젤을 형성하여 식품에 물성을 부여하는 식품첨가물
증점제	식품의 점도를 증가시키는 식품첨가물
착색료	식품에 색을 부여하거나 복원시키는 식품첨가물
청관제	식품에 직접 접촉하는 스팀을 생산하는 보일러 내부의 결석, 물때 형성, 부식 등을 방지하기 위하여 투입하는 식품첨가물
추출용제	유용한 성분 등을 추출하거나 용해시키는 식품첨가물
충전제	산화나 부패로부터 식품을 보호하기 위해 식품의 제조 시 포장 용기에 의도적으로 주입시키는 가스 식품첨가물
팽창제	가스를 방출하여 반죽의 부피를 증가시키는 식품첨가물
표백제	식품의 색을 제거하기 위해 사용되는 식품첨가물
표면처리제	식품의 표면을 매끄럽게 하거나 정돈하기 위해 사용되는 식품첨가물
피막제	식품의 표면에 광택을 내거나 보호막을 형성하는 식품첨가물
향미증진제	식품의 맛 또는 향미를 증진시키는 식품첨가물
향료	식품에 특유한 향을 부여하거나 제조공정 중 손실된 식품 본래의 향을 보강시키는 식품첨가물
효소제	특정한 생화학 반응의 촉매 작용을 하는 식품첨가물

306 **식품공전의 보존 및 유통기준에 따르면 식품은 적온에서 유통하고 보관하여야 한다. 이때 다음 식품의 적정 보관온도를 기재하시오.**

제품	보관온도
두유류 중 살균제품(pH 4.6 이하의 살균제품 제외)	
양념젓갈류	
훈제연어	
식용란	
얼음류	
식육, 포장육 및 식육가공품	
일반 냉동식품	
일반 냉장제품	

해답

제품	보관온도
두유류 중 살균제품(pH 4.6 이하의 살균제품 제외)	10℃ 이하
양념젓갈류	10℃ 이하
훈제연어	5℃ 이하
식용란	0~15℃
얼음류	-10℃ 이하
식육, 포장육 및 식육가공품	-2~10℃
일반 냉동식품	-18℃ 이하
일반 냉장제품	0~10℃

307 **식품의 소비기한과 품질유지기한에 대해 설명하시오.**

해답

- 소비기한 : 식품에 표시된 보관방법을 준수할 경우 섭취하여도 안전에 이상이 없는 기한
- 품질유지기한 : 식품의 특성에 맞는 적절한 보전방법이나 기준에 따라 보관할 경우 해당 식품의 고유의 품질이 유지될 수 있는 기한

308 식품공전상 10℃, 5℃ 이하에서 보존해야 하는 식품의 종류를 각각 쓰시오.

해답

- 10℃ 이하에서 보존하여야 하는 식품
  - 어육가공품류(멸균제품 또는 기타 어육가공품 중 굽거나 튀겨 수분함량이 15% 이하인 제품은 제외)
  - 두유류 중 살균제품(pH 4.6 이하의 살균제품은 제외)
  - 양념젓갈류
  - 가공두부(멸균제품 또는 수분함량이 15% 이하인 제품은 제외)
- 5℃ 이하에서 보존하여야 하는 식품
  - 신선편의식품
  - 훈제연어

309 식품, 식품첨가물, 건강기능식품의 소비기한 설정기준에 의거하여 소비기한 설정실험을 생략할 수 있는 근거 2가지를 쓰시오.

해답

- '식품, 식품첨가물 및 건강기능식품의 소비기한 설정기준'에서 제안하는 권장소비기한 이내로 설정하는 경우
- 자연상태의 농 · 임 · 수산물 등 '식품 등의 표시기준'에서 정해진 소비기한 표시를 생략할 수 있는 식품일 경우
- 신규 품목제조보고 제품이 기존 제품과 식품유형, 성상, 포장재질, 보존 및 유통 온도, 보존료 사용 여부, 유탕 · 유처리 여부, 살균 또는 멸균 여부가 동일할 경우
- 소비기한 설정과 관련한 국내외 식품 관련 학술지 등재 논문, 정부기관 또는 정부출연기관의 연구보고서, 한국식품공업협회 및 동업자조항에서 발간한 보고서를 인용하여 소비기한을 설정하는 경우

310 **식품의 소비기한 설정실험 지표 3가지를 쓰시오.**

해답

- 미생물학적 지표(일반세균, 대장균군 등의 위생지표세균)
- 이화학적 지표(산도, 수분 등)
- 관능적 지표(맛, 향, 외관 등)

311 **식품의 소비기한 설정 시 법적으로 미생물에 대한 기준규격이 없을 경우 위생지표균을 미생물학적 한계기준으로 설정한다. 이에 대한 근거를 간단히 기술하시오.**

해답

일반적으로 세균수, 대장균, 대장균군을 미생물학적 위생지표균으로 구분한다. 위생지표균이란 자연계에 널리 존재하여 식품에도 존재할 수 있는 자연균총으로 사람에게 질병이나 위해를 일으키는 균주는 아니지만 제품의 부패와 변질에 관여하기 때문에 제품 제조 시의 위생을 판단할 수 있는 지표균주이다. 일반적으로 세균수가 100,000/g을 초과하는 것은 제품의 부패초기 세균수로 나타내기 때문에 저장기간 중의 제품의 안전성을 확인하기 위해 위생지표균을 품질한계기준으로 설정한다.

312 **식품첨가물 Codex를 결정하는 국제기구 2가지를 쓰시오.**

해답

FAO/WHO 합동 식품첨가물 전문가위원회(JECFA), 국제식품규격위원회(CAC)

313 유기가공식품은 식품 등의 표시기준상 식품의 제조 · 가공에 사용한 원재료의 몇 % 이상이 어떤 법의 기준에 의해 유기농림산물 및 유기축산물의 인증을 받아야 하는지 쓰시오.

해답

- 유기가공식품 : 유기농 인증을 받은 농축산물을 95% 이상 사용한 가공식품 중 제조공정을 종합적으로 판단
- 근거법령 : 친환경농어업 육성 및 유기식품 등의 관리 · 지원에 관한 법률

314 유기가공식품 인증기준에 관한 설명이다. 빈칸을 채우시오.

유기식품에는 원료 첨가물 보조제를 모두 유기적으로 생산 및 취급된 것을 사용하되 원료를 상업적으로 조달할 수 없는 물과 소금을 제외한 제품 중량의 (㉠) 비율 내에서 비유기 원료를 사용할 수 있다. (㉡)과 (㉢)은 첨가할 수 있으며 최종 계산 시 첨가한 양은 제외한다. (㉣) 미생물 제제는 사용할 수 없다.

해답

- ㉠ : 5%
- ㉡ : 물
- ㉢ : 소금
- ㉣ : 유전자변형

315 식품 등 표시기준의 영양소 함량 강조 표시에 따라 다음 빈칸을 채우시오.

영양 성분	강조 표시	표시기준
열량	저	식품 100g당 (㉠)kcal 미만 또는 식품 100mL당 (㉡)kcal 미만일 때
	무	식품 100mL당 (㉢)kcal 미만일 때
트랜스지방	저	식품 100g당 (㉣)g 미만일 때

해답

- ㉠ : 40
- ㉡ : 20
- ㉢ : 4
- ㉣ : 0.5

316 기준에 적합하지 않은 허위표시나 과대광고의 예를 3가지 쓰시오.

해답

식품의 부당한 표시 또는 과대광고 행위

- 질병의 예방 · 치료에 효능이 있는 것으로 인식할 우려가 있는 표시 또는 광고
- 식품 등을 의약품으로 인식할 우려가 있는 표시 또는 광고
- 건강기능식품이 아닌 것을 건강기능식품으로 인식할 우려가 있는 표시 또는 광고
- 거짓 · 과장된 표시 또는 광고
- 소비자를 기만하는 표시 또는 광고
- 다른 업체나 다른 업체의 제품을 비방하는 표시 또는 광고
- 객관적인 근거 없이 자기 또는 자기의 식품 등을 다른 영업자나 다른 영업자의 식품 등과 부당하게 비교하는 표시 또는 광고

317 트랜스지방과 나트륨의 표시기준에 따라 빈칸을 채우시오.

영양 성분	표시기준
트랜스지방	트랜스지방 0.5g 미만은 "(㉠)g 미만"으로 표시할 수 있으며, (㉡)g 미만은 "0"으로 표시할 수 있다.
나트륨	나트륨 120mg 이하인 경우에는 그 값에 가장 가까운 (㉢)mg 단위로, 120mg을 초과하는 경우에는 그 값에 가장 가까운 (㉣)mg 단위로 표시하여야 한다. 이 경우 (㉤)mg 미만은 "0"으로 표시할 수 있다.

해답

- ㉠ : 0.5
- ㉡ : 0.2
- ㉢ : 5
- ㉣ : 10
- ㉤ : 5

318 식품 등의 표시기준에 따라 해당 영양소의 빈칸을 채우시오.

영양 성분	표시 기준
콜레스테롤	콜레스테롤의 단위는 밀리그램(mg)으로 표시하되, 그 값을 그대로 표시하거나 그 값에 가장 가까운 5mg 단위로 표시하여야 한다. 이 경우 5mg 미만은 (㉠)으로, (㉡)은 "0"으로 표시할 수 있다.
탄수화물	탄수화물의 단위는 그램(g)으로 표시하되, 그 값을 그대로 표시하거나 그 값에 가장 가까운 1g 단위로 표시하여야 한다. 이 경우 1g 미만은 (㉢)으로, (㉣)은 "0"으로 표시할 수 있다.
단백질	단백질의 단위는 그램(g)으로 표시하되, 그 값을 그대로 표시하거나 그 값에 가장 가까운 1g 단위로 표시하여야 한다. 이 경우 1g 미만은 (㉤)으로, (㉥)은 "0"으로 표시할 수 있다.

해답

- ㉠ : 5mg 미만
- ㉡ : 2mg 미만
- ㉢ : 1g 미만
- ㉣ : 0.5g 미만
- ㉤ : 1g 미만
- ㉥ : 0.5g 미만

TIP 영양소 함량 강조 표시 세부기준

영양성분	강조표시	표시조건
열량	저	식품 100g당 40kcal 미만 또는 식품 100mL당 20kcal 미만일 때
	무	식품 100mL당 4kcal 미만일 때
나트륨/소금(염)	저	식품 100g당 120mg 미만일 때 *소금(염)은 식품 100g당 305mg 미만일 때
	무	식품 100g당 5mg 미만일 때 *소금(염)은 식품 100g당 13mg 미만일 때
당류	저	식품 100g당 5g 미만 또는 식품 100mL당 2.5g 미만일 때
	무	식품 100g당 또는 식품 100mL당 0.5g 미만일 때
지방	저	식품 100g당 3g 미만 또는 식품 100mL당 1.5g 미만일 때
	무	식품 100g당 또는 식품 100mL당 0.5g 미만일 때
트랜스지방	저	식품 100g당 0.5g 미만일 때
포화지방	저	식품 100g당 1.5g 미만 또는 식품 100mL당 0.75g 미만이고, 열량의 10% 미만일 때
	무	식품 100g당 0.1g 미만 또는 식품 100mL당 0.1g 미만일 때
콜레스테롤	저	식품 100g당 20mg 미만 또는 식품 100mL당 10mg 미만이고, 포화지방이 식품 100g당 1.5g 미만 또는 식품 100mL당 0.75g 미만이며, 포화지방이 열량의 10% 미만일 때
	무	식품 100g당 5mg 미만 또는 식품 100mL당 5mg 미만이고, 포화지방이 식품 100g당 1.5g 미만 또는 식품 100mL당 0.75g 미만이며, 포화지방이 열량의 10% 미만일 때
식이섬유	함유 또는 급원	식품 100g당 3g 이상, 식품 100kcal당 1.5g 이상일 때 또는 1회 섭취참고량당 1일 영양성분기준의 10% 이상일 때
	고 또는 풍부	함유 또는 급원 기준의 2배

영양성분	강조표시	표시조건
단백질	함유 또는 급원	• 식품 100g당 1일 영양성분 기준치의 10% 이상 • 식품 100mL당 1일 영양성분 기준치의 5% 이상 • 식품 100kcal당 1일 영양성분 기준치의 5% 이상일 때 또는 1회 섭취참고량당 1일 영양성분기준치의 10% 이상일 때
	고 또는 풍부	함유 또는 급원 기준의 2배
비타민 또는 무기질	함유 또는 급원	• 식품 100g당 1일 영양성분 기준치의 1.5% 이상 • 식품 100mL당 1일 영양성분 기준치의 7.5% 이상 • 식품 100kcal당 1일 영양성분 기준치의 5% 이상일 때 또는 1회 섭취참고량당 1일 영양성분기준치의 15% 이상일 때
	고 또는 풍부	함유 또는 급원 기준의 2배

319 다음을 읽고 빈칸을 채우시오.

카페인 함량을 mL당 (㉠) 이상 함유한 (㉡)은 "어린이, 임산부, 카페인 민감자는 섭취에 주의하여 주시기 바랍니다." 등의 문구 및 주표시면에 "(㉢)"와 "총카페인 함량 000mg"을 표시

해답

• ㉠ : 0.15mg
• ㉡ : 액체식품
• ㉢ : 고카페인 함유

320 영양성분 표시량과 실제 측정값의 허용오차 범위를 쓰시오.

• 열량, 나트륨, 당류, 지방, 포화지방 및 콜레스테롤의 실제 측정값은 표시량의 (㉠) 미만이어야 한다.
• 탄수화물, 식이섬유, 단백질, 비타민, 무기질의 실제 측정값은 표시량의 (㉡) 이상이어야 한다.

해답

• ㉠ : 120%
• ㉡ : 80%

321 수입식품 이력사항에 표기해야 할 사항 중 3가지를 쓰시오.

해답

수입식품 이력사항 필수표기 대상

- 수입식품 등의 유통이력 추적관리번호
- 수입업소 명칭 및 소재지
- 제조국
- 제조회사 명칭 및 소재지
- 제조일
- 유전자변형식품 등 여부
- 수입일
- 소비기한 또는 품질유지기한
- 원재료명 또는 성분명
- 기능성(건강기능식품만 해당)
- 회수대상 여부 및 회수사유

322 식품공전에서 규정한 식품 이물 시험법 3가지를 쓰시오.

해답

시험법	적용 범위
침강법	비교적 무거운 이물 검사에 적용
체분별법	검체가 미세한 분말일 때
여과법	검체가 액체일 때 또는 용액으로 할 수 있을 때
와일드만 플라스크법	곤충 및 동물의 털과 같이 물에 잘 젖지 아니하는 가벼운 이물일 때

323 특수용도식품이란 무엇인지 정의와 종류를 기술하시오.

• 특수용도식품의 정의 :

• 특수용도식품의 종류 :

해답

• 특수용도식품의 정의 : 특수용도식품이란 영 · 유아, 병약자, 노약자, 비만자 또는 임산 · 수유부 등 특별한 영양관리가 필요한 특정 대상을 위하여 식품과 영양성분을 배합하는 등의 방법으로 제조 · 가공한 것으로 조제유류, 영아용 조제식, 성장기용 조제식, 영 · 유아용 이유식, 특수의료용도 등 식품, 체중조절용 조제식품, 임산 · 수유부용 식품을 말한다.
• 특수용도식품의 종류 : 조제유류, 영아용 조제식, 성장기용 조제식, 영 · 유아용 이유식, 특수의료용도 등 식품, 체중조절용 조제식품, 임산 · 수유부용 식품

식품의약품안전처의 개정고시에 따라 2022년 1월 1일부로 기존 특수용도식품은 특수영양식품과 특수의료용도식품으로 분리된다. 특수영양식품에는 조제유류, 영아용 조제식, 성장기용 조제식, 영유아용 이유식, 체중조절용 조제식품, 임산수유부용 식품이 포함되며 기존 특수의료용도 등 식품은 특수의료용도식품으로 별도의 유형으로 분류된다.

324 헥산의 식품공전상 정의와 용도에 대해 쓰시오.

• 헥산의 정의 :

• 헥산의 용도 :

해답

• 헥산의 정의 : 석유 성분 중 n－헥산의 비점 부근에서 증류하여 얻어진 것이다.
• 헥산의 용도 : 식용유지 제조 시 유지성분의 추출 및 건강기능식품의 기능성 원료 추출에 사용된다.

325 건강기능식품의 고시형 원료와 개별인정형 원료의 개념과 인정 절차를 쓰시오.

해답

- 고시형 원료 : 식품의약품안전처장이 고시하여 건강기능식품의 기준 및 규격에 등재된 기능성 원료 또는 성분으로 제조기준, 기능성 등이 적합한 경우 인증 없이 누구나 사용 가능하다.
- 개별인정형 원료 : 고시되지 않은 건강기능식품의 원료 중 영업자가 개별적으로 안정성, 기능성 등을 입증받아 식품의약품안전처장이 별도로 인정한 원료 또는 성분
  - 인정 절차 : 해당 건강기능식품의 기준·규격, 안전성 및 기능성 등에 관한 자료, 국외시험·검사기관의 검사를 받은 시험성적서 또는 검사성적서를 제출 후 식약처의 평가를 통해 기능성을 인정받는다. 인정받은 원료는 인정받은 업체에서만 동일 원료를 이용하여 제조·판매할 수 있다.

326 다음 기능성 식품 원료의 공통적인 기능은 무엇인지 쓰시오.

인삼, 홍삼, 알로에겔, 알콕시 글리세롤 함유 상어간유

해답

면역력 증진에 도움을 준다.

327 홍삼음료는 '건강기능식품'이 아닌 '기타 가공품'으로 표시되어 있다. 이는 건강기능식품과 무엇이 다른지 쓰시오.

해답

홍삼의 경우 건강기능식품의 기준 및 규격에 의거하여 홍삼의 기능성분(또는 지표성분)인 진세노사이드 Rg1, Rb1 및 Rg3를 합하여 2.5~34mg/g 함유하고 있어야 한다. 이 기준 성분을 충족시키지 않았다면 건강기능식품으로 등록할 수 없다.

328 **식품 및 축산물 안전관리인증기준에 따라 집단급식소, 식품접객업소(위탁급식영업) 및 운반급식(개별 또는 벌크포장)의 작업위생관리 중 보존식에 대한 기준을 분량, 온도, 시간을 포함해서 쓰시오.**

해답

보존식

조리 · 제공한 식품을 보관할 때는 매회 1회 분량을 섭씨 영하 18℃ 이하에서 144시간 이상 보관하여야 한다.

329 **다음을 읽고 빈칸을 채우시오.**

> **[부패, 변질 우려가 있는 검사용 검체의 운반 시]**
> 미생물학적인 검사를 하는 검체는 멸균용기에 무균적으로 채취하여 저온 (㉠)를 유지시키면서 (㉡) 이내에 검사기관에 운반하여야 한다. 부패나 변패가 의심되는 식품을 검사하기 위해 멸균한 다음 저온 (㉢)에 저장해 (㉣) 내에 검사해야 한다.

해답

- ㉠ : 5±3℃ 이하
- ㉡ : 24시간
- ㉢ : 5℃
- ㉣ : 4시간

330 **식품제조 · 가공업과 즉석판매제조 · 가공업의 크림빵 제품의 자가품질검사 주기를 각각 쓰시오.**

해답

식품제조 · 가공업은 2개월이며, 즉석판매제조 · 가공업은 9개월이다.

- 식품제조 · 가공업 : 빵류, 식육함유가공품, 알함유가공품, 동물성가공식품류(기타 식육 또는 기타 알제품), 음료류(과일 · 채소류음료, 탄산음료류, 두유류, 발효음료류, 인삼 · 홍삼음료, 기타 음료만 해당한다, 비가열음료는 제외한다), 식용유지류(들기름, 추출들깨유만 해당한다) : 2개월
- 즉석판매제조 · 가공업 : 과자(크림을 위에 바르거나 안에 채워 넣은 후 가열살균하지 않고 그대로 섭취하는 것만 해당한다), 빵류(크림을 위에 바르거나 안에 채워 넣은 후 가열살균하지 않고 그대로 섭취하는 것만 해당한다) : 9개월

331 급식업체 조리 후 섭취시간 기한에 대해 쓰시오.

해답

- 28℃ 이하 : 조리 후 2~3시간 이내 섭취
- 60℃ 이상(보온) : 조리 후 5시간 이내 섭취
- 5℃ 이하 : 조리 후 24시간 이내 섭취

332 건강기능식품에서 기능성의 정의에 대하여 빈칸을 채우시오.

기능성은 의약품과 같이 질병의 직접적인 치료나 예방을 하는 것이 아니라 인체의 정상적인 기능을 유지하거나 생리기능 활성화를 통하여 건강을 유지하고 개선하는 것을 말하는 것으로, (㉠), (㉡) 및 (㉢)이 있다. (㉠)은 인체의 성장 · 증진 및 정상적인 기능에 대한 영양소의 생리학적 작용이고, (㉡)은 인체의 정상기능이나 생물학적 활동에 특별한 효과가 있어 건강상의 기여나 기능 향상 또는 건강유지 · 개선 기능을 말한다. 또한, (㉢)은 식품의 섭취가 질병의 발생 또는 건강상태의 위험을 감소하는 기능이다.

해답

- ㉠ : 영양소 기능
- ㉡ : 생리활성 기능
- ㉢ : 질병발생 위험 감소 기능

333 의약품과 건강기능식품의 차이에 대해 쓰시오.

해답

건강기능식품은 인체의 구조 및 기능에 대하여 영양소를 조절하거나 생리학적 작용 등과 같은 보건 용도에 유용한 효과를 얻는 식품을 말한다. 반면, 의약품은 질병의 진단 치료의 직접적인 목적으로 사용된다.

02 2020년 기출복원문제

01 **소비기한이라 함은 식품에 표시된 보관방법을 준수할 경우 섭취하여도 안전에 이상이 없는 기한으로 식품에는 의무적으로 이를 표시해야 한다. 하지만 법적으로 소비기한이 아닌 품질유지기한을 표기해도 되는 식품은 무엇이 있는지 쓰시오.**

해답

- 장기보존식품 : 레토르트 식품, 통조림
- 식품 유형에 따른 대상 식품 : 잼류, 포도당, 과당, 엿류, 당시럽류, 덱스트린, 올리고당류, 다류 및 커피류(멸균 액상제품), 음료류(멸균제품), 장류(메주 제외), 조미식품(식초, 멸균 카레 제품), 김치류, 젓갈류 및 절임식품, 조림식품(멸균제품), 주류(맥주), 기타 식품류(전분, 벌꿀, 밀가루)

02 **미생물 시험의 정량시험법 중 하나인 최확수법의 정의와 결과의 표시방법에 대하여 서술하시오.**

해답

- 최확수법(MPN ; Most Probable Number) : 단계별 희석액을 일정량씩 접종하여 대장균군의 존재 여부를 시험하고 그 결과로부터 확률론적인 수치를 산출하여 이론상 가장 가능한 수치를 표기하는 시험법이다.
- 표기방법 : MPN

03 **돼지 도축 시 급격한 스트레스를 받게 되면, PSE가 발생하게 된다. 이러한 PSE 육류의 pH를 포함한 특징에 대하여 간단히 서술하시오.**

해답

- PSE : Pale Soft Exudative의 약자로 고기의 색이 창백하며, 조직의 탄력이 없어 흐물흐물하고 수분이 많이 흘러나오는 고기를 나타내며 pH 5.8 이하의 약산성을 띤다.
- 발생원인 : 돼지는 땀샘이 없어 체열 발생이 불가능하며 더위에 약한 가축인데, 도축 전 돼지가 스트레스를 받게 된다면 에너지대사가 급격하게 진행되어 젖산이 축적되며 체내 pH가 낮아지게 된다. 이러한 상태에서 도축이 일어나게 되면 에너지대사 급증으로 인한 도체 내 심부온도가 올라가 단백질의 변성이 일어나면서 PSE가 발생하게 된다.
- 방지방안 : PSE는 품질의 저하를 일으키기 때문에 PSE육 발생 방지를 위한 관리를 진행해야 한다. 이를 위해서는 도축장으로 출하 12시간 전에는 절식하고, 충분한 물을 공급해주어야 한다.

04 **식품의 기계적 특성에 대한 물리적인 특성은 주로 TPA(Texture Profile Analysis)를 사용한다. 이때 경도(Hardness), 응집성(Cohesiveness), 탄력성(Springiness), 부착성(Adhesiveness)에 대해서 간단하게 기술하시오.**

해답

구분	물리적 정의	관능적 정의
경도(Hardness)	일정한 변형에 필요한 힘	시료를 어금니 사이 혹은 입천장 사이에 놓고 압착에 필요한 힘
응집성(Cohesiveness)	시료가 파쇄되기 전까지 변형될 수 있는 정도	시료가 이 사이에서 압착되는 정도
탄력성(Springiness)	변형하는 데 사용된 힘을 제거한 후 변형된 물질이 원래의 형태로 돌아가는 데 걸리는 속도	시료가 이 사이에서 응집 후(압착된 뒤) 원래의 모양으로 돌아가는 정도
부착성(Adhesiveness)	식품의 표면과 그 식품이 접촉한 다른 물질의 표면을 분리하는 데 필요한 힘	입천장 혹은 입에 붙은 시료를 제거하는 데 필요한 힘

05 **식품위해요소중점관리기준인 HACCP을 적용하기 위한 선행요건(PRP : Pre-requisite Program)으로 영업자는 위생적인 식품의 제조와 가공을 위한 위생표준작업절차인 SSOP와 우수제조기준인 GMP를 운영하여야 한다. SSOP와 GMP에 대하여 기술하시오.**

해답

- SSOP(Sanitation Standard Operation Procedure) : 식품의 제조과정 중 각 단계별 위생적 안전성 확보에 필요한 작업의 기준으로 이러한 위생관리기준을 운영함으로써 식품 취급 중 외부에서 위해요소가 유입되는 것을 방지한다.
- GMP(Good Manufacturing Practice) : 품질이 우수한 건강기능식품을 제조하는 데 필요한 제조, 제조시설, 품질, 품질관리시설 등 제조의 전반에서 준수해야 할 사항을 제정한 관리기준이다. 우수한 건강기능식품을 제조 공급하는 것을 목적으로 한다.

06 **육류의 붉은색을 주로 나타내는 색소성분은 무엇이며, 산화에 따른 색소성분의 철의 상태와 색의 변화에 대하여 서술하시오.**

해답

육류의 붉은색을 나타내는 성분은 미오글로빈(Myoglobin)으로 보통 헴(Heme)으로 알려진 철을 함유하고 있는 특정한 포르피린 유도체와 단백질이 결합되어 형성된 색소이다. 조직 내에서 산소의 저장체로 이용되기에 산소의 결합 여부에 따라 색과 철의 상태가 달라진다.

- 미오글로빈(Myoglobin, Fe^{++}) : 짙은 빨간색 또는 적자색을 나타내어 산소와 매우 결합하기 쉬운 상태이다.
- 옥시미오글로빈(Oxymyoglobin, Fe^{++}) : 미오글로빈이 공기 중에 노출되어 있으면, 30분 내에 산소와 결합하여 선명한 빨간색을 가진 옥시미오글로빈이 된다.
- 메트미오글로빈(Metmyoglobin, Fe^{+++}) : 옥시미오글로빈은 안정화된 색소이나, 천천히 산화되어 최종적으로 갈색의 메트미오글로빈이 형성된다.

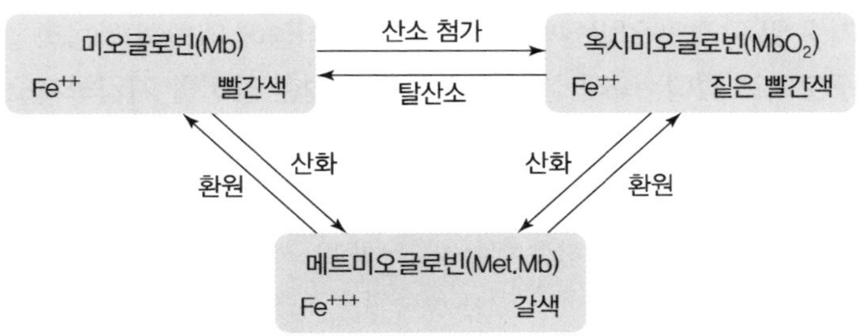

07 **허쉘 버클리 식 $\sigma = ky^n + \sigma 0$에서 전단응력(σ), 전단 속도(r), 유동지수(n), 항복응력($\sigma 0$)일 때 뉴턴 유체, 딜레이턴트 유체, 빙햄 소성 유체, 의사가소성 유체의 유동지수(n)와 항복응력($\sigma 0$)에 대하여 범위로 설명하시오.(단, $n=1$, $\sigma 0 = 0$으로 표현한다.)**

- 뉴턴 유체 :

- 딜레이턴트 유체 :

- 빙햄 소성 유체 :

- 의사가소성 유체 :

해답

- 뉴턴 유체 : $n=1$, $\sigma 0 = 0$
- 딜레이턴트 유체 : $n > 1$, $\sigma 0 = 0$
- 빙햄 소성 유체 : $n = 1$, $\sigma 0 > 0$
- 의사가소성 유체 : $0 < n < 1$, $\sigma 0 = 0$

08 식품의 기준 및 규격의 일반원칙에 따르면 가공식품에 대하여 다음과 같은 대분류, 중분류, 소분류로 구분되고 있다. 아래 설명의 빈칸에 적절한 용어를 기입하시오.

- (㉠) : '제5. 식품별 기준 및 규격'에서 대분류하고 있는 음료류, 조미식품 등을 말한다.
- (㉡) : (㉠)에서 분류하고 있는 다류, 과일 · 채소류 음료, 식초, 햄류 등을 말한다.
- (㉢) : (㉡)에서 분류하고 있는 농축과 · 채즙, 과 · 채주스, 발효식초, 희석초산 등을 말한다.

해답

- ㉠ : 식품군
- ㉡ : 식품종
- ㉢ : 식품유형

09 다음의 Farinograph 중 강력분과 박력분인 것을 찾고, 아래의 표에서 강력분, 박력분의 용도 및 특성을 기입하시오.

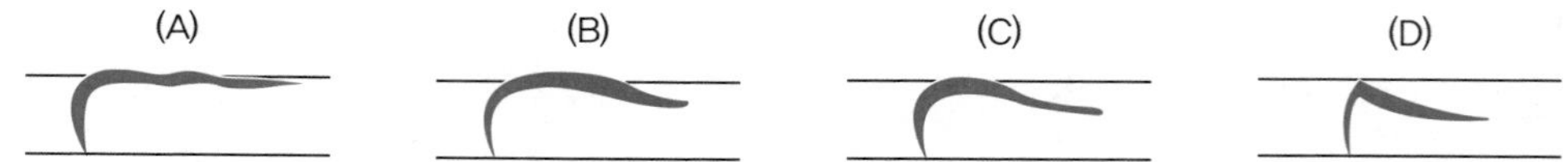

구분	Farinograph	용도	특성
강력분			
박력분			

해답

구분	Farinograph	용도	특성
강력분	A	식빵	글루텐 함량이 높아 거칠고 탄성이 강하다.
박력분	D	과자류	아주 곱고 약한 분상질로 비중이 낮다.

10 곡류의 분류 중 미곡, 잡곡, 곡립에 해당하는 것을 쓰시오.

• 미곡 :

• 잡곡 :

• 곡립 :

해답

• 미곡 : 쌀
• 잡곡 : 곡식작물 중 벼와 맥류를 제외한 모든 작물을 총칭(조, 피, 기장, 옥수수, 메밀 등)
• 곡립 : 사람이 주로 섭취하는 작물의 낱알(보리, 밀, 수수 등)

11 초임계 유체 추출이 적용 가능한 분야를 기입하고 그의 장점을 간단히 기술하시오.

해답

초임계 유체(Supercritical Fluid)란 어떤 기체를 임계 압력 이상으로 가압했을 때 임계 온도 부근에서 용매력을 보이는 유체를 뜻한다. 이를 이용한 초임계 추출 시에는 무독성, 화학적 안전성, 회수 용이성, 저온 작업성 등에서의 장점이 많으며, 잔류용매가 남지 않고 물질의 변성을 최소화시키며 에너지가 절약되어 친환경적 추출법으로 사용된다. 참기름, 들기름 등의 유지의 추출, 커피 원두에서 Caffeine 추출, 난황에서 Cholesterol 추출 등에 사용된다.

12 미생물 위계명명법에서 계통별로 사용하는 접미사를 기술하시오.

명칭		접미사
계	Kingdom	–
문	Phylum	(　　　)
강	Class	(　　　)
목	Order	(　　　)
과	Family	(　　　)
속	Genus	–
종	Species	–

해답

- 문 : mycota
- 강 : mycetes
- 목 : ales
- 과 : aceae

13 다음은 식품의 기준 및 규격 일반시험법 중 장출혈성 대장균에 대한 시험법이다. 아래 표의 빈칸의 내용을 기입하시오.

본 시험법은 (㉠)과 (㉠)이 아닌 (㉡) 생성 대장균(STEC ; Shiga Toxin producing *E. Coli*)을 모두 검출하는 시험법이다. 장출혈성 대장균의 낮은 최소 감염량을 고려하여 검출 민감도 증가와 신속 검사를 위한 스크리닝 목적으로 증균 배양 후 배양액(1～2mL)에서 (㉡) 유전자 확인시험을 우선 실시한다. (㉡)(stx1 그리고/또는 stx2) 유전자가 확인되지 않을 경우 불검출로 판정할 수 있다. 다만, (㉡) 유전자가 확인된 경우에는 반드시 순수 분리하여 분리된 균의 (㉡) 유전자 보유 유무를 재확인한다. (㉡)가 확인된 집락에 대하여 생화학적 검사를 통하여 대장균으로 동정된 경우 장출혈성 대장균으로 판정한다.

해답

- ㉠ : 대장균 O157 : H7
- ㉡ : 시가독소(동의어 : 베로독소)

14 **과당은 온도에 따라서 감미도가 달라지는 특징을 가지고 있다. 과당의 감미도 온도에 따른 영향 화학구조를 설명하시오.**

해답

용액 중에서 온도와 시간이 경과함에 따라 아노머형이 빠른 내부전환이 일어나며 선광도가 변하는 현상을 변성광이라 한다. 이러한 변성광에 의해 온도에 따라 과당의 α형과 β형이 상호변환된다. 과당의 β형은 α형에 비해 약 3배 정도의 단맛을 가지고 있는데 0℃에서는 α : β가 약 3 : 7, 고온에서는 7 : 3이므로 저온에서의 과당의 감미도가 더 올라간다. 그렇기에 과당은 온도에 따라 약 130~180의 당도를 가진다.

15 **맛난맛을 낼 수 있는 핵산 세 종류를 쓰고 이들의 화학구조상의 공통점과 차이점을 간단히 서술하시오.**

해답

맛난맛을 내는 핵산은 GMP(Guanosine MonoPhosphate), XMP(Xanthosine MonoPhosphate), IMP(Inosine MonoPhosphate) 등 세 종류이다. 구조적으로 인산, 리보오스, 염기로 구성된다는 공통점이 있지만, 결합된 당류의 종류에 따라 정미도가 달라진다는 차이점이 있다.

16 **지질의 동질다형현상(Polymorphism)을 설명하고, 버터에서 동질다형현상이 일어나는 이유를 서술하시오.**

• 동질다형현상 :

• 버터에서 동질다형현상이 발생하는 이유 :

해답

- 동질다형현상 : 고체유지를 가열하고 액화한 후 급격히 냉각하면 분자들은 무정형의 결정으로 고체화가 된다. 이 상태에서 재가열하면 처음보다 융점이 높아지게 되는데, 이때 다시 냉각하게 되면 정형의 결정이 형성되며 고체유지가 형성된다. 이러한 버터결정을 다시 가열하여 융해하면 융점은 처음보다 낮아지게 된다. 이렇게 동일한 화합물이(동질) 두 개 이상의 결정형(다형)을 나타내는 현상을 동질다형현상이라고 하며, 융점에 따라 α형, β형, γ형 등으로 나타날 수 있다.
- 버터에서 동질다형현상이 발생하는 이유 : 동질다형현상은 고체유지의 가열과 냉각을 반복하며 액화와 고체화되는 유지의 물리적 성질이 바뀔 때 일어나는 현상이며, 버터는 고체유지이므로 이 현상이 발생한다.

17 **식품공전상 일반시험법에 따르면 식품 일반성분시험법 7가지가 있다. 이 중 외관과 취미에 관련된 분석법을 제외한 5가지는 무엇인지 쓰시오.**

해답

일반성분시험법 : 외관, 취미, 수분, 회분, 조단백질, 조지방, 조섬유

18 **다음 유전자변형식품의 안전성 심사 대상에 관한 규정 중 빈칸의 내용을 기재하시오.**

[유전자변형식품 등의 안전성 심사 등]

1. 최초로 (㉠)하거나 (㉡) 또는 (㉢)하는 다음 각 목의 것
   가. 유전자변형식품 등. 다만 제조 · 가공된 식품은 원재료인 유전자변형농축수산물을 심사하며, 분리정제된 비단백질성 아미노산류, 비타민류, 핵산류(5′ − 구아닐산, 5′ − 시티딜산, 5′ − 아데닐산, 5′ − 우리딜산, 5′ − 이노신산 및 이들의 염류) 및 밀폐 이용하는 셀프 − 클로닝 미생물은 심사대상에서 제외하되, 항생제내성유전자를 유전자 재조합한 셀프 − 클로닝 미생물은 심사대상에 포함함
   나. 후대교배종 중 다음 어느 하나에 해당되는 것
      1) 교배 전 각각의 모품목으로부터 부여된 특성이 변한 것
      2) 이종 간에 교배한 것
      3) 섭취량, 가식부위, 가공법에 종래의 품종과 차이가 있는 것

다. 가목 중 현재 상업적으로 생산되지 않으나 기존에 생산되어 시중에 유통 중인 식품에서 검출 가능성이 있거나 연구용도 등으로 개발 · 생산되었으나 시중에 유통 중인 식품에서 검출될 가능성이 있는 유전자변형농축수산물

2. 제1호 중 안전성 심사를 받은 후 (㉣)이 지난 유전자변형식품 등으로서 시중에 유통되어 판매되고 있는 경우

해답

- ㉠ : 수입
- ㉡ : 개발
- ㉢ : 생산
- ㉣ : 10년

19 식품(식품첨가물 포함)가공업소, 건강기능식품제조업소, 집단급식소, 축산물작업장에서 식품안전관리인증을 받기 위해 선행적으로 이행해야 하는 작업장 관리요건 3가지를 기술하시오.

해답

작업장 선행요건

- 작업장은 독립된 건물이거나 식품취급 외의 용도로 사용되는 시설과 분리(벽, 층 등에 의하여 별도의 방 또는 공간으로 구별되는 경우를 말한다. 이하 같다)되어야 한다.
- 작업장(출입문, 창문, 벽, 천장)은 누수, 외부의 오염물질이나 해충, 설치류 등의 유입을 차단할 수 있도록 밀폐 가능한 구조이어야 한다.
- 작업장은 청결구역(식품의 특성에 따라 청결구역은 청결구역과 준청결구역으로 구별할 수 있다)과 일반구역으로 분리하고, 제품의 특성과 공정에 따라 분리, 구획 또는 구분할 수 있다.

20 다음 항량에 대한 정의 중 빈칸의 내용을 기재하시오.

건조 또는 강열할 때 "항량"이라고 기재한 것은 다시 계속하여 (㉠) 더 건조 혹은 강열할 때에 전후의 (㉡)가 이전에 측정한 무게의 (㉢) 이하임을 말한다.

해답

- ㉠ : 1시간
- ㉡ : 칭량차
- ㉢ : 0.1%

03 2021년 기출복원문제

01 분가공 공정에서 사용하는 체의 체눈의 크기를 나타내는 단위를 메시(mesh)라고 한다. 이때 100mesh의 체에서 1inch^2 속 체눈의 개수는 몇 개인지 계산과 답을 보이시오.

해답

mesh는 체눈의 크기를 나타내는 단위로 1inch^2(25.4mm)인 정사각형 속에 포함되는 그물눈의 수를 말한다.
100mesh = 가로 100 × 세로 100 = 10,000개

02 냉동화상(Freeze Burn) 시 식품 표면에 다공질 형태의 건조층이 형성되는 이유는 무엇인지 서술하시오.

해답

냉동화상이란 표면 수분의 승화로 식품 표면이 다공질이 되어 공기와의 접촉면이 커져 유지의 산화, 단백질의 변성, 풍미의 저하 등 식품품질의 저하를 일으키는 현상이다. 식품 표면이 승화되면서 일어나는 물분자의 손실로 인해 다공질이 형성되고 탈수를 유발하여 건조층이 형성된다.

03 상압건조 시 ① 고체시료를 파쇄하여 사용하는 이유와 ② 액체시료에 해사(정제)를 사용하는 이유를 기술하시오.

해답

① 고체시료를 파쇄하여 건조 시 공기와 접촉하는 표면적이 넓어져 건조효율을 높일 수 있다.
② 물엿과 올리고당 등의 액체시료의 상압건조 시 해사(바다모래 등의 입자)와 시료를 유리봉을 이용하여 섞어준 후 건조를 진행해 준다. 이는 해사의 입자들 사이사이에 액체시료가 코팅되어 피막을 형성하면서 수분증발 시 표면적을 최대한 넓게 해 주기 위함이다.

04 해조류는 바다에서 나는 조류를 통틀어 이르는 말로 자라는 깊이와 색에 따라 녹조류, 갈조류(규조류), 홍조류로 나뉜다. 이때 각 해조류의 색을 구성하는 성분을 1가지씩 쓰시오.

해답

- 녹조류 : Chlorophyll－a, Chlorophyll－b, 카로티노이드
- 갈조류(규조류) : Chlorophyll－a, Chlorophyll－c, Fucoxanthin
- 홍조류 : Chlorophyll－a, Chlorophyll－d, Phycocyanin, Phycoerythrin

05 가수분해 시 티오글루코시데이스(Thioglucosidase)의 작용으로 전구체에서 매운맛이 발현되는 식품은 무엇인지 2가지 이상 기술하시오.

해답

고추냉이(와사비), 겨자, 무, 파

> **TIP 티오글루코시데이스(Thioglucosidase)**
> 티오글루코시드 결합의 가수분해를 유도하는 효소이다. 겨자속 식물에 함유되어 있는 시니그린 등의 배당체에 작용하여 매운맛을 유발한다.

06 육류의 도축 후 진행되는 저온단축(Cold Shortening)의 정의와 육류의 품질에 미치는 영향에 대하여 서술하시오.

해답

- 정의 : 육류가 도축 직후 1~5℃ 사이로 급격히 냉각될 때 근육이 현저히 수축하여 질겨지는 현상을 일컫는다. 육류가 급격히 저온에 도달하며 Ca^{2+}을 흡수하고 있는 근소포체나 미토콘드리아의 기능 저하로 인해 근형질 중의 Ca^{2+} 농도가 상승하며 근육수축이 일어나는 현상이다.
- 영향 : 근육의 수축으로 고기가 질겨져 품질과 관능에 저하를 가져온다. 이를 예방하기 위해서는 도축 후 전기자극을 통하여 ATP를 모두 소비한 후 급속냉각을 진행해야 한다.

07 육류 결합조직의 주성분인 콜라겐은 가열 시 물리적인 상의 변화가 발생한다. 이때 ① 상변화를 일으키는 물질과 이 물질을 ② 뜨거운 물과 찬물에서 녹였을 때에 이루어지는 상변화에 대하여 기술하시오.

해답

① 상변화를 일으키는 물질 : 젤라틴(Gelatin)
② 뜨거운 물 : 졸(Sol), 찬물 : 겔(Gel)

- 졸(Sol) : 액체 분산매에 액체 또는 고체의 분산질로 된 콜로이드상태로 전체가 액상을 이룬다.
  예 전분액, 된장국, 한천 및 젤라틴을 물에 넣고 가열한 액상
- 겔(Gel) : 친수 Sol을 가열한 후 냉각시키거나 물을 증발시키면 반고체 상태가 되는 것이다.
  예 한천, 젤리, 잼, 도토리묵, 삶은 계란

08 **과일잼 제조 시 ① 젤리화를 형성하는 필수적인 3요소는 무엇이며 ② 젤리의 완성점(Jelly Point)을 결정하는 결정법을 3가지 이상 기술하시오.**

해답

① 젤리화 3요소 : 펙틴(1~1.5%), 유기산(0.3%, pH 2.8~3.3), 당(60~65%)

② 젤리포인트 결정법

- 스푼시험 : 나무주걱으로 잼을 떠서 기울여 액이 시럽상태가 되어 떨어지면 불충분한 것이고, 주걱에 일부 붙어 떨어지면 적당하다.
- 컵시험 : 물컵에 소량 떨어뜨려 바닥까지 굳은 채로 떨어지면 적당하고, 도중에 풀어지면 불충분하다.
- 온도법 : 잼에 온도계를 넣어 104~106℃가 되면 적당하다.
- 당도계 : 굴절당도계를 이용하여 잼의 당도가 65% 전후면 적당하다.

09 **다음은 글리신 등전점 곡선이다. 그래프의 B, D 구간에서 글리신의 이온상태에 대해 설명하시오.**

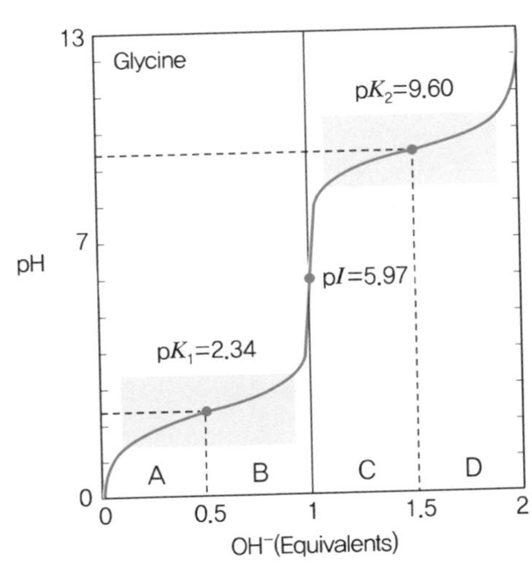

해답

B) 양이온상태

$$H - \underset{\underset{H}{|}}{\overset{\overset{NH_3^+}{|}}{C}} - COOH$$

D) 음이온상태

$$H - \underset{\underset{H}{|}}{\overset{\overset{NH_2}{|}}{C}} - COO^-$$

10 D－Glucose의 구조식에서 2번 탄소의 Epimer 형태의 당 이름을 쓰고 구조식을 그리시오.

해답

D－Mannose

D-Mannose (Epimer at C-2)	D-Glucose	D-Galactose (Epimer at C-4)
1 CHO	1 CHO	1 CHO
HO－2C－H	H－2C－OH	H－2C－OH
HO－3C－OH	HO－3C－H	HO－3C－H
H－4C－OH	H－4C－OH	HO－4C－H
H－5C－OH	H－5C－OH	H－5C－OH
6 CH_2OH	6 CH_2OH	6 CH_2OH

- D－Glucose의 2번 탄소 Epimer형은 D－Mannose
- D－Glucose의 4번 탄소 Epimer형은 D－Galactose

11 다음 설명 중 빈칸에 들어갈 말을 쓰시오.

Glucose는 혐기적 분해에 의한 (㉠) 경로, 호기적 분해에 의한 (㉡) 경로를 통하여 피루브산을 생산한다. 피루브산은 호기적 대사인 (㉢) 경로로 들어간다.

해답

- ㉠ : EMP(해당과정, Glycolysis)
- ㉡ : HMP(오탄당인산경로, Pentose Phosphate Pathway)
- ㉢ : TCA(구연산회로, Kreb's 회로)

TIP Glucose의 대사경로

1) 해당과정(EMP, Glycolysis)
   - 혐기적 해당(Anaerobic Glycolysis) : 포도당 → 2분자 피루브산 → 2분자 젖산(2분자의 ATP 생성)
   - 호기적 해당(Aerobic Glycolysis) : 포도당 → 2분자 피루브산, 5분자 혹은 7분자 ATP 생성
2) TCA(구연산회로, Kreb's 회로, Tricarboxylic Acid Cycle)
   - 호기적 조건에서 피루브산이 산화를 통해 ATP를 생산하는 과정으로 탄수화물, 지방, 단백질 대사의 공통반응이다.
   - $C_3H_4O_3 + 3H_2O \rightarrow 3CO_2 + 4NADH + FADH_2 + ATP$

12 미카엘리스 멘텐식(Michaelis – Menten Equation)의 정의는 무엇이며 이 식에서 K_m 값의 변화가 나타내는 의미를 기술하시오.

해답

미카엘리스 – 멘텐식(Michaelis – Menten Equation)은 효소의 반응속도를 나타내는 수식으로, 기질농도에 따른 효소의 초기반응속도 그래프를 대수적으로 나타낸 것이다. 효소의 최대반응속도인 V_{max}의 1/2의 반응속도를 나타내는 기질농도를 K_m(Michaelis 상수)라 한다. 이때, 효소기질 친화성이 클수록 K_m 값은 작아지며 친화력이 작을수록 K_m 값은 커진다.

13 다음 설명 중 빈칸을 채우시오.

관 속을 흐르는 유체는 원형 직선 관에서 레이놀즈 수가 (㉠)이면 층류, (㉡)이면 난류이다.

해답

- ㉠ : 2,100 이하
- ㉡ : 4,000 이상

> **TIP** 레이놀즈 수
>
> 관내의 흐름상태가 층류인지 난류인지를 판정할 때 사용하는 수치로 관성의 힘과 점성의 힘의 비를 나타내는 무차원수이다.

14 전단속도가 $100s^{-1}$인 유체의 전단응력을 구하시오. [단, 점도는 $10^{-3}Pa \cdot s(=1cP)$]

해답

전단응력 = 전단속도 × 점도

$= 100s^{-1} \times 10^{-3}Pa \cdot s = 100/s \times Pa \cdot s/1{,}000 = Pa/10 = 0.1Pa$

※ cP : centiPoise

15 유지시료 5.6g의 산가를 측정하기 위해 사용한 KOH의 소비량은 1.1mL, 대조군 소비량은 1.0mL이다. 이때 0.1N KOH를 표정하고자 안식향산 0.244g을 취해 에테르 에탄올에 녹여 적정하는 데 20mL가 소비되었다. 이때 0.1N KOH의 Factor값을 구하고 산가를 계산하시오.

해답

① Factor

안식향산(Benzoic Acid, $C_7H_6O_2$), M.W = 122.12g

$$\text{Factor} = \frac{\text{실험치(실제 당량수)}}{\text{이론치(소비된 KOH 용액의 당량수)}}$$

(실험치) = 0.244g

(이론치)

- N = 노르말농도 = 용액 1L 중에 녹아 있는 용질의 g당량수
- $1N = \frac{122.12g}{1L} \rightarrow 0.1N = 1N \times \frac{1}{10} = \frac{122.12g}{1L} \times \frac{1}{10} = \frac{12.212g}{1L}$

• $0.1N\ C_7H_6O_2\ 20mL = 12.212 \times \frac{1}{50} = 0.24424g$

$\therefore \text{Factor} = \frac{\text{실험치}}{\text{이론치}} = \frac{0.244g}{0.24424g} = 1$

② $\text{산가} = \frac{5.611 \times (a-b) \times f}{S}$

$= \frac{5.611 \times (1.1 - 1.0) \times 1}{5.6} = 0.1002KOH/mg$

여기서, S : 검체 채취량

a : 검체에 대한 소비량

b : 대조구에 대한 소비량

f : 역가

16 다음은 식품성분의 분석법과 관련된 설명이다. 다음 중 틀린 것을 고르시오.

① 몰농도는 용액 1리터에 녹아 있는 용질의 mol로 나누어 나타내는 농도이며, 몰랄농도는 용매 1kg 에 녹아 있는 용질의 mol수로 나누어 나타낸 농도를 말한다.

② Kjeldahl법은 질소량에 질소계수를 나누어 조단백질의 양으로 정량분석하는 법이다.

③ Karl Fisher법은 메탄올용매를 이용하여 수분을 정량하는 방법이다.

④ Somogyi법은 구리시약을 이용하여 환원당을 정량하는 시험법이다.

⑤ 산가는 유리지방산함량을 측정하는 것이고, 요오드가는 유지의 이중결합을 통한 불포화도를 측정하는 것이다.

해답

②

※ (단백질함량) = (질소함량) × (질소계수)

17 대장균의 정성시험은 추정 – 확정 – 완전의 순서를 가진다. 이때 대장균의 추정실험을 위해 액체배지 내에서 가스발생 여부를 측정하고자 할 때, 시험관 내에서 사용하는 실험기구는 무엇인지 쓰시오.

해답

듀람관(Durham Tube)

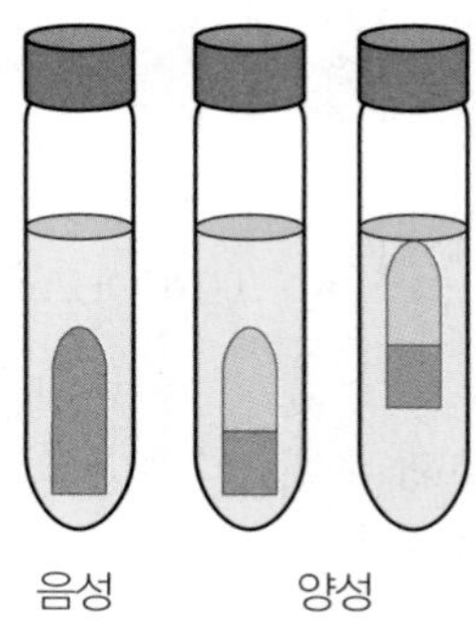

- 듀람관 : 대장균의 정성시험 시 가스발생 여부를 확인하기 위한 기구이다. 대장균의 유당을 분해하여 가스를 생성하는 특징을 이용한다. 유당이 함유된 EC 배지(EC Broth)에 대장균이 존재할 시 가스생성으로 인해 듀람관이 위로 뜨게 되면 양성으로 판정하게 된다.
- 대장균의 정성실험 : 제조법에 따른 시험용액 1mL를 3개의 EC 배지에 접종하고 44±1℃에서 24±2시간 배양 후 가스발생을 인정한 발효관은 추정시험 양성으로 하고 가스발생이 인정되지 않을 때에는 추정시험 음성으로 한다. 시험용액을 가하지 아니한 동일 희석액 1mL를 대조시험액으로 하여 시험조작의 무균 여부를 확인한다.

18 식품의 품질을 유지하기 위한 비가열살균법을 3가지 이상 기술하시오.

해답

자외선살균, 초고압살균, Ultrasonic살균, 천연항균제 처리, 플라스마살균, 오존살균

19 다음 용어의 정의 중 빈칸을 채우시오.

1. "(㉠)"이란 중요관리점에서의 위해요소 관리가 허용범위 이내로 충분히 이루어지고 있는지 여부를 판단할 수 있는 기준이나 기준치를 말한다.
2. "(㉡)"이란 중요관리점에 설정된 (㉠)을 적절히 관리하고 있는지 여부를 확인하기 위하여 수행하는 일련의 계획된 관찰이나 측정하는 행위 등을 말한다.

3. "(㉢)"이란 (㉡) 결과 중요관리점의 (㉠)을 이탈할 경우에 취하는 일련의 조치를 말한다.
4. "(㉣)"이란 안전관리인증기준(HACCP) 관리계획의 유효성(Validation)과 실행(Implementation) 여부를 정기적으로 평가하는 일련의 활동(적용방법과 절차, 확인 및 기타 평가 등을 수행하는 행위를 포함한다)을 말한다.

해답

- ㉠ : 한계기준(Critical Limit)
- ㉡ : 모니터링(Monitoring)
- ㉢ : 개선조치(Corrective Action)
- ㉣ : 검증(Verification)

TIP HACCP 제도의 용어 정의(식품 및 축산물 안전관리인증기준 제2조 정의 관련)

구분	내용
식품 및 축산물 안전관리인증기준 (HACCP ; Hazard Analysis and Critical Control Point)	「식품위생법」 및 「건강기능식품에 관한 법률」에 따른 「식품안전관리인증기준」과 「축산물 위생관리법」에 따른 「축산물안전관리인증기준」으로서, 식품(건강기능식품을 포함한다. 이하 같다) · 축산물의 원료 관리, 제조 · 가공 · 조리 · 선별 · 처리 · 포장 · 소분 · 보관 · 유통 · 판매의 모든 과정에서 위해한 물질이 식품 또는 축산물에 섞이거나 식품 또는 축산물이 오염되는 것을 방지하기 위하여 각 과정의 위해요소를 확인 · 평가하여 중점적으로 관리하는 기준
위해요소 (Hazard)	「식품위생법」 제4조(위해식품 등의 판매 등 금지), 「건강기능식품에 관한 법률」 제23조(위해 건강기능식품 등의 판매 등의 금지) 및 「축산물 위생관리법」 제33조(판매 등의 금지)의 규정에서 정하고 있는 인체의 건강을 해할 우려가 있는 생물학적, 화학적 또는 물리적 인자나 조건
위해요소 분석 (HA ; Hazard Analysis)	식품 · 축산물 안전에 영향을 줄 수 있는 위해요소와 이를 유발할 수 있는 조건이 존재하는지 여부를 판별하기 위하여 필요한 정보를 수집하고 평가하는 일련의 과정
중요관리점 (CCP ; Critical Control Point)	안전관리인증기준(HACCP)을 적용하여 식품 · 축산물의 위해요소를 예방 · 제어하거나 허용 수준 이하로 감소시켜 당해 식품 · 축산물의 안전성을 확보할 수 있는 중요한 단계 · 과정 또는 공정
한계기준 (Critical Limit)	중요관리점에서의 위해요소 관리가 허용범위 이내로 충분히 이루어지고 있는지 여부를 판단할 수 있는 기준이나 기준치
모니터링 (Monitoring)	중요관리점에 설정된 한계기준을 적절히 관리하고 있는지 여부를 확인하기 위하여 수행하는 일련의 계획된 관찰이나 측정하는 행위 등
개선조치(Corrective Action)	모니터링 결과 중요관리점의 한계기준을 이탈할 경우에 취하는 일련의 조치
선행요건 (Pre-requisite Program)	「식품위생법」, 「건강기능식품에 관한 법률」, 「축산물 위생관리법」에 따라 안전관리인증기준(HACCP)을 적용하기 위한 위생관리프로그램

구분	내용
안전관리인증기준 관리계획 (HACCP Plan)	식품 · 축산물의 원료 구입에서부터 최종 판매에 이르는 전 과정에서 위해가 발생할 우려가 있는 요소를 사전에 확인하여 허용 수준 이하로 감소시키거나 제어 또는 예방할 목적으로 안전관리인증기준(HACCP)에 따라 작성한 제조 · 가공 · 조리 · 선별 · 처리 · 포장 · 소분 · 보관 · 유통 · 판매 공정 관리문서나 도표 또는 계획
검증 (Verification)	안전관리인증기준(HACCP) 관리계획의 유효성(Validation)과 실행(Implementation) 여부를 정기적으로 평가하는 일련의 활동(적용 방법과 절차, 확인 및 기타 평가 등을 수행하는 행위를 포함한다)
안전관리인증기준(HACCP) 적용업소	「식품위생법」, 「건강기능식품에 관한 법률」에 따라 안전관리인증기준(HACCP)을 적용 · 준수하여 식품을 제조 · 가공 · 조리 · 소분 · 유통 · 판매하는 업소와 「축산물 위생관리법」에 따라 안전관리인증기준(HACCP)을 적용 · 준수하고 있는 안전관리인증작업장 · 안전관리인증업소 · 안전관리인증농장 또는 축산물안전관리통합인증업체 등

20 식품의 관능평가 시 보기의 내용을 설명하려면 어떠한 척도를 사용해야 하는지 올바른 척도의 이름을 쓰시오.

① 과일을 종류별로 분류하였다. :

② 사과를 색이 진한 순서대로 늘어놓았다. :

③ 2개의 소금물 중 A소금물의 농도가 더 높았다. :

④ 2개의 조미김 중 A에서 휘발성분이 2배가 높았다. :

해답

① 과일을 종류별로 분류하였다. : 명목척도
② 사과를 색이 진한 순서대로 늘어놓았다. : 서열척도
③ 2개의 소금물 중 A소금물의 농도가 더 높았다. : 등간척도
④ 2개의 조미김 중 A에서 휘발성분이 2배가 높았다. : 비율척도

TIP 척도

일종의 측정도구로서, 일정한 규칙에 따라 측정 대상에 적용하는 일련의 기호나 숫자를 의미한다.
- 명목척도 : 지역, 학력, 종교 등과 같이 수(數)와는 관계없는 내용을 설정해 측정할 때 사용하는 척도이다.
- 서열척도(순서척도) : 단순하게 순서(서열)를 구분하기 위해 만들어진 척도로 명목척도와 유사하지만, 서열척도는 순서를 정할 수 있다는 차이가 있다.
- 등간척도(간격척도) : 명목척도나 서열척도와 달리, 측정된 자료들 간에 더하기와 빼기가 가능한 척도를 의미한다.
- 비율척도 : 등간척도의 성질과 함께 무(無)의 개념인 0값도 가지는 척도를 의미하며, 더하기, 빼기, 곱하기, 나누기 연산이 가능하다.

21 다음의 영양성분표를 보고 빈칸을 채우시오.

영 양 성 분

1회 제공량 1개(90g)
총 1회 제공량(90g)

1회 제공량당 함량		* %영양소 기준치
열량	①	–
탄수화물	46g	②
당류	23g	–
에리스리톨	1g	
식이섬유	5g	20%
단백질	5g	8%
지방	9g	18%
포화지방	2.5g	17%
트랜스지방	0g	–
콜레스테롤	80mg	27%
나트륨	150mg	8%

* %영양소 기준치 : 1일 영양소기준치에 대한 비율

① 총열량은 얼마인가?

② 탄수화물의 %영양소 기준치는 얼마인가?

③ 식품 등의 세부표시기준에서 "저지방"의 기준은 얼마인가?

해답

① 총열량은 얼마인가?

[{탄수화물함량g − (식이섬유 + 에리스리톨)함량g} × 4kcal + (식이섬유함량g × 2kcal) + (에리스리톨함량g × 0kcal) + (단백질함량g × 4kcal) + (지방함량g × 9kcal)] = 열량kcal

→ [{46g − (5 + 1)g} × 4kcal] + (5g × 2kcal) + (1g × 0kcal) + (5g × 4kcal) + (9g × 9kcal) = 271kcal

※ 에리스리톨과 식이섬유를 제외한 탄수화물은 1g당 4kcal를 낸다.

영양소	1g당 열량	영양소	1g당 열량	영양소	1g당 열량	영양소	1g당 열량
탄수화물	4	지방	9	유기산	3	에리스리톨	0
단백질	4	알코올	7	당알코올	2.4	식이섬유	2

② 탄수화물의 %영양소 기준치는 얼마인가?

- %영양소 기준치 $= \dfrac{\text{제품 속 함량}}{\text{영양소 기준치}} \times 100 = \dfrac{46\text{g}}{324\text{g}} \times 100 ≒ 14\%$
- 3대 영양소의 영양소 기준치 : 탄수화물 324g, 단백질 55g, 지방 54g

③ 식품 등의 세부표시기준에서 "저지방"의 기준은 얼마인가?
식품 100g당 3g 미만 또는 100mL당 1.5g 미만일 때

22 **① 특수의료용도식품의 정의를 기술하고 ② 비타민과 무기질 등의 특정 영양소 섭취 혹은 생리활성기능 증진이 목적이라면 이 식품은 특수의료용도식품이라 말할 수 있는지의 근거 여부 및 이유를 쓰시오.**

해답

① 정의 : 특수의료용도식품은 정상적으로 섭취, 소화, 흡수 또는 대사할 수 있는 능력이 제한되거나 손상된 환자 또는 질병이나 임상적 상태로 인하여 일반인과 생리적으로 특별히 다른 영양요구량을 가진 사람의 식사의 일부 또는 전부를 대신할 목적으로 이들에게 경구 또는 경관급식을 통하여 공급할 수 있도록 제조 · 가공된 식품을 말한다.

② 근거 여부 및 이유 : 특수의료용도식품은 질환별 영양요구 특성에 맞게 단백질, 지방, 탄수화물, 비타민, 무기질 등의 영양성분 함량을 조절하는 등의 방법으로 제조 · 가공하여 환자의 식사관리 편리를 제공하는 식사 대체 목적의 일반식품이며, 질병의 예방, 치료 경감을 목적으로 하는 제품이 아니기에 생리활성기능 증진 목적의 식품은 의약품 및 건강기능식품으로 분류된다.

TIP 다음의 것은 '특수의료용도식품'에 해당하지 않는다.

- 질병의 치료나 예방 목적 → 의약품
- 특정 영양성분 섭취 목적(예 비타민, 무기질) → 의약품, 건강기능식품
- 생리활성 증진 목적(예 혈행개선, 노화예방, 피로해소) → 의약품, 건강기능식품
- 특정 성분 강화 또는 제거(예 고칼슘, 무유당) → 건강기능식품, 일반식품(영양강조표시)
- 일반적 식습관 개선 사항에 해당하는 것(예 저염, 저당) → 일반식품(영양강조표시)
- 특정 성분을 함유한 일반식품(예 고등어－DHA)이 이와 관련된 질병(예 뇌질환)의 관리에 효과가 있는 것으로 표방하는 것

23 식품공전상에서는 식품을 다음과 같이 대분류, 중분류, 소분류로 나누고 있다. 아래 설명에 해당하는 분류체계명을 기입하시오.

- (㉠) : '제5. 식품별 기준 및 규격'에서 대분류하고 있는 음료류, 조미식품 등을 말한다.
- (㉡) : (㉠)에서 분류하고 있는 다류, 과일 · 채소류 음료, 식초, 햄류 등을 말한다.
- (㉢) : (㉡)에서 분류하고 있는 농축과 · 채즙, 과 · 채주스, 발효식초, 희석초산 등을 말한다.

해답

- ㉠ : 식품군(대분류)
- ㉡ : 식품종(중분류)
- ㉢ : 식품유형(소분류)

24 다음 중 장기보존식품의 기준 및 규격에 해당하는 식품 3가지를 고르시오.

주류, 잼류, 레토르트 식품, 장류(메주 제외), 당류, 냉동식품, 통 · 병조림 식품, 음료류, 멸균조림류, 커피류, 엿류, 전분

해답

레토르트 식품, 냉동식품, 통 · 병조림 식품

25 다음의 내용은 식품공전상의 식품 멸균과 관련된 설명이다. 빈칸에 적절한 내용을 기입하시오.

〈식품공전 중 제2. 식품일반에 대한 공통기준 및 규격〉

- 식품 중 살균제품은 그 중심부 온도를 63℃ 이상에서 30분간 가열 살균하거나 또는 이와 동등 이상의 효력이 있는 방법으로 가열 살균하여야 하며, 오염되지 않도록 위생적으로 포장 또는 취급하여야 한다. 또한, 식품 중 멸균제품은 기밀성이 있는 용기 · 포장에 넣은 후 밀봉한 제품의 중심부 온도를 (㉠) 이상에서 (㉡) 이상 멸균 처리하거나 또는 이와 동등 이상의 멸균 처리를 하여야 한다. 다만, 식품별 기준 및 규격에서 정하여진 것은 그 기준에 따른다.
- 멸균하여야 하는 제품 중 (㉢) 이하인 산성식품은 살균하여 제조할 수 있다. 이 경우 해당 제품은 멸균제품에 규정된 규격에 적합하여야 한다.

해답

- ㉠ : 120℃
- ㉡ : 4분
- ㉢ : pH 4.6

26 식품공전의 일반시험법에 따르면 칼슘에 대한 분석을 수행 후 하기의 계산식을 이용하여 칼슘을 정량할 수 있다. 이때 0.4008을 곱해주는 이유를 쓰시오.

$$칼슘(mg/100g) = \frac{(b-a)\times 0.4008 \times F \times V \times 100}{S}$$

여기서, a : 공시험에 대한 0.02N 과망간산칼륨용액의 소비 mL수
b : 검액에 대한 0.02N 과망간산칼륨용액의 소비 mL수
F : 0.02N 과망간산칼륨용액의 역가
V : 시험용액의 희석배수
S : 검체의 채취량(g)

해답

칼슘의 정량은 0.02N 과망간산칼륨용액의 소비량을 적정하여 칼슘의 양을 역산해 주는 과정이며, 이때 0.02N 과망간산칼륨용액 1mL는 칼슘 0.4008에 상당한다.

$$5CaC_2O_4 + 8H_2SO_4 + 2KMnO_4 \longrightarrow 2MnSO_4 + K_2SO_4 + 5CaSO_4 + 10CO_2 + 8H_2O$$

27 다음은 기구 및 용기·포장 공전 중 폴리염화비닐에 대한 설명이다. 다음을 읽고 빈칸에 적절한 용어를 보기에서 찾아 채워 넣으시오.

기구 및 용기포장 공전
▶ Ⅲ. 재질별 규격 ▶ 1. 합성수지제 ▶ 가. 폴리염화비닐(PVC ; Poly Vinyl Chloride)
1−8 염화비닐계
가. 폴리염화비닐(PVC ; Poly Vinyl Chloride)
1) 정의
폴리염화비닐이란 기본 중합체(Base Polymer) 중 염화비닐의 함유율이 50% 이상인 합성수지제를 말한다.
2) (㉠)규격

항목	규격(mg/kg)
염화비닐	1 이하
디부틸주석화합물(이염화디부틸주석으로서)	50 이하
크레졸인산에스테르	1,000 이하

3) (㉡)규격

항목	규격(mg/L)
납	1 이하
과망간산칼륨소비량	10 이하
총용출량	30 이하(다만, 침출용액이 n－헵탄인 경우 150 이하)
디부틸프탈레이트	0.3 이하
벤질부틸프탈레이트	30 이하
디에틸헥실프탈레이트	1.5 이하
디－n－옥틸프탈레이트	5 이하
디이소노닐프탈레이트 및 디이소데실프탈레이트	9 이하(합계로서)
디에틸헥실아디페이트	18 이하

표준, 정량, 용출, 추출, 잔류

해답

- ㉠ : 잔류
- ㉡ : 용출

28 다음은 식품위생법에 따른 식품영업에 종사하지 못하는 질병의 종류에 대한 시행규칙이다. 다음의 빈칸을 채워 넣으시오.

〈식품위생법 시행규칙〉
제50조(영업에 종사하지 못하는 질병의 종류)
법 제40조제4항에 따라 영업에 종사하지 못하는 사람은 다음의 질병에 걸린 사람으로 한다.
1. 「감염병의 예방 및 관리에 관한 법률」 제2조 제3호 가목에 따른 (㉠)(비감염성인 경우는 제외한다)
2. 「감염병의 예방 및 관리에 관한 법률 시행규칙」 제33조 제1항 각 호의 어느 하나에 해당하는 감염병
3. (㉡) 또는 그 밖의 (㉢)
4. (㉣)(「감염병의 예방 및 관리에 관한 법률」 제19조에 따라 성매개감염병에 관한 건강진단을 받아야 하는 영업에 종사하는 사람만 해당한다)

해답

- ㉠ : 결핵
- ㉡ : 피부병
- ㉢ : 고름형성(화농성) 질환
- ㉣ : 후천성면역결핍증

29 **식품위생법상 의사나 한의사가 식중독 환자를 진단하였을 때 지체 없이 보고해야 하는 관할 대상을 쓰시오.**

해답

시장 · 군수 · 구청장

TIP **식중독 환자 등의 보고 및 신고(식중독 발생원인 조사절차에 관한 규정 제4조)**

① 「식품위생법」 제86조 제1항에 해당하는 의사, 한의사 및 집단급식소 설치 · 운영자는 특별자치시장 · 시장(「제주특별자치도 설치 및 국제자유도시 조성을 위한 특별법」에 따른 행정시장을 포함한다. 이하 이 조에서 같다) · 군수 · 구청장(이하 "시장 · 군수 · 구청장"이라 한다)에게 식중독 발생 또는 의심 사실을 보고하여야 한다.

② 식중독 환자 등 본인 및 그 보호자도 관할 시장 · 군수 · 구청장에게 식중독 발생 또는 의심 사실을 신고할 수 있다.

30 **생물테러감염병 또는 치명률이 높거나 집단 발생의 우려가 커서 발생 또는 유행 즉시 신고하여야 하고, 음압격리와 같은 높은 수준의 격리가 필요한 ① 감염병의 구분과 ② 해당하는 감염병의 이름을 3가지 이상 기술하시오.**

해답

① 제1급 감염병

② 에볼라바이러스병, 마버그열, 라싸열, 크리미안콩고출혈열, 남아메리카출혈열, 리프트밸리열, 두창, 페스트, 탄저, 보툴리눔독소증, 야토병, 신종감염병증후군, 중증급성호흡기증후군(SARS), 중동호흡기증후군(MERS), 동물인플루엔자 인체감염증, 신종인플루엔자, 디프테리아

04 2022년 기출복원문제

01 온도 및 시간 관리를 하지 않으면 식중독을 유발할 수 있는 식품을 잠재적 위해식품이라 한다. 이러한 식품에 해당하는 수분활성도와 pH 조건을 쓰시오.

해답

잠재적 위해식품(PHF : Potentially Hazardous Food)

- 수분활성도(A_w) : 0.85 이상
- pH 조건 : 4.6 이상

※ 단백질이나 탄수화물의 함량이 높은 식품이 잠재적 위해식품으로 해당된다.

02 크로마토그래피는 여러 분류 방법이 있는데, 그중 이동상에 따라 분류하는 크로마토그래피 3가지를 작성하시오.

해답

- 액체 크로마토그래피(LC)
- 기체 크로마토그래피(GC)
- 초임계 유체 크로마토그래피(SFC)

03 다음 그림은 크로마토그래피에서 이동상의 유속과 HETP와의 관계를 나타낸 Van Deemter 식이다. 이 중 질소, 헬륨, 수소 중 운반효율이 높은 가스를 고르고 그래프와 연관 지어 설명하시오.

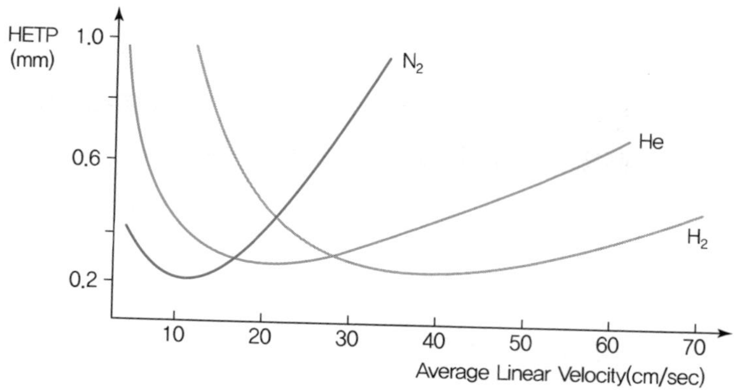

해답

운반기체(Carrier Gas)는 HETP가 낮을수록, 유속범위가 넓을수록 분리효율이 좋다. 수소는 질소보다 넓은 유속범위를 갖고 있고, 최저 HETP에서 헬륨보다 유속이 빨라 분리효율이 가장 좋다.

04 관능평가 중 후광효과의 개념과 방지법을 설명하시오

해답

- 후광효과 : 어떤 대상의 한 가지 또는 일부에 대한 평가가 그의 또 다른 일부 또는 나머지 전부의 평가에 대해 영향을 미치는 현상
- 방지법 : 중요도가 높은 변인의 특성을 따로 분리하여 개별적인 평가를 진행한다.

05 **초기 수분함량 87.5%인 당근 5,000kg을 습량기준 4%로 건조하고자 한다. ① 건조 전 당근의 고형분 무게(kg), ② 건조 후 남은 수분의 무게(kg), ③ 증발시키는 수분의 무게(kg)를 구하시오.**

해답

① 건조 전 당근의 고형분 무게(kg)

$$5{,}000 \times \frac{100-87.5}{100} = 625(\text{kg})$$

② 건조 후 남은 수분의 무게(kg)

- 건조 후 수분함량 4% 당근의 총 무게

  고형분 무게 : $x \times \frac{100-4}{100} = 625$

  $x ≒ 651.04$

- 건조 후 수분의 무게 : $651.04 - 625 = 26.04$(kg)

③ 증발시키는 수분의 무게(kg)

$5{,}000 - 651.04 = 4{,}348.96$(kg)

06 **10% 소금물 50kg을 농축하여 20%로 만들 때 증발시킬 물의 양을 구하시오.**

해답

$0.1 \times 50 = 0.2(50 - x)$

$5 = 10 - 0.2x$

$\therefore x = 25$(kg)

07 다음에서 설명하는 식중독 세균에 대하여 서술하시오.

분리배양된 평판배지상의 집락을 보통한천배지 또는 Tryptic Soy 한천배지에 옮겨 35~37℃에서 18~24시간 배양한다. 그람염색을 실시하여 포도상의 배열을 갖는 그람양성 구균을 확인한 후 Coagulase 시험을 실시하며 24시간 이내에 응고 유무를 판정한다. Coagulase 양성으로 확인된 것은 생화학 시험을 실시하여 판정한다.

해답

추정세균 종속명 (한글 또는 영명으로 작성)	황색포도상구균(*Staphylococcus aureus*)
독성에 대해 서술 (독소를 포함하여 작성)	70℃에서 2분 정도 가열하면 균은 거의 사멸되나, 장독소(Enterotoxin)는 내열성이 강해 121℃에서 8~16분 가열해야 파괴됨
예방방법	• 음식을 다루기 전후 모두 손과 손톱 밑을 물과 비누로 깨끗이 씻기 • 감기에 걸린 사람은 반드시 마스크를 착용하고 음식을 조리 • 손에 상처가 났거나 피부에 화농성 질환(고름)이 있을 때는 음식을 다루지 말기 • 육류, 닭고기, 생선을 구입할 때 각각 비닐에 넣어 다른 식품과 접촉하지 않기

08 포도당 당량(D.E ; Dextrose Equivalent)값은 전분의 가수분해 정도를 표시하는 수치로서 A는 40, B는 97이다. 다음 괄호 안에 알맞게 배열하여 완성하시오.

① 감미도 : (　　) > (　　)

② 점　도 : (　　) > (　　)

③ 결정성 : (　　) > (　　)

해답

① 감미도 : (A) > (B)
② 점　도 : (A) > (B)
③ 결정성 : (A) > (B)

TIP 전분당의 D.E값과 성질

종류	수분(%)	D.E	감미도	점도	흡습성	결정성	용액의 동결점	평균 분자량
결정포도당	8.5~10	99~100	높다	낮다	적다	크다	낮다	적다
정제포도당	10 이하	97~98						
액상포도당	25~30	55~80						
물엿	16	35~50						
분말물엿	5 이하	25~40	낮다	높다	크다	낮다	높다	크다

09 환상의 비환원성 전분유도체인 사이클로덱스트린은 소수성 내부와 친수성 외부를 가진 구조적 특성으로 식품가공에서 다양하게 활용된다. 사이클로덱스트린의 특성과 사용 효과에 대하여 기술하시오.

해답

사이클로덱스트린은 Glucopyranose 단위가 α-1,4 결합을 하여 링구조를 하고 있으며, $-$OH기가 링 밖으로 위치하여 링 외부는 친수성 특성을 하고 있고, 링 내부는 소수성 특성을 하고 있는 물질이다.

- 구조적 특성을 이용한 다양한 성분의 안정성 향상
- 좋지 않은 맛, 바람직하지 않은 성분의 감소
- 식품의 물성 및 텍스처 향상

10 대장균 15개/mL가 20분마다 분열한다고 할 때 2시간 동안 배양한 후 최종 세포수를 구하시오.

해답

- 세대수 $= \dfrac{\text{배양시간}}{\text{세대시간}}$

- 최종 균수=초기 균수×2^n

(2hr → 120min)

$$세대수 = \frac{120min}{20min} = 6$$

$$최종\ 세포수 = 15 \times 2^6 = 960개$$

11 **식품의 저장방법 중 CA 저장법은 온도 및 습도와 기체의 조성을 조절하여 신선도를 유지시키는 방법이다. CA 저장법의 특징에 대하여 설명하시오.**

해답

저장 공간의 가스 조정을 통해 호흡을 억제시켜 신선도를 유지하는 저장법이다. 산소 농도는 1~5%로 낮추고, 이산화탄소 농도는 2~10%로 높여 저장하며, 온도는 보통 0~8℃에서 저장한다.

12 **다음은 비누화값에 대한 설명이다. 빈칸을 채워 문장을 완성하시오.**

- 비누화값은 유지 (㉠)의 유리산의 중화 및 에스테르의 검화에 필요한 (㉡)의 mg수이다.
- 비누화값이 작은 지방은 분자량이 (㉢ 크며 / 작으며), (㉣ 고급 / 저급)지방산의 에스테르이다.

해답

- ㉠ : 1g
- ㉡ : 수산화칼륨
- ㉢ : 크며
- ㉣ : 고급

13 다음은 HPLC 분리 방법에 따라 분류할 때 분배 크로마토그래피에 대한 설명이다. 고정상과 이동상에 물질에 따라 용출 특성이 다른데, 이 원리를 빈칸에 알맞게 기재하시오.

- Normal Phase(순상) 크로마토그래피는 극성 고정상에 비극성 이동상을 사용하며 (㉠)의 이동상이 먼저 용출된다.
- Reversed Phase(역상) 크로마토그래피는 비극성 고정상에 극성 이동상을 사용하며 (㉡)의 이동상이 먼저 이동한다.

해답

- ㉠ : 소수성
- ㉡ : 친수성

14 다음 중 중성지질에 대한 설명으로 틀린 것을 고르시오.

① 중성지질은 여러 개의 녹는점과 끓는점이 있다.
② 중성지질은 글리세롤 1분자와 지방산 3분자가 ester결합이 되어 있다.
③ 포화지방산은 탄소수가 증가할수록 융점이 높다.
④ 천연유지의 불포화지방산의 이중결합은 대부분 –cis형이다.
⑤ 다가불포화지방산의 이중결합은 공액형이라 산화되기 어렵다.

해답

⑤
※ 다가불포화지방산의 이중결합은 비공액형으로 산화되기 쉽다.

15 단백질은 화학적 조성에 따라 단순단백질, 복합단백질, 유도단백질로 분류된다. 다음 보기를 보고 알맞게 분류하시오.

펩톤, 인단백질, 당단백질, 젤라틴, 프롤라민, 알부민

① 단순단백질 :

② 복합단백질 :

③ 유도단백질 :

해답

① 단순단백질 : 프롤라민, 알부민
② 복합단백질 : 인단백질, 당단백질
③ 유도단백질 : 펩톤, 젤라틴

16 **식중독 역학조사에서 유행곡선으로부터 특정 질병의 잠복기, 잠복기 분포를 이용한 질병 과정, 유행의 규모를 추정할 수 있다. 이때 잠복기에 따른 식중독의 유행곡선의 관계를 간략히 설명하시오.**

해답

식중독은 잠복기가 짧아 유행곡선이 가파르고, 감염병은 잠복기가 길어 상대적으로 완만하다.

17 **단백질은 아미노산 중합체가 단일 혹은 복수 결합하여 형성된 것이다. 단백질의 1, 2, 3, 4차 구조에 대하여 간단히 기술하시오.**

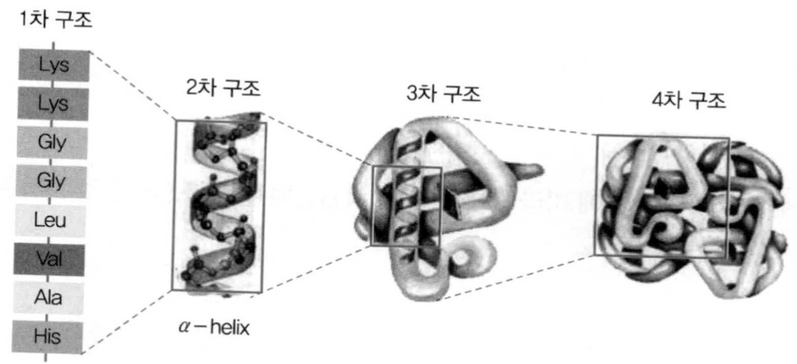

해답

구분	특징	관여하는 결합	예시
1차 구조	폴리펩타이드 사슬 내 아미노산의 선형 배열	펩타이드 결합 (공유결합)	• 라이신 • 글라이신 • 발린 • 히스티딘 등
2차 구조	폴리펩타이드가 α－helix나 β－pleated Sheet로 접힌 모양	수소결합	–
3차 구조	2차 구조의 폴리펩타이드가 구부러지거나 접혀 입체를 형성	• S－S결합 • 수소결합 • 이온결합 • 소수성 상호작용	–
4차 구조	3차 구조의 폴리펩타이드가 2개 이상 모여 복합체 형성		헤모글로빈

18 **다당류는 그 조성에 따라 단순다당류와 복합다당류로 나뉜다. 각각에 대한 정의를 쓰고 보기에 있는 예를 빈칸에 알맞게 적으시오.**

전분, 펙틴

• 단순다당류 :

• 복합다당류 :

해답

구분	정의	예
단순다당류	구성 단당류가 한 종류로 이루어진 다당류	전분
복합다당류	구성 단당류가 2가지 이상으로 이루어진 다당류	펙틴

19 **식품산업에서 이용되는 여과살균 방법 중 Membrane Filter의 장점을 기술하시오.**

해답

연속조작(자동화)이 가능하고, 화학약품 사용이 적고 설비 증설이 간단하다.

20 다음 표는 FAO 표준 단백질과 쌀 단백질의 아미노산의 조성을 나타낸 것이다. 쌀 단백질의 제한 아미노산은 무엇이며, 아미노산가는 얼마라고 평가되는지 쓰시오.

(단위 : mg)

구분	아이소류신	류신	라이신	황함유 아미노산	페닐알라닌 +타이로신	트레오닌	트립토판	발린
표준 단백질	270	306	270	270	180	180	90	270
쌀 단백질	280	520	210	270	670	220	80	370

해답

- 제한 아미노산 : 라이신
- 아미노산가(價) $= \dfrac{\text{1g의 식품 단백질 중 제1 제한 아미노산의 mg}}{\text{1g의 기준 단백질 중 동일한 아미노산의 mg}} \times 100$
- 아미노산가(價) : $\dfrac{210\text{mg}}{270\text{mg}} \times 100 = 77.777 \fallingdotseq 77.78$

21 식품의 보존성을 높이는 가공 방법 중 동결건조 방법을 물의 상평형도를 들어 설명하고, 장단점을 간단히 쓰시오.

해답

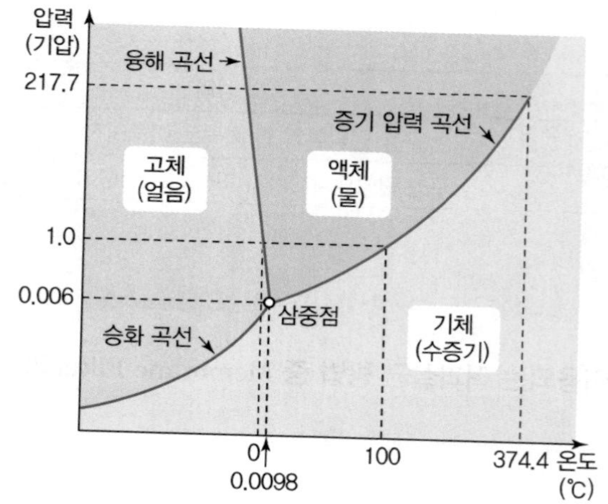

물의 삼중점을 응용한 방법으로 식품을 −40∼−30℃에서 급속동결시킨 후 감압을 통해 0.1∼1.0기압의 진공에서 기체상태의 증기로 승화시켜 수분을 제거하는 방법이다(빙결정 승화).

구분	동결건조
장점	• 맛과 향 등 미량 영양소의 변화 최소화 • 영양성분의 손실 최소화 • 식품의 외관을 그대로 유지해 재용해성이 뛰어나므로 고품질의 건조물 생산 가능
단점	• 설비비용 및 운영비용이 높음 • 열풍건조에 비하여 건조시간이 길

22 식품의 관능적 요소 중 Texture의 정의를 쓰고, Texture의 기계적 특성 중 1차적 특성과 2차적 특성을 보기를 이용하여 분류하시오.

① Texture 정의 :

② Texture의 기계적 특성 중 1차적 특성과 2차적 특성

• 견고성
• 파쇄성
• 응집성
• 점착성
• 저작성
• 점성

해답

① Texture 정의 : 음식물을 입안에서 씹을 때 작용하는 힘과 조직 간의 상호관계에서 느껴지는 복합적 · 기계적 감각, 음식을 먹을 때 입안에서 느껴지는 감촉

② Texture의 기계적 특성 중 1차적 특성과 2차적 특성

1차적 특성	2차적 특성
견고성, 응집성, 점성	저작성, 파쇄성, 점착성

TIP Texture 특성의 분류

구분	1차적 특성	2차적 특성	비고	식품
기계적 특성	• 경도(Hardness) • 응집성(Cohesiveness) • 점성(Viscosity) • 탄성(Elasticity) • 부착성(Adhesiveness)	• 파쇄성(Brittleness) • 씹힘성(Chewiness) • 검성(Gumminess)	• 부드럽다 → 딱딱하다 • 경도, 응집성에 비례 • 응집성과 탄력성에 관여 • 경도, 응집성에 관여 • 묽다 → 진하다 → 되다 • 탄력이 없다 → 말랑말랑하다 • 미끈미끈하다 → 끈적끈적하다	– 캐러멜 – 육류, 육포 – 물엿, 꿀 곤약, 묵, 밀가루반죽 캔디
기하학적 특성	• 입자의 크기와 형태 • 입자의 배열과 결합 상태		• 분말, 과립, 구형 • 기포상, 펄프상, 박편, 섬유질상	
기타 특성	• 수분함량 • 지방함량	• 기름기가 있는(Oilness) • 미끈미끈한(Greasiness)	• 건조함, 촉촉함 • 기름지다	

23 **다음 그림은 세균 배양에 이용되는 도구를 나타낸 것이다. 각 도구의 용도에 대하여 간략히 설명하시오.**

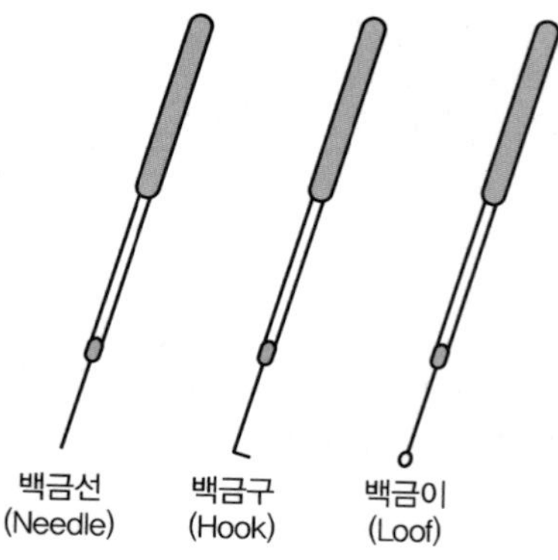

- 백금선 :

- 백금구 :

- 백금이 :

해답

- 백금선 : 고층 배지의 천자 배양, 혐기적 균을 배양할 때 사용
- 백금구 : 곰팡이 포자를 접종 및 이식할 때 사용
- 백금이 : 액체 · 고체 · 평판 배지 미생물을 이식 및 도말할 때 사용

24 **세균수 4×10^5에서 유도기 없이 증식 6시간(h) 내 3.68×10^7개로 늘어났으나 정지기에 도달하지 않았다. 이 세균의 평균 세대시간(min)을 쓰시오.** (log2 = 0.3010, log3.68 = 0.5658, log4 = 0.6021로 계산한다.)

해답

$$세대수(n) = \frac{\log b - \log a}{\log 2} = \frac{\log \frac{b}{a}}{\log 2}$$

$$세대시간(g) = \frac{t}{n} = \frac{t\log 2}{\log b - \log a}$$

$$세대시간(g) = \frac{t\log 2}{\log b - \log a} = \frac{6\log 2}{\{\log(3.68\times 10^7) - \log(4\times 10^5)\}}$$

$$= \frac{6\log 2}{(\log 3.68 + 7 - \log 4 - 5)} = \frac{6\times 0.3010}{(0.5658 + 7 - 0.6021 - 5)}$$

$$= 0.919692417\text{h}$$

여기서, a : 초기 균수 b : 나중 균수

t : 배양시간 n : 세대수

문제에서 요구사항은 min이므로 단위 맞추기

$$0.91962417\text{h} \times \frac{60\text{min}}{1\text{h}} = 55.18\text{min}$$

25 다음 그래프는 미생물의 증식곡선이다. 빈칸(A, B, C, D)을 채우고 각 단계별 특징에 대하여 설명하시오.

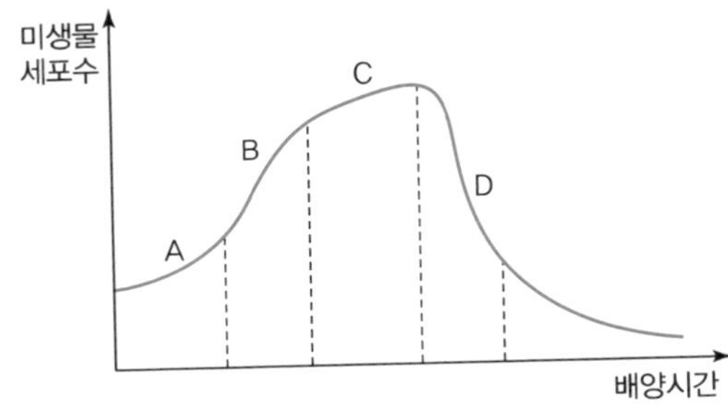

해답

- A : 유도기(Lag Phase, Induction Period)
  - 미생물이 증식을 준비하는 시기
  - 효소, RNA는 증가, DNA는 일정
  - 초기 접종균수를 증가하거나 대수증식기균을 접종하면 기간이 단축
- B : 대수기(Logarithmic Phase)
  - 대수적으로 증식하는 시기
  - RNA 일정, DNA 증가
  - 세포질 합성 속도와 세포수 증가속도가 비례
  - 세대시간, 세포의 크기 일정
  - 생리적 활성이 크고 예민
  - 증식속도는 영양, 온도, pH, 산소 등에 따라 변화

- C : 정지기(Stationary Phase)
  - 영양물질의 고갈로 증식수와 사멸수가 같음
  - 세포수 최대
  - 포자형성시기
- D : 사멸기(Death Phase)
  - 생균수보다 사멸균수가 많아짐
  - 자기소화(Autolysis)로 균체 분해

26 소비기한 설정실험 방법 중 가속실험의 실험조건과 가속실험의 대상조건은 무엇인지 쓰시오.

해답

- 가속실험의 실험조건 : 실제 보관조건이나 유통조건보다 가혹한 조건에서 실험하여 단기간에 제품의 소비기한을 예측하는 것으로 실제 보관 또는 유통온도와 최소 2개 이상의 비교 온도에 저장하면서 실험
- 가속실험의 대상조건 : 소비기한 3개월 이상 설정 제품에 적용

27 다음은 영양성분에 대한 세부 표시기준 중 탄수화물에 대한 설명이다. 빈칸을 채우시오.

① 탄수화물은 (㉠)를 구분하여 표시하여야 한다.
② 탄수화물의 단위는 그램(g)으로 표시하되, 그 값을 그대로 표시하거나 그 값에 가장 가까운 1g 단위로 표시하여야 한다. 이 경우 1g 미만은 (㉡)으로, 0.5g 미만은 (㉢)으로 표시할 수 있다.
③ 탄수화물의 함량은 식품 중량에서 (㉣), (㉤), (㉥) 및 (㉦)의 함량을 뺀 값을 말한다.

해답

① ㉠ : 당류
② ㉡ : 1g 미만, ㉢ : 0
③ ㉣ : 단백질, ㉤ : 지방, ㉥ : 수분, ㉦ : 회분

05 2023년 기출복원문제

01 **다음은 버섯의 생활사에 대한 설명이다. 빈칸을 채우시오.**

> 버섯의 생활사를 보면, 최초 포자가 알맞은 환경조건에 의해 발아하여 단핵 상태의 1차 균사가 형성되고, 유전적 화합성이 있는 다른 1차 균사와 융합하면 이핵 상태의 2차 균사가 된다. 2차 균사는 꺽쇠연결체(Clamp Connection)를 형성하며 성장하고 환경이 적절하면 (㉠)를 형성한다. (㉠) 내의 (㉡)에서는 감수분열이 일어나 단일핵 (㉢)가 생성된다. 이렇게 형성된 (㉢)는 방출되어 새로운 생활사가 시작된다.

해답

- ㉠ : 자실체
- ㉡ : 담자기
- ㉢ : 담자포자

02 **소비기한과 품질유지기한의 정의를 쓰시오.**

해답

- 소비기한 : 식품에 표시된 보관방법을 준수할 경우 섭취하여도 안전에 이상이 없는 기한
- 품질유지기한 : 식품의 특성에 맞는 적절한 보존방법이나 기존에 따라 보관할 경우 해당 식품 고유의 품질이 유지될 수 있는 기한

03 다음 중 잘못된 문항을 고르고 이유를 작성하시오.

① 참깨에 존재하는 생리활성물질 중 리그난의 화합물로는 세사민, 세사몰린이 있으며 그중 세사민이 가장 많은 함유량을 보인다.

② 참기름을 볶거나 착유하는 과정에서 열에 의해 세사몰린이 세사몰로 분해 · 생성된다.

③ 토코페롤은 지용성 항산화물질로 α −tocopherol, β −tocopherol, γ −tocopherol, δ −tocopherol로 분류된다.

④ 콩의 생리활성물질 중 이소플라본은 화학적 구조에 따라 배당체(Glycoside), 비배당체(Aglycone)로 구분된다.

⑤ 양파는 플라보노이드계 배당체인 Quercetin을 함유하고, Qquercetin의 배당체인 Rutein이 생리활성작용을 한다.

해답

⑤

※ 퀘르세틴의 배당체는 루테인이 아닌 루틴이다.

04 아질산나트륨의 식품첨가물 용도와 화학식을 쓰시오.

해답

- 용도 : 보존료, 발색제
- 화학식 : $NaNO_2$

05 다음은 RNA에 관한 설명이다. 각 설명에 알맞도록 빈칸을 채우시오.

- (㉠) : 유전정보를 전사하여 핵 밖으로 전달
- (㉡) : 합성에 필요한 아미노산을 리보솜이 있는 장소로 운반
- (㉢) : 리보솜을 구성하여 단백질 합성에 관여

해답

- ㉠ : mRNA
- ㉡ : tRNA
- ㉢ : rRNA

06 다음은 등온탈습곡선을 나타낸 것이다. 아래 그림에서 Type Ⅰ, Ⅱ, Ⅲ 중 단백질 함량이 높은 식품의 유형을 적고, 그 특성에 대하여 간단히 기술하시오.

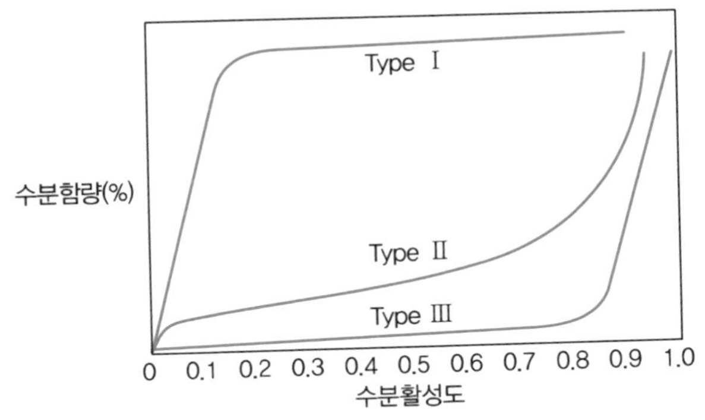

해답

Type Ⅰ, 높은 단백질 함량으로 인해 수화가 빠르게 되어 초기에 가파르게 올라간다.

07 1급 발암물질인 포름알데하이드(포르말린)가 용출되는 열경화성 수지를 2가지만 적으시오.

해답

멜라민 수지, 페놀 수지

① 열경화성 수지 : 열을 가해도 형태가 변하지 않는 수지로 단단하고 내열성, 내용제성, 내약품성이 좋다. 멜라민 수지, 페놀 수지, 요소수지가 있다.
② 열가소성 수지 : 열을 가하여 성형한 뒤에도 다시 열을 가하면 형태를 변형시킬 수 있는 수지로 내열성, 내용제성은 약한 편이다. 전체 합성수지의 생산량의 대부분을 차지한다.

08 관능적으로 인지하는 개념인 색깔을 체계적으로 분류한 Munsell의 색 체계 3요소에 대한 설명에 맞게 빈칸을 채우시오.

- (㉠) : 빨강, 노랑, 초록, 파랑, 보라 5가지 색과 그 중간색인 주황, 연두, 청록, 남색, 자주 5가지 색을 합쳐서 총 10가지 색으로 구분한다.
- (㉡) : 검은색(0)과 흰색(10)을 구분하여 1부터 9 사이의 무채색 단계로 표현한다.
- (㉢) : 색의 순도를 나타내는 것으로, 색의 강도를 표현한다.

해답

- ㉠ : 색상
- ㉡ : 명도
- ㉢ : 채도

09 마요네즈를 만들 때, 계란 노른자의 역할에 대해 표면장력을 이용하여 설명하시오.

해답

유화제는 물과 기름 등 섞이지 않는 2가지 또는 그 이상의 상(Phases)을 균일하게 섞어준다. 유화제는 용액 속의 계면에 흡착해 분산상을 안정화하고 상분리를 방해하며 표면장력을 감소시킨다. 유화된 입자가 작을수록, 계면 면적은 증가한다(레시틴, 에스테르).

10 2024년 1월 1일부터 소비기한 표시제도가 전면 시행되었다. 내용에 맞게 다음 빈칸을 채우시오.

- 유통기한은 품질안전한계기준의 60～70%로 설정한 것이고, 소비기한은 품질안전한계기준의 (㉠)로 설정한 것이다.
- 품질안전한계기간은 다양한 변수로 인해 이상적인 조건을 유지하기 어려우므로 이를 고려해 (㉡)의 안전계수를 적용하여 소비기한을 설정해야 한다.

해답

- ㉠ : 80～90%
- ㉡ : 1 미만

11 **두유를 가열할 때 소포제인 식용유를 사용하여 포말을 제거한다. 이때, 식용유가 아닌 레시틴을 사용할 때 나타나는 현상을 간단히 기술하시오.**

해답

레시틴은 유화제로 쓰이며 표면장력을 감소시켜 거품의 안정성을 높이므로 포말이 제거되지 않는다.

12 **돈육장조림 통조림 가열 살균 시 필요한 F_0값은 5.5분으로 알려져 있다. 이 통조림을 113℃에서 살균한다면 적합한 가열처리시간은 얼마인지 구하시오.(단, z값은 10℃로 가정한다.)**

해답

$$F_0 = F_T \times 10^{\frac{T - 121.1℃}{z}}$$

여기서, z : 가열치사시간을 90% 감소시키기 위해 상승시켜야 하는 온도

F_T : 일정온도(T)에서 미생물을 100% 사멸시키기 위해 필요한 시간

F_0 : 121.1℃(250℉)에서 미생물을 100% 사멸시키기 위해 필요한 시간

$$5.5\text{min} = F_{113} \times 10^{\frac{(113 - 121.1)℃}{10℃}} = F_{113} \times 10^{-0.81}$$

$$F_{113} = \frac{5.5\text{min}}{10^{-0.81}} = 35.5109826\text{min}$$

∴ 35.51분

13 **저메톡실 펙틴젤리를 만들 때 염다리(Salt Bridge), 즉 망상구조 형성을 용이하게 하기 위하여 사용하는 첨가물을 다음 보기에서 고르시오.**

• 탄산수소나트륨	• 니켈	• 수소
• 칼슘	• 소금	

해답

칼슘

TIP Ca^{2+}, Mg^{2+} 등의 다가이온이 산기와 결합하여 망상구조를 형성한다.

14 **저항전분(RS ; Resistant Starch)의 분류 중 제3형 저항전분의 생성원리를 쓰시오.**

해답

물리적으로 노화시키거나 화학적 결합을 통해 생성한다.

TIP **저항전분**

- 제1형 저항전분 : 물리적으로 Amylase 등 효소가 접근이 불가능하여 소화가 어려운 전분
- 제2형 저항전분 : 결정성 구조를 갖는 생 전분
- 제3형 저항전분 : 노화 과정을 통해 생성된 전분
- 제4형 저항전분 : 화학적으로 변성된 전분

15 **식품가공 기술 중 열처리는 가공 중 다양한 품질 변화를 야기한다. 이때 옳지 않은 것을 고르고, 그 이유에 대해 간단히 기술하시오.**

① 설탕은 가열할 때 Caramelization이 일어나며 검정색을 띤다.

② 채소를 65~75℃로 가열하면 RNA가 효소에 의해 가수분해되어 GMP가 생성되며 감칠맛이 증가한다.

③ Maillard Reaction은 조리과정 중 볶음향, 캐러멜향 등의 향기 성분을 형성하며 갈색을 띤다.

④ 지질을 가열하면 조리과정 중 황함유 휘발성분을 생성하며 산패취가 발생한다.

⑤ 양파와 마늘 가열하면 다양한 di, tri, poly－sulfides의 풍미성분이 생성된다.

해답

④
※ 이유 : 황(S)은 단백질 구성 성분으로 지질을 가열해도 함황 휘발성분이 생성되지 않는다.

16 제조과정과 연관효소끼리 선을 이으시오.

자당 → 포도당+과당

과산화수소

전분 → 덱스트린, 콘시럽

포도당 정량

주스 청징

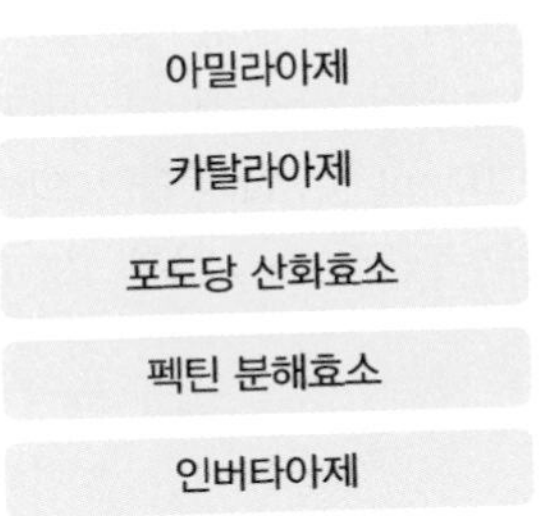

해답

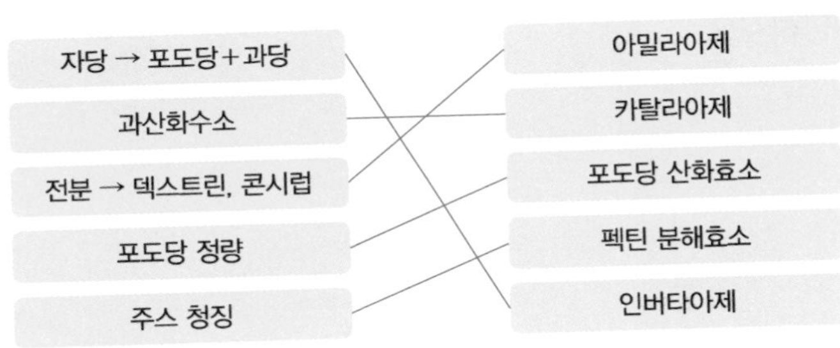

17 Maillard Reaction에 있어 당의 종류에 따라 반응성이 다르다. 다음 보기 중 갈변속도가 빠른 순서대로 나열하시오.

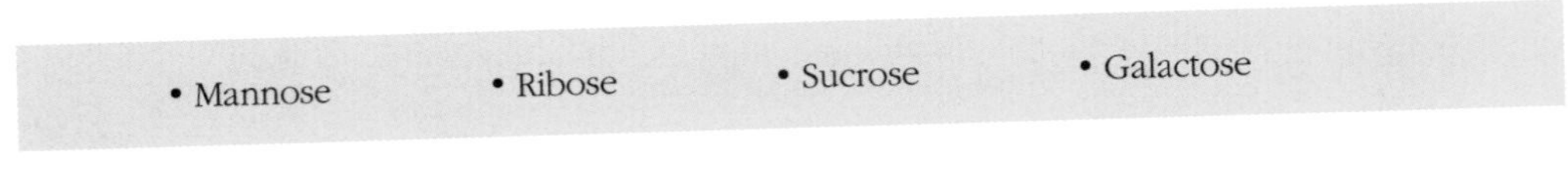

해답

Ribose > Galactose > Mannose > Sucrose
오탄당이 육탄당에 비해 갈변속도가 빠르다.

18 0.04M NaOH 500mL일 때 다음을 구하시오.

① 퍼센트농도(w/v%)를 구하시오.(NaOH 몰질량 : 40g/mol)

② mg%농도를 구하시오.

해답

① 몰농도＝mol/L＝x mol / 0.5L＝0.04M
따라서 0.04M 0.5L에 들어있는 NaOH의 mol＝0.02mol
0.02mol NaOH의 질량＝0.02mol×40g/mol＝0.8g
(w/v%)＝용질 g / 용액 mL×100＝0.8g / 500mL×100＝0.16%(w/v%)
② mg%는 100mL당 mg의 양을 의미하므로
mg%농도＝용질 mg / 용액 100mL×100＝800mg / 500mL×100＝160mg%

19 계면활성제의 친수성 및 소수성 정도를 나타내는 지표인 HLB값이 있다. 이를 S(지방산의 산가), A(ester의 비누화값)를 이용하여 공식을 작성하고, HLB값을 통해 분자의 특성이 어떤지 간단히 설명하시오.

해답

• 공식 : $20 \times \left(1 - \frac{S}{A}\right)$
• 분자의 특성 : 값이 작을수록 친유성이 강하고, 값이 클수록 친수성이 강함을 의미한다.

20 **가스 크로마토그래피(GC)는 혼합물을 각각의 성분으로 분리하여 정성 · 정량분석을 하는 장비이다. 여기에 사용되는 운반기체와 역할을 간단히 기술하시오.**

해답

- 운반기체 : 수소, 헬륨, 질소, 아르곤 등
- 역할 : 시료들을 주입구부터 컬럼을 통과해 검출기로 이동시켜주는 역할

21 **대장균군의 정성시험 중 유당배지법의 3단계를 기재하고, 각 단계에서 사용되는 배지명을 쓰시오.**

해답

구분	시험	배지
1단계	추정	유당배지
2단계	확정	BGLB 배지, Endo / EMB 배지
3단계	완전	보통한천배지

22 **40%w/w 포도당 용액의 수분활성도를 구하시오.(포도당 분자량 180g/mol)**

해답

- 40% 포도당 = 40% 포도당 + 60% 수분

• 포도당 분자량 : 180g/mol, 물 분자량 : 18g/mol

$$\frac{\frac{60}{18}}{\frac{60}{18}+\frac{40}{180}} \fallingdotseq 0.94$$

$$\therefore \text{수분활성도}(A_w) = \frac{\text{용매의 몰수}(N_w)}{\text{용매의 몰수}(N_w)+\text{수용성 용질의 몰수}(N_s)}$$

23 **건강기능식품은 건강을 유지하는 데 도움을 주는 식품이다. 「건강기능식품에 관한 법률」에 따라 일정 절차를 거쳐 만들어지는데, 일상식사에서 부족한 비타민과 무기질을 보충하는 것과는 달리 개별 기준규격이 존재하는 영양성분 5가지를 기재하시오.**

해답

• 비타민 A
• 칼슘, 마그네슘 등
• 단백질
• 식이섬유
• 필수지방산

24 **0.03mm HDPE필름을 투습컵법에 따라 투습도를 측정하였는데 온도 40±1℃, 습도 90±2℃, 풍속 1m/s이다. 항온항습실에서 실험할 때 투습면적은 28.20cm², 24시간 동안의 투습량은 26.80mg이다. 이때, 투습도(g/m²/24h)를 구하시오.**

해답

투습도 산출 : $\frac{10\times 26.8\text{mg}}{28.20\text{cm}^2} \fallingdotseq 9.50\text{g/m}^2\text{/24h}$

TIP 투습량 공식

$$P=\frac{10\times(a_2-a_1)}{S}$$

P : 투습도[g/(m² · h)]

a_2-a_1 : 시험체의 단위시간당 질량 변화량(mg/h)

S : 투습 면적(cm²)

25 **HACCP 7원칙 중 중요관리점(CCP)을 결정할 때 결정도를 이용한다. 다음 그림에서 위해평가 결과 CCP에 알맞게 결정된 번호를 모두 고르시오.**

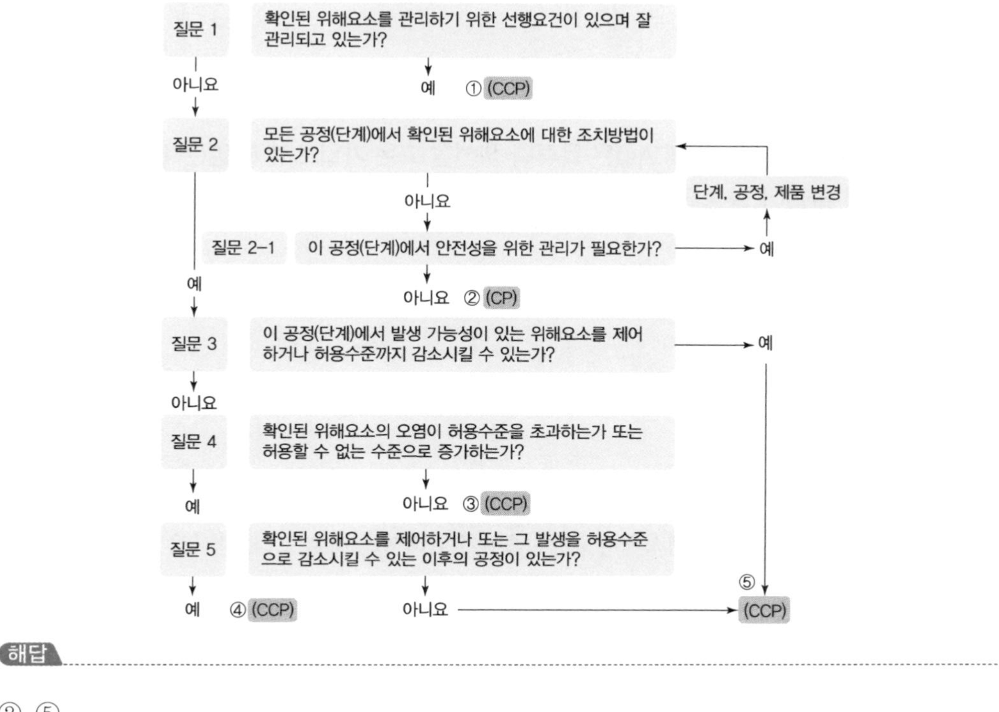

해답

②, ⑤

26 **다음은 영양성분 세부 표시기준 중 콜레스테롤에 대한 설명이다. 빈칸에 들어갈 말을 채우시오.**

영양정보	총 내용량 00g 000kcal
총 내용량당	1일 영양성분 기준치에 대한 비율
나트륨 00mg	**00**%
탄수화물 00mg	**00**%
당류 00mg	**00**%
지방 00mg	**00**%
트랜스지방 00mg	
포화지방 00mg	**00**%
콜레스테롤 00mg	**00**%
단백질 00mg	**00**%
1일 영양성분 기준치에 대한 비율(%)은 2,000kcal 기준이므로 개인의 필요 열량에 따라 다를 수 있습니다.	

콜레스테롤의 단위는 밀리그램(mg)으로 표시하되, 그 값을 그대로 표시하거나 그 값에 가장 가까운 5mg 단위로 적어야 한다. 5mg 미만은 (㉠), 2mg 이하일 경우 (㉡)으로 표시할 수 있다.

해답

- ㉠ : 5mg 미만
- ㉡ : 0

27 **Heterocyclic Amines(HCAs)은 육류나 생선을 고온 가열조리 시 열분해에 생성되는 유해물질이다. 이 물질이 발생될 때 단백질, 수분함량과 연관 지어 간략히 설명하시오.**

해답

HCAs는 육류나 생선을 고온 가열할 때 형성되는 발암 가능성이 있는 화합물로, 단백질 함량에 비례, 수분함량에 반비례하여 생성된다. 이를 줄이기 위해서는 저온 조리, 단시간 조리하는 방법이 있다.

06 2024년 기출복원문제

01 보툴리눔균이 통조림의 지표 세균으로 이용이 되는 이유를 쓰시오.

해답

보툴리눔균(*Clostridium botulinum*)은 보툴리눔 독소를 생산하는 혐기성의 그람 양성균이다. 보툴리눔 독소는 매우 낮은 농도에서도 인체에 치명적이다. 밀봉된 통조림의 환경은 보툴리눔균이 생육하기에 좋은 환경이며, 포자를 형성하는 균이므로 높은 온도에서도 생존이 가능하다. 따라서 이 균의 존재 여부가 통조림의 멸균 과정이 적절했는지 판단하는 데 중요한 기준이 되며 통조림 식품의 안정성 확인에 중요한 역할을 한다.

02 조단백질 정량을 위해 킬달법을 사용할 때 그 원리를 쓰시오.(분해 · 증류 · 적정 · 산출 단계에 대해 설명)

해답

- 분해 : 시료에 진한 황산(H_2SO_4)과 분해 촉진제를 가해 함께 가열하면 질소가 황산과 결합하여 황산암모늄[$(NH_4)_2SO_4$] 형태로 분해액 중에 포집된다.
- 증류 : 황산분해액에 과잉의 수산화나트륨(NaOH)을 추가하여 암모니아를 가스 상태로 전환한다.
- 적정 : 암모니아 가스와 적정 용액인 황산의 중화반응에 의해 황산암모늄이 생성되며, 중화되고 남은 황산 용액을 알칼리 표준용액으로 적정한다.
- 산출 : 질소 함량을 기반으로 조단백질 함량을 계산한다. 조단백질의 양은 일반적으로 질소 함량에 6.25를 곱하여 계산한다.

03 식품을 동결건조할 때 ① 원리와 ② 장점을 쓰시오.

해답

① 원리 : 식품을 저온에서 빠르게 동결시키고, 수증기의 부분압을 낮춰 얼음을 직접 증기로 만드는 '승화'에 의해 얻어진다. 그에 따라 수분이 제거되며 진공상태에서 이루어진다.

② 장점
- 열에 민감한 영양소 보존
- 맛과 향 성분의 유지
- 식품의 무게가 줄어들어 이동에 용이
- 장기 보관 가능
- 재수화 용이

04 *Vibrio parahaemolyticus*의 특징과 예방법을 3가지 쓰시오.

해답

- 특징 : 그람 음성균으로 주로 해양에서 발견되는 균으로 20~37℃에서 잘 성장하며 열에 안정적인 외부 독소를 생성할 수 있다.
- 예방법
  - 75℃ 이상 고온에서 충분히 조리하여 균을 사멸시킨다.
  - 구입 후에 즉시 냉장 또는 냉동 온도에 보관한다.
  - 조리하기 전에 수돗물로 3회 정도 충분히 세척한다.
  - 생해산물과 음식, 조리도구 등이 접촉하지 않도록 주의하여 교차오염을 방지한다.
  - 손을 깨끗이 자주 씻어 개인위생을 신경 쓴다.

05 다음은 *Bacillus cereus*의 정성시험에 관한 내용이다. 빈칸을 채우시오.

검체 25g 또는 25mL를 취하여 225mL의 희석액을 가하여 균질화한 시험용액을 (㉠) 한천배지에 접종하여 30℃, 24시간 배양한 후 배지에서 혼탁한 환을 갖는 (㉡)색 집락을 선별한다. 이때, 명확하지 않은 경우 24시간 더 배양하여 관찰한다.

해답

- ㉠ : MYP
- ㉡ : 분홍

06 안토시아닌 색소의 pH가 산성, 중성, 염기성에서 어떻게 변화하는지 쓰시오.

해답

안토시아닌 색소는 pH에 따라 색상이 변화하는 특성을 가지는데, 산성일 때 붉은색을 띤다. 안토시아닌의 구조가 안정화되어 색소가 잘 나타내기 때문이다. 중성일 때 보라색을 띠고 염기성일 때는 푸른색이나 녹색을 띤다.

TIP pH 변화에 따른 안토시아닌의 구조 변화

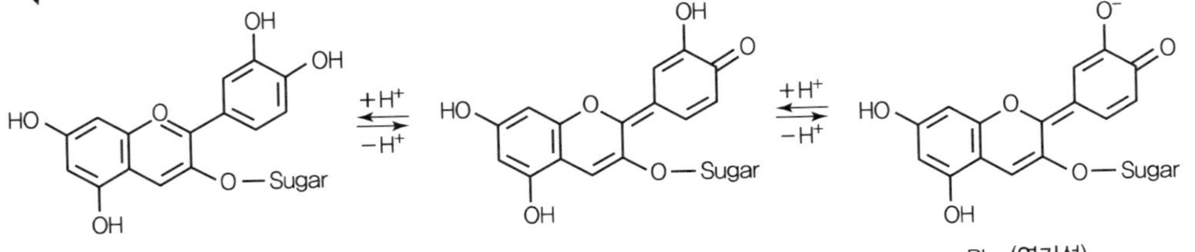

Red(산성) Violet(중성) Blue(염기성)

07 다음 보기 중 HPLC에서 가장 널리 사용되는 검출기로, 특정한 파장의 흡광도를 측정하는 것을 고르시오.

자외선/가시광선 검출기, 굴절률 검출기, 전기 전도도 검출기, 전기화학 검출기

해답

HPLC에서 가장 널리 사용되는 검출기는 자외선/가시광선 검출기(UV/Vis Detector)이다. 이 검출기는 특정한 파장의 흡광도를 측정하여 시료 내의 화합물 농도를 정량적으로 분석하는 데 사용된다.

TIP

검출기	특성
자외선/가시광선 검출기 (UV/Vis Detector)	• 특정 파장의 자외선 또는 가시광선이 샘플을 통과할 때 흡수되는 빛의 양을 측정한다. • 화합물의 구조에 따라 특정 파장에서 흡광도가 다르기 때문에, 이를 통해 시료의 농도를 확인할 수 있다. • UV 영역에서 많은 화합물이 흡수 특성을 가지므로, 다양한 분석에 활용된다.
굴절률 검출기 (Refractive Index Detector)	• 용액의 굴절률 변화를 측정한다. • 일반적으로 UV/Vis 검출기보다 덜 민감하고 특정 화합물에 대한 선택성이 떨어진다.
전기 전도도 검출기 (Conductivity Detector)	• 이온화된 물질의 전도도를 측정한다. • 주로 이온성 화합물 분석에 사용된다.
전기화학 검출기 (Electrochemical Detector)	전기화학 반응을 기반으로 하며, 특정 전기화학적 성질을 가진 화합물에 대해 민감하게 반응하나 일반적으로 UV/Vis 검출기에 비해 사용 빈도가 낮다.

08 식품의 품질관리 중 식품저장법과 관련된 허들 기술이란 무엇인지 쓰시오.

해답

허들 기술(Hurdle Technology)은 여러 가지 방어 수단(Hurdle)을 조합 처리하여 미생물의 성장과 식품의 변질을 억제하여 식품의 안전성을 높이고 품질을 유지하는 접근 방식이다.

TIP **허들 기술의 주요 요소**

온도 조절, pH 조절, 염도 조절, 수분 조절, 기타 보존제의 사용

09 **「식품 및 축산물 안전관리인증기준」의 선행요건에 고시된 8가지 관리가 있다. 빈칸을 채우시오.**

- 영업장 관리
- 제조 · 가공 시설 · 설비관리
- 용수관리
- (㉡) 관리
- 위생관리
- 냉장 · 냉동 설비관리
- (㉠) 관리
- (㉢) 관리

해답

- ㉠ : 회수 프로그램
- ㉡ : 보관 · 운송
- ㉢ : 검사

10 **트리스테아르산의 비누화가를 구하시오.(단, 트리스테아르산의 분자량은 890g/mol이며, KOH의 분자량은 56.11g/mol이다.)**

해답

비누화가 : 지질 1g의 유리산의 중화 및 에스테르의 검화에 필요한 KOH의 mg수

〈비누화 반응〉

트리스테아르산 + 3KOH → 3비누 + $3H_2O$

- KOH의 총질량 계산 : 3mol × 56.11g/mol = 168.33g
- 비누화가 계산 : 1mol의 트리스테아르산을 비누화하는 데 필요한 KOH의 질량을 비누화가로 계산

$$\therefore \text{비누화가} = \frac{168.33\text{g}}{890\text{g}} \times 1{,}000\text{mg/g} \fallingdotseq 189.1\text{mgKOH/g}$$

11 뉴턴 유체와 비뉴턴 유체의 전단력–전단속도 그래프를 그리시오.(단, 비뉴턴 유체는 딜레이턴트 유체, 의사가소성 유체, 빙햄 소성 유체이다.)

해답

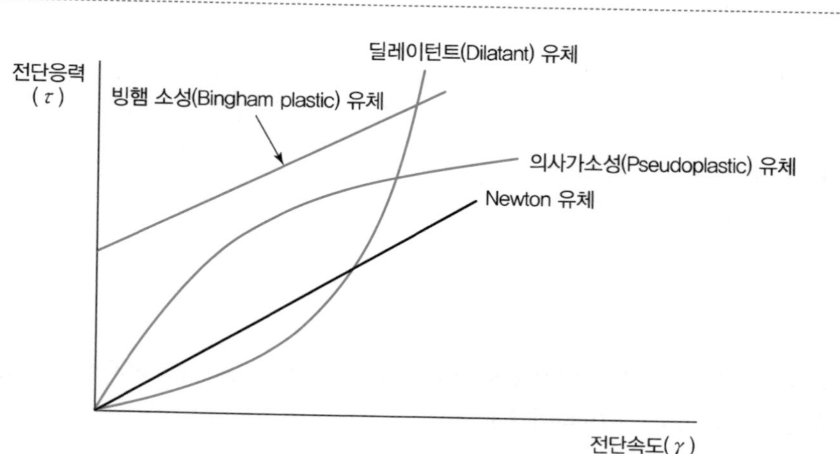

TIP
- 뉴턴 유체 : 전단력에 대하여 속도가 비례적으로 증감하는 유체(예 물, 청량음료 등)
- 딜레이턴트 유체 : 전단응력이 커짐에 따라 외관상의 점도가 급격히 증가하는 유체(예 농도가 매우 큰 전분입자 현탁액, 벌꿀의 일부 등)
- 빙햄 소성 유체 : 항복치 이후에는 뉴턴 유동의 형태를 보이는 유체(예 연유, 시럽, 페인트 등)
- 의사가소성 유체 : 전단력이 증가하면 점도가 낮아지는 유체(예 치약, 마요네즈 등)

12 다음 중 기체 크로마토그래피(GC ; Gas Chromatography)의 분리가 높은 조건을 고르시오.

① 필름의 두께가 (두꺼울 때 / 얇을 때) 높다.

② 컬럼의 넓이가 (좁을 때/ 넓을 때) 높다.

③ 컬럼의 길이가 (짧을 때/ 길 때) 높다.

해답

① 두꺼울 때, ② 좁을 때, ③ 길 때

13 다음은 식품위생법 제4조 위해식품 등의 판매 금지에 대한 내용이다. 빈칸을 채우시오.

누구든지 다음 각 호의 어느 하나에 해당하는 식품 등을 판매하거나 판매할 목적으로 채취 · 제조 · 수입 · 가공 · 사용 · 조리 · 저장 · 소분 · 운반 또는 진열하여서는 아니 된다.

1. (㉠) 상하거나 설익어서 인체의 건강을 해칠 우려가 있는 것
2. 유독 · 유해물질이 들어 있거나 묻어 있는 것 또는 그러할 염려가 있는 것. 다만, (㉡)이 인체의 건강을 해칠 우려가 없다고 인정하는 것은 제외한다.
3. 병(病)을 일으키는 (㉢)에 오염되었거나 그러할 염려가 있어 인체의 건강을 해칠 우려가 있는 것
4. 불결하거나 다른 물질이 섞이거나 첨가(添加)된 것 또는 그 밖의 사유로 인체의 건강을 해칠 우려가 있는 것
5. 제18조에 따른 안전성 심사 대상인 농 · 축 · 수산물 등 가운데 안전성 심사를 받지 아니하였거나 안전성 심사에서 식용(食用)으로 부적합하다고 인정된 것
6. 수입이 금지된 것 또는 「수입식품안전관리 특별법」 제20조 제1항에 따른 수입신고를 하지 아니하고 수입한 것
7. 영업자가 아닌 자가 제조 · 가공 · 소분한 것

해답

- ㉠ : 썩거나
- ㉡ : 식품의약품안전처장
- ㉢ : 미생물

14 밀가루 100g에 물 50mL를 넣어 반죽을 만들어 물에 10분간 담가두었다. 거즈에 싸서 흐르는 물에 가볍게 문지르며 씻어낸 후 남은 물질은 회수하였다.

① 회수한 물질이 무엇인지 쓰시오.

② ①을 이루고 있는 주요 단백질 2가지를 쓰시오.

③ ①을 건조한 후 12.4g이 남았다. 단백질 함량을 구하고 그에 따라 밀가루는 어떤 것으로 판정이 되는지 쓰시오.

해답

① 글루텐

② 글리아딘, 글루테닌

③ $\frac{12.4g}{100g} \times 100 = 12.4\%$

단백질 함량(%) : 12.4%이므로 이 밀가루는 중력분으로 판정된다.

TIP

- 습부율(%)= $\frac{\text{습부 중량(g)}}{\text{밀가루 중량(g)}} \times 100$
- 건부율(%)= $\frac{\text{건부 중량(g)}}{\text{밀가루 중량(g)}} \times 100$

구분	글루텐 함량	
	습부율	건부율
강력분	35 이상	13 이상
중력분	25~35	10~13
박력분	19~25	10 이하

15 다음은 식품공전 중 식품조사에 대한 정의이다. 빈칸에 들어갈 말을 쓰시오.

'식품조사(Food Irradiation)처리'란 식품 등의 (㉠), (㉡), (㉢) 또는 숙도 조절을 목적으로 감마선 또는 전자선가속기에서 방출되는 에너지를 복사(Radiation)의 방식으로 식품에 조사하는 것이다.

해답

- ㉠ : 발아 억제
- ㉡ : 살균
- ㉢ : 살충

16 Fehiling당의 환원 작용으로 인해 적색 침전이 생길 때 ① 그의 명칭과 ② 화학식을 쓰시오.

해답

① Cu_2O

② $2Cu^{2+} + RCHO + 5OH^- \rightarrow Cu_2O \downarrow$ (적색 침전) $+ RCOO^- + 3H_2O$

> **TIP Fehiling당 Test(환원당의 검출 및 정량)**
>
> 포도당과 같은 환원당이 Fehiling 용액에 첨가되면, 환원당이 구리(II) 이온을 환원하여 구리(I) 이온으로 변환시킨다. 구리(I) 이온은 불안정하여 공기 중의 산소와 반응하여 구리(I) 산화물(Cu_2O)로 전환된다. 이 과정에서 적색 침전이 생성된다. 반응이 완료되면, 적색 침전물인 구리(I) 산화물이 생성되어 환원당의 존재를 확인할 수 있다.

17 건강기능식품 중 고시된 원료와 개별인정 원료의 차이를 비교해서 쓰시오.

해답

- 고시된 원료 : 「건강기능식품공전」에 등재되어 있는 기능성 원료이다. 공전에서 정하고 있는 제조기준, 규격, 최종제품의 요건에 적합할 경우 별도의 인정절차가 필요하지 않다. 영양소(비타민 및 무기질, 식이섬유 등) 등이 해당한다.
- 개별인정 원료 : 「건강기능식품공전」에 등재되지 않은 원료로, 식품의약품안전처장이 개별적으로 인정한 원료이다. 이 경우, 영업자가 원료의 안전성, 기능성, 기준 및 규격 등의 자료를 제출하여 관련 규정에 따른 평가를 통해 기능성 원료로 인정을 받아야 하며 인정받은 업체만이 제조 또는 판매할 수 있다.

18 **다음 그래프의 각 단계별 명칭을 쓰고 그래프를 그리시오.(단, 그래프의 x축은 배양시간, y축은 세포수를 나타낸다.)**

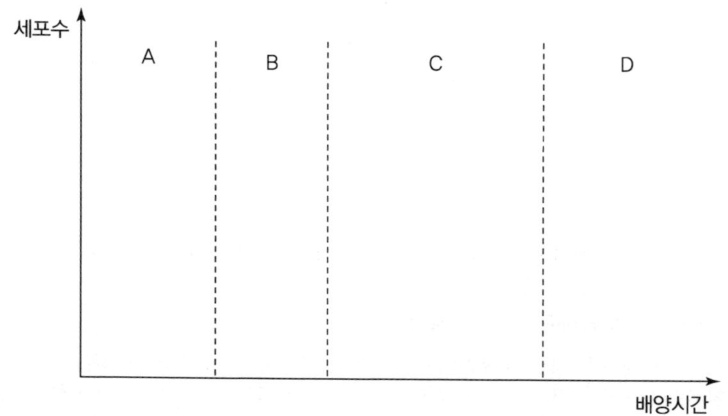

해답

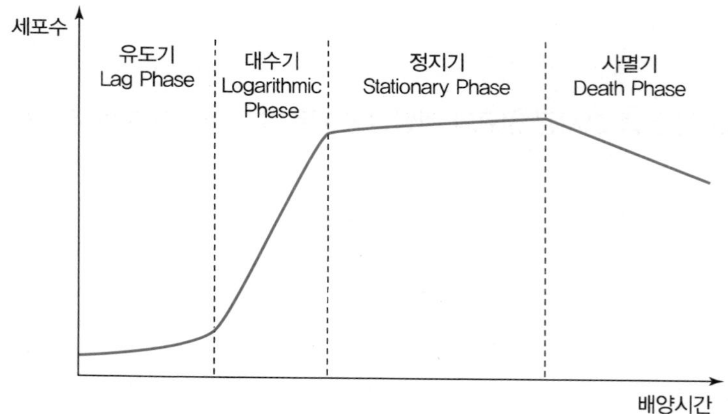

TIP 미생물의 증식곡선

- A : 유도기(Lag Phase) : 미생물이 증식을 준비하는 시기. 세포수의 증가가 거의 없다.
- B : 대수기(Logarithmic Phase) : 대수적으로 증식하는 시기
- C : 정지기(Stationary Phase) : 영양물질의 고갈로 증식수와 사멸수가 같다
- D : 사멸기(Death Phase) : 생균수보다 사멸균수가 많아지고 자기소화(Autolysis)로 균체 분해된다.

19 **다음 보기를 전분이 분해되는 과정 순으로 나열하시오.**

> 포도당, 맥아당, 덱스트린, 올리고당

해답

전분 – 덱스트린 – 올리고당 – 맥아당 – 포도당

TIP

전분 (Starch)	포도당 단위체가 α–1,4–글리코시드 결합으로 연결된 다당류	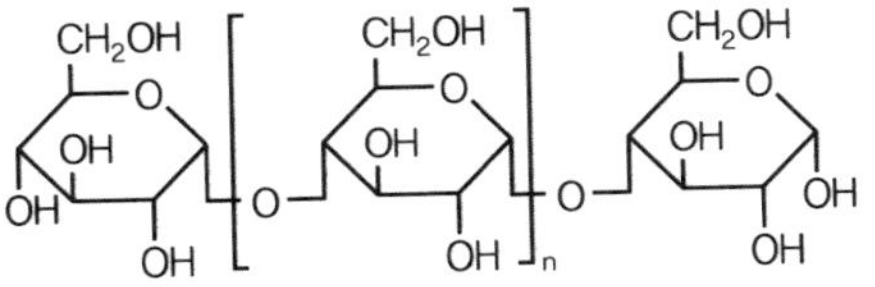 CH_2OH … n=300~600
덱스트린 (Dextrin)	• 전분이 부분적으로 가수분해되면서 생성되는 짧은 사슬의 다당류 • 덱스트린은 α–1,4 결합으로 연결된 포도당 단위체가 여러 개 결합된 형태 • 가수분해에 따라 분자량이 다름	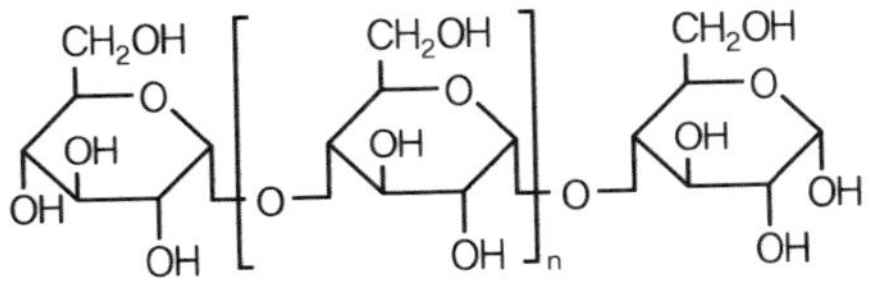 CH_2OH …
올리고당 (Oligosaccharides)	2개 이상의 포도당 단위체가 결합된 화합물로, 일반적으로 2~10개의 단위체로 구성	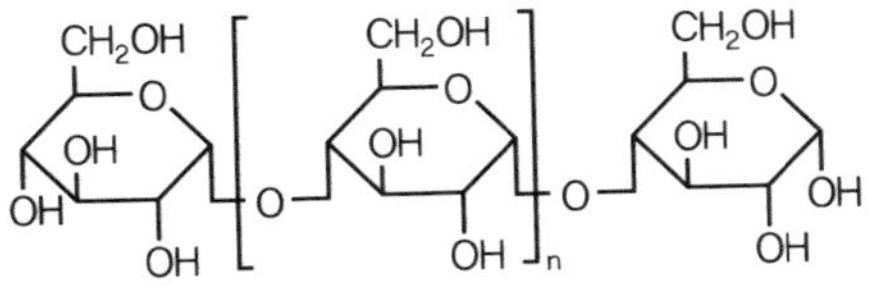 CH_2OH … n=2~10
맥아당 (Maltose)	• 2개의 포도당 단위체가 α–1,4 결합으로 연결된 이당류 • 전분의 가수분해 과정에서 일반적으로 생성	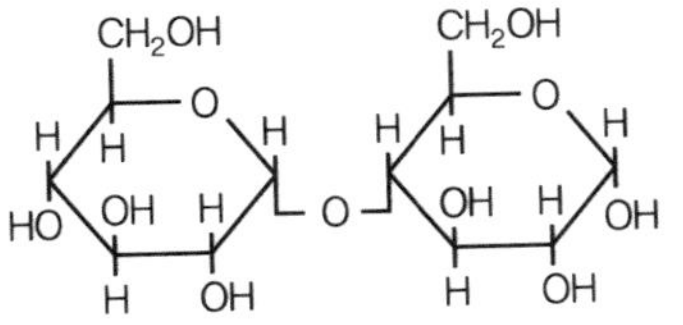 CH_2OH …
포도당 (Glucose)	전분이 완전히 가수분해되면 최종적으로 포도당이 생성	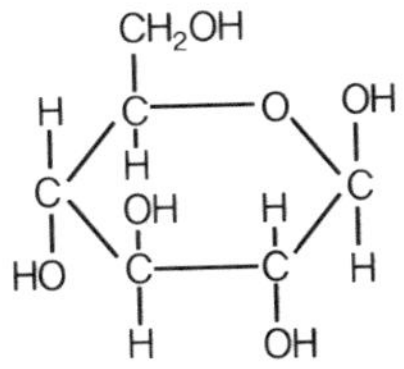 CH_2OH …

20 혐기성 세균이 산소가 있는 조건에서 성장하지 못하는 이유를 쓰시오.

해답

혐기성 세균은 대사 과정에서 산소를 필요로 하지 않는다. 산소가 존재할 경우 이로 인해 생성되는 활성 산소종(ROS ; Reactive Oxygen Species)으로 인해 세포가 손상될 수 있으며 DNA, 단백질, 지질 등을 산화시켜 세포의 기능을 방해한다.
혐기성 세균은 산소를 처리할 수 있는 효소인 Catalase와 Superoxide Dismutase 등을 가지고 있지 않다. 그래서 산소를 처리할 수 없으며 산소가 있는 조건에서 세포에 해로운 영향을 미친다.

21 질량이 20g인 어떤 용액의 비중이 1.02일 때, ① 밀도, ② 비용적, ③ 부피를 계산하시오.

해답

① 비중＝물의 밀도에 대한 식품의 밀도(물의 밀도 : $1g/cm^3$)
∴ 밀도＝비중×물의 밀도＝$1.02g/cm^3$

② 비용적(Specific Volume) : 비용적은 밀도의 역수로 정의된다.

$$\text{비용적}=\frac{1}{\text{밀도}}=\frac{1}{1.02g/cm^3}\fallingdotseq 0.9804cm^3/g$$

③ 부피는 질량을 밀도로 나누어 계산할 수 있다.

$$\text{부피}=\frac{\text{질량}}{\text{밀도}}=\frac{20g}{1.02g/cm^3}\fallingdotseq 19.61cm^3$$

22 **전분을 분해해서 포도당을 생산하는 공정에 Glucoamylase와 Pullulanase가 사용된다. 만약 Pullulanase가 없다면 어떠한 현상이 일어날지 쓰시오.**

해답

Pullulanase가 없으면 전분의 가수분해가 완전하지 않아 포도당 생산이 감소하고, 발효 효율과 공정 시간이 저하되는 등 부정적인 결과가 나타난다.
Glucoamylase는 α-1,4-glycoside 결합을, Pullulanase는 α-1,6-glycoside 결합을 가수분해하는 역할을 한다. Pullulanase가 없다면 α-1,6-glycoside 결합을 포함한 구조가 가수분해되지 않아 전분이 완전히 가수분해되지 않는다. 전분이 덱스트린 정도로만 부분적으로 분해되어 축적되고, 포도당의 생산이 저해되며 비효율적인 가수분해 진행으로 전체 공정시간이 늘어나게 된다.

23 **200kg 녹말을 산분해할 때 이론적으로 생성되는 포도당의 양을 계산하시오.**

해답

전분의 분자량은 약 162g/mol이며, 포도당의 분자량은 약 180g/mol이다.
평균적으로 전분 1분자가 포도당 1분자를 생성한다.

$$\text{포도당 생성량} = \frac{180\text{g 포도당}}{162\text{g 전분}} \times 200{,}000\text{g} = \frac{180\text{g/mol}}{162\text{g/mol}} \times 200{,}000$$
$$= 222{,}222.22\text{g} \fallingdotseq 222.22\text{kg}$$

24 **간장을 제조하는 과정에서 산막효모가 생겨 흰색의 피막이 생기는 경우가 있다. 어떤 조건에서 산막 효모가 생기는지 3가지 조건을 쓰시오.**

해답

산막효모 생성 조건

- 당함량이 과한 조건
- 식염의 함량이 낮은 조건
- 간장의 가열 온도가 낮은 조건
- 산소가 존재하는 환경
- 숙성이 완전히 되지 않은 것을 분리한 조건

25 **역삼투와 한외여과의 차이점을 비교하여 쓰시오.**

해답

역삼투(Reverse Osmosis)와 한외여과(Ultrafiltration)는 막분리 공정에 이용된다.

- 역삼투 : 반투과성 막을 통해 용매를 이동시키는 과정이며 높은 압력이 필요하다. 압력을 사용하여 농도가 높은 쪽에서 낮은 쪽으로 용매가 이동하는 자연적인 삼투 과정을 역행하여 용질(염, 미생물 등)을 제거한다. 반투과성 막은 매우 미세한 구멍을 가지고 있어서 용질을 거의 완벽하게 제거할 수 있다. 주로 해수 담수화, 고분자 물질 농축에 사용되며, 매우 높은 분리 효율을 가진다.
- 한외여과 : 물리적 여과 원리를 이용하여 특정 크기 이하의 입자(물 분자, 일부 용질)를 통과시키고, 더 큰 입자(단백질, 세균 등)는 막에서 걸러내는 과정이다. 비교적 낮은 압력에서 작동하며, 일반적으로 분자량에 따라 여과가 이루어진다. 비교적 큰 구멍을 가진 막을 사용하여 일반적으로 분자량이 1,000에서 100,000Da 사이의 물질을 제거한다. 특정 크기 이상(단백질 및 세균)만 제거하며, 작은 용질(염 등)은 통과한다.

구분	역삼투	한외여과
원리	반투과성 막 이용	물리적 여과 원리
운전압력(bar)	30~70(높은 압력)	0.5~10(비교적 낮은 압력)
이동 메커니즘	Sieving	Diffusion
분리물질	금속 이온, 수용성 염	단백질, 세균, 젤라틴
막 분리 작용	해수의 염 분리	수용액 중 유기물 분리

26 **전분의 노화 억제 방법을 온도, 수분함량, 첨가물에 관련하여 쓰시오.**

해답

- 온도 : 60℃ 이상, −20℃ 이하에서 노화가 억제된다(밥의 냉동저장).
- 수분함량 : 30% 이하, 60% 이상에서는 노화가 어렵다(비스킷, 건빵).
- 첨가제
  - 대부분 염류는 노화를 억제한다(단, 황산염은 반대로 노화를 촉진한다).
  - 당은 탈수제로 노화를 억제하며(양갱), 유화제도 억제한다.

27 **다음의 표는 집락수를 측정한 값이다. g당 균수를 계산하시오.**

구분	희석배수	
	100배	1,000배
집락수	232 244	33 28

(　　)CFU/g

해답

24,000 또는 2.4×10^4

$$N=\frac{\sum C}{\{(1\times n_1)+(0.1\times n_2)\}\times d}$$

여기서, N : 식육 g 또는 mL 당 세균 집락수

$\sum C$: 모든 평판에 계산된 집락수의 합

n_1 : 첫 번째 희석배수에서 계산된 평판수

n_2 : 두 번째 희석배수에서 계산된 평판수

d : 첫 번째 희석배수에서 계산된 평판의 희석배수

$$N=\frac{(232+244+33+28)}{\{(1\times2)+(0.1\times2)\}\times10^{-2}}$$

$$=\frac{537}{0.022}\fallingdotseq 24,409$$

≒(24,000 또는 2.4×10^4)CFU/g

> **TIP** 집락수의 계산은 확산집락이 없고(전면의 1/2 이하일 때에는 지장이 없음) 1개의 평판당 15~300개의 집락을 생성한 평판을 택하여 집락수를 계산하는 것을 원칙으로 한다. 숫자는 높은 단위로부터 3단계에서 반올림하여 유효숫자를 2단계로 끊어 이하를 0으로 한다.

식품안전기사 실기 필답형

발행일 | 2025. 4. 30 초판 발행

저 자 | 정진경 · 유연희 · 이다빈 · 이아랑
발행인 | 정용수
발행처 | 예문사

주 소 | 경기도 파주시 직지길 460(출판도시) 도서출판 예문사
TEL | 031) 955－0550
FAX | 031) 955－0660
등록번호 | 11－76호

• 예문사 홈페이지 http : //www.yeamoonsa.com

정가 : 30,000원

ISBN 978-89-274-5820-3 13570